새 출제기준 반영!!

적중 100% 합격
미용사메이크업
필기 총정리문제

대한민국
대표브랜드

최고의 적중률!! 최고의 합격률!!

크라운출판사
미용·피부미용·이용 등 서비스서적사업부
http://www.crownbook.com

국가자격
시험문제
전문출판

에듀크라운
국가자격시험문제 전문출판
www.educrown.co.kr

이 책을 펴내며

메이크업 미용사 수험생 여러분, 반갑습니다.

앞서 출간한 이론서에 보내주신 뜨거운 관심과 격려에 집필진 일동은 마음 깊이 감동을 받았습니다. 감사에 보답하는 마음으로 다가오는 필기시험 일정에 대비하여, 전편의 메이크업 이론을 좀 더 다듬고 새롭게 정리하여 메이크업 필기시험 총정리를 다시 한 번 선보이게 되었습니다.

모든 미용 관련 자격시험이 그렇듯, '공중위생관리 업무를 담당하는 자로서 기본 자격과 소양을 가지고 있는가?'를 평가하는 것이 메이크업 미용사 국가 자격 시험의 가장 기본적인 내용입니다. 메이크업 기술 관련 전문 분야의 출제 비중은 50%를 넘지 않고, 피부학, 공중위생관리학, 화장품학 등에서 더 많은 문제가 출제됩니다. 필기시험 합격을 위해서는 아마도 많은 시간이 필요할 것이라 생각됩니다.

가능하면 짧은 시간에, 효과적으로 시험 준비를 하는 데 있어서 수험생 여러분들에게 진정 도움이 되어 드리고 싶었습니다. 핵심적인 이론만을 요약하고 실전 모의고사를 풀면서 점점 합격에 접근해 갈 수 있는 길잡이가 되고자 했습니다. 특히 문제 해설에 중점을 두어, 문제 해설을 통해 이론을 확립해 나가는 방식으로 시험 준비에 임하면 좋겠습니다.

저희들 집필진들 역시 시험 일정과 내용, 발표되는 시험의 유의사항 등에 촉각을 곤두세우고 있습니다. 이어서 여러분들 앞에 소개할 실기에 대비한 수험서도 준비 중에 있습니다. 이론서를 통해 기초 지식을 다지고, 실기 시험 대비 역시 저희들의 안내에 따라 차근차근 준비해서 합격의 기쁜 순간을 맞이하시기 바라는 마음 간절합니다.

시험은, 끝이 아니라, 비로소 시작입니다. 미래의 한국 뷰티 산업을 이끌어 갈 동량을 한 분 한 분 배출한다는 가슴 뛰는 사명감이 저희들의 집필 작업을 멈출 수 없게 만드는 원동력이 되고 있습니다. 비록 지면으로 연결되어 있지만, 여러분들과의 소중한 인연에 다시 한 번 감사 올립니다. 최고의 수험교재를 선택해 주셔서 정말 감사합니다.

꼭! 건승하시기 바랍니다.

미용사 메이크업 랩 집필진 일동

미용사(메이크업) 자격증 안내

개요

메이크업에 관한 숙련기능을 가지고 현장업무를 수용할 수 있는 능력을 가진 전문기능인력을 양성하고자 자격제도를 제정

수행직무

특정한 상황과 목적에 맞는 이미지, 캐릭터 창출을 목적으로 이미지분석, 디자인, 메이크업, 뷰티코디네이션, 후속관리 등을 실행함으로써 얼굴·신체를 표현하는 업무 수행

진로 및 전망

메이크업아티스트, 메이크업강사, 화장품 관련 회사, 메이크업 미용업 창업, 고등 기술학교 등

출제경향

- 고객의 나이, 얼굴형, 피부색, 체형, 피부 건강 상태 및 미용관리 부위의 정보를 파악·분석하여 고객 상황에 맞는 이미지를 제안하고, 시술 절차에 따른 각종 화장품 및 도구 선택, 장비 사용의 업무 숙련도 평가
- 얼굴·신체를 아름답게 하거나 특정한 상황과 목적에 맞는 이미지 분석, 디자인, 메이크업, 뷰티 코디네이션, 후속관리 등을 실행하기 위한 적절한 관리법과 메이크업 도구, 기기 및 제품 사용법 등 메이크업 관련 업무의 숙련도 평가

취득방법

- **시행처** : 한국산업인력공단
- **훈련기관** : 직업전문학교 및 여성발전센터 미용과정, 미용학원 등
- **시험과목**
  - 필기 : 1. 메이크업개론, 2. 공중위생관리학, 3. 화장품학
  - 실기 : 메이크업 미용실무
- **검정방법**
  - 필기 : 객관식 4지 택일형(60문항)
  - 실기 : 작업형(2시간 30분 정도)
- **합격기준** : 필기·실기 100점을 만점으로 60점

출제기준(필기)

| 직무
분야 | 이용·숙박·여행·
오락·스포츠 | 중직무
분야 | 이용·미용 | 자격
종목 | 미용사(메이크업) | 적용
기간 | 2022.1.1.~ 2026.12.31. |

○ 직무내용 : 특정한 상황과 목적에 맞는 이미지, 캐릭터 창출을 목적으로 위생관리, 고객서비스, 이미지분석, 디자인, 메이크업 등을 통해 얼굴·신체를 연출하고 표현하는 직무이다.

| 필기검정방법 | 객관식 | 문제수 | 60 | 시험시간 | 1시간 |

필기과목명	문제수	주요항목	세부항목	세세항목
이미지 연출 및 메이크업 디자인	60	1. 메이크업 위생관리	1. 메이크업의 이해	1. 메이크업의 개념 2. 메이크업의 역사
			2. 메이크업 위생관리	1. 메이크업 작업장 관리
			3. 메이크업 재료·도구 위생관리	1. 메이크업 재료, 도구, 기기 관리 2. 메이크업 도구, 기기 소독
			4. 메이크업 작업자 위생관리	1. 메이크업 작업자 개인 위생 관리
			5. 피부의 이해	1. 피부와 피부 부속 기관 2. 피부유형분석 3. 피부와 영양 4. 피부와 광선 5. 피부면역 6. 피부노화 7. 피부장애와 질환
			6. 화장품 분류	1. 화장품 기초 2. 화장품 제조 3. 화장품의 종류와 기능
		2. 메이크업 고객 서비스	1. 고객 응대	1. 고객 관리 2. 고객 응대 기법 3. 고객 응대 절차
		3. 메이크업 카운슬링	1. 얼굴특성 파악	1. 얼굴의 비율, 균형, 형태 특성 2. 피부 톤, 피부유형 특성 3. 메이크업 고객 요구와 제안
			2. 메이크업 디자인 제안	1. 메이크업 색채 2. 메이크업 이미지 3. 메이크업 기법
		4. 퍼스널 이미지 제안	1. 퍼스널컬러 파악	1. 퍼스널컬러 분석 및 진단
			2. 퍼스널 이미지 제안	1. 퍼스널 컬러 이미지 2. 컬러 코디네이션 제안
		5. 메이크업 기초화장품 사용	1. 기초화장품 선택	1. 피부 유형별 기초화장품의 선택 및 활용
		6. 베이스 메이크업	1. 피부표현 메이크업	1. 베이스제품 활용 2. 베이스제품 도구 활용
			2. 얼굴윤곽 수정	1. 얼굴 형태 수정 2. 피부결점 보완
		7. 색조 메이크업	1. 아이브로우 메이크업	1. 아이브로우 메이크업 표현 2. 아이브로우 수정 보완 3. 아이브로우 제품 활용
			2. 아이 메이크업	1. 눈의 형태별 아이섀도우 2. 눈의 형태별 아이라이너 3. 속눈썹 유형별 마스카라
			3. 립&치크 메이크업	1. 립&치크 메이크업 컬러 2. 립&치크 메이크업 표현
		8. 속눈썹 연출	1. 인조속눈썹 디자인	1. 인조 속눈썹 종류 및 디자인
			2. 인조속눈썹 작업	1. 인조속눈썹 선택 및 연출

출제기준 보기

필기과목명	문제수	주요항목	세부항목	세세항목
		9. 속곡류 연장	1. 속곡류 연장	1. 속곡류 아이론의 종류 2. 속곡류 연장 사용 및 관리
			2. 속곡류 시술	1. 연장별 속곡류 시기
		10. 퍼스널색 메이크업	1. 신장별과 메이크업	1. 퍼스널 이미지 특징 2. 신장별과 메이크업 표현
			2. 종주 메이크업	1. 종주 메이크업 표현
		11. 응용 메이크업	1. 매체이미지 메이크업 제안	1. 매체 이미지 연출 및 디자인 요소
			2. 매체이미지 메이크업	1. TPO 메이크업 2. 매체이미지 메이크업 표현
		12. 트렌드 메이크업	1. 트렌드 조사	1. 트렌드 자료조사 및 분석
			2. 트렌드 메이크업	1. 트렌드 메이크업 표현
			3. 시대별 메이크업	1. 시대별 메이크업 특성 및 표현
		13. 미디어 캐릭터 메이크업	1. 미디어 캐릭터 기획	1. 미디어 특성별 캐릭터 표현 2. 미디어 캐릭터 표현
			2. 볼드캡 캐릭터 표현	1. 볼드캡 제작 및 표현
			3. 연장대체 캐릭터 표현	1. 연장대체 캐릭터 표현 2. 수염 표현
			4. 상처 표현	1. 상처 표현
		14. 마네킹 캐릭터 메이크업	1. 사탕 캐릭터 개념	1. 장식 자본 몸 개념 및 메이크업 디자인
			2. 마네킹 캐릭터 메이크업	1. 마네킹 캐릭터 메이크업 표현
		15. 공중보건위생	1. 공중보건	1. 공중보건 기초 2. 질병관리 3. 가족 및 주인보건 4. 환경보건 5. 시용보건과 영양 6. 보건행정
			2. 소독	1. 소독의 정의 및 분류 2. 미생물 총론 3. 병원성 미생물 4. 소독방법 5. 분야별 위생·소독
			3. 공중위생관리법(령, 시행령, 시행규칙)	1. 목적 및 정의 2. 영업의 신고 및 폐업 3. 영업자 준수사항 4. 면허 5. 업무 6. 행정지도감독 7. 업소 위생등급 8. 위생교육 9. 벌칙 10. 시행령 및 시행규칙 관련 사항

차례

제1장. 핵심 이론 요약

Part 1.	메이크업 위생관리	9
Part 2.	메이크업 고객 서비스 및 카운슬링	28
Part 3.	퍼스널 이미지 제안	35
Part 4.	메이크업 기초화장품 사용	37
Part 5.	베이스 및 색조 메이크업	38
Part 6.	속눈썹 연출 및 속눈썹 연장	48
Part 7.	본식 웨딩, 응용, 트렌드 메이크업	51
Part 8.	미디어 캐릭터 및 무대 공연 캐릭터 메이크업	55
Part 9.	공중위생관리	60

제2장. 실전 모의고사

제1회	실전 모의고사	81
제2회	실전 모의고사	87
제3회	실전 모의고사	93
제4회	실전 모의고사	99
제5회	실전 모의고사	105
제6회	실전 모의고사	111
제7회	실전 모의고사	118
제8회	실전 모의고사	125
제9회	실전 모의고사	131
제10회	실전 모의고사	137

제3장. 출제예상문제

| 제1회 | | 144 |
| 제2회 | | 149 |

헤어로 헤어

Part 1. 메이크업 하이라이트
Part 2. 메이크업 도구 사용 및 기본정리
Part 3. 피부별 이미지 메이크
Part 4. 메이크업 기초 화장품 사용
Part 5. 베이스 및 색조 메이크업
Part 6. 속눈썹 연장 및 속눈썹 영구
Part 7. 본식 웨딩, 응용, 트렌드 메이크업
Part 8. 미디어 캐릭터 및 무대 공연 캐릭터 메이크업
Part 9. 웨딩샵사장관리

PART 01 메이크업 위생관리

Chapter 01 ▶ 메이크업의 이해

1 메이크업의 개념

(1) 메이크업의 정의
메이크업의 사전적 의미는 '제작하다', '보완하다', '완성시키다'로 다양한 화장품과 도구를 사용하여 얼굴 또는 신체의 결점을 수정·보완하고 장점을 부각시켜 개성을 돋보이게 하는 아름다움을 위한 표현 행위를 말한다. 어원은 그리스어인 '코스메틱(Cosmatic)'을 포함한 '코스메티코스(Cosmeticos)'이며, '보기 좋게 정리하다', '감싸다'라는 뜻으로 질서 있는 체계, 조화를 뜻한다.

(2) 메이크업의 목적
인간의 자기표현과 아름다움 추구, 자기만족, 에티켓, 개성 창출로 인한 심리 안정과 치유, 자신감 성취 등 다양한 목적이 있다.

(3) 메이크업의 기원

장식설	원시시대부터 피부에 그림을 그리거나 문신을 하여 아름다움을 표현하고자 하는 욕구를 충족하고 자신의 정체성을 찾고자 하였다.
종교설	초자연적인 힘으로 위장하거나 악령으로부터 보호하기 위해 화장을 하거나 가면을 착용하였다.
보호설	강한 바람, 곤충, 모래, 태양광선, 위험으로부터 보호하기 위해 화장을 하였다.
이성 유인설	타인보다 우월함을 표현하거나 이성에게 호감을 끄는 수단이었다.
신분 표시설	신분, 계급, 종족, 성별 등을 구분하기 위한 수단이었다.

(4) 메이크업의 기능
① 장식적 기능 : 인체를 더 아름답고 개성 있게 표현하여 개인의 이미지를 창출하는 기능
② 보호적 기능 : 물리적, 자연적 환경으로부터 신체를 보호하는 기능
③ 사회적 기능 : 화장을 통하여 무언의 의사전달을 하고, 사회적 관습 및 에티켓을 표현하며, 연령과 직업, 신분 등을 구분하는 기능
④ 심리적 기능 : 외형을 꾸밈으로써 자신감을 회복하고 성격, 사고방식, 가치 추구 방향 등을 표현하는 기능

2 메이크업의 역사

(1) 한국 메이크업의 역사

1) 고대
① 시초 : 선사시대 유적지에서 출토된 원시형 장신구에서 엿볼 수 있다.
② 단군신화 : 민간에서는 예전부터 쑥을 달인 물로 목욕을 하여 피부의 미백효과를 기대했다. 찧은 마늘을 꿀과 섞어 얼굴에 발라 씻어냄으로써 피부 미백 외에 잡티, 기미, 주근깨 등을 제거하기도 하였다.
③ 부족국가시대
㉠ 읍루 : 겨울에 돼지기름을 발라 피부를 부드럽게 하여 동상을 예방하였다.
㉡ 말갈 : 피부 미백을 위해 오줌으로 세수했다.

2) 삼국시대

고구려	• 고분벽화 등을 통해 당시의 화장 형태를 엿볼 수 있다. • 머리를 곱게 빗고 눈썹을 짧고 뭉툭하게 다듬었으며, 뺨에 연지 화장을 했다. • 평안도 수산리 고분벽화의 귀부인상. 쌍영총 고분벽화의 여인상
백제	• 일본의 '화한삼재도회'에 일본이 백제로부터 화장기술과 제조기술을 배워간 다음 화장을 시작했다는 기록으로 보아 화장기술이 상당히 발전했으리라 추측된다. • 시분무주 : 분은 바르되 연지는 바르지 않는 화장법을 말한다.
신라	• 영육일치사상이 국민사상으로 자리 잡아 남녀가 깨끗한 몸과 단정한 옷차림을 추구하였고, 일찍부터 화장과 화장품이 발달하였다. • 남성 화랑들도 여성들 못지않은 화장을 하고 귀고리, 가락지, 팔찌, 목걸이 등의 장신구로 장식하였다. • 통일 이전 : 옅은 화장이 유행하였으며 분, 원시비누, 향료 등의 화장품 제조기술이 발달하였다. • 통일 이후 : 동백이나 아주까리 기름을 짜서 머리를 치장하고 백분으로 얼굴을 희게 하였으며 이마와 뺨, 입술에 잇꽃 연지를 발랐다.

3) 고려시대
① 신라인의 문화가 전승·발전되었다(영육일치의 미의식이 그대로 전승).
② 손이나 얼굴에 발랐던 액체 화장품인 면약이 널리 사용되었다.
③ 신분에 따라 이원화된 화장 기술이 자리 잡았다(여염집 여성은 옅은 화장, 기생은 짙은 분대 화장이 성행).

4) 조선시대
① 유교 윤리 장려 : 여성의 외면적 아름다움보다는 내면적인 아름다움이 강조되었다.
② 깨끗하고 부드러운 마음가짐을 강조하며 화장은 천한 행위로 인식하였다.
③ 화장 개념의 세분화가 촉진되었다.
④ 화장품 제조기술 발달 : 규합총서에 여러 향과 화장품 제조방법이 수록되어 있다.
⑤ 화장품 행상을 매분구, 궁중에 화장품 생산을 전담하는 관청을 보염서라고 하였다.

PART 1 메이크업 위생관리

Make up

---

tip

'화장'의 고유 어휘
- 담장 : 피부를 희고 깨끗하게 가다듬는 정도의 담박한 멋 내기, 단정한 옷차림과 단아한 빗질
- 농장 : 담장보다 짙은 상태의 멋 내기, 색채 화장과 비슷
- 염장 : 짙은 상태의 색채 화장, 특히 요염한 색채를 표현한 경우
- 응장
  - 농장과 유사하나 더욱 또렷하게 꾸민 상태로서 신부화장이 해당
  - 담장, 농장, 염장이 평상시 화장인 것에 반하여 응장은 혼례 등에만 하는 의례차림
  - 신부의 얼굴치장 외에 장신구와 옷치장이 화려할 때는 응장성식이라고 표현
- 야용
  - 억지로 아름답게 꾸민다는 뜻으로 분장의 의미를 내포
  - 본래의 아름다움을 바탕삼아 더 아름답게 가꾸는 것이 아니라 박색을 미인으로 보이도록 치장한다든지 노인을 젊은이처럼 보이도록 치장하는 것
- 성장 : 야하거나 화려한 꾸밈
- 장식 : 피부 손질과 얼굴 꾸밈, 옷차림, 각종 장신구 치레를 골고루 갖추는 행위

'화장품'의 고유 어휘
- 지분
  - 연지와 백분을 줄인 말
  - 화장품을 총칭하는 어휘로 사용
- 분대 : 백분과 눈썹먹을 가리키는 말이지만 화장품을 총칭하는 어휘로 더 많이 사용
- 장렴 : 화장품과 화장용구(경대, 빗, 빗치개, 거울 등) 일체를 아울러 가리키는 말

5) 개화기 이후

1900년~ 1930년대	• 1922년 : 1916년 가내수공업으로 제조되기 시작한 박가분이 정식으로 제조 허가를 받았다. 하얀 얼굴에 이마의 잔털을 제거하고 박가분을 물에 개어서 하얗게 발랐다. 황화(연지), 배달기름(머릿기름), 연부액(미백로션), 유액(밀크로션), 연유향, 밀기름 등도 잇따라 시판되었다. • 1933년 : 새로운 화장기술과 화장품이 소개되었으며, 아랫입술에만 연지를 빨갛게 바르고 눈썹을 초승달 모양으로 그리는 화장법이 유행했다.
1940년대	• 현대식 화장법이 도입되었다. 　- 얼굴을 희게 하고 눈썹은 반달 모양 　- 번들거리고 눈(마스카라와 아이라인)을 강조한 부분 화장 　- 볼연지와 붉은 입술
1950년대	• 1956년 처음으로 프랑스 '코티(Coty)'사와 기술 제휴를 맺으면서 코티 분이 국산화되어 품질이 혁신적으로 개선되었다. • 오드리 햅번 등 영화 스타의 모방이 헤어, 화장, 복식에 유행을 가져왔다.
1960년대	• 정부의 국산 화장품 보호정책에 따라 화장품 산업은 정상 궤도에 진입하였고, 국산 화장품 생산이 본격화되었다. 　- 자연스러운 피부 표현에 역점을 두고 수정 화장이 더해져 세련된 느낌 강조 　- 인조속눈썹으로 꾸민 인위적인 느낌 추구
1970년대	• 인조속눈썹, 아이라이너, 매니큐어가 보급되어 부분 화장이 강조되었다. • 올리브그린, 크림베이지, 브라운, 오렌지, 블루, 퍼플(보라), 핑크색이 주류를 이루었다. • 1978년부터 시작된 미용 캠페인의 영향으로 메이크업이 토털 패션의 한 부분이 되어야 한다는 의식이 생겼다. 봄에는 입술 화장, 여름에는 자외선 차단, 가을에는 눈 화장, 겨울에는 기초 피부 손질에 중점을 둔 미용법이 정착하였다.
1980년대	• 컬러 TV의 방영으로 복식과 화장에 색채에 대한 수요가 폭발적으로 일어났고, 부분적으로 수입이 자유화된 선진국의 다양한 색채 화장품을 자신의 개성과 라이프 스타일에 맞춰 선택하는 지적 소비자 시대가 도래했다. • 1980년대 후반부터 유럽의 메이크업 정보가 많이 유입되어 아이섀도 화장의 더블패턴(아이홀 화장)으로 평면적인 동양인의 얼굴에 입체감을 부여했다.

1990년대	• 메이크업 경향, 헤어스타일, 모드 등 미용에 관련된 유행의 많은 부분이 광고와 드라마의 주인공들에 의해 영향을 많이 받았다. • 오리엔탈 패션 테마에 맞추어 한국적인 것을 모던하게 표현했는데, 의상과 함께 창백한 피부톤, 아치형의 가늘고 검은 눈썹, 붉은 립스틱 메이크업도 나타났다.
2000년대 이후	• 웰빙, 안티에이징 등의 영향이 뷰티 산업 전반에 대두되면서 피부 건강 및 기능적인 측면을 강조하는 화장품이 다양하게 등장하였다. • 청소년의 메이크업이 일반화되고, 남성의 메이크업이 확대되어 관련 화장품 시장이 급속도로 확장되고 있다. • 메이크업을 하지 않은 것처럼 최대한 자연스러운 화장법을 선호한다.

(2) 서양 메이크업의 역사

1) 고대

① 이집트(B.C 3200년경)
  ㉠ 인류가 처음으로 사회적 표시와 미적 효과로서 메이크업과 복식, 헤어를 하였다고 말할 수 있는 시대이다.
  ㉡ 검은 화장먹으로 눈을 강조해서 크게 만들고 눈꼬리 부분에 물고기 모양을 그렸다.
  ㉢ 분, 볼연지, 입술연지는 헤나(Henna)나 색이 있는 꽃잎들을 으깨어 사용하였다.
  ㉣ 푸른 공작석을 갈아서 섀도로 사용하여 눈 주위에 발랐다.
  ㉤ 신으로부터 보호를 받는다는 상징으로서 눈을 강조한 메이크업이 성행하였다.
  ㉥ 코올을 사용하고 남녀 모두 가발을 착용했다.

② 그리스(B.C 3000~B.C 400년)
  ㉠ 기초 화장품이 일상에서 자연스럽게 요구되었고 종교의식에 따라 화장이 발달했다(자연적인 모습 그대로 미를 표현).
  ㉡ 히포크라테스는 피부병을 연구하여 식이요법, 마사지, 일광욕 등이 피부를 건강하게 유지한다고 주장하였다.

③ 로마(B.C 8~3C)
  ㉠ 그리스의 영향을 받아 화장료와 향수를 사용하였다.
  ㉡ 미용과 종교의식을 위하여 목욕을 즐겼다.
  ㉢ 피부톤을 하얗게 표현하였다.
  ㉣ 눈은 안티몬으로 검게 화장하고 볼은 연단으로 붉게 칠했으며, 염색이 유행하였다.

2) 중세(4~15C)

① 금욕주의의 영향으로 화장을 경시하는 풍조가 생겨났다.
② 여성들은 피부톤을 창백하고 맑고 매끄럽게 하였는데, 흰색과 핑크색의 수성 안료를 사용하여 창백할 정도의 하얀 피부를 표현하였다.
③ 초기에는 눈썹이 자연스러운 형태였으나 나중에는 길거나 가는 활 모양으로 그렸다. 둥글고 검으며 아주 가는 선으로 표현된 눈썹이 유행하였다.
④ 아이섀도나 입술 등 색채로 표현하는 것을 자제하였다.

PART 1 메이크업 위생관리

3) 근세

르네상스 시대(16C)	• 자본주의가 출현하고 종교개혁이 일어나면서 개인주의와 향락주의가 만연했고, 귀족과 부유층은 남녀 모두 과장되고 화려한 의복과 화장을 즐겼다. • 화장의 특징 - 창백하고 깨끗하며 투명하게 피부 표현 - 눈썹은 털을 완전히 제거한 후 가는 활처럼 각이 없는 완만한 아치형으로 그림 - 머리를 뒤로 넘기거나 깎아 넓은 이마를 극도로 강조 - 작은 꽃 모양으로 표현한 장밋빛 입술과 가볍게 홍조를 띤 뺨 표현
엘리자베스 여왕 시대 (16C)	• 여성뿐 아니라 남성까지도 화장품을 사용했다. • 연극의 발달과 더불어 연극 분장과 의상도 발달했다. • 화장의 특징 - 얼굴에 달걀과 유황 등을 섞은 페이스트를 발라 가면처럼 희고 창백하게 표현 - 눈썹은 르네상스 시대보다 더 길고 가늘게 표현 - 높은 코를 선호하여 붉은 납 가루를 이용한 노즈 섀도를 많이 사용 - 붉은 입술, 붉은 머리카락, 강조된 이마 등
바로크 시대(17C)	• 남성과 여성 모두 과도한 장식과 화장을 하였다. • 화장의 특징 - 진한 화장을 하여 백랍으로 만든 인형처럼 보이게 함 - 홍조를 띠거나 붉은 연지를 칠한 뺨 • 눈 밑, 입가 등에 점을 찍어 애교를 표현하는 뷰티 스폿이 유행하였다.
로코코 시대(18C)	• 화장품 제조가 더욱 활발해졌으며 화려하고 무분별한 화장이 극에 달한 시기이다. • 화장의 특징 - 두텁게 화장하여 얼굴을 매우 희게 강조 - 광대뼈와 눈 가까이에 둥글게 볼 화장 - 깨끗하고 밝게 강조한 눈썹 - 장미꽃 봉오리 같은 입술 - 뺨 부분에는 플럼퍼라는 패드를 넣어 통통하게 함

4) 근대(19C)

① 화장품의 성분과 제조기술이 개선되어 산화아연으로 만든 새로운 분을 공급하였다.
② 비누의 등장으로 위생과 청결, 피부 관리에 대한 관심이 증가하였다.
③ 얼굴에 색상 부여 없이 자연스러운 미를 강조했다.

5) 20C

1900년대 (1900~1909년)	• 영화 속 여배우의 메이크업, 헤어스타일을 모방하면서 획일적인 유행이 생겼다. • 속눈썹을 위로 말아 올리고, 숯으로 그린 듯 새까만 일자형 눈썹이 유행하였다.
1910년대	• 1909년 러시아 발레단 공연의 영향으로 오리엔탈풍 화장이 유행했다. • 대표적 여배우는 테다 바라(Theda Bara)로, 눈썹은 새까맣게 일자형으로 그리고 눈 주위로 검은 음영을 강하게 넣었다.
1920년대	• 클라라 보우(Clara Bow)는 창백한 입술, 헝클어진 곱슬머리, 헤어밴드 아래로 보이는 크고 게슴츠레한 눈, 빨간 앵두 입술로 성적 매력을 발산하였다. • 착한 이미지 화장법으로는 처진 눈과 눈썹이 특징이다. • 볼터치나 노즈 섀도는 거의 볼 수 없고, 밀가루를 바른 듯 희고 창백한 느낌으로 표현하였다.
1930년대	• 눈썹은 한 올 한 올 정교하면서도 가늘고 기교적으로 그렸으며, 인조눈썹과 마스카라로 눈을 강조하였다. • 대표적 스타로는 그레타 가르보, 마릴린 디트리히, 진 할로우 등이 있으며, 그레타 가르보의 길고 가는 아치형 눈썹이 유행하였다.
1940년대	• 전쟁 중 군인의 영향으로 성적 매력이 있는 여성들의 이미지가 이상적인 스타일로 등장하였다. • 두껍고 또렷한 곡선형의 관능적인 눈썹, 아이펜슬로 눈꼬리 부분을 치켜 올린 눈 화장이 유행하였다. • 대표적 스타로는 잉그리드 버그만, 리타 헤이워드, 에바 가드너 등이 있다.
1950년대	• 앞머리를 짧게 잘라 내려놓은 실용적인 헤어컷 스타일인 '햅번 스타일'이 등장하여, 소녀 이미지의 굵은 눈썹 메이크업이 유행했다. • 마릴린 먼로는 밝은 색 피부톤에 약간 인위적인 메이크업을 했는데, 바깥쪽으로 치켜 올린 눈썹 산, 길고 가는 아이라인, 눈 바깥쪽으로 길게 붙인 속눈썹, 보트형의 붉은 입술, 입가의 애교점 등 섹시한 이미지의 메이크업을 선보였다.
1960년대	• 눈썹은 새 날개 모양에 색상은 최대한 흐리게 표현하였다. • 아이홀을 강조한 섀도(바나나 기법), 외곽을 깊게 그린 두터운 아이라인에 길고 촘촘한 눈썹을 붙여 눈을 강조하였다. • 옅은 색의 입술과 주근깨 많은 사춘기 소녀 이미지가 인기를 얻었다. • 대표적 스타로는 브리짓드 바르도, 모델 트위기 등이 있다.
1970년대	• 1960년대에 비해 자연스러운 메이크업이 등장하며 피부 건강을 중시하였다. • 아이홀을 강조하는 섀도를 하고 아이라인은 거의 손대지 않았다. • 펑크 스타일, 집시 스타일, 메탈 룩 스타일, 페미닌 스타일, 아방가르드 스타일 등 다양한 스타일이 공존하였다. • 파라 포셋, 르네 루소, 알리 맥그로우 등 영상 매체 스타들에게 큰 영향을 받았다.
1980년대	• 포스트모더니즘과 컬러 TV의 영향으로 여성들의 화장이 더욱 개성화, 다양화되었다. • 두껍고 강한 눈썹, 선명하고 빨간 입술 등 눈과 입을 모두 강조한 브룩 쉴즈 스타일이 대유행하였다. • 미국의 팝 가수 마돈나의 에로틱한 란제리 룩과 육감적인 화장이 큰 영향을 주었다.
1990년대	• 에콜로지와 복고풍의 영향으로 원색보다는 그린이나 브라운 같은 자연색이 인기를 얻었다. • 10대에서 20대 초반 연령대에서 누드 메이크업이 유행하였다. • 90년대 말에는 펄과 글리터를 이용한 사이버 메이크업이 등장하였다. • 이자벨 아자니, 줄리아 로버츠, 기네스 펠트로 등의 여배우뿐만 아니라 신디 크로포드, 나오미 캠벨, 클라우디아 쉬퍼 등의 모델들이 패션 리더로 각광받기 시작하였다.

6) 21C

① 다양한 스타일이 공존하는 시기이며 인터넷의 발달로 유행의 흐름이 빠르게 진행되고 있다.
② 펄 제품 사용이 대중화되었다.
③ 남성들에게도 자신의 외모가 사회적 경쟁력이라는 인식이 생겨 그루밍(Grooming)족이 등장하였다.
④ '메트로섹슈얼족'이라 일컬어지는 남성의 여성화 경향이 대두되었다.

PART 1 메이크업 위생관리

Make up

Chapter 02 ▶ 메이크업 위생관리

❶ 메이크업 작업장 관리

메이크업 작업장은 다수의 많은 사람이 함께 작업하게 된다. 이러한 환경에서는 각종 병원균과 오염균이 존재하므로 공중보건의 중요성과 실천관리가 필수적이다. 메이크업 작업장의 위생관리는 크게 실내공기, 작업환경, 실내환경 부분으로 나누어 볼 수 있다.

1) 메이크업 작업환경 위생관리

① 상담실, 제품보관실, 메이크업 작업환경 위생관리
- 바닥은 먼지나 더러움은 빗자루, 걸레 그리고 청소기를 이용한다. 청소 후 소독제를 뿌린다.
- 벽의 재질에 따라 전용세제를 이용하여 청소한다.
- 종이 벽지로 도배한 경우는 걸레를 사용하지 말고 더러움 제거 전용 스펀지 등을 사용한다.

② 메이크업 작업대, 테이블, 의자의 위생관리
- 메이크업 작업대에 화장품이 묻었다면 전용 리무버를 사용하여 더러움을 먼저 닦는다.
- 그다음 메이크업 작업대 상판은 마른걸레를 사용하여 닦는다.
- 메이크업 의자와 상담 의자는 마른걸레로 더러움을 제거한 후 재질에 따라 전용세제를 사용한다.
- 가죽 부분은 가죽 전용세제를 사용하고 의자의 스테인리스 부분은 스틸 전용 광택제를 뿌려 마른걸레질 을 하여 광택을 낸다. 청소 후 소독제, 알코올 등을 뿌린다.

2) 메이크업 트레이 위생관리
- 화장품이 부분적으로 묻어있다면 전용 리무버를 사용하여 깨끗이 제거한다.
- 그 외는 얼룩 제거 전용세제를 뿌려 닦아낸다. 청소전용 브러시를 사용하면 효과적이다.
- 트레이 바퀴의 스테인리스 부분은 스틸 전용 광택제를 뿌려 마른걸레로 광택을 낸다.

3) 실내공기의 위생관리

① 배긴 후드 청소하기
- 배기 후드의 이물질이나 더러움을 자주 청소하여 깨끗한 상태를 유지한다.
- 배긴 후드는 세척제를 이용하여 더러움을 제거한다.
- 세척 후 완전히 건조한다.

② 메이크업 작업대, 테이블, 의자의 더러움을 제거한다.
- 실내의 온도 차는 5~7℃를 유지한다.
- 쾌적한 습도인 40~70%를 유지한다.

Chapter 03 ▶ 메이크업 재료, 도구, 위생관리

❶ 메이크업 재료, 도구, 기기 관리

위생관리는 소독과 멸균의 전 단계로서 세제를 이용한 세척을 통하여 메이크업 시술 시 오염과 감염으로부터 안전한 상태가 되는 것을 말한다.

1) 메이크업의 위생원칙

메이크업하는 장소는 여러 사람이 함께 모여 작업하는 곳이므로 메이크업을 하는 공간, 환경뿐만 아니라 도구, 재료 등을 항상 청결하게 유지 관리하여 위생적인 메이크업 시술을 할 수 있도록 하는 것이 메이크업의 위생원칙이다.

2) 소독
① 소독
- 병원성 미생물의 생활력 파괴 및 사멸
- 감염과 증식력을 없애 질병이 발생할 수 없게 함

② 멸균
- 강한 살균력
- 병원성 미생물의 생활력 억제

③ 살균
- 병원성 미생물을 이학적, 화학적 방법으로 감소

④ 방부
- 병원성 미생물의 생활작용을 억제
- 부패 및 발효 방지

3) 소독법
① 자연소독법
- 희석 : 살균 효과는 없으나 균의 수를 감소
- 태양광선 : 강력한 살균작용
- 한랭(냉각) : 세균발육을 저지

② 물리적 소독법
- 멸균법 : 화염 멸균법, 건열 멸균법, 소각소독법
- 습열 멸균법 : 자비소독법, 고압증기 멸균법, 유통 증기 멸균법, 저온소독법, 초고온 순간멸균법
- 무가열 멸균법 : 자외선살균법, 일광소독, 초음파 멸균법, 세균 여과법

③ 화학적 소독법
- 알코올 : 에탄올, 아이소프로판올(50% 농도로 손 소독)
- 포름알데히드(포르말린) : 단백질 응고작용, 피부사용에 부적합
- 양이온 계면활성제(역성비누) : 손 소독, 0.01~0.1% 수용액
- 양성 계면활성제 : 손 소독, 기계 및 가구 소독
- 음이온 계면활성제(보통비누) : 세정에 의한 균 제거

④ 페놀 화합물
- 석탄산 : 오염 의류 침구, 배설물 소독(3% 수용액 사용)
- 크레졸 : 손, 오물, 배설물, 미용실 실내소독
- 과산화수소 : 피부 상처소독, 구강소독제, 실내공간살균

PART 1   메이크업 위생관리

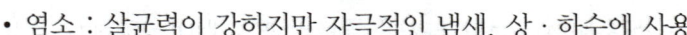

- 염소 : 살균력이 강하지만 자극적인 냄새, 상·하수에 사용
- 승홍 : 맹독성, 금속 부식, 피부소독(0.1~5% 수용액 사용)

2 메이크업 도구, 기기 소독

1) 스펀지류
① 미지근한 물에 적신 다음 중성세제나 비누를 사용하여 주무르듯이 세척한다.
② 깨끗한 물에 여러 번 헹군 다음 물기를 짠다.
③ 통풍이 잘되는 곳에 펼쳐 놓고 말린다.

2) 퍼프류
① 퍼프를 미지근한 물에 적신 다음 중성세제나 비누를 묻힌다.
② 세게 비벼 빨면 모양이 망가질 수 있으므로 가볍게 쓰다듬듯이 빤다.
③ 깨끗한 물에 여러 번 헹구고, 섬유유연제를 풀어 놓은 물에 담가 준 다음 물기를 제거한다. 물기를 제거할 때 퍼프의 형태가 변하지 않도록 가볍게 눌러 물기를 짠다.
④ 통풍이 잘되는 곳에 펼쳐 놓고 말린다.

3) 스파툴라
① 오염물을 화장솜에 클렌징 오일을 묻혀 닦아낸다.
② 중성세제나 비눗물로 세척한 다음 헹군다.
③ 소독제를 묻힌 화장솜으로 소독하거나 자외선 소독기에서 소독한다.

4) 금속류
① 오염물을 티슈나 물티슈로 닦아낸다.
② 알코올을 뿌려 소독하거나 자외선 소독기에 넣어 소독한다.

5) 브러쉬
① 색조 화장품이 묻었다면 먼저 클렌징오일을 화장솜에 묻혀 오염물을 닦아낸다.
② 샴푸를 풀어 놓은 물에 브러시를 넣어 세척한다. 메이크업 브러시는 천연모이므로 비비지 말고 흔들어 가볍게 세척해야 선단 부분이 손상되지 않는다.
③ 충분히 헹구고 섬유유연제를 풀어 놓은 물에 담갔다 꺼내어 수건 위에 놓고 가볍게 눌러 물기를 제거한다.
④ 병이나 통에 꽂아 두고 말리면 브러시 모양이 변형되므로 반드시 통풍이 잘되는 평평한 곳에 옆으로 눕혀 말려야 한다.

6) 아이래쉬 컬러
① 우선 고무 부분에 묻어있는 오염물을 알코올을 묻힌 화장솜으로 닦는다.
② 모든 부분을 알코올을 묻힌 화장솜으로 닦거나 알코올을 뿌려 소독한다.

7) 자외선 소독기
① 깨끗한 수건에 물을 묻혀 꼭 짠 다음 자외선 기기의 내외부를 깨끗이 닦는다.
② 마른 수건으로 물기를 제거한다.
③ 알코올을 자외선 기기의 내부와 외부에 뿌려 소독한다.

8) 의류
① 작업이 끝나면 세탁용 세제를 이용하여 반드시 세탁한다.

9) 에어브러시
① 오염물을 물걸레로 닦은 후 마른 수건으로 물기를 제거한다.
③ 알코올을 뿌려 소독한다.

Chapter 04 ▶ 메이크업 작업자의 위생관리

1 메이크업 작업자 개인 위생관리

1) 메이크업 아티스트의 용모 위생관리
- 깨끗이 세탁한 복장과 앞치마, 위생 가운, 작업복 등을 착용한다.
- 단정하게 앞머리나 옆머리 등이 흘러내리지 않도록 한다.
- 손톱은 너무 길지 않게 하며 자연스럽고 깔끔한 색상의 네일케어를 하도록 한다.
- 메이크업은 자연스럽고 깔끔한 느낌이 드는 색조로 연출한다.

2) 메이크업 아티스트의 작업 시 위생관리
- 항시 손을 깨끗이 씻는다.
- 시술자는 위생 마스크를 사용하며, 작업 시 모델과의 30㎝ 이상 거리 유지를 한다.
- 작업을 시작하기 전, 손에 소독제를 뿌려서 소독한다.
- 음식물을 섭취한 후에는 반드시 양치질하여 구강을 청결하게 하며 구강청결제를 사용하여 입냄새를 제거한다.

3) 메이크업 아티스트의 작업 후 위생관리
- 시술 후에는 반드시 비누로 손을 깨끗이 씻는다.
- 사용한 위생가운, 앞치마, 작업복 등을 세탁한다.

Chapter 05 ▶ 피부의 이해

1 피부의 구조 및 기능

(1) 피부의 구조
① 피부는 신체의 외부를 덮고 있는 하나의 막이다.
② 체중의 20%를 차지하고 다양한 생리적 기능을 수행하며, 외부의 자극으로부터 신체 내부를 보호하고 조절하는 역할을 한다.
③ 피부는 수분과 지방, 단백질, 무기질로 구성되어 비교적 유연하

PART 1 메이크업 위생관리

고 질긴 구조이며, 육안으로는 단순하고 평평한 구조로 보이지만 현미경을 통해 관찰하면 복잡한 그물 모양의 구조이다.
④ 피부는 표피, 진피, 피하지방층의 3개 층으로 나누어져 있다.

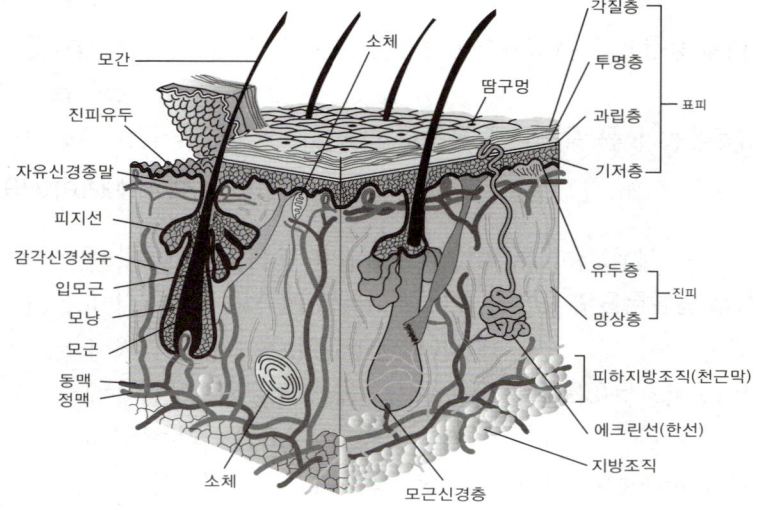

1) 표피(Epidermis)

① **표피의 역할** : 표피는 피부의 가장 바깥 표면을 이루고 있으며 세균 등의 유해물질이나 자외선과 같은 외부의 자극인자들로부터 신체를 보호한다.
② **표피의 세포** : 각질형성세포, 멜라닌세포, 촉각세포, 랑게르한스세포
③ 표피에는 혈관이나 신경이 없으며 기저층, 유극층, 과립층, 투명층, 각질층으로 이루어져 있다.
④ 기저층에서 세포가 만들어져 28일 주기로 성장 – 성숙 – 노화의 과정을 거치면서 각화가 진행된다.

> **tip**
> **각질화작용(Keratinization)**
> 5층으로 구성된 표피는 기저층에서 분열된 새로운 세포가 연속적으로 변화하여 위로 밀려 올라옴에 따라 모양이 편평한 각질세포가 되고, 최종적으로 때의 형태로 탈락되는 '각화작용'의 중요한 기능을 수행한다. 각화작용에 걸리는 시간은 약 26~28일이다.

2) 진피(Dermis)

① 진피는 표피와 피하지방층 사이에 위치하는 불규칙성 치밀 섬유 결합조직이다.
② 표피보다 20~40배 정도 두꺼운 층으로 표피 아래에 있다.
③ 진피의 경계는 뚜렷하지 않으나 구조상 유두층과 망상층으로 분류된다. 이 층들은 단백질의 일종인 교원섬유(Collagenous Fiber)

와 탄력섬유(Elastic Fiber)가 그물 모양으로 구성되어 있고, 화학적 자극에 강한 저항력을 가지고 있어 각질층과 함께 신체 내부를 보호하며, 신체의 탄력과 윤기를 유지하는 역할도 한다.

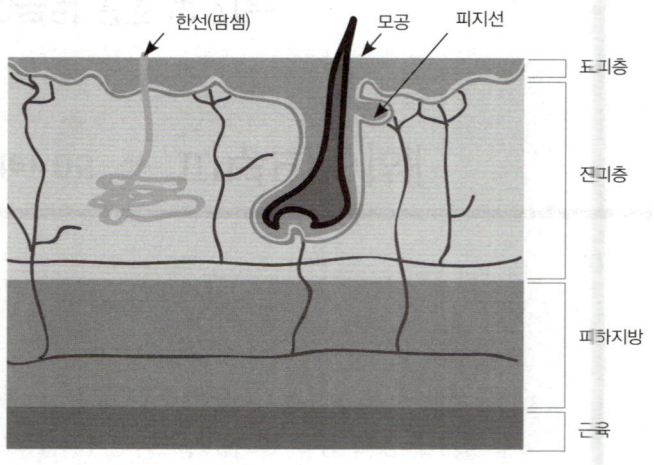

3) 피하조직(Subcutaneous Tissue)

① 진피와 골격 사이에 있는 층이다.
② 신체 부위, 성별, 연령, 영양 상태에 따라 두께의 차이가 있다.
③ 외부의 기계적 충격을 방어하며 체내의 열이 발산되지 않도록 막아 몸을 따뜻하게 보호하고, 남아 있는 영양물질을 지방으로 저장하는 역할을 한다.
④ 물을 저장하여 수분 조절을 한다.
⑤ 지방세포 사이사이에는 굵은 형태의 혈관, 림프관과 섬유가 있다.

(2) 피부의 기능

1) 보호작용

① 물리적 자극에 대한 보호 ② 화학적 자극에 대한 보호
③ 세균에 대한 보호 ④ 광선에 대한 보호

2) 분비작용

① 땀의 분비 : 한선에서 분비된 땀은 피부 보습 유지 기능과 더불어 체온 조절, 노폐물 배설의 길잡이 역할을 한다.
② 피지의 분비 : 피지선에서 분비되는 피지는 한선에서 배설되는 땀과 서로 섞여 피부 표면에 피지막을 만들고 피부에 광택을 주어 매끄럽게 하며 수분의 증발을 막는다.

3) 체온조절작용

① 수분 증발 저지막(레인 보호막)으로 피부 건조를 방지한다.
② 혈관의 수축과 이완, 한선의 땀 분비를 통해 체온을 조절한다.

4) 흡수작용

피부는 특정한 물질을 선택적으로 흡수하는 작용을 한다. 물과 이물질의 침투가 일어나면 피지막 및 각질층, 레인막에서는 이들의 침투를 최대한 방어하고 저지하지만, 피부 표면의 지방막 때문에 지용성 물질 같은 것은 흡수가 가능하다.

5) 감각작용

① 피부에는 감각기관인 신경 종말 수용기가 전신에 200~400만 개 정도 분포한다.
② 촉각, 온각, 냉각, 통각, 압각, 소양감을 느끼게 한다.

PART 1 메이크업 위생관리

6) 저장작용
① 표피층과 진피층에서 수분과 영양물질의 에너지원을 저장한다.
② 피하지방조직에서는 지방을 저장한다.

7) 비타민 D 합성작용
① 피부 내 프로비타민 D가 자외선에 노출되면 화학적으로 변하여 과립층에서 비타민 D를 생성한다.
② 비타민 D는 칼슘의 흡수를 돕고 뼈와 치아의 형성에 관여한다.

(3) 피부 부속기관

1) 한선(Sweat Gland)

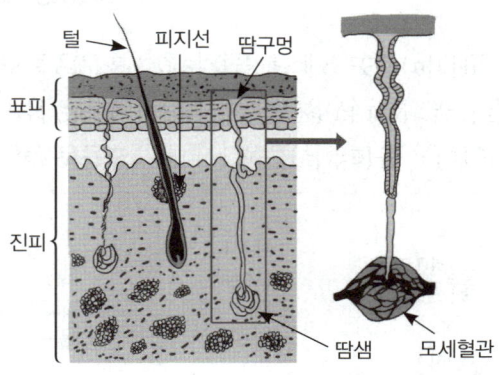

① 소한선(에크린선)
 ㉠ 흔히 말하는 땀샘으로 입술과 외음부를 제외한 온몸에 분포한다.
 ㉡ 손바닥, 발바닥에 풍부하다.
 ㉢ 피부 표면에 직접 한공이 열려 있으며 수분과 수용성 물질을 분비하여 체온 조절, 노폐물 배설 등 한선의 기능을 수행한다.
 ㉣ 땀의 산도는 pH 3.8~5.6이며, 99%의 수분으로 되어 있다.
② 대한선(아포크린선)
 ㉠ 모낭의 윗부분과 연결되어 있어 모공을 통해 분비된다.
 ㉡ 단백질 함유량이 많아 색이 혼탁하고 알칼리성이다.
 ㉢ 한선 내에서는 무취, 무균이나 표면에 배출되면 분해되어 개인 특유의 체취를 형성한다.
 ㉣ 세균으로 인해 산도가 붕괴되면 땀 성분이 부패되어 암내와 같은 악취를 발생시킨다.

2) 피지선(기름샘)
① 피지선은 진피의 망상층에 존재한다.
② 모낭에 피지(Sebum)를 분비하는 선(Gland)으로, 모낭의 안쪽과 연결되어 모공을 통해 피지를 분비한다.
③ 얼굴의 T존, 두피, 가슴 등 주로 중심부에 많이 분포한다.
④ 독립피지선 : 털이 없는 구강, 입술 점막, 여성의 유두, 안검
⑤ 남성은 테스토스테론이, 여성은 에스트로겐이 피지 생산에 관여한다.
⑥ 피지선의 역할
 ㉠ 피부와 털을 윤기 있게 한다.
 ㉡ 피지막을 만들어 수분이 증발되는 것을 막아준다.
 ㉢ 세균의 침입을 억제하여 피부를 보호한다.

2 피부유형 분석

(1) 피부의 유형
① 피부의 유형은 전문적인 시스템에 따른 분류가 필요하다.
② 피부의 유형 : 건성 피부, 지성 피부, 정상(중성) 피부, 복합성 피부, 민감성 혹은 예민성 피부
③ 피부 타입을 결정하는 주된 결정 인자는 분비물(Secretions)로, 피부 세포와 모공 속의 피지샘 사이에서 생산된다.
④ 피부 타입을 분류하는 데 기초가 되는 지질장벽은 피부 세포 사이의 지질 분비물의 질과 활성도의 수준에 따라 나누어진다.
⑤ 지질 장벽은 나이가 들수록 감소해 탄력 저하나 주름 등이 형성되는 피부를 만든다.

(2) 각 피부의 성상 및 특징

1) 정상 피부(중성 피부, Normal Skin)
① 육안으로 보거나 가볍게 촉진했을 때 피부결이 섬세하다.
② 수분과 피지량이 적절하며 피부 표면이 매끄럽고 촉촉하다.
③ 혈액순환이 잘 이루어져 혈색이 좋고 볼 주위로 핑크빛이 돈다.
④ 기미, 잡티 등의 색소 침착, 여드름 같은 피부 질환이 없다.
⑤ 피부의 탄력이 좋으며 잔주름도 없다.
⑥ 화장이 잘 받고 지워지지 않으며 오랫동안 지속된다.
⑦ 피지선과 한선의 기능이 정상적이며, 유·수분의 조화로운 균형을 이룬다.
⑧ T존 부위에 약간의 모공이 보인다.

2) 건성 피부(Dry Skin)
① 각질층의 수분 함유량이 10% 이하로 부족하다.
② 피부결이 섬세하고 모공이 작거나 거의 보이지 않는다.
③ 피지와 땀의 분비가 적어 표면이 항상 건조하고 윤기가 없다.
④ 피부 저항력이 약하여 상처가 잘 생겨서 색소 침착이 용이하다.
⑤ 염증성 피부병이 잘 생기며 다른 피부 유형보다 노화가 빨리 나타난다.
⑥ 세안 후 피부가 심하게 당기며, 심할 경우 소양감(가려움증)이 발생하기도 한다.

3) 지성 피부(Oily Skin)
① 각질이 두껍게 쌓여있어 안색이 칙칙하다.
② 피지 분비 과다로 모공이 넓고, 코 부위에 면포와 같은 트러블이 잘 발생한다.
③ 피지분비가 많아 피부 결이 거칠고 번들거린다.
④ 화장이 밀리고 빨리 지워진다.
⑤ 여드름 발생 가능성이 높다.

4) 민감성 피부(Sensitive Skin)
① 특정한 환경이나 외부 자극에 노출되어 있는 사람들에게서 많이 나타난다.
② 모세혈관이 확장되어 있다.
③ 화장품 사용 후 반응이 금방 나타나며, 쉽게 붉어지고 트러블이 생길 수 있다.
④ 심하게 예민해지면 피부가 열이 오른 뒤 건조해지고 각질이 들뜬다.
⑤ 물리적 마찰이나 기후 변화에 의해 쉽게 홍반현상이 나타난다.

5) 복합성 피부(Combination Skin)

① 피지의 분비량이 고르지 않아 2가지 이상의 피부 상태가 존재한다.
② 보편적으로 T존(코, 이마) 부분은 피지 분비가 많은 지성으로 모공이 크며 번들거리고, 여드름이 동반되기도 한다.
③ 광대뼈 및 볼 주위에 색소 침착이 쉽게 일어난다.
④ 볼을 중심으로 U존 부위(빰)는 피지분비가 적어 건조하여 당김이 느껴지고, 건조가 심하면 각질이 일어나기도 한다.
⑤ T존을 제외한 부위는 세안 후 당김 현상이 심하고 눈가 주변에 잔주름이 쉽게 생긴다.

6) 노화 피부(Ageing Skin)

① 각질층이 두껍다.
② 혈액순환 저하, 색소 침착으로 인해 안색이 불균형하다.
③ 잔주름 외에도 표정 주름(굵은 주름)이 보인다.
④ 피부가 건조하여 잔주름과 굵은 주름이 생길 수 있다.
⑤ 피부 깊숙한 곳에서부터 당김이 느껴진다.
⑥ 신진대사가 저하되어 피부 재생이 원활히 이루어지지 않는다.
⑦ 탄력이 저하되고 모공이 약간 확장되어 있다.

3 피부와 영양

(1) 3대 영양소, 비타민, 무기질

1) 영양소

생명을 유지하기 위해서 인체가 필요로 하는 물질을 영양소라 하며, 우리 몸에 필요한 40여종 이상의 화학물질을 섭취해야 한다.

3대 영양소	5대 영양소	6대 영양소	7대 영양소
탄수화물 단백질 지방	탄수화물 단백질 지방 무기질 비타민	탄수화물 단백질 지방 무기질 비타민 물	탄수화물 단백질 지방 무기질 비타민 물 식이섬유

① 열량 영양소 : 에너지 공급(탄수화물, 단백질, 지방)
② 구성 영양소 : 신체 조직 구성(단백질, 무기질, 물)
③ 조절 영양소 : 생리기능과 대사 조절(비타민, 무기질, 물)

2) 3대 영양소

※ 탄수화물(Carbohydrate)
　인체 활동에 절대적 필요 물질이지만 과다한 섭취는 비만의 원인이 되며, 피부 수분 함량을 높일 수 있다.
① 탄수화물의 기능
　㉠ 에너지 공급원(1g당 4kcal)으로 혈당 유지
　㉡ 지방성과 지방대사 조절
　㉢ 단백질의 절약작용
　㉣ 과잉 섭취 시 글리코겐 형태로 간에 저장
　㉤ 조섬유로서의 기능(장의 활성화)
　㉥ 결체조직의 합성
② 탄수화물의 종류
　㉠ 단당류 : 포도당, 과당, 갈락토오스
　㉡ 이당류 : 자당, 맥아당, 유당

㉢ 다당류 : 전분, 섬유소, 글리코겐, 덱스트린

※ 지방(Lipid)
　지방질은 지방, 기름, 지방유사물질 등을 통합한 천연 화합물의 총칭이다. 체지방의 형태로 에너지를 저장하여 체온 조절, 피부 건조 방지, 피부 윤기 등의 피부 보호 역할을 한다.
① 지방의 기능
　㉠ 에너지 공급원
　㉡ 필수 지방산의 공급
　㉢ 지용성 비타민의 용매
　㉣ 신체 보호 절연체
　㉤ 체세포, 뇌, 신경조직 등의 세포막 구성
　㉥ 피부보습작용과 항산화작용 및 세균 침입 억제작용
② 지방의 종류
　㉠ 단순지질 : 중성지방, 밀랍
　㉡ 복합지방질 : 인지질, 당질, 지단백
　㉢ 유도지방질 : 지방산, 콜레스테롤, 스테롤, 글리세롤

※ 단백질(Protein)
　생명 유지와 발육, 생체의 구성성분 등에 필수적인 성분이다. 소화 과정에서 단백질은 아미노산으로 분해되어 장 조직에 의해 흡수됨으로써 체조직을 구성한다.
① 아미노산의 종류

분류	특징	종류
필수 아미노산	체내에서 합성이 불가능하며 반드시 식품을 통해 흡수해야 한다.	페닐알라닌, 트립토판, 발린, 루이신, 아이소루이신, 메티오닌, 트레오닌, 라이신, 히스티딘(어린이에게 필수), 아르기닌(어린이에게 필수)
불필수 아미노산	체내에서 합성이 가능하다.	글리신, 알라닌, 프롤린, 타이로신, 세린, 시스테인, 아스파테이트, 글루타메이트, 아스파라긴, 글루타민

② 단백질의 기능
　㉠ 피부, 근육, 혈관, 내장, 골격을 형성한다.
　㉡ 조직의 재생과 보수를 한다.
　㉢ 혈청단백을 형성한다.
　㉣ 효소, 호르몬을 합성한다.
　㉤ 에너지를 만든다.
　㉥ 체작용 조절 : 삼투압과 수분 평형, 혈액과 조직 내의 산·염기 평형을 조절한다.
　㉦ 피부의 각화 현상을 원활하게 한다.
　㉧ 피부 저항력을 증진시킨다.
　㉨ 피부 윤택성과 탄력성을 향상시킨다.
③ 단백질 결핍증 : 발육장애, 근육쇠약, 저혈압, 체내기능 저하

3) 비타민과 무기질

※ 비타민(Vitamin)
　체내의 생리작용에 관여하는 미량의 유기화합물이다. 대사작용을 조절하며 에너지 변형에 중요한 역할을 한다. 체내에서 합성되지 않기 때문에 음식으로 섭취해야 하며, 빛, 열, 공기 중에서 쉽게 산화될 수 있다.
① 기능
　㉠ 소량으로 신체기능을 조절한다.

PART 1 메이크업 위생관리

ⓒ 세포의 성장, 촉진, 생리대사에 보조적인 역할을 한다.
ⓓ 대부분 인체 내에서 합성되지 않아 반드시 음식물로 섭취해야 한다.
ⓔ 면역 기능을 강화시킨다.

※ 무기질
① 기능
  ㉠ 우리 몸을 구성하는 구성성분이다.
  ㉡ 인체 내에서 생리활동을 조절하는 조절소로서 체중의 2% 정도를 함유한다.
  ㉢ 체액 균형 유지, 세포 기능 활성화에 필요하다.
  ㉣ 체내에서 합성되지 않아 반드시 식품을 통해서 섭취해야 하는 필수 영양소이다.
  ㉤ 뼈를 형성하고 골격을 단단하게 만든다.
② 종류

종류	특징
칼슘(Ca)	• 골격과 치아의 주성분이다. • 출혈 시 혈액 응고를 돕는다. • 심장, 신경, 근육이 일을 잘 하도록 돕는다.
인(P)	• 칼슘과 함께 골격과 치아의 주성분이다. • 체액의 pH 기능을 조절한다. • 핵산과 세포막의 구성성분이다. • 산·알칼리의 균형을 조절한다.
철(Fe)	• 조혈작용, 면역기능, 인지기능을 담당한다. • 단백질과 함께 헤모글로빈을 생성하며 피부의 혈색과도 관련이 있다. • 모든 세포에 들어 있어 산소를 운반한다.
나트륨(Na)	• 우리 몸의 수분 균형을 유지한다. • 체내 노폐물 배설을 촉진한다. • 근육, 신경, 심장근육의 활동을 유지한다. • 산·알칼리의 균형을 유지한다.
요오드(I)	• 갑상선 호르몬인 티록신의 주요 성분이다. • 모세혈관을 정상화한다.
마그네슘(Mg)	• 심장이 정상적으로 뛰도록 심장근육을 돕는다.

(2) 피부와 영양

1) 식이요법
① 균형 잡힌 식단이 되도록 지방과 탄수화물의 섭취는 줄이고 양질의 단백질 섭취는 늘린다.
② 충분한 수분과 무기질, 비타민을 섭취한다.
③ 평소 소량의 식사를 하고 염분을 적게 섭취한다.

2) 충분한 수분 공급
① 충분한 수분 섭취는 신체의 대사를 도와 영양과 노폐물 제거를 돕는다.
② 수분 부족은 피부를 건조하게 만들며, 보습력을 저하시켜 탄력이 떨어지고 주름을 만들어 노화를 촉진하는 원인이 된다.

3) 3대 영양소
① 탄수화물 : 피부 세포에 활력을 부여하고 보습효과를 높인다.
  ㉠ 결핍 시 : 피부 질환
  ㉡ 과잉 시 : 피지 분비 과다, 접촉성 피부염이나 부종

② 지방 : 피부 건조를 방지하고 윤기와 탄력을 유지한다.
  ㉠ 결핍 시 : 피부 윤기 저하, 피부 결이 거칠어지고 노화 촉진
  ㉡ 과잉 시 : 콜레스테롤이 혈관 노화를 촉진
③ 단백질
  ㉠ 결핍 시 : 피지 분비 감소, 진피세포의 노화, 조기 노화 초래
  ㉡ 적당량 : 피부 조직의 재생작용에 관여

4) 비타민
① 지용성 비타민(A, D, E, F, K) : 지방을 녹이는 유기용매로 녹는 비타민이며, 과잉 섭취 시 체내에 저장된다.
② 수용성 비타민(B, C, P) : 물에 용해되고 열에 강하며 체내에 축적되지 않고 소변으로 배출되며 결핍 증상이 빨리 나타난다.
③ 종류

분류	종류	특징	결핍증
지용성 비타민	비타민 A	• 상피조직의 신진대사를 통해 피부 세포를 형성하여 건강한 피부를 유지하고 주름과 각질을 예방한다.	야맹증, 안구건조증
	비타민 D	• 자외선을 통해 합성이 가능하다. • 칼슘과 인의 흡수를 도와 골격을 형성한다.	구루병, 골다공증
	비타민 E	• 노화 방지와 세포 재생을 돕는다. • 성호르몬을 생성하고 생식기능에 관여한다. • 항산화제, 호르몬을 생성한다.	유산, 불임, 조산
	비타민 K	• 모세혈관의 벽을 튼튼하게 한다. • 혈액응고작용에 관여한다.	
수용성 비타민	비타민 B_1 (티아민)	• 탄수화물의 에너지 대사에 필요한 보조 효소 역할을 한다. • 신경 계통을 건강하게 한다. • 피부의 면역력을 증진시킨다.	각기병, 식욕부진, 피로
	비타민 B_2 (리보플라빈)	• 효소들의 보조 효소로서 에너지 생성을 돕는다. • 성장 촉진 비타민으로 어린이의 성장을 돕는다. • 피부에 보습과 탄력을 부여하며, 피부 진정에 효과적이다.	구각염, 구순염, 설염
	비타민 B_5 (판토텐산)	• 단백질 대사에 관여한다. • 피부, 모발, 손톱의 각질화에 중요한 작용을 한다. • 병원균의 감염을 막고 상처 회복에 효과가 있다.	
	비타민 B_6 (피리독신)	• 피지선의 기능을 도와 피지 분비를 억제한다. • 단백질과 아미노산 대사에 필요한 보조 효소이다. • 산에 안정적이고 자외선에 쉽게 파괴된다.	지루성 피부, 피부병, 빈혈, 근육통, 신경통
	비타민 B_{12} (코발라민)	• 적혈구 생성에 관여하며 조혈작용을 돕는다.	성장장애, 지루성 피부염

PART 1 메이크업 위생관리

수용성 비타민	니아신	• 피부의 탄력과 건강을 유지한다. • 구강 점막의 염증 치료에 관여한다. • 산, 알칼리, 열, 광선에 안정적이다.	피부병, 설사, 우울증, 건망증, 현기증
	비타민 C (아스코르빈산)	• 항산화 비타민으로 미백효과가 있다. • 모세혈관을 강화하여 출혈을 방지한다. • 철분 흡수를 촉진하고, 단백질과 지방대사를 돕는다. • 조기 노화, 색소 침착 방지에 효과가 있다.	괴혈병

(3) 체형과 영양

1) 체형관리

① 올바른 식생활과 운동을 통해 건강한 체형을 가꿀 수 있다.
② 하루에 필요한 영양소와 연령, 체격, 활동량에 따라 각기 다르다.
③ 비만은 피하지방층이 과도하게 발달하여 과체중, 신체의 셀룰라이트, 튼살, 피부가 겹치는 부위의 습진 등의 피부염이 발생한다.
④ 성인의 경우 1일 권장 섭취량은 남성은 2,500kcal, 여성은 2,000kcal이다.
⑤ 피부관리와 병행하여 식이요법, 운동, 생활습관 개선, 정신적 안정 등을 함께 해야 하며 장기적이고 꾸준한 관리가 필요하다.
⑥ 체형관리는 전신관리가 주로 시행되며 다양한 기기 관리 및 수기요법 등의 테라피를 함께 사용한다.

2) 비만

※ 비만의 원인
① 유전적, 체질적 요인　　　② 환경적인 요인
③ 에너지 대사 저하 및 대사증후군　　④ 열량 섭취 과다
⑤ 운동 부족 및 생활습관 불균형

※ 비만도
① 과체중 : 표준 체중의 10% 이상
② 비만 : 표준 체중의 20% 이상
③ 비만증 : 체내 지방률 30% 이상

※ 비만으로 인한 성인병
① 복부지방 : 고혈압, 당뇨병, 고지혈증
② 팔·다리 지방 : 정맥류, 관절염
③ 기타 : 만성피로, 호흡곤란, 편두통, 우울증

3) 체형과 영양

※ 탄수화물
① 조섬유소로 장의 연동 운동과 음식물의 부피 증가로 변비 예방에 효과적이다.
② 과다 섭취 시 비만의 원인이 되며 체질이 산성화된다.

※ 지방
① 피하지방층의 과다 축적이 비만을 초래한다.
② 총 열량의 20~25%을 넘기지 말아야 한다.

※ 단백질
단백질은 근육 등의 체조직과 탄력 섬유 구성에 필수적이나, 과다 섭취는 자제해야 한다.

4 피부와 광선

(1) 자외선이 미치는 영향

1) 자외선의 정의

① 자외선은 눈에 보이지 않는 광선으로 파장의 길이가 200~400nm(나노미터)이다.
② 피부에 생물학적인 반응을 유발하는 광선이다.
③ 강한 살균기능이 있어 '화학선'이라고도 하며, 소독기 등에 사용된다.
④ 파장에 따라 UV-A, UV-B, UV-C로 구분한다.

2) 자외선의 종류 및 영향

종류	파장	특징
장파장 (UV-A)	320~400nm	• 진피층까지 침투 • 콜라겐과 엘라스틴을 파괴하여 탄력 저하 및 노화 촉진 • 색소 침착을 유발 • 선탠(Suntan) 반응
중파장 (UV-B)	280~320nm	• 표피층에 흡수되며 일광 화상, 홍반 등을 유발 • 기미의 원인이 되며, 표피의 바닥층까지 침투하여 각질층을 두껍게 만들어 피부 노화 촉진 • 구루병 예방에 도움이 된다.
단파장 (UV-C)	200~290nm	• 짧은 파장으로 오존층에 흡수되어 피부에 거의 영향을 주지 않음 • 강력한 소독과 살균효과가 있음

3) 자외선의 영향

※ 장점
① 살균 및 소독효과
② 혈액순환 촉진
③ 강장효과
④ 비타민 D 형성 : 면역력 강화, 구루병 예방

※ 단점
① 일광 화상
② 색소 침착 및 광노화, 홍반 반응

(2) 적외선이 미치는 영향

1) 적외선의 정의

① 적외선은 800~220,000nm의 장파장이다.
② 피부에 자극 없이 열을 발생시키는 붉은색의 열선이다.

종류	특징
근적외선	진피 침투, 자극효과
원적외선	표피전층 침투, 진정효과

2) 적외선의 영향

① 혈관을 확장해 혈액순환을 촉진한다.
② 체내에 축적된 노폐물을 배출하고 지방 및 셀룰라이트를 관리한다.
③ 영양분이 피부 깊이 침투되는 것을 돕는다.
④ 신진대사를 촉진하여 긴장된 근육을 이완시켜 통증을 완화한다.
⑤ 진정효과와 면역강화효과가 있다.

PART 1 메이크업 위생관리

5 피부면역

(1) 면역의 종류와 작용

면역이란 외부로부터 침입하는 특정한 병원체 또는 화학물질에 대해서 강한 저항성을 나타내는 상태로, 어떤 질병을 앓고 난 후 그 질병에 대한 저항성이 생기는 현상이다.

항원	인체의 면역체계에서 면역반응을 일으키는 원인물질
항체	항체와 항원이 반응한 결과로 이물질에 대응하기 위해 림프구에 의해 생성된 단백질

1) 면역의 종류

※ 자연 면역(선천 면역)
① 신체적 방어벽 : 피부, 호흡기
② 화학적 방어벽 : 입, 코, 목구멍, 위의 산성 내부 점액질
③ 식균작용과 염증반응
  ㉠ 1차 : 혈액의 백혈구
  ㉡ 2차 : 림프절, 몽우리 발생
  ㉢ 2차를 거치면 90% 이상의 세균 소멸

※ 능동 면역(획득 면역)
① 예전에 특정 침입자가 면역체에 들어와 공격당했던 것을 기억하여 특정 유기체에 대해서 면역을 갖게 되는 것이다. 질병을 앓고 난 후 또는 예방접종을 통해 얻는다.
② 종류
  ㉠ 자연 능동 면역 : 어떤 질병에 감염된 후 자신도 모르는 사이에 면역이 성립되어 저항성을 나타내는 경우이다.
  ㉡ 수동 면역 : 임신한 모체의 태반이나 초유를 통해 성립되는 자연 수동 면역과 백신접종을 통해 어떤 병원체를 인위적으로 감염시켜 면역을 획득하는 인공 수동 면역이 있다.

2) 피부의 면역 작용
① 피부는 여러 층으로 외부의 이물질에 방어 구조를 갖는다.
② 피부 표면의 건조로 미생물 안착이 용이하지 않다.
③ 피지선의 피지는 각종 미생물에 의해 피지가 지방산이 되어 약산성화되면서 미생물의 번식을 막는 역할을 한다.
④ 피부 각질 박리를 통해 미생물 번식을 막는다.

6 피부 노화

(1) 피부 노화의 원인

1) 노화의 정의

태어나서 죽을 때까지 여러 가지 외적인 변화로 인해 점진적인 퇴행성 변화를 겪으며 이에 반응하는 능력이 떨어지는 현상으로, 사망에 이르기까지 진행되는 과정이다.

2) 피부 노화의 원인
① 피부관리를 소홀히 하고 방치한 경우
② 일광이나 바람, 오염된 공기에 과다 노출된 경우
③ 신체적, 정신적 질병 상태의 지속
④ 스트레스로 인한 심리적 불안정
⑤ 의약품의 장기 복용
⑥ 운동 부족이나 과도한 운동
⑦ 화장품 오남용으로 인한 부작용
⑧ 항염성 크림의 과다 사용
⑨ 지나친 음주, 흡연
⑩ 무리한 다이어트로 인한 체중 감소, 피하지방층의 급격한 함몰

(2) 피부 노화 현상

약 25세를 기점으로 나이가 들면서 인체의 기능이 저하되는 점진적인 내적 퇴행성 변화이다.

1) 생리적 노화(내인성 노화)

시간에 의해 자연적으로 발생하는 노화를 말한다.
① 표피와 진피의 구조적 변화로 피부가 얇아짐
② 영양 교환의 불균형으로 피부 윤기 감소
③ 세포와 조직의 탈수 현상으로 수분이 부족하여 주름 생성
④ 세포 재생 주기의 지연으로 상처 회복 둔화
⑤ 자외선에 대한 방어 능력 저하로 과색소 침착과 반점 형성
⑥ 면역력 저하와 신진대사 기능 저하
⑦ 피지선 분비 감소

2) 환경적 노화(외인성 노화, 광노화)
① 피부 건조와 함께 각질층 두께가 두꺼워짐
② 탄력 저하로 주름 생성 및 색소 침착
③ 광노화는 각질형성세포의 증식과 속도를 증가시켜 표피가 두꺼워짐
④ 표피층의 랑게르한스세포 수의 감소로 인한 피부 면역력 저하
⑤ 자외선에 의한 DNA의 파괴는 피부암으로 발전될 가능성이 있음
⑥ 탄력섬유의 이상 증식 및 모세혈관 확장

7 피부장애와 질환

(1) 원발진과 속발진

1) 원발진(Primary Lesions, 피부의 1차적 장애)

건강한 피부에 초기 상태의 병변을 일컫는 것이다.

종류	설명
반점	주변 피부와 색이 달라진 경계가 뚜렷한 타원형 모양으로, 기미, 주근깨, 몽고반점 등이 있다.
홍반	모세혈관의 울혈에 의한 피부발적 상태이다.
구진	경계가 뚜렷한 직경 1cm 미만의 단단한 융기물로, 주변 피부보다 붉다.
농포	피부표면에 황백색의 고름이 잡히는 것으로, 처음에 투명하다가 혼탁해져서 농포가 된다.
팽진	피부표면이 부풀어 오른 발진으로, 가려움을 동반하고 몇 시간이면 없어진다. 대표적인 것이 두드러기이다.
소수포	표피에 액체나 피가 고이는 피부 융기물로, 2도 화상에서 주로 볼 수 있다.
수포	피부표면이 부풀어 올라 그 안에 액체가 들어 있는 것으로, 1cm 이상의 혈액성 내용물을 가진 물집이다.
결절	구진보다 크고 주위와 비교적 뚜렷하게 구별될 수 있을 정도로 융기된 것이다. 진피나 피하지방층에 형성되어 통증을 수반하며 흉터가 남는다.

PART 1 메이크업 위생관리

종양	직경 2cm 이상의 피부 증식물로 색깔이 있다. 여러 가지 모양과 크기가 있으며 양성과 악성이 있다.
낭종	주위 조직과 뚜렷이 구별되는 막과 내용물을 지닌 주머니를 말한다. 심한 통증과 흉터를 남길 수 있다.

2) 속발진(Secondary Lesions)

원발진에서 이어지는 병적 변화로 회복, 외상의 후기 단계이며 2차적인 증상이 더해져 나타나는 병변이다.

종류	설명
인설, 비듬	벗겨져 떨어진 각질, 비듬 조각으로, 정상적으로는 피부에서 밀리는 때에서 볼 수 있으나 심한 것은 병든 피부에서 볼 수 있으며 표피성 진균증, 건성 등에서 나타난다.
가피	혈청, 혈액, 고름 등이 건조해서 굳은 것으로, 딱지를 말한다.
표피박리	긁거나 벗겨지거나 또는 기계적인 자극으로 생긴 표피결손으로 흉터를 거의 남기지 않고 치유된다.
미란	염증 때문에 표피가 떨어져 나간 상태로 짓무르는 것을 말한다. 수포나 농포가 터져서 생살이 드러나며, 치유되고 나면 거의 흔적을 남기지 않는다.
균열	심한 건조나 장기간의 염증으로 인해 표피에서 진피까지 가늘고 깊게 찢어진 상처를 말한다.
궤양	염증성 괴사에 의해 표피, 진피, 피하조직에 이르는 피부조직 결손으로 상처를 남긴다.
반흔	흉터를 말하며 상흔이라고도 한다. 진피 또는 깊은 피부층에 미치는 조직 결손부가 결합조직으로 메워지고 표면에 표피가 재생되어서 만들어진 부분으로 다소 융기되어 있거나 우묵한 경우가 있다.
켈로이드	상처의 치유과정에서 진피의 교원질이 과다생성되어 흉터가 피부표면 위로 융기한 것을 의미한다.
위축	진피세포나 그 성분의 감소로 인해 피부가 얇아지고 표면이 매끄러워져서 잔주름이 생기거나 둔한 광택이 나는 상태가 된 것으로 노인성 위축에서 나타난다.
태선화	장기간에 걸쳐 비비거나 긁어서 건조화되는 것으로 만성 소양증에서 나타난다.

(2) 피부질환

1) 과색소 침착증

※ 주근깨
① 선천성 과색소 침착증으로 사춘기 전 · 후에 많이 나타난다.
② 여름철에 수가 증가하고 색이 진해졌다가 겨울이 되면 일부 소멸하고 흐려진다.
③ 백인에게 많이 나타난다.

※ 기미
① 후천성 과색소 침착증으로 연한 갈색 및 흑갈색으로 다양한 크기와 불규칙한 모양으로 좌우 대칭적으로 발생한다.
② 임신 기간이나 폐경기에 흔히 발생하며 햇볕이 강해지는 계절에 더 진해진다.
③ 유전적인 요인에 의해서도 발생한다.

※ 릴 안면흑피증
① 진피상층부에 멜라닌이 증가하여 나타나는 것으로 이마, 뺨 등에 암갈색의 색소가 넓게 나타난다.
② 피부에 염증이 생기고 일광에 의해 검게 되는 현상이다.
③ 백인보다는 피부색이 검은 사람에게 발생하며 40대 이후 여성에 많이 나타난다.

※ 오타씨모반
① 눈 주위, 관자놀이, 코, 이마에 나타나는 갈색이나 흑청색을 띠는 반점이다.
② 멜라닌세포의 비정상적인 증식으로 진피 내에 존재한다.
③ 백인이나 흑인에게서는 드물게 나타나며 남성보다 여성에게 많이 나타난다.

※ 비립종
① 지방조직의 신진대사 저하로 인해 발생하는 좁쌀크기의 작은 낭종이다.
② 지름 1~4mm인 백색 구진의 형태로 주로 눈가, 뺨, 이마 등에 발생한다.
③ 지방조직의 신진대사 저하로 인해 표피 유핵층에 발성한다.

2) 저색소 침착증

※ 백색증
① 선천적인 멜라닌색소 결핍으로 자외선 방어 능력이 저하되어 일광화상을 입기 쉽다.
② 멜라닌세포 수는 정상이지만 멜라닌 소체를 만들어 내지 못한다.

※ 백반증
멜라닌세포의 소실로 멜라닌색소가 감소되어 생기는 후천성 색소 결핍 질환으로 다양한 크기 및 형태의 백색반이 피부에 나타난다.

(3) 감염성 질환

1) 세균성 질환

※ 농가진(Impetigo, Contatiosa)
① 주로 여름철에 소아나 영유아에게서 많이 나타나는 화농성 감염을 말한다.
② 화농성 연쇄상구균이 주 원인균이며 전염력이 높다.
③ 두피, 안면, 팔, 다리 등에 수포가 생기거나 진물이 나며 노란색을 띠는 가피를 보인다.

※ 절종(종기)
모낭과 그 주변 조직에 걸쳐 깊은 괴사가 일어나 화농이 일어난 것이며, 절종이 뭉쳐서 나타난 것을 종기라 한다.

※ 봉소염
① 초기에는 작은 부위에 홍반, 소수포로 시작된다.
② 홍반, 소수포로 시작되어 점차적으로 큰 판을 형성하고 임파절 종대, 전신적인 발열이 동반된다.

2) 바이러스 질환

※ 단순포진
① 수포성의 병변으로 입술에 물집이 생기는 질환이다.
② 물집이 생기고 일주일 이상 지속되다가 흉터 없이 치유된다.

※ 대상포진
① 지각신경절에 잠복해 있던 베리셀라-조스터(Varicella-zoster) 바이러스에 의해 발생된다.
② 지각신경 분포를 따라 띠 모양으로 홍반이 생긴 후 물집이 생긴다.
③ 피부발진이 발생하기 약 4~5일 전부터 심한 통증이 있으며 흉터가 생길 수 있다.

PART 1 메이크업 위생관리

④ 바이러스성 피부질환의 일종으로 수두 바이러스에 의하여 신경에 염증이 생기는 질환이다.

※ 사마귀
① 파필로마(Papilloma) 바이러스에 의해 발생하며 벽돌 모양이다.
② 소아에게 흔히 발생되며 전염성이 강해 다발적으로 옮겨질 수 있다.

※ 수두
① 원인균은 대상포진의 원인균(Varicella Zoster)과 같다.
② 10세 이하의 어린이에게 많이 발생된다.
③ 모든 병변이 가피(딱지)가 될 때까지 격리해야 한다.

3) 진균성 피부질환
① 족부백선 : 곰팡이에 의해 발생하는 것으로 무좀이라고도 한다.
② 두부백선 : 두피에 발생하는 피부사상균에 의한 피부질환이다.
③ 조갑백선 : 손·발톱에 발생하는 조갑 진균증이다.
④ 칸디다증 : 손·발톱, 피부, 점막에 발생하며 모닐리아증이라고도 한다.

(4) 습진성 피부질환

1) 아토피성 피부염
만성습진의 일종으로 피부가 매우 예민하고 건조한 증상을 보인다. 주로 소아습진과 관련이 있다.

Chapter 06 ▶ 화장품 분류

1 화장품 기초

(1) 화장품의 정의
인체를 청결, 미화하여 매력을 더하고 용모를 밝게 변화시키거나 피부, 모발의 건강을 유지 또는 증진하기 위하여 인체에 사용하는 물품으로 인체에 대한 작용이 경미한 제품을 말한다.

(2) 기능성 화장품의 정의
효능·효과를 중시하며 주름 개선에 도움을 주는 제품, 미백에 도움을 주는 제품, 피부를 곱게 태우거나 자외선으로부터 피부를 보호하는 데 도움을 주는 제품을 말한다.

(3) 화장품의 목적
① 신체의 청결 유지
② 자신의 미화
③ 피부의 생리기능 활성
④ 심리적, 정신적 만족
⑤ 자기과시 및 의사소통 수단
⑥ 자외선과 건조한 기후로부터 피부와 신체 보호

(4) 화장품의 분류 및 제품
화장품은 사용목적, 사용부위, 사용대상, 제품의 구성성분 및 성상에 따라 다양하게 분류한다.

화장품 분류	목적	종류
기초 화장품	• 얼굴에 주로 사용 • 세정, 정돈, 보호, 팩, 영양 공급	• 세정 : 세안크림, 오일, 폼 등 • 정돈 : 화장수, 팩(마스크), 마사지 크림 • 보호 : 스킨, 로션, 크림 등 • 팩 : 필오프팩, 젤리팩, 클레이팩 • 영양공급 : 고농축 앰플, 리포좀 아로마
메이크업 화장품	• 베이스 메이크업 • 포인트 메이크업 • 립 메이크업 • 치크 메이크업	• 베이스 : 파운데이션, 페이스 파우더 등 • 포인트 : 아이섀도, 아이라이너, 마스카라 • 립 : 립스틱, 립글로스, 립라이너 • 치크 : 크림, 파우더
바디 화장품	• 전신에 사용	• 선크림, 선탠, 오일 등 • 제모제, 방취 화장품, 방충 화장품 • 비누, 핸드케어, 목욕용 화장품 등
모발용 화장품	• 모발의 세정, 정돈, 보호	• 세정제 : 샴푸, 린스 • 양모제 : 헤어트리트먼트, 헤어토닉, 육모제 • 정발제 : 헤어크림, 헤어오일, 포마드, 젤, 무스, 스프레이, 왁스
방향용 화장품	• 착향 및 신체 악취 제거	• 향수, 오데코롱, 오데퍼퓸, 방향 파우더 • 각종 아로마 제품
구강용 화장품	• 구강 위생	• 치약, 구강청정제 등
네일 화장품	• 손톱, 발톱 보호에 주로 사용	• 네일폴리시, 큐티클오일, 베이스코트, 톱코트, 리무버, 손톱강화제, 젤네일 등

(5) 화장품과 의약부외품 및 의약품의 비교

구분	화장품	의약부외품	의약품
대상	정상인	정상인	환자
목적	세정과 미용	위생과 미화	치료, 예방, 진단
범위	전신	특정 부위	특정 부위
기간	지속적, 장기간	일시적, 장기간	일정기간
효능	제한적	효과, 효능 범위 일정	제한 없음
부작용	없어야 함	없어야 함	있을 수 있음

2 화장품 제조

(1) 화장품 원료
화장품을 구성하고 있는 원료는 크게 수성 원료와 유성 원료, 계면활성제로 구분된다.
① 수성 원료 : 물에 녹는 것으로 정제수, 에탄올, 보습성 원료
② 유성 원료 : 기름에 녹는 것으로 오일과 왁스
③ 계면활성제 : 수성원료와 유성원료를 혼합하는 역할

1) 수성원료
① 물
　㉠ 화장품에서 가장 큰 비율을 차지하는 기초 물질로 주요 용매로 쓰인다.
　㉡ 세균과 금속 이온이 제거된 정제수를 사용한다.

PART ① 메이크업 위생관리

ⓒ 화장수, 크림, 로션의 기초 물질로 수분 공급과 용해의 기능을 통해 보습작용을 한다.

② 에탄올
　㉠ 알코올의 한 종류로 화장품 제조 시 물 다음으로 많이 혼합되는 물질이다.
　㉡ 휘발성과 청량감이 있다.
　㉢ 에탄올 함량이 많으면 소독작용, 살균효과가 있다.
　㉣ 화장수, 향수, 헤어토닉에 많이 사용된다.

2) 유성원료
① 오일류 : 피부에 유연성과 윤활성을 부여하며 피부 표면에 친유성막을 형성하여 피부를 보호하고 수분 증발을 저지한다. 지방산과 글리세린의 트리에스테르가 주성분으로 동·식물계에 널리 분포하며, 상온에서 액상인 것을 지방유, 고체인 것을 지방이라 한다.
　㉠ 식물성 오일 : 동물성 오일에 비해 흡수력이 떨어지나 피부 자극이 적고 향기가 좋으며 부패하기 쉽다.
　　ⓔ 올리브유, 아몬드유, 피마자유, 아보카도유 등
　㉡ 동물성 오일 : 동물의 피하조직이나 장기에서 추출하며, 피부 친화력이 있지만 공기 중에서 쉽게 변질되는 단점이 있다.
　　ⓔ 밍크 오일, 난황유, 스쿠알렌, 거북유 등
　㉢ 광물성 오일 : 석유 원유에서 추출한 오일로 무색, 무취이고 쉽게 변질되지 않으며 식물성 오일이나 다른 오일과 혼합하여 사용한다. 유동파라핀, 바세린 등이 있다.
　　• 천연 오일 : 천연물에서 추출된 액상으로 가수분해, 수소화 등의 공정을 거쳐 유도체로 이용한다.
　　• 합성 오일 : 화학적으로 만들어지며 에스테르화의 공정을 거쳐 유도체로 이용한다.
　　　ⓔ 실리콘 오일, 미리스틴산, 아이소프로필 등
② 왁스류 : 화학구조상 고급지방산과 고급알코올이 혼합된 에스테르이며 동·식물로부터 얻을 수 있다. 제품의 기능이나 변질이 적어 안정성이 높고, 기초 화장품이나 메이크업 화장품 등에 널리 이용된다. 입술 연지 등을 고형화하거나 광택을 부여하고 사용 감촉을 향상시키는 데 쓰이기도 한다.
　㉠ 식물성 왁스 : 호호바유, 카르나우바 왁스, 칸데릴라 왁스 등
　㉡ 동물성 왁스 : 밀랍, 경랍, 망치고래유, 향유고래유 등
　㉢ 광물성 고체 왁스 : 몬테왁스
③ 고급 지방산 : 탄소수를 많이 가진 유기산을 뜻하며 천연 유지와 밀랍 등에 포함된 에스테르 화합물을 분해하여 얻는다.
　ⓔ 스테아린산, 올레인산, 팔미틴산, 미리스틴산

3) 보습제
피부의 건조한 증상을 완화하는 수용성 물질로 흡착성이 높아 수분을 흡수하는 효과를 지니고 있으며 보습을 유지시키는 물질이다.
ⓔ 글리세린, 프로필렌글리콜, 솔비톨, 젖산나트륨, 히아론산나트륨 등

4) 점증제
화장품의 점성을 조절하는 물질이다.
ⓔ 펙틴, 알긴산, 점토광물, 전분, 젤라틴, 카르복실메틸셀룰로오스 등

5) 산화방지제
화장품이 공기에 닿아 산패되는 것을 방지하기 위해 첨가하는 물질이다.
ⓔ 토코페릴, 아세테이트, BHT, BHA, Disodium EDTA 등

6) 방부제
화장품이 미생물에 오염되면 혼탁, 분리, 변색, 악취 등이 일어날 수 있어 미생물 증가를 억제하고 일정기간 보존하기 위한 보존제로서, 박테리아와 곰팡이의 성장을 억제하는 역할을 하는 물질이다.
ⓔ 파라벤류(메틸 파라벤, 에틸 파라벤, 프로필 파라벤, 부틸 파라벤), 벤조산, 이미디졸리디닐우레아, 페녹시 에탄올 등

7) pH 조절제
화장품의 pH를 조절하기 위하여 사용하며, pH의 조절 범위는 pH 3~9이다.
ⓔ 암모니움, 카보나이트, 시트러스 계열 등

8) 향료
화장품 원료의 냄새를 중화하여 좋은 향이 나도록 조제하며 휘발성이 커야 한다.
① 천연향료 : 레몬, 장미, 샌달우드 등(식물의 꽃과 잎에서 추출)
② 합성향료 : 벤젠 계열, 테르펜 계열의 화학적 합성향
③ 조합향료 : 천연·합성향료를 조합한 향료

9) 색소
화장품에 들어가는 다채로운 색을 만들기 위해 사용한다.
① 염료 : 물과 오일에 녹으며 착색되는 재료이다.
② 안료 : 물과 오일에 녹지 않으며 메이크업 제품에 사용한다.
　㉠ 무기안료 : 색상과 커버력이 우수하며 산·알칼리에 강하다.
　㉡ 유기안료 : 빛·산·알칼리에 약하다.

10) 금속이온 봉쇄제
각종 원료에 함유된 미량의 금속이온은 화장품의 효과를 저해시키므로 이를 방지하기 위해 사용한다.

11) 알칼리제
수산화나트륨, 수산화칼륨, 트리에탄올아민

12) 동식물 추출물
이소플라빈, 플라보노이드

알파하이드록시산 (AHA)	• 과일 속에 많이 함유되어 있으며 각질 제거 및 우연성을 가진 활성물질로 피부노화 개선에 최고의 성분이다. • 종류 : 글리콜릭산(사탕수수에서 얻어짐, 각질제거), 젖산
위치하젤	• 천연알코올 70%를 함유하고 있다. • 아스트린젠트 효과, 염증 방지, 천연 수렴 효과가 있다.
스쿠알렌	• 인체 피지의 25%를 구성한다. • 피부 지질과 친화성이 우수한 불포화지방산이다. • 살균력이 뛰어나다(상어에서 추출한 간유로 무색, 무취).
콜라겐	• 우수한 수화 능력이 있으며 피부 탄력과 조직력을 도와주는 수분 집약적 성분이다. • 중요한 구조 단백질이며 모이스처 라이저 기능, 노화 피부에 효과적이다.

PART 1 메이크업 위생관리

아줄렌	• 민감한 피부에 효과가 뛰어나다. • 항염증, 진정제(카모마일 유도체)
알란토인	• 치료 및 진정작용이 있는 식물 추출물이다. • 손상된 피부에 치유 효과가 있다.
레시틴	• 친수성 성분이며 수분을 끌어당기는 보습제로 작용한다. • 모든 생명체에 존재하는 천연 유지체, 유화제, 항산화제(계란, 콩에서 얻음)이다.
카모마일	• 화끈거리는 피부와 피부염 치료에 효과적이다. • 항알레르기 작용을 하며 여드름 피부와 건조하고 민감한 피부에 사용한다.
캄파	• 피부에 탄력을 주고 진정시키는 효과가 있다. • 항염, 수렴, 청정, 혈액순환 기능을 촉진한다(신선함과 방부의 성질을 가진 식물성 추출물).
알로에베라	• 수분을 조절하고 자외선 흡수 능력이 있다. • 화상 치료제로도 사용되며 진정작용, 보습, 유연, 항염증 성질을 가진 유연제이다.
로얄제리	• 진피조직, 피부 재생에 효과적이다.
프라센타오일	• 피부 신진대사 촉진으로 피부가 활성화되고 세포 재생 작용이 가속화된다. • 비타민과 여성호르몬 함유로 노화 피부에 효과적이다(태반에서 추출).
실크 추출물	• 실크를 묽은 황산으로 추출한 것으로 주성분은 펩타이드이다. • 보습과 유연효과가 있다.
카렌둘라	• 금잔화에서 추출하며 식물성 활성 성분으로 피부 재생을 돕는다. • 예민하고 거친 피부, 염증에 효과적이다.
녹차 추출물	• 녹차 잎에서 추출한 카테킨 성분은 항산화, 유해산소 제거, 냄새 제거 작용을 한다.
솔잎 추출물	• 솔잎에서 추출한 항산화 물질인 히드록시메틸푸란은 멜라닌 생성을 억제하므로 미백 및 살균, 피부염 예방, 피지 분비 조절 작용이 있다.

13) 자외선 흡수제
벤조페논유도체, 파라옥시안식향산유도체, 파라메톡시신남산유도체

14) 미백제
① 멜라닌 생성 및 대사 메커니즘으로부터 미백용 약제의 작용기전으로서 멜라노사이트 내에서의 멜라닌의 생성을 억제한다.
② 코직산, 알부틴, 비타민 C, 감초 추출물 등이 있다.

15) 계면활성제
① 물과 기름의 경계면의 성질을 변화시킬 수 있는 특성을 가진 물질이다. 한 분자 내에 친수성과 친유성을 함께 지니고 있어 액체-기체, 액체-고체 계면에 흡착하여 그 성질을 현저히 변화시키는 성질을 계면활성이라 한다. 유화제, 가용화제, 분산제로 사용하며 세정작용과 기포형성작용을 통해 더러움을 제거하는 기능을 한다.
① 음이온 계면활성제
  ㉠ 물에 용해될 때 친수기 부분이 음이온으로 해리하며 세정작용을 한다.
  ㉡ 기포 형성이 우수하며 고급지방산 비누, 알킬황산에스테르염, 폴리옥시에틸렌알킬에테르황산염, 아실 N-메틸타우린염 등이 있다.
  ㉢ 샴푸, 비누, 치약, 클렌징 폼
② 양이온 계면활성제
  ㉠ 물에 용해될 때 친수기 부분이 양이온으로 해리한다.
  ㉡ 특히 모발에 흡착하여 유연효과나 대전방지효과를 내기 때문에 헤어린스, 샴푸에 이용된다.
③ 양쪽성 계면활성제
  ㉠ 살균력과 세정작용을 하며 유연효과가 있다.
  ㉡ 자극이 적으며 피부 안정성이 좋다.
  ㉢ 저자극 샴푸, 베이비 샴푸
④ 비이온 계면활성제
  ㉠ 피부에 자극이 적어 대부분의 화장품에 사용한다.
  ㉡ 유화력, 습윤력, 가용화력, 분산력이 우수하다.
  ㉢ 화장수의 가용화제, 크림의 유화제, 클렌징 크림의 세정제
⑤ 천연 계면활성제 : 동식물 기름을 원료로 하여 만든 것으로 대두, 난황 등에서 얻어지는 레시틴은 인산에스테르의 음이온 계면활성제와 제4급 암모늄염의 양이온 활성제를 공유한다. 그 밖에 라놀린 유도체, 콜레스테롤 유도체, 미생물, 사포닌을 이용한다.

16) 비타민
① 레티놀 : 레틴산(Retinoic Acid)의 전구 물질로 잔주름 개선 효과가 있다.
② 비타민 E 아세테이트 : 지용성 비타민, 항산화, 항노화, 재생, 산화 방지에 효과적이다.
③ 코엔자임 Q10 : 지용성 비타민의 일종으로 미토콘드리아의 세포막에 존재하며 생체 에너지(APT)가 잘 생성되도록 돕고 피부 노화를 억제하는 조효소이다.

(2) 화장품의 기술

1) 가용화
다량의 물에 소량의 오일 성분이 계면활성제에 의해 섞여 투명하게 용해되어 보이는 상태이다(화장수, 향수, 헤어토닉의 제조에 이용).

2) 유화(에멀전)
물과 오일이 서로 섞이지 않고 분산계를 이루는 것을 균일하게 혼합하는 방법이다.
① O/W 수중유형 : 물 중에 기름이 분산(에센스, 로션)
② W/O 유중수형 : 기름 중에 물이 분산(영양 크림, 클렌징 크림, 선 스크린)
③ W/O/W 형 : 분산되어 있는 입자 자체가 에멀전을 형성하고 있는 상태

3) 분산
미세한 고체 입자를 액체 속에 균일하게 분산시켜 혼합하는 방법이다(마스카라, 파운데이션, 네일 폴리시 제조에 이용).

4) 산제
페이스 파우더, 석고 마스크 등은 카올린, 탈크, 산화아연, 마그네슘 등과 같은 불용성의 분말 물질에 기타의 성분을 배합한 것이다.

5) 분산
면도용 거품이나 헤어스프레이 같이 밀폐된 용기에 분사제를 넣어

PART 1 메이크업 위생관리

Make up

분사에 의해서 생기는 압력으로 균일하게 분산시키는 것이다.

6) 기타 : 혼합, 리포좀과 마이크로캡슐 등

(3) 화장품의 특성

1) 화장품이 갖추어야 할 이상적 품질 조건

① 안전성 : 피부에 대한 자극, 알레르기 독성이 없을 것
② 안정성 : 보관에 따른 산화, 변질, 변색, 변이, 미생물의 오염이 없을 것
③ 유효성 : 피부에 적절한 보습, 노화 억제, 자외선 차단, 미백, 세정, 색채효과 등을 부여할 것
④ 사용성 : 피부에 도포했을 때 사용감이 우수하고 매끄럽게 잘 스밀 것

2) 화장품 사용 시 주의할 조건

① 직사광선 : 직사광선을 피하고 서늘한 곳에 보관한다.
② 오염 방지 : 사용 시에는 스팻툴라를 사용하고 사용 후에는 뚜껑을 닫아 이물질이 들어가지 않도록 보관한다.
③ 재사용 금지 : 덜어낸 화장품은 다시 화장 용기에 넣지 않는다.
④ 유효기간 : 유효기간을 확인하고 유효기간이 지난 제품은 사용하지 않는다.

❸ 화장품의 종류와 기능

(1) 기초 화장품

피부의 청결이 주목적이며 노폐물을 제거하거나 화장을 지울 때 사용한다. 청정작용를 하며 보습제, 계면활성제, 알칼리 등이 함유되어 있다.

1) 기초 화장품의 분류

분류	종류	특징
세안류	비누	• 지방산의 나트륨염으로 물에 녹으면 알칼리성을 띤다. • 풍부한 거품이 산뜻한 반면, 사용 후 당기는 느낌을 주기 때문에 건성이나 민감성 피부인 사람은 사용을 자제하는 것이 좋다.
	클렌징크림	• 유분이 많이 함유되어 있어 진한 메이크업이나 피지 분비로 노폐물이 많을 때 사용하기 적당하다.
	클렌징로션	• 크림보다는 유분 함량이 적어 피부에 부담이 적고 산뜻하며 끈적임도 적다. • 일반적으로 많이 쓰는 타입이다.
	클렌징워터	• 오일 성분이 없는 세안제로 사용감이 가볍고 산뜻해 지성 피부에 적합하다. • 특히 포인트 메이크업을 지울 때 많이 사용한다. • 유성 성분에 대한 세정 능력이 약하므로 다른 클렌징 제품과 병행하여 사용하는 것이 좋다.
	클렌징폼	• 계면활성제형의 세안화장품으로 비누의 단점인 피부 당김을 완화한 제품이다. • 거품을 이용한 세정으로 피부에 자극도 적고 모든 피부 타입에 비누 대용으로 사용한다.
	클렌징오일	• 유성 성분을 많이 포함하고 있어 메이크업을 지울 때 세정력이 가장 강하다. • 피부 침투성이 좋아 땀이나 피지에 강한 화장도 깨끗이 닦아주는 장점이 있다.

분류	종류	특징
세안류	딥클렌징	• 스크럽을 함유하여 작은 알갱이가 노폐물을 제거하고 혈액순환, 마사지, 각질 제거 효과를 동시에 줄 수 있다. • 피부 마찰에 의한 자극을 줄 수 있어 주의한다.
화장수	유연화장수	• 세안 후 피부 정리 및 유 · 수분 균형을 맞추고 각질층에 NMF(천연보습인자)를 보충하여 피부 본래의 상태로 돌려준다. • 화장수는 세안제에 의해 약알칼리성으로 변한 피부를 본래의 pH 상태 즉 약산성으로 회복시킨다. • 유연화장수는 피부의 유연, 보습을 목적으로 한 제품으로 피부를 부드럽고 촉촉하게 만든다.
	수렴화장수	• 흔히 아스트리젠트라 불리는 제품으로 각질층에 수분을 공급하고 모공을 수축시켜 피부결을 가다듬는다. • 청량감이 있고 소독과 피지 과잉 분비 억제 작용을 한다.
에센스	에멀전	• 에멀전은 부족한 수분과 유분을 공급하여 유 · 수분의 균형을 회복시켜 매끄럽고 탄력 있는 피부로 가꾼다. • 피부 타입을 고려하여 선택하고 사용한다.
	세럼	• 피부에 탁월한 미용성분을 농축해 만든 것으로 세럼 또는 앰플이라고도 한다. • 크림에 비해 사용감이 산뜻하며 흡수력도 우수하다. • 적은 양으로도 보습, 피부 보호, 영양 공급 등의 효과를 나타낸다.
	크림	• 크림은 피부에 충분한 수분과 영양을 공급하여 피부 탄력, 수분 보호막의 기능을 한다. • 각종 유효성분과 천연보습인자를 공급하여 피부에 영양을 더한다. • 데이 크림과 나이트 크림, 영양 크림으로 나뉘며 기능에 따라 핸드 크림, 마사지 크림, 아이 크림 등이 있다.
팩	필오프 타입	• 팩을 바르면 필름막을 형성하여 팩이 건조된 뒤 떼어내는 타입으로, 건조되는 동안 긴장감을 주어 피부에 탄력을 부여한다. • 불순물, 먼지, 노폐물, 각질 등을 효과적으로 제거한다.
	워시오프 타입	• 얼굴에 팩을 바른 후 물로 씻어내는 타입이다. • 크림이나 젤 등의 성분으로 황토 · 머드팩과 클레이팩 등이 있다.
	시트 타입	• 부직포 형태의 시트에 내용물이 묻어 있어 일정 시간 붙였다 떼어내는 제품이다.

(2) 메이크업 화장품

1) 메이크업 화장품의 종류와 특징

분류	종류	특징
메이크업 베이스	초록색	• 여드름 자국과 같은 잡티가 있을 때, 모세혈관이 확장되어 피부색이 울긋불긋할 때 사용하면 효과적이다.
	핑크색	• 혈색이 없어 창백한 피부에 효과적이다.
	보라색	• 피부톤을 화사하게 만든다.
	푸른색	• 얼굴에 붉은 기가 많거나 하얀 피부를 원할 때 효과적이다.
	브론즈색	• 피부를 선탠한 듯 어둡게 표현할 때 어두운 파운데이션과 함께 사용한다.
	흰색	• 피부를 한 톤 밝고 투명하게 표현하고 싶을 때 사용한다.

PART 1 메이크업 위생관리

파운데이션	리퀴드 파운데이션	• 오일량이 10% 정도로 사용감이 가볍고 산뜻하다. • 수분 함유량이 많아 발랐을 때 퍼짐성이 좋고 투명한 피부 표현이 가능하다. • 젊은 연령층이 선호한다.
파운데이션	크림 파운데이션	• 크림에 안료가 균일하게 분산되어 있다. – O/W : 사용감이 가볍고 퍼짐성이 좋다. – W/O : 사용감이 무겁고 퍼짐성이 낮지만 땀이나 물에 지워지지 않는다.
	파우더 파운데이션	• 안료에 오일을 스프레이하여 흡착시킨 후 압축시켜 케이크 형태로 만든 것으로 파우더와 트윈 케이크의 중간 상태이다. • 얇게 발리고 가벼운 느낌이다.
	트윈 케이크	• 안료를 오일에 스프레이하여 흡착시킨 후 압축시켜 케이크 형태로 만든 것으로 파우더와 파운데이션 중간의 형태이다. • 마른 스펀지와 젖은 스펀지 모두를 이용하여 사용 가능하다.
	스킨커버, 스틱 파운데이션, 컨실러	• 안료를 오일과 왁스에 골고루 분산시킨 것이다. • 다량의 안료가 함유되어 커버력이 뛰어나다. • 오일과 왁스의 양이 많이 들어가 사용감이 뻑뻑하다.
파우더	가루분	• 분말 상태의 안료로 입자가 고와서 화장이 매우 투명하다. • 가루날림이 있어 휴대 시 불편하다. • 유분감이 없기 때문에 블루밍 효과가 뛰어나다.
	고형분	• 콤팩트 파우더, 프레스드 파우더 등이 있다. • 안료에 약 5% 정도의 유분을 뿌린 후 압축시킨다. • 가루날림이 적어 휴대가 편하다. • 투명감이 뛰어나지만 잡티 커버력과 지속성이 약하고 화장이 뜨기 쉽다.
아이섀도	케이크 타입	• 휴대와 수정화장이 간편하다. • 그라데이션이 용이하나 지속성이 약하고 가루날림이 있다.
	크림 타입	• 부드럽고 매끄럽게 퍼지며 밀착감이 좋아 색감 표현이 자연스럽다. • 지속성이 좋으나 그라데이션과 수정화장이 어렵다.
	펜슬 타입	• 색상이 강하게 잘 표현되며 선으로 눈매를 강조할 수 있다. • 사용이 간편하지만 시간이 경과하면 쉽게 지워진다.
아이브로	펜슬 타입	• 가장 일반적 형태로 사용이 간편하다.
	케이크 타입	• 아이섀도처럼 생겼으며 브러시를 이용해 눈썹 위에 바른다. • 펜슬 타입보다 자연스러운 눈썹 화장이 가능하다.
아이라이너	리퀴드 타입	• 선이 분명하고 깔끔하다. • 오래가지만 그리기가 어렵다.
	펜슬 타입	• 그리기가 쉬워 초보자가 사용하기 쉽다. • 선이 뭉개지고 지워지기 쉽다.
	케이크 타입	• 선이 매우 자연스러워 보인다. • 소형의 붓을 사용하여 물이나 화장수에 적셔 사용하므로 번질 수 있다.
마스카라	컬링형	• 속눈썹을 위로 둥글게 말아 올리는 것이 목적이다. • 눈 밑에 마스카라가 잘 묻어나거나 눈썹이 처진 사람에게 좋다.
	볼륨형	• 숱이 풍부하게 보이게 하므로 숱이 적은 사람에게 적당하다.
립스틱	모이스처 타입	• 오일 양이 많아서 사용감이 촉촉하고 부드러우며 트리트먼트 작용이 우수하다. • 잘 번지고 지워지기 쉽다.
	매트 타입	• 밀착감이 높아 번들거리지 않고 매트한 느낌이다.
	글로스 타입	• 오일감이 많아 광택과 윤기가 있으며 투명하다. • 사용감이 매우 부드럽고 촉촉하다.
블러셔	케이크 타입	• 색감 표현이 쉽지만 잘 지워진다. • 브러시를 이용해서 사용한다.
	크림 타입, 리퀴드 타입	• 주로 스펀지를 이용하여 바르며, 색감 표현이 어렵지만 밀착감이 높아 잘 지워지지 않는다.

(3) 바디(Body) 관리 화장품

1) 클렌징 제품
① 피부의 더러움을 씻어내고 청결함 유지
② 종류 : 바디클렌저, 바디스크럽

2) 트리트먼트 제품
① 피부에 수분을 보충해 건조함을 방지하며 유분 부여
② 종류 : 바디로션, 바디크림, 바디오일

3) 일소 및 일소 방지 제품
① 일소 방지제 : 자외선 차단제를 도포하여 자외선으로부터 피부 보호
② 일소용 : 태닝로션, 태닝오일을 도포하여 얼룩 없이 피부를 아름답게 태움

4) 액취 방지제(데오도란트)
① 겨드랑이 부위 등 땀 분비와 세균 번식으로 인한 체취 억제
② 종류 : 스프레이, 로션, 스틱 제형

5) 기타
튼살용 크림, 셀룰라이트 제거 크림, 발열 크림 등

(4) 방향 화장품

1) 향수의 목적
방향성 식물에서 추출한 정유를 화장품처럼 만들어 심리적 안정과 기분전환, 효용 가치를 높이기 위한 상업적 목적에도 사용된다.

2) 향수의 요건
① 향의 특징이 있어야 하며 확산성이 좋고 조화가 잘 이루어져야 한다.
② 조화성, 확산성, 지속성

3) 향수의 분류
※ 부향률 단계에 따른 분류(휘발성)
① 퍼퓸 : 20~30%의 부향률, 약 6~7시간 지속
② 오데퍼퓸 : 10~20%의 부향률, 약 5~6시간 지속
③ 오데토일렛 : 5~10%의 향료 함유, 약 3~4시간 지속
④ 오데코롱 : 3~5%의 향료 함유, 약 1~2시간 지속
⑤ 샤워코롱 : 1~3%의 향료 함유, 약 1시간 지속

PART 1 메이크업 위생관리

※ 발향에 따른 분류

① 탑노트 : 뿌린 직후에 처음 맡을 수 있는 향

② 미들노트 : 중간 정도의 휘발성

③ 베이스노트 : 휘발성이 낮은 향료로 마지막까지 남아 있는 잔향

(5) 에센셜(아로마) 오일 및 캐리어 오일

1) 에센셜 오일

① 식물들이 햇빛, 엽록소, 당분 등의 도움을 받아 만들어낸 휘발 성분과의 혼합물이다.

② 자연으로 얻을 수 있는 유기체이며 식물의 호르몬 성분이라 할 수 있다.

③ 식물의 꽃, 잎, 줄기, 뿌리, 열매 등에서 추출한 오일을 이용해 정신적 자극을 조절함으로써 면역력을 향상시켜 신체 건강을 유지 및 증진시킨다.

※ 에센셜 오일의 추출법

① 수증기 증류법 : 증발되는 향기 물질을 냉각시켜 액체 상태로 얻어내는 방법

② 압착법 : 식물의 과실을 직접 압착하여 얻어내는 방법

③ 휘발성 용매 추출법 : 식물의 꽃 등을 휘발성 용매에 녹여 향기 성분을 얻어내는 방법

④ 비휘발성 용매 추출법 : 동·식물의 지방유를 이용한 추출법으로 냉침법과 온침법으로 구분

※ 에센셜 오일의 종류와 기능

구분	기능
버가못	불안, 우울, 방광염, 요도염, 비뇨기계의 감염증에 효과적
라벤더	불면증, 상처, 화상, 심리적 안정, 가장 광범위하게 사용되는 오일
레몬	항균, 코막힘, 기관지염, 편두통, 소독효과, 미백효과
티트리	항염, 벌레 물린 데, 피부트러블, 소독, 여드름 피부에 사용
페퍼민트	피로회복, 졸음방지, 두통·신경통, 통증 완화, 청량감, 항균
로즈	감정조절, 숙취해소, 노화예방, 생리불순, 혈액순환 촉진
그레이프프루트	셀룰라이트 분해 작용
클라리세이지	여성호르몬과 유사한 작용, 월경주기 정상화
펜넬	피부 건조와 주름 완화, 셀룰라이트 분해
제라늄	수렴, 진통효과, 피부염 치유에 효과
타임	강한 소독, 살균작용과 방부효과
로즈마리	기억력 증진, 두통 완화, 배뇨 촉진
카모마일저먼	소양증에 효과, 진정 작용, 민감성 알러지 피부에 효과
주니퍼	해독작용, 체내 독소 배출, 지방 분해, 수렴 작용
재스민	호르몬 균형 조절, 정서적 안정, 긴장 완화
파인	냄새 제거에 탁월한 효과, 근육통 치료와 피부병에 효과
리사	감정 밸런스 조절, 탈모 개선 효과
시더우드	지성 피부에 효과, 비듬과 탈모에도 효과
샌달우드	피부 유연, 노화, 탈수 피부에 효과

※ 에센셜 오일의 활용법

① 흡입법

ㄱ 가장 중요하고 효과적인 방법 중 하나이다.

ㄴ 코로 직접 아로마 향기를 들이마시는 법은 부비강염, 감기, 천식, 기침, 두통에 효과적이다.

ㄷ 티슈, 손수건 등에 정유를 묻혀 3~5분 정도 냄새를 맡는 방법이다.

② 확산법

ㄱ 아로마 램프나 오일버너, 아로마 디퓨저(훈증기)를 이용해 아로마 에센셜 오일 입자를 공기 중에 발산시키는 방법이다.

ㄴ 불면증, 우울증, 긴장 등에 효과적이며 감기, 신경안정, 기분전환, 식욕조절, 살충, 방충에도 효과가 있다.

③ 목욕법

ㄱ 수욕, 족욕, 좌욕, 입욕을 이용한 흡수 방법이다.

ㄴ 욕조에 아로마 오일을 3~6방울 정도 떨어뜨리고 잘 섞은 후 목욕을 한다.

ㄷ 호흡기와 중추신경계를 자극하며 면역 기능을 향상시키고 호르몬의 균형을 맞춘다.

④ 마사지법

ㄱ 마사지를 하는 목적에 맞는 에센셜 오일을 선택한다.

ㄴ 선택한 오일을 캐리어(베이스) 오일에 알맞은 농도로 희석해 원하는 부위에 도포하여 천천히 부드럽게 마사지한다.

※ 에센셜 오일 사용 시 주의사항

① 공기와 빛에 쉽게 분해되므로 빛을 차단하는 용기(갈색 유리병)에 보관한다.

② 직사광선을 피해 서늘하고 어두운 곳에 보관한다.

③ 안정성 확보를 위해 패치 테스트를 실시하여야 한다.

④ 캐리어 오일에 희석해서 사용해야 하며, 점막 부위 등에 직접 사용은 자제해야 한다.

⑤ 개봉한 정유는 1년 이내 사용하는 것이 바람직하다.

⑥ 임산부나 고혈압 환자 등의 환자에게 사용이 금지된 특정한 정유는 사용하지 않는다.

2) 캐리어 오일

① 베이스 오일이라고도 하며, 에센스 오일을 효과적으로 피부에 침투시키기 위해 사용되는 식물성 오일이다.

② 식물의 씨를 압착해서 추출한 식물유로 인체에 유익한 불포화 지방산, 비타민, 미네랄 등의 영양 성분을 함유하고 있어 그 자체로도 약리 효과를 발휘할 수 있다.

③ 오일마다 효능, 색상, 점도가 다르므로 사용 목적에 적합한 것을 사용해야 한다.

④ 캐리어 오일의 종류와 기능

구분	기능
호호바 오일	• 피지와 지방산 구조가 흡사하여 친화력이 좋고 노존성이 높다. • 노폐물 배출을 돕고 지성 피부와 여드름 피부에 효과적이다. • 침투력이 뛰어나 건선, 습진에 효과적이고 수분 증발을 억제한다.
아몬드 오일	• 유연 작용이 우수하다. • 미네랄, 단백질, 비타민 등이 풍부하다. • 건조한 피부에 가려움증에 효과적이다.

PART 1 메이크업 위생관리

올리브 오일	• 자외선 차단, 유연효과가 있다. • 민감성 피부, 건성 피부, 알레르기, 튼살 피부 등에 효과적이다.
로즈힙 오일	• 비타민 C, 카로티노이드, 리놀레산이 함유되어 있다. • 세포 재생, 색소 침착 및 화상에 효과적이다.
참깨씨 오일	• 칼슘이 다량 함유되어 있다. • 습진, 관절염, 해독작용, 항산화에 효과적이다.
포도씨 오일	• 지성 피부의 피지 조절을 돕는다. • 사용감이 부드럽고 흡수가 잘 된다.
달맞이 오일	• 호르몬 조절과 콜레스테롤을 떨어뜨리는 기능이 있다. • 생리 전 증후군, 건선, 습진에 효과적이다.
살구씨 오일	• 끈적임이 적고 유연성이 좋다. • 피부에 윤기와 탄력을 주며 민감성 피부에 효과적이다.
아보카도 오일	• 비타민 A, 프로비타민 A, 비타민 B 복합체, 비타민 E 등 영양성분이 풍부하다. • 민감성 피부와 노화 피부에 효과적이다.
보리지 오일	• 피부 재생을 돕고 세포 활성이 증가해 신진대사가 활발해진다.
피마자유	• 왁스의 대체품이며 계면활성제의 원료로 사용된다.
코코넛 오일	• 자외선 차단과 유연 효과가 있다.
맥아 오일	• 화장품에 널리 사용되며 민감 피부는 주의해야 한다.

(6) 기능성 화장품

1) 기능성 화장품의 정의(화장품법 제2조 제2항)
① 미백에 도움을 주는 제품
② 주름 개선에 도움을 주는 제품
③ 피부를 곱게 태워주거나 자외선으로부터 보호하는 제품

2) 기능성 화장품의 종류

※ 미백화장품
기미, 주근깨의 원인인 멜라닌은 자연적으로 생성되는 갈색의 색소이다. 기미의 원인은 멜라닌 세포 속에 흡수된 티로신이라는 아미노산이 티로시나아제의 작용을 받아 산화되어 멜라닌 색소를 만드는 것이다.
① 미백 화장품의 작용 기전
  ㉠ 멜라닌 생성 억제
  ㉡ 멜라닌의 환원
  ㉢ 멜라닌의 배설 촉진
  ㉣ 멜라노사이트에 대한 선택적 독성
② 미백 화장품 약제
  ㉠ 비타민 C : 대표적인 멜라닌 억제제로 멜라닌을 억제하거나 옅은 색으로 전환
  ㉡ 알부틴 : 멜라닌 생성 효소 저해제로 안전성 입증
  ㉢ 코직산 : 멜라닌 생성 효소 억제제로 미백효과는 우수하나 인체에 유해
  ㉣ AHA : 이미 생성된 멜라닌 색소 제거
  ㉤ 하이드로퀴논 : 멜라닌 세포 자체를 사멸시키나 백반증 유발
  ㉥ 이산화티탄 : 멜라노사이트를 자극하는 자외선 차단

※ 주름 개선 화장품
① 주름 개선 화장품의 약제 및 작용 기전
  ㉠ 레티노이드류 : 레티놀, 레티노인산, 레티날. 각질 세포에 작용하여 히아루론산의 합성 촉진 및 각질층의 수분 증가를 유도한다.
  ㉡ AHA(알파하이드록시산) : 각화주기 정상화에 이용하며 과일 속에 포함되어 있고 섬유아세포의 증식작용을 한다.

※ 자외선 차단 화장품
① 자외선 차단제의 분류
  ㉠ 자외선 흡수제
    • 자외선을 흡수하여 차단한다.
    • 벤조페논 유도체, 벤조트리아졸 유도체, 살리실산 유도체 등
    • 민감한 피부에는 접촉성 피부염을 유발한다.
  ㉡ 자외선 산란제
    • 자외선을 반사하고 분산시키는 물리적 성질을 이용한다.
    • 아연산화물, 티타늄이산화물, 철산화물, 마그네슘산화물 등
    • 차단효과는 우수하나 백탁 현상이 나타난다.

※ 피부 태닝 화장품
① 피부 손상을 최소화하고 자외선에 천천히 타도록 도와준다.
② 일광화상을 유발하는 자외선 B(UV-B)를 차단할 수 있는 자외선 차단제를 적절히 함유하고 있다.
③ 태닝크림, 오일, 스프레이의 성분 : 글리세릴 파바, 드로메트리졸, 벤조페논 등
④ 셀프 태닝 제품 성분 : 디하이드록시 아세톤(DHA)

PART 02 메이크업 고객서비스 및 카운슬링

Chapter 01 ▶ 고객응대

1 고객관리

(1) 고객관리 프로그램

고객관리를 원활하게 하기 위해서는 CRM 프로그램을 사용하여 예약관리, 고객관리, 매출관리, 회원권 포인트관리, 제품관리, 마케팅 기능 등을 활용하면 편리하다. 수기로 고객관리를 할 때에는 이름, 성별, 연령, 연락처, 주소, 예약일자, 직업, 성향, 스타일, 특징 및 요구사항 등을 고객관리차트에 기입하여 사용하도록 한다.

2 고객응대 기법

고객응대는 고객관리 중에서 가장 직접적이고 현실적인 것으로 고객만족에 큰 역할을 한다.

① 고객의 기대감에 따른 특징
  ㉠ 기술적 기대 : 메이크업 아티스트가 전문가적 감각과 함께 기술을 갖고 있으며 동시에 서비스 금액이 적절할 것이라 기대한다.
  ㉡ 서비스의 기대 : 상담을 통해 신뢰감 있고 예의 바른 서비스를 제공받을 것이라는 기대를 한다. 또한 쾌적하고 위생적인 시술을 받을 수 있는 공간일 거라고 기대한다.
② 고객상담예약
  ㉠ 예약하기 : 시술을 원하는 날짜를 확인한 후 가능한 시간을 확인한다.
  ㉡ 예약카드 작성하기 : 이름, 성별, 나이, 전화번호, 스타일 특징 및 요구사항 등을 작성한다.
③ 전화상담 고객응대
  ㉠ 전화예절 : 목소리는 음계의 '솔' 정도로 약간 높은 것이 좀 더 정확하게 밝은 느낌으로 전달된다. 정확한 발음으로 상담을 하고, 날짜나 시간, 시술 내용 등은 한 번 더 강조하여 확인한다.
  ㉡ 전화 받는 법
   • 전화벨이 세 번 울리기 전에 신속하게 받는다.
   • 인사말을 한 다음 메이크업 샵과 상담자의 이름을 말한다.
   • 용건을 확인하며 메모한다.
   • 중요내용이나 전달사항은 다시 한번 확인한다.
   • 마지막 인사까지 밝은 목소리로 말한다.
  ㉢ 전화 끊는 법
   • 고객이 전화를 끊는 것을 확인한 후 전화기의 버튼을 가볍게 누른다. 무심코 전화기를 내려놓으면 고객이 불쾌하게 느낄 수 있다.
   • 수화기가 제대로 내려졌는지 확인한다.
④ SNS 상담법
  ㉠ 개인 핸드폰에 서비스 탑재가 가능하므로 편리하게 상담할 수 있다.
  ㉡ 개별적으로 즉각적인 질문과 답변이 가능하다.
  ㉢ 상담내용이 기록으로 남아있어 내용 확인이 가능하다.
  ㉣ 잘 활용하면 마케팅 파급효과를 볼 수 있다.
⑤ 불만고객 유형별 특징과 응대방법

불만고객유형	특 징	응대방법
거만형	과시욕이 강함 폄하하는 경향이 있음	• 정중하게 대하면서 과시욕을 뽐내게 둔다. • 단순하여 호감을 얻으면 강한 영향력 행사
의심형	설명이나 품질에 대해 의심이 많음	• 분명한 증거나 근거 제시 • 책임자에게 응대하도록 함
트집형	사소한 것을 트집 잡음	• 고객의 얘기를 경청, 맞장구, 추켜세우며 설득 • 경청한 후 고객의 옳은 면은 사과하는 응대
빨리빨리형	성격이 급함	• 애매한 화법을 쓰지 않고 정확하게 표현 • 재빠른 응대처리

3 고객 응대 절차

① 방문고객에게 밝은 표정과 미소로 인사한다.
② 고객의 방문내용을 고객관리차트를 보며 확인한다.
③ 고객의 소지품과 외투를 개인사물함에 보관하고 개인사물함 키는 고객에게 맡긴다.
④ 시술에 적합한 고객용 가운을 입게 도와준다.
⑤ 방문고객을 대기실로 안내한다.
⑥ 메이크업 아티스트에게 시술한다.
⑦ 시술이 끝나면 시술내역과 요금표를 제시하고 정산한다.
⑧ 모든 절차가 끝나면 보관했던 소지품과 외투 등을 전달한다.
⑨ 시술에 대한 만족도를 가볍게 물어보고 확인한다.
⑩ 고객에게 방문에 대한 감사인사를 전하며 밝은 표정과 목소리로 배웅한다.

Chapter 02 ▶ 얼굴특성 파악

1 얼굴의 비율, 균형, 형태 특성

(1) 얼굴을 구성하는 골격과 근육

얼굴 골격과 근육, 피부의 해부학적인 이해는 메이크업의 명암을 강조할 때 기본이 되는 중요한 부분으로, 뼈의 움직임에 따라 근육의 움직임이 각각 다르게 나타나므로 평소 주의 깊게 관찰해야 한다. 특히 노화에 따른 피부 두께의 변화와 지속적인 표정이 만들어내는 주름의 특징을 이해하고, 그에 따른 관리와 표현법을 익히도록 한다.

PART 2 메이크업 고객서비스 및 카운슬링

1) 안면 두개골
① 전두골(앞이마뼈) : 앞이마를 이루고 있으며, 전반적인 이마의 형태 결정
② 측두골(관자뼈) : 양쪽 귀 윗선을 따라 이마를 중심으로 양쪽 측면에 위치
③ 관골(광대뼈) : 뺨을 이루는 뼈로 안면의 측면 외곽에 위치
④ 비골(코뼈) : 코를 형성하며 기둥 역할을 맡고 있는 연골판 지지
⑤ 안와(안동구) : 눈 앞부분의 작은 뼈
⑥ 상악골(위턱뼈) : 두 개의 상악골이 중앙에서 만나 위턱을 이루고, 상악골 사이에 비골(코뼈)이 위치
⑦ 하악골(아래턱뼈) : 턱을 중심으로 아랫부분, U자 형태의 뼈로 얼굴에서 가장 크고 강한 뼈
* 이외에 구개골(입천장뼈), 하비갑개(아래코선반), 서골(보습뼈), 설골(목뿔뼈) 등이 있다.

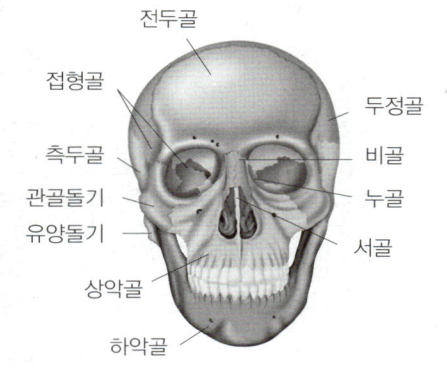

2) 안면근의 종류와 기능
① 전두근(앞이마근) : 눈썹을 들어 올리고 이마에 가로 주름을 만듦
② 후두근(뒷통수근) : 모상건막을 뒤로 당겨 이마 주름을 없앰
③ 추미근(눈썹 주름근) : 미간 주름 형성, 눈썹을 내리고 이마의 주름을 만듦
④ 안륜근(눈둘레근) : 눈을 감는 작용, 눈가 주름을 만듦
⑤ 상안검거근(눈꺼풀 올림근) : 눈을 뜨게 하는 작용, 눈꺼풀 처짐
⑥ 대관골근(큰 광대근) : 구각을 들어 올려 웃는 표정
⑦ 소관골근(작은 광대근) : 윗입술을 위로 당겨 부정적인 표정
⑧ 협근(볼근) : 뺨을 압박하여 공기를 내뿜음, 성난 표정
⑨ 상순거근(입꼬리 올림근) : 윗입술을 들어 올려 싫은 표정
⑩ 구각하체근(입꼬리 내림근) : 입꼬리를 아래로 당겨 슬픈 표정
⑪ 소근(입꼬리 당김근) : 입 꼬리를 외방으로 당겨 볼에 보조개 형성
⑫ 구륜근(입둘레근) : 입술 주위를 둘러싸고 입술을 형성, 입을 닫고 오므리는 기능

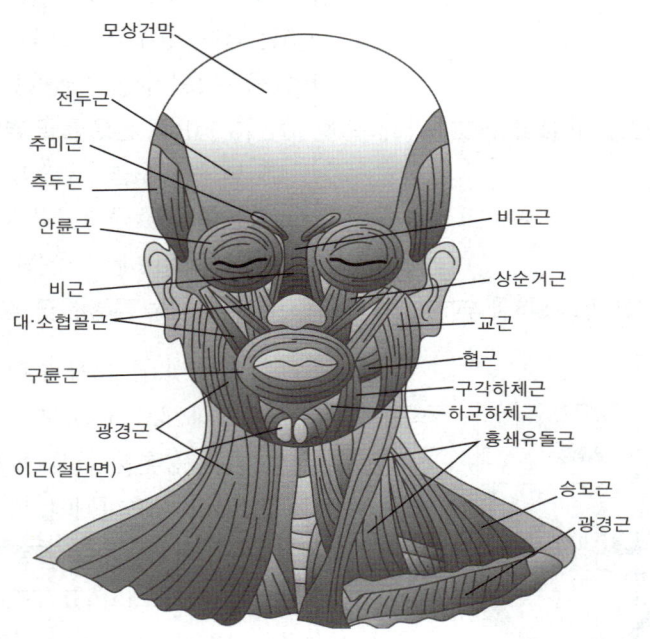

(2) 골상학
골상학은 근육과 골격의 형태를 이해하여 인물의 성격이나 연령 등의 특성을 사실적이고 정확하게 표현하기 위한 바탕이 된다. 골상학의 원리를 알아두는 것은 인물을 창조하는 데 필수적인 요소이다. 타인을 관찰할 때 그들의 모습과 습관에서 많은 시행착오 끝에 어떠한 상관관계를 발견함으로써 의식적 혹은 무의식적으로 결론을 얻는다고 볼 수 있다.

1) 안면 크기에 따른 골상
① 큰 얼굴 : 늠름함, 듬직함, 장대함, 포용, 너그러움
② 작은 얼굴 : 귀여움, 깜찍함, 애교, 총명함, 당돌함

2) 눈썹에 따른 골상

짙은 눈썹	긴장, 힘, 야성적, 야만, 용맹, 행동적, 투박함, 무지, 천박함
흐린 눈썹	온화함, 깨끗함, 온순, 병약함, 신성, 허약, 피동적, 여성적
아치형 눈썹	온화함, 부드러움, 유순함, 섬세함, 고전적, 동양적, 친절, 자애로움
직선형 눈썹	젊음, 긴장감, 단정함, 날씬함, 이기적, 객관적
긴 눈썹	점잖음, 고상함, 안정감, 인격자, 무서움, 성숙, 의혹
짧은 눈썹	명랑, 경쾌, 밝음, 날렵함, 동적, 허구, 위선
가는 눈썹	섬세함, 성숙함, 연약함, 깨끗함, 날카로움, 밝음, 허영, 불안, 세련미
폭이 넓은 눈썹	투박함, 안정감, 힘, 젊음, 야성적, 산만, 건강, 소박함, 순수함
눈썹과 눈썹 사이가 넓은 눈썹	너그러움, 온화함, 여유, 멍청함, 어리석음, 낙천적
눈썹과 눈썹 사이가 좁은 눈썹	긴장, 인색, 답답, 날카로움, 신경질적, 짜증, 옹색함, 성급함, 예리함
눈썹과 눈 사이가 넓은 눈썹	강한 의지, 인내심
눈썹과 눈 사이가 좁은 눈썹	서구적, 비밀
올라간 눈썹	시원함, 야성미, 활동적, 거만, 날카로움, 사나움, 능동적
처진 눈썹	온화함, 부드러움, 겸손, 어리석음, 모자람, 천박함

PART **2** 메이크업 고객서비스 및 카운슬링

3) 눈 모양에 따른 골상

알맞은 눈	밝고 발랄, 우아하고 고상함, 총명, 희망, 신선함, 인자함, 너그러움
큰 눈	시원함, 풍부한 감정, 당황, 번민
작은 눈	옹색, 답답, 소극적, 비밀, 편협, 귀여움
동그란 눈	발랄, 경쾌, 놀람, 당혹, 불안, 공포
가느다란 눈	섬세함, 예리함, 관찰력, 냉정, 잔인함
눈두덩이 나온 눈	고집, 의지, 퉁명스러움, 건강, 심술
눈두덩이 들어간 눈	조숙함, 관찰력, 부드러움, 섬세함, 현대적, 피곤함
처진 눈	온순, 순진, 비굴, 모자람, 척박함
올라간 눈	날카로움, 주관적, 고집, 적극적
눈과 눈 사이가 먼 눈	대범, 너그러움, 낙천적, 비적극성
눈과 눈 사이가 가까운 눈	소극적, 답답, 편협, 비애, 협소
짝눈	비애, 모자람, 동적, 불안, 미성숙
쌍꺼풀 눈	감수성, 슬픔, 성숙, 노련함, 활발함, 서구적, 현대적
외겹 눈	단순, 소박, 담백, 깔끔, 냉정, 고집, 청순, 내향적

4) 코 모양에 따른 골상

큰 코	힘 있고 정력적
짧은 코	명랑, 낙천적
바깥쪽으로 튀어나온 코	지적이거나 호기심 풍부
얼굴에 바짝 붙은 긴 코	신중하고 비밀스러움, 비관적
코끝이 처진 코	냉정하고 사려 깊음, 우울함
짧으면서 넓은 코	활동적, 생동감
매부리코	귀족적, 풍요로움
오목한 코	비공격적, 천성은 착하나 변덕과 고집이 센 느낌
끝이 들린 코	낙천적, 열광적

5) 입술에 따른 골상

곧은 입술	단호함, 확고함
느슨하게 다문 입술	정서적으로 따뜻함
얇은 입술	겸손, 신중, 형식적, 정확, 냉정
두툼한 입술	온화하고 풍부함, 동적, 사교적, 방종함, 나태함
입 끝이 올라간 입술	따뜻함, 사교성
입술에 둥근 주름	사랑스러움
윗입술 중간이 풍부한 입술	자만심, 권위, 자존심
아랫입술 구석 아래가 풍부한 입술	질투심
처진 입술	비관적, 진지함, 약한 기질

(3) 얼굴형의 특징
① 긴 얼굴형(Oblong Face)
  ㉠ 얼굴의 가로 폭은 좁고 세로 길이는 긴 형으로 마른 얼굴에서 많이 볼 수 있다.
  ㉡ 조용하고 성숙한 느낌, 우아하면서 인자한 느낌이 장점이지

만, 우울한 느낌을 주고 나이가 들어 보이는 단점이 있다.
  ㉢ 장점을 살려서 성숙하고 고상한 아름다움을 연출하거나, 긴 얼굴형을 수정하여 젊음과 활력이 느껴지는 이미지로 수정하는 것이 좋다.
② 둥근 얼굴형(Round Face)
  ㉠ 볼과 턱선이 둥글고 이마와 헤어라인의 경계선도 둥근 귀여운 이미지로, 한국인에게 가장 많이 볼 수 있는 얼굴형이다.
  ㉡ 넓이와 길이가 거의 비슷해 짧은 얼굴 형태를 갖고 있으며, 얼굴이 크고 윤곽이 없어 둔해 보이기도 한다.
  ㉢ 곡선을 강조하여 메이크업하면 어려보이고 귀엽게 연출할 수 있다.
③ 사각 얼굴형(Square Face)
  ㉠ 이마와 헤어라인의 경계선이 직선이고 이마선과 턱선에 각이 져 있으며 볼의 선도 직선에 가깝다.
  ㉡ 얼굴의 길이에 비해 폭이 넓어 평면적인 느낌이며, 안정감이 있고 활동적이며 의지가 강해 보여 남성적인 느낌을 준다. 부드러운 여성적 이미지가 결여되기 쉬운 형이다.
  ㉢ 전체적으로 각진 느낌을 살려 메이크업하면 활동적인 이미지의 신뢰감을 주는 얼굴형이다.
④ 역삼각형 얼굴형(Inverted Face)
  ㉠ 이마는 넓으나 턱이 뾰족한 형으로 이지적이며 세련미가 느껴지는 현대적인 얼굴형이다.
  ㉡ 이마 양 끝에 섀딩을 하여 볼이 갸름해 보이도록 메이크업하면 현대적 이미지를 부각시킬 수 있다.
⑤ 삼각형 얼굴형(Triangular Face)
  ㉠ 이마는 좁으나 턱선이 넓은 형으로 양 볼에 살이 많거나 턱뼈가 나온 얼굴형이다.
  ㉡ 차분하고 안정감이 있으며 풍만한 이미지이지만, 자칫 고집스럽고 심술궂어 보일 수 있다.
  ㉢ 젊은 층보다는 40대 이후의 여성에게 많은 얼굴형이다.

(4) 얼굴의 균형도
얼굴의 각 부분들 사이의 이상적인 비율을 그림으로 표현한 것을 얼굴의 균형도(페이스 프로포션)라 한다. 얼굴의 균형도를 정확히 파악하면 모델의 장점을 살려 아름답고 균형 잡힌 얼굴을 만들거나, 결점을 수정하고 보완하여 더 개성 있는 얼굴로 연출하는 데 도움이 된다.

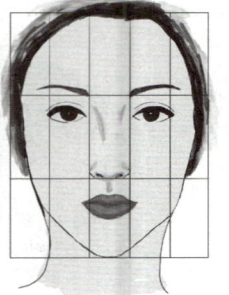

① 가로 분할(얼굴 폭) : 얼굴을 정면에서 가로로 분할할 때 3등분
  ㉠ 1등분 : 헤어라인 – 눈썹
  ㉡ 2등분 : 눈썹 – 콧방울
  ㉢ 3등분 : 콧방울 – 턱 끝
② 세로 분할(얼굴 길이) : 얼굴의 정면에서 세로로 분할할 때 5등분
  ㉠ 1등분 : 헤어라인 – 눈꼬리
  ㉡ 2등분 : 눈꼬리 – 눈 앞머리
  ㉢ 3등분 : 눈 앞머리 – 반대쪽 눈 앞머리
  ㉣ 4등분 : 눈 앞머리 – 눈꼬리
  ㉤ 5등분 : 눈꼬리 – 헤어라인

PART 2 · 메이크업 고객서비스 및 카운슬링

③ 눈 : 눈의 시작점은 콧볼에서 수직으로 올린 선에 위치하며, 눈과 눈 사이의 길이는 눈의 길이와 같다.
④ 눈썹 : 눈썹 앞머리는 콧방울에서 수직으로 올린 선에 위치하고, 눈썹 꼬리는 콧볼에서 눈꼬리를 연결한 사선과 만나는 지점에 위치한다.
⑤ 눈과 눈 사이 : 눈의 길이와 같고, 코의 폭과도 같다.
⑥ 입술 : 정면을 바라보고 눈동자 안쪽선의 연장 수직선과 만나는 지점에 위치하며, 윗입술과 아랫입술의 비율은 1 : 1.5이다.

2 피부 톤, 피부유형 특성

1) 피부톤
① 흰 피부 (아이보리) : 피부톤이 가장 맑은 편이며 혈색이 없는 편이다.
② 붉은 피부 (핑크) : 피부톤이 밝은 편이며 혈색이 있다.
③ 노란 피부 (베이지) : 피부톤이 약한 탁한 편이며 엷게 노란기가 있다.
④ 노란기가 있으면서 검붉은 피부(오클) : 피부톤이 가장 탁한 편이며 어둡다.

2) 피부유형별 특성
메이크업은 피부에 표현하는 것이므로 피부의 특성을 파악하는 것이 중요하다. 피부는 피지와 수분함량에 따라 메이크업 지속력 등이 달라지므로 메이크업 시술 전에 피부의 특성을 파악해 화장품을 선택하도록 한다.

① 중성피부(정상)
 • 유분과 수분의 밸런스가 좋다.
 • 피부결이 곱고 혈색이 좋다.
 • 각질층의 수분함유가 정상(15-30%)이다.
② 건성피부
 • 유분과 수분이 적다.
 • 모공이 작으며 피부가 얇아 잔주름이 생기기 쉽다.
 • 각질층의 수분함유(10% 이하)가 적다.
③ 지성피부
 • 피부에 수분보다 유분이 많다.
 • 피부 두께가 두꺼운 편이며 모공이 크고 피부결이 거칠다.
 • 과다한 피지분비로 뾰루지나 여드름, 블랙헤드가 생기기 쉽다.
④ 복합성피부
 • 피부부위에 따라 유분과 수분함유량이 다르다.
 • 피부부위에 따라 여러 특징이 나타난다.
⑤ 문제성피부
 • 민감성피부 : 피부자극에 민감하여 피부에 염증이 발생하기 쉽다.
 • 여드름피부 : 과다한 피지분비로 발생한다. 사춘기에 호르몬분비의 불균형으로 많이 나타난다.
 • 모세혈관이 확장된 피부 : 실핏줄이 피부가 얇은 부위인 콧등에 많이 나타나며 외부와의 온도 차에 민감한 피부이다.

3 메이크업 고객 요구와 제안

(1) 스타일의 종류와 메이크업 디자인

1) 로맨틱(Romantic) 메이크업
① 흔히 '파스텔 메이크업'이라고도 한다.
② 화사한 공주풍의 의상에 어울리는 포근하고 여성스러운 이미지의 메이크업이다.
③ 옐로우, 코랄, 핑크, 오렌지, 옐로우그린, 스카이블루 등을 저채도, 고명도의 소프트한 톤으로 의상과 조화되게 사용한다.
④ 소녀처럼 젊고 화사한 이미지라 봄에 많이 선호된다.

2) 엘레강스(Elegance) 메이크업
① 우아함, 고상함, 단정함 등 품위 있는 이미지를 지향하는 메이크업이다.
② 넓게는 여성적인 아름다움을 추구하는 페미닌 룩을 대표한다.
③ 30대 후반의 여성들이 하는 메이크업을 말하기도 한다.
④ 성인을 대상으로 하는 페미닌풍의 클래식한 패션과 어울린다.

3) 페일(Pale) 메이크업
① '엷다, 약하다, 흐리다'라는 의미로 '창백한, 생기 없는'의 뜻을 내포하고 있으며, 전체적으로 흰 빛이 많이 도는 메이크업이다.
② 선탠 혹은 글래머러스한 메이크업과 반대되는 이미지이다.
③ 야위고 소녀 같은 이미지의 패션모델들을 선호하던 유행과도 일맥상통한다.

4) 펑키(Punky) 메이크업
① 펑크(Punk)란 '시시한 사람, 재미없는 것, 불량소년(소녀), 풋내기'라는 의미로, 미국에서 발생해 영국 런던의 젊은이들이 정착시킨 패션의 한 주류이다.
② 1970년대 젊은이들을 중심으로 일어난 기성사회에 대한 반항의 구체적인 표현이다.
③ 너덜너덜 찢어진 청바지, 형형색색 기괴한 머리와 메이크업, 쇠사슬, 체인과 안전핀 등을 사용하여 미래에 대한 희망의 포기를 암시하며 공격적이고 혐오스러운 표현을 즐겨하였다.

5) 비비드(Vivid 혹은 Bright Tone) 메이크업
① '선명한, 산뜻한, 발랄한, 강렬한'이라는 뜻이다.
② 핑크, 옐로우, 오렌지, 그린 등 선명한 원색의 아이섀도를 사용하여 전체적으로 생기 있게 연출하는 메이크업이다.
③ 캐주얼 의상과 잘 어울린다.

PART 2 메이크업 고객서비스 및 카운슬링

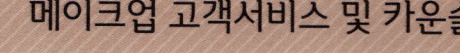

Chapter 03 ▶ 메이크업 디자인 제안

1 메이크업 색채

[색채의 정의 및 개념]

(1) 빛과 색

색이란 빛이 물체를 비추었을 때 생겨나는 빛의 파장이다. 물체의 표면 특성과 물질이 지닌 특성에 따라 흡수, 반사, 투과, 굴절, 회절, 분광 등의 과정을 통하여 인간의 눈을 자극함으로써 생기는 물리적인 지각현상을 말한다. 이때 인간이 지각할 수 있는 광선의 영역 내에서 지각이 되는데, 이 광선의 범위를 가시광선이라고 한다.

(2) 색의 체계

① 현색계 : 물체의 색을 색 지각의 3속성인 색상, 명도, 채도에 따라 정량적으로 분류해 번호나 기호를 붙여 색채를 표시하는 체계로, 대표적으로 먼셀과 NCS 표색계가 있다.

② 혼색계 : 물체를 측색계로 측색하고 어느 파장 영역의 빛을 반사하는가에 따라서 색의 특징을 수치로 판별하는 것으로, 국제조명위원회(CIE)에서 고안한 표색계와 오스트발트 표색계가 여기에 속한다.

> **tip**
>
> **먼셀의 표색계**
> • 미국의 화가이며 색채 연구가인 먼셀에 의해 창안되었다.
> • 미국 광학협회의 수정에 의해 수정 먼셀 표색계가 표준 색표로 시판되었으며, 합리적이어서 국제적으로 널리 사용하고 있다.
>
> **먼셀의 색입체**
> 중심의 세로축에 명도, 주위의 원주 상에 색상, 중심에서 방사선으로 채도를 구성한다.
> • 색상(H) : 가운데의 무채색을 중심으로 원 둘레에 색상 배치
> • 명도(V) : 아래에서 위로 올라갈수록 명도가 높아짐
> • 채도(C) : 중심축에서 멀어질수록 채도가 높아짐
>
> **먼셀 기호의 표기법**
> • 어떤 색을 먼셀 기호로 표기할 때에는 H V/C 순서로 기록한다.
> • 5Y 8/10 → '5Y 8의 10'이라 읽으며 색상이 5Y, 명도가 8, 채도가 10인 색이다.

(3) 색의 3속성

모든 색을 다른 색과 구별하는 데 필요한 성질인 색상, 명도, 채도를 '색의 3요소' 또는 '3속성'이라고 한다. 색상을 가지고 있는 색은 유채색, 색상을 갖지 않은 색은 무채색이다. 무채색에는 흰색, 회색, 검정이 있다.

① 색상(Hue)

㉠ 일반적으로 색 이름을 말하며 빨강, 주황, 노랑 같은 색의 기미이다.

㉡ 색상환은 색상을 원으로 배열하여 연속적으로 볼 수 있게 만든 것이다.

㉢ 색상은 빨강(R), 노랑(Y), 녹색(G), 파랑(B), 보라(P)의 5색을 주요색으로 같은 간격으로 놓고, 그 사이에 주황(YR), 연두(GY), 청록(BG), 남색(PB), 자주(RP)를 기본 10색으로 배치한다.

② 명도(Value)

㉠ 색의 밝고 어두움을 나타낸다.

㉡ 명도(V) 축은 0~10까지 11단계로 나타내며 0은 절대 검정, 10은 절대 흰색을 뜻한다.

㉢ 물체색은 완전한 검정과 흰색이 존재하지 않는다.

㉣ 명도는 무채색과 유채색에 모두 있으며, 어두운 색일수록 명도가 낮고 밝은 색일수록 명도가 높다.

③ 채도(Chrome)

㉠ 색의 순수한 정도, 색의 강약을 나타내는 성질, 색의 맑고 탁한 정도나 선명도를 나타내며 어떤 유채색의 순수한 정도를 뜻하기 때문에 순도라고도 한다.

㉡ 다른 색상이 전혀 섞이지 않은 순색이 가장 채도가 높으며 다른 색상이 섞이면 채도가 낮아진다.

㉢ 채도가 가장 높은 색은 빨강과 노랑이다.

(4) 톤(Tone)

색의 명도와 채도가 복합적으로 나타나는 색조이며, 색의 이미지를 더 쉽게 표현할 수 있다. 색상이 달라도 톤이 같으면 유사한 이미지를 나타내며, 같은 색상이라도 톤의 차이를 크게 하면 명쾌한 느낌을 준다.

(5) 색의 3원색

① 색광의 3원색(가법 혼색) : 스크린에 가법 혼색의 원리가 응용된다. 색광의 3원색을 스크린에 비추면 빛의 강도와 중첩 방법에 따라 여러 색이 나타나는데, 색광이 중첩되는 부분이 밝기가 가산되어 원래 색보다 밝아지는 것을 색광의 가법 혼색이라고 한다.

㉠ Blue + Green = Cyan

㉡ Green + Red = Yellow

㉢ Blue + Red = Magenta

㉣ Blue + Green + Red = White

② 색료의 3원색(감법 혼색) : 물감이나 도료, 잉크 등은 ㅁ-젠타, 옐로우, 시안의 3색을 섞음으로써 대부분의 색을 만들 수 있다. 섞는 색상의 수를 늘릴수록 원래 색보다 어둡고 탁해지는데, 이를 감법 혼색이라고 한다.

㉠ Magenta + Yellow = Red

㉡ Yellow + Cyan = Green

㉢ Cyan + Magenta = Blue

㉣ Magenta + Yellow + Cyan = Black

[색채의 정의 및 개념]

(1) 색채 조화의 기본 원리

① 질서의 원리 : 색채 조화는 의식할 수 있으며, 효과적인 반응을 일으키는 질서 있는 계획을 통해 선택된 색채에 의해 생긴다.

② 동류의 원리 : 가장 근접한 색채의 배색은 안정감과 친근감을 주며 조화를 느끼게 한다.

③ 유사의 원리 : 배색된 색채들이 서로 공통된 상태와 속성을 가질 때 그 색채군은 조화를 이룬다.

④ 비모호성의 원리 : 색채 조화는 두 색 이상의 배색에 있어서 석연치 않는 점이 없는 명료한 배색에서만 이루어진다.

32

PART 2 메이크업 고객서비스 및 카운슬링

⑤ 대비의 원리 : 배색된 색채들의 상태와 속성이 서로 반대되면서 모호한 점이 없을 때 조화된다.

(2) 색의 대비
어떤 색이 다른 색의 영향을 받아 실제와는 다른 색으로 보이는 현상을 말한다.
① 계시대비 : 시간적으로 전후해서 나타나는 시각 현상
② 동시대비 : 나란히 놓여 있는 두 색이 서로 상대방의 잔상에 영향을 주어 색채가 변해 보이는 현상

> **tip 잔상**
> 눈에 비쳤던 자극이 없어진 후에도 색의 감각이 남아 여운을 남기며 생리적인 작용으로 보색이 가해져서 보이는 현상이다.

③ 색상대비 : 배경색의 보색이 영향을 주어 변화를 가져오는 현상
④ 명도대비 : 같은 명도의 색을 저명도 위에 놓으면 명도가 높게, 고명도 위에 놓으면 명도가 낮게 보이는 현상
⑤ 채도대비 : 같은 채도를 저채도 위에 놓으면 채도가 더 높게 보이고, 고채도 위에 놓으면 채도가 더 낮게 보이는 현상
⑥ 보색대비 : 서로 보색 관계의 두 색을 나란히 놓으면 서로의 영향으로 각각의 채도가 더 높아 보이는 현상
⑦ 면적대비 : 면적이 크면 명도와 채도가 높아 보이고, 면적이 작아지면 실제보다 명도와 채도가 낮아 보이는 현상
⑧ 연변대비 : 두 색이 가까이 있을 때 경계면의 언저리가 먼 부분보다 더 강한 색채대비가 일어나는 현상
⑨ 한난대비 : 색의 차고 따뜻한 느낌의 지각 차이로 변화가 오는 현상

(3) 색의 동화
대비와는 반대되는 효과이며 문양이나 선의 색이 배경색에 혼합되어 보이는 것으로, 서로 동화되어 원래의 색과는 다르게 보이는 현상을 말한다.
① 명도의 동화 : 배경색과 문양이 서로 혼합되어 명도가 달라 보임
② 색상의 동화 : 배경색과 문양이 서로 혼합되어 색상이 달라 보임
③ 채도의 동화 : 배경색과 문양이 서로 혼합되어 채도가 달라 보임

(4) 배색

1) 색채 조화를 위한 기본 배색
① 2색 조화 : 색상환 중심에 지름을 두고 마주 바라보는 2가지 색의 조화이다.
② 3색 조화 : 색상환에서 정삼각형, 이등변 삼각형을 이루는 3가지 색상을 골라내면 3색의 조화를 형성한다.
③ 4색 조화 : 색상환에서 서로가 직각을 이루며 지름을 통해 연결되는 2가지 보색을 찾아내면 직사각형, 정사각형의 4색 조화를 이룰 수 있다.
④ 6색 조화 : 3개의 보색대가 조화된 6색으로 조화하거나 검정과 흰색을 4개의 순색과 조화한다.

2) 배색의 기본
① 동일색상 또는 인접색상 배색 : 부드럽고 통일된 온화한 느낌을 준다.
② 유사색상 배색 : 색상 차가 유사한 배색이며 부조화의 영역으로 명도·채도 차를 높이면 조화된 느낌을 준다.
③ 근접 보색색상 배색 : 서로 대비되는 색상 차가 큰 배색 방법으로 화려하고 강한 느낌을 준다.
④ 보색색상 배색 : 보색색상의 강한 대비가 나는 배색으로 자극적이며 강렬하고 화려한 느낌을 준다.

3) 배색기법
① 분리효과(Separation) 배색
  ㉠ 배색을 이루는 색과 색 사이에 분리색을 넣어 조화를 이루는 것을 말한다.
  ㉡ 무채색을 이용하는 경우가 많으며 환경, 패션, 메이크업 색채 설계에 많이 쓰인다.
② 강조(Accent) 배색 : 비슷한 색상 배열의 단조로움을 막기 위해 강조색을 쓰는 기법으로 포인트를 주는 배색방법이다.
③ 그라데이션(Gradation) 배색
  ㉠ 색상이나 톤이 단계적으로 변화하는 것을 말하며 자연스럽고 리드미컬한 이미지를 연출하며 참신한 이미지에 더 효과적이다.
  ㉡ 색상, 명도, 톤으로 변화시킬 수 있다.
④ 톤 온 톤(Tone on tone) 배색 : 동일 계열의 색상을 사용하여 통일감을 주고 명도와 채도의 변화를 통해 정돈된 다양한 이미지 연출이 가능하지만 다소 단조로울 수 있다.
⑤ 톤 인 톤(Tone in tone) 배색
  ㉠ 유사한 톤으로 이루어진 배색, 동일 계열의 명도와 채도가 상이한 색상을 배색하는 것으로 톤 온 톤보다 자유로운 색의 조화가 가능하다.
  ㉡ 단조로울 수 있으므로 유의가 필요하다.

(5) 색채 조화의 유의점
① 색채 조화는 인간의 기호 문제로 각자의 정서, 감정 등이 다르게 작용하며 같은 사람도 시간에 따라 다르게 느낄 수 있다. 색채 조화는 디자인이나 색 자체와 함께 그 절대적인 시각의 크기에 따라 좌우된다.
② 색채 조화에 영향을 미치는 요소
  ㉠ 채색된 범위의 상대적인 크기
  ㉡ 색 자체와 함께 디자인의 요소, 형태
  ㉢ 색 자체와 함께 디자인의 의미나 해석
③ 색채 조화에 객관적 법칙성, 규칙성을 부여하기는 매우 어렵다.

[색채와 조명]

(1) 조명 방식
① 직접조명
  ㉠ 반사갓을 사용하여 광원의 빛을 모두 모아 한 방향으로 90% 이상을 조사하는 방식이다.
  ㉡ 에너지 효율이 좋고 경제적이지만, 눈이 부시고 그림자가 생기는 단점이 있다.
② 반직접조명
  ㉠ 대상에 상향으로 10~40%, 하향으로 90~60%가 조사되는 방식이다.
  ㉡ 직접조명보다는 덜하나 그림자와 눈부심이 생길 수 있다.

PART 2 메이크업 고객서비스 및 카운슬링

③ 간접조명
  ㉠ 반사갓을 이용하여 간접적으로 빛을 비추는 방식이다.
  ㉡ 대부분 광원의 빛을 천정으로 조사하여 효율은 나쁘지만 차분한 분위기를 낼 수 있고, 눈부심도 적은 편이다.
  ㉢ 조도 분포가 균일하고 그늘짐 현상이 없다.
④ 반간접조명
  ㉠ 상향으로 69~90%, 하향으로 40~10%를 조사하게 하는 방식이다.
  ㉡ 부드럽고 그늘짐 현상이 적은 편이다.
⑤ 전반확산조명
  ㉠ 확산성 덮개를 사용하여 모든 방향으로 빛이 확산되도록 하는 방식이다.
  ㉡ 눈부심이 거의 없다.

(2) 조명용 광원의 종류 및 특징

① 백열등
  ㉠ 태양광선에 가장 가까운 빛을 낸다.
  ㉡ 전력소모량에 비해 빛이 약하고 수명이 짧은 단점이 있다.
  ㉢ 장파장의 빛이 강하여 따뜻한 난색 계열의 빛으로 가정이나 전시장에 주로 사용된다.
  ㉣ 할로겐, 유리 전구, 텅스텐 전구 등이 있다.
② 방전등 : 아크방전, 글로방전에 의한 것과 저압수은등의 관 속에 형광물질을 칠한 것이 있다.
③ 형광등 : 단파장 영역의 빛이 다른 파장에 비해 강해서 푸른빛의 느낌이 난다.
④ 태양광 : 고른 파장 분포를 보이기 때문에 색상의 특성이 없는 백색광이다.

2 메이크업 이미지

① 로맨틱 스타일 : 핑크계 색상을 주로 하여 사랑스럽고 귀여운 이미지로 연출
② 페미닌 스타일 : 파스텔계 색상으로 여성스럽고 단아한 이미지 연출
③ 엘레강스 스타일 : 중명도 중채도의 와인, 퍼플계 색상으로 우아, 고상, 여성스러운 이미지 연출
④ 클래식 스타일 : 깊이 있고 차분한 브라운, 골드, 카멜색으로 고전적이면서 품위 있는 이미지 연출
⑤ 에스닉 스타일 : 중간톤의 짙은 레드, 오렌지, 그린, 바이올렛 등의 색상으로 민속적이면서 이국적인 이미지 연출
⑥ 모던 스타일 : 밝은 레드, 블루, 화이트 색상을 이용하여 현대적이면서 도회적인 이미지 연출
⑦ 매니시 스타일 : 다크그레이, 다크블루, 다크브라운 색상으로 남성적이면서 강한 이미지 연출
⑧ 액티브 스타일 : 선명한 옐로우, 블루, 레드, 마젠타 색상을 이용하여 활동적이면서 경쾌한 이미지 연출

3 메이트업 기법

스타일	메이크업 기법
로맨틱 스타일	• 전체적으로 그라데이션 기법이 효과적 피부 : 한톤 밝은 색상의 파운데이션을 얇게 바르며 하이라이트와 셰딩도 얇게 발라 그라데이션한다. 포인트 : 화사한 색감의 아이섀도를 부드러운 그라데이션 기법으로 표현 눈썹도 케일 타입 브로우로 부드럽게 그리며, 아이라인도 강조하지 않는다. 입술은 펄감, 글로스를 이용하여 얇게 표현
페미닌 스타일	피부 : 연한 핑크계 파운데이션으로 화사하게 표현, 하이라이트와 셰딩도 얇게 표현 포인트 : 유사조화의 파스텔계열 색상으로 그라데이션 기법을 이용하여 자연스럽게 표현
엘레강스 스타일	피부 : 피부톤과 같은 색상으로 피부커버를 하고, 하이라이트 세딩도 꼼꼼하게 표현 포인트 : 깊이감 있으면서 화사한 느낌의 아이섀도를 더올리도록 메이크업, 눈썹과 입술 라인을 단정하게 그린다.
클래식 스타일	피부 : 베이지 색상으로 피부커버를 하고, 하이라이트 세딩도 꼼꼼하게 표현 포인트 : 포인트 칼라아이섀도를 강조하여 깊이 있는 눈매로 표현, 아이라인, 눈썹 입술 라인을 선명하게 강조하며 매트한 색감이 효과적
에스닉 스타일	피부 : 피부톤과 같거나 약간 어두운 피부표현 포인트 : 컬러풀한 민속적인 색상으로 천진난만한 느낌으로 표현, 매트한 색감 강조
모던 스타일	피부 : 깨끗하고 자연스러운 느낌의 피부표현 포인트 : 부분적으로 그라데이션과 라이닝 기법을 활용하며 원포인트 메이크업 연출
매니시 스타일	피부 : 약간 어둡게 피부 표현 포인트 : 코선, 턱선 등 부분적으로 하이라이트 강조
액티브 스타일	피부 : 약간 어둡고 혈색이 있는 건강한 피부톤으로 표현 포인트 : 눈화장은 진하게 강조하고 입술은 누드톤으로 가라앉게 표현 눈화장은 얇게 하고 입술은 원색적으로 경쾌하게 강조하여 표현

34

PART 03 퍼스널 이미지 제안

Chapter 01 ▶ 퍼스널컬러 파악

1 퍼스널 컬러 분석 및 진단

(1) 퍼스널 컬러의 특징

1) 사계절 색채 표현 이론
사계절의 느낌과 감정을 색채로 표현하여 감각적으로 느낄 수 있도록 계절을 대표하는 색을 정의할 수 있다. 이러한 사계절의 색을 메이크업이나 의상, 헤어 색상 선택에 접목하여 얼굴에 맞는 것을 선택한다.

① 봄 이미지 표현
  ㉠ 명도와 채도가 높고 깔끔하며 청순한 색이 많다.
  ㉡ 노란빛이 도는 복숭아색, 아이보리 등의 밝고 가벼우며 따뜻한 느낌을 주는 색이 대표적이다.
  ㉢ 봄 이미지에 적합한 사람은 머리카락과 눈빛이 갈색을 띠며 따뜻한 느낌을 준다.
  ㉣ 봄 컬러로 메이크업을 할 때는 너무 강하거나 짙게 하는 것보다 가벼운 느낌이 나도록 한다.

② 여름 이미지 표현
  ㉠ 여름의 색상은 부드럽고 시원하며 옅은 느낌을 주고 모든 색에 흰색과 파랑의 톤이 들어있다.
  ㉡ 여름 이미지를 가진 사람은 부드러운 검은 머리와 눈빛을 지니며 눈빛이나 머리카락이 노란 사람도 있지만, 따뜻한 느낌보다는 붉은 기에 가까운 차가운 느낌을 준다.
  ㉢ 피부는 붉은기가 눈에 띄게 느껴지는 사람과 창백한 사람이 있다.
  ㉣ 부드러운 파스텔톤의 채도가 낮은 색상이 잘 어울린다.

③ 가을 이미지 표현
  ㉠ 주변 환경이나 심리적으로 여름에 비해 차분하게 가라앉고 여유로움을 되찾게 되므로 차분한 톤의 중간색으로 이미지를 나타낼 수 있다.
  ㉡ 모든 색에 노랑과 검정이 섞인 색이 어울리며 흑색, 회색, 백색은 피하고 명도와 채도가 낮은 색이 잘 어울린다.
  ㉢ 가을 이미지의 사람은 부드럽고 깊은 눈빛과 피부색으로 모든 사람에게 친근감을 느끼게 하며, 갈색 눈동자와 머리카락이 차분한 이미지를 연출한다.

④ 겨울 이미지 표현
  ㉠ 깔끔한 원색 또는 차고 시원한 색조들이며 흰색, 검정 등의 무채색이 겨울 이미지를 더욱 부각시킨다.
  ㉡ 겨울 이미지의 사람은 대체로 검은 머리카락과 검은 눈동자, 붉은기가 조금 비치는 투명한 피부나 누르스름한 피부이다.
  ㉢ 다양한 색상보다 절제되고 통일감 있는 이미지를 부여하는 것이 좋으며, 포인트 색상을 최대로 활용하면 더욱 효과적이다.

(2) 퍼스널컬러 진단하기

① 사전준비
  • 모델 : 모델은 화장기가 없는 맨얼굴 상태로 모든 액세서리, 안경, 컬러렌즈 등을 착용하지 않도록 한다.
  • 환경 : 오전 11시 ~ 오후 3시 사이에 진단하는 것이 좋으며, 인공조명을 사용하여 진단하려고 하면 95~100w 중성광이 효과적이다.
  • 도구 : 드레이핑 진단천은 따뜻한 유형(금색)과 차가운 유형(은색)을 먼저 준비한다. 그리고 사계절 컬러 진단천을 준비한다.
② 1차 진단 : 육안으로 피부색·눈동자·머리카락 색상을 살펴본다.
③ 2차 진단 : 금색과 은색의 진단천 위에 손을 올려놓는다.
④ 3차 진단 : 얼굴 아래에 금색과 은색의 진단천을 올려놓는다.
⑤ 4차 진단 : 얼굴 아래에 4계절 컬러 진단천을 올려놓는다.
⑥ 5차 진단 : 계절유형을 진단하고 나면, 사계절 중 가장 적합한 유형이라고 진단된 것을 분석한다.
⑦ 컬러팔레트 만들기 : 진단한 계절별 유형 컬러팔레트를 만든다.

Chapter 02 ▶ 퍼스널 이미지 제안

1 퍼스널 컬러 이미지

분류	이미지	색상	톤
봄유형 컬러	• 경쾌, 생동감, 따뜻함 • 밝고 화사한 이미지	• 밝은 옐로우가 주조색 • 복숭아색, 초록색	명도·채도가 높은 비비드, 라이트, 페일톤
여름유형 컬러	• 자연스러움, 산뜻함 • 여성스럽고 낭만적인 이미지	• 흰색과 파란색이 주조색 • 파스텔톤	명도는 높고 채도는 낮은 파스텔, 페일, 소프트
가을유형 컬러	• 가라앉고 차분함 • 우아한 고전적 여성 이미지	• 노란색이 주조색 • 오렌지레드 • 올리브그린 • 레드브라운, 다크브라운	명도, 채도가 낮은 짙고 차분한 소프트, 스트롱, 딥톤
겨울컬러 유형	• 모던, 다이나믹, 액티브 • 세련된 도회적 이미지	• 푸른색과 검은색이 주조색 • 마젠타 바이올렛, 핑크레드	명도, 채도의 대비가 강하고 짙은 비비드, 화이트톤, 다크톤

2 컬러 코디네이션 제안

(1) 봄 메이크업
따스해지는 날씨처럼 따뜻한 톤의 부드러운 메이크업이며 산뜻한 파스텔톤(Pastel Tone) 컬러 배색이 어울린다.

PART ③ 퍼스널 이미지 제안

① **파운데이션** : 밝은 핑크베이지 계열로 투명감을 살려주면서 화사하고 자연스럽게 연출
② **치크** : 살구색, 산호색, 장미색 등
③ **아이 메이크업** : 차분한 핑크, 그린, 옐로우 등의 파스텔톤
④ **마스카라** : 브라운색으로 부드럽게 표현
⑤ **립스틱** : 밝은 오렌지나 산호색 립글로스로 촉촉하게 연출

(2) 여름 메이크업

높은 기온과 습도로 화장이 지워지기 쉬운 계절이므로 방수 기능의 제품을 사용하거나 가볍고 투명한 화장을 한다. 햇볕에 그을린 피부는 선탠 메이크업을 연출해도 좋다. 기초 화장 후 시원한 감촉의 젤 타입 메이크업 베이스로 피부결을 정돈한다. 특히 자외선 차단제를 꼼꼼하게 발라주어야 한다. 야외 활동 시에는 땀과 물에 강한 투웨이 케이크를 다시 덧발라준다.

① **파운데이션** : 밝은 핑크베이지 또는 선탠오렌지
② **치크 컬러** : 핑크 계열 또는 땀으로 인해 쉽게 지워질 때는 음영만 주기도 함
③ **아이 메이크업** : 회색, 블루, 보라 등
④ **마스카라** : 검정, 딥블루
⑤ **립스틱** : 약하게 하거나 와인색 등의 강렬한 색으로 입술 강조

(3) 가을 메이크업

붉은색, 황금색, 오렌지 등의 브라운 계열이 어울린다. 브라운에 내재된 부드러움을 활용한다. 여름이 지나면서 다시 대기가 건조해지므로 기초 수분과 유분을 충분히 보충한다.

① **파운데이션** : 골든베이지 계열
② **치크** : 오렌지, 살구색
③ **아이 메이크업** : 살구색, 연초록, 황금색, 카키 등
④ **마스카라** : 브라운 또는 검은색
⑤ **립스틱** : 오렌지 계열이나 밝은 브라운 계열

(4) 겨울 메이크업

차분하고 강렬한 차가운 계열의 컬러가 중심이 되어야 한다. 은색, 블루, 핑크톤이 주가 된다.

① **파운데이션** : 핑크베이지
② **치크** : 핑크, 와인
③ **아이 메이크업** : 은회색, 청보라, 핑크, 와인
④ **마스카라** : 검은색
⑤ **립스틱** : 립라이너로 윤곽을 살리고, 레드 계열이나 와인색으로 표현

PART 04 메이크업 기초 화장품 사용

Chapter 01 ▶ 기초화장품 선택

1 피부 유형별 기초화장품의 선택 및 활용

(1) 클렌징 제품
① 세안 전, 색조화장을 지우는 단계에서 사용한다.
② 워터, 로션, 크림, 오일형의 제품이 있어 피부 타입이나 용도에 따라 선택할 수 있다.

(2) 클렌저
① 세안 시 사용하는 제품이다.
② 비누, 폼 클렌저, 시트 타입 등 피부 상태에 따라 다양하게 선택할 수 있다.

(3) 기초 화장품
① 피부를 청결히 유지하고 신진대사를 촉진하며, 자외선과 같은 외부환경으로부터 피부를 보호한다.
② 피부에서 감소되는 수분과 천연보습인자 및 지질 등의 물질을 보충함으로써 피부의 항상성을 유지한다.

(4) 기초 화장품의 종류

1) 화장수(Skin Lotion)
세안 후 피부에 남아있는 세안제의 알칼리 성분을 중화시켜 피부 본래의 pH(산도)로 회복시키고 피부에 수분을 공급한다. 화장솜에 묻혀 안쪽에서 바깥쪽으로 닦아낸다.
① 유연화장수
　㉠ 보습제, 유연제가 함유되어 각질층을 촉촉하고 부드럽게 한다.
　㉡ 약산성(pH 5.5~6.5)으로 세균의 침투를 막고 다음 단계에 사용할 화장품의 흡수를 용이하게 한다.
　㉢ 수분 공급과 피부 유연 기능이 있다.
② 수렴화장수
　㉠ 각질층에 수분을 공급하고 모공을 수축시켜 피부결을 정리한다.
　㉡ 세균으로부터 피부를 보호하고 소독한다.
　㉢ 단백질을 끌어당기고 과잉의 피지나 땀의 분비를 억제하는 기능이 있어 지성 피부에 적합하며, 여름용 화장수로 쓰인다.
　㉣ 알코올 배합량이 많아 피부에 청량감을 준다.
　㉤ 수분 공급과 모공 수축 기능이 있다.

2) 로션(Lotion)
① 수분이 60~80% 함유된 점성이 낮은 크림 형태이다.
② 수분과 유분을 공급해 피부를 촉촉하고 부드럽게 한다.
③ 크림에 비해 점도가 낮고 수분이 많아 산뜻하게 펴지고 빨리 흡수된다.
④ 화장수를 사용한 다음에 부드럽게 펴 바른다.

3) 에센스(Essence)
① 영양분과 수분을 공급하는 주요 미용성분을 고농축으로 함유하고 있어 미백, 노화 방지, 자외선 차단, 피부 보호, 영양 공급 등 피부를 가볍고 매끄러운 상태로 유지시킨다.
② 미용액 또는 컨센트레이트, 세럼, 에멀전이라 부르기도 한다.
③ 로션 사용 후 가볍게 펴 바르거나 약하게 두드리면서 흡수시킨다.

4) 크림(Cream)
① 세안에 씻겨 나간 천연 보호막을 일시적으로 빠르게 보충한다.
② 외부의 자극으로부터 피부를 보호하고 생리 기능을 촉진시키며 크림 속의 유효성분들이 피부 문제점의 개선을 돕는다.
③ 에센스 사용 후에 펴 바른다.

(5) 기초 화장 순서
세안 → 화장수 → 로션 → 에센스 → 크림 → 선크림

PART 05 베이스 및 색조 메이크업

Chapter 01 ▶ 피부표현 메이크업

1 베이스 제품 활용

(1) 베이스(Base)

1) 메이크업 베이스

① 기능
  ㉠ 기초화장 후 색조화장 전에 바르는 제품이며, 베이스 컨트롤 (Base Control)이라고도 한다.
  ㉡ 얼굴의 잡티나 홍조, 그늘진 부분을 가려주어 피부색을 보완 한다.
  ㉢ 파운데이션의 발림성과 밀착력을 좋게 함으로써 지속력을 높 인다.
  ㉣ 자외선으로부터 피부를 보호한다.

② 종류
  ㉠ 제형에 따른 분류
    • 리퀴드 타입 : 가장 많이 사용하는 유형으로 가벼운 화장을 할 때나 건성 피부에 적합하다.
    • 크림 타입 : 실리콘 베이스 제품인 경우 모공 등 피부 요철을 메우며, 지성 피부에 적합하다.
    • 케이크(스틱) 타입 : 커버력이 높아 일반 메이크업이나 분장 등에 다양하게 쓰인다.
  ㉡ 피부색에 따른 분류
    • 내추럴 타입 : 안료가 거의 없어 보정효과보다는 보습 및 메이 크업의 지속성에 효과적이다.
    • 컨트롤 타입 : 적당량의 안료 배합으로 피부색과 보색 대비의 원칙에 따라 사용하면 피부 결점을 보완한다.

③ 컨트롤 타입 메이크업 베이스의 색상 선택

색상	적합한 피부와 효과
그린(Green)	붉은 피부색 조절
핑크(Pink)	창백한 피부에 혈색을 부여하여 화사한 피부 표현
화이트(White)	피부를 투명하고 밝게 표현
옐로우(Yellow)	다소 검거나 붉은 피부에 적합하며 어두운 피부를 중화시켜 밝게 표현
블루(Blue)	기미, 주근깨, 잡티가 많은 피부를 밝게 표현
퍼플(Purple)	노란 피부를 중화시켜 밝은 피부 표현
피치(Peach)	자연스러운 피부색 표현

2) 컨실러(Concealer)

① 기능
  ㉠ 눈 밑의 다크서클(Dark Circle)이나 붉은 반점, 기미, 주근깨, 여드름 등 피부의 결점을 커버할 때 사용하며, 파운데이션 사 용 전과 후에 모두 사용할 수 있다.
  ㉡ 다크서클을 보완할 때에는 피부톤보다 좀 더 밝은 톤을 택하 고, 피부의 결점을 감출 때는 피부톤보다 약간 어두운 톤을 사용하는 것이 자연스럽다.

② 종류
  ㉠ 리퀴드 타입 : 수분 함량이 많고 얇게 표현되므로 자연스러운 피부표현에 적합하나 커버력은 다소 약하다.
  ㉡ 크림 타입 : 발림성이 좋고 지속력도 좋다.
  ㉢ 스틱 타입 : 커버력이 우수하여 붉은 반점이나 뾰루지, 잡티 등의 피부 결점을 커버하는 데 사용한다.
  ㉣ 펜슬 타입 : 작은 결점 부위를 커버하는 데 효과적이다.

3) 파운데이션(Foundation)

① 기능
  ㉠ 피부색과 피부 결점을 보완한다.
  ㉡ 얼굴의 윤곽을 수정하여 입체감을 연출한다.
  ㉢ 자외선이나 먼지, 공해 등 외부환경으로부터 피부를 보호한다.

② 종류
  ㉠ 리퀴드 파운데이션(Liquid Foundation)
    • 수분 〉 안료 〉 유분
    • 수분 함량이 많아 투명하고 자연스러운 피부 표현에 적합하다.
  ㉡ 크림 파운데이션(Cream Foundation)
    • 유분 〉 안료 〉 수분
    • 적당한 유분과 커버력이 있어 중년층의 건성 피브 커버에 적 합하다.
  ㉢ 스틱 파운데이션(Stick Foundation)
    • 안료 〉 유분 〉 수분
    • 고체화된 제품으로 커버력이 강하며 지속력이 우수하여 전문 화장에 많이 쓰인다.
  ㉣ 파우더 파운데이션(Powder Foundation)
    • 미네랄 베이스의 파우더 파운데이션은 개인 화장용으로 많이 쓰이며 빠르게 화장할 수 있다.
    • 파우더 분말을 압축시킨 매트한 타입은 휴대가 간편하며 빠른 화장에 적합하다.
  ㉤ 팬 케이크(Pan Cake, 물분)
    • 물에 녹여서 해면 스펀지로 바르고, 전용 스펀지로 두드려서 마무리한다.
    • 수분이 증발하면 피부에는 안료만 남아 안정적인 피부색 표현 이 가능하다.
    • 방수효과가 매우 뛰어나 여름철이나 땀이 많은 사람에게 사용 하면 좋다.
    • 일본 전통화장에서 쓰였던 제품으로, 활용도가 높지는 않으나 지속력이 높고 극적인 피부표현이 가능하다.
  ㉥ 에어 쿠션(Air Cushion)
    • 특수한 스펀지로 인해 번들거림이 없고 가볍고 간편하게 피부 표현이 가능하다.
    • 주름 개선과 미백 기능이 첨가되어 있다.
  ㉦ 비비 크림(B.B 크림, Blemish Balm)

PART 5 베이스 및 색조 메이크업

- 피부과용으로 개발되었으나 자연스러운 사용감으로 현재는 거의 전 연령대에서 애용한다.
- 최근에 출시되는 제품은 메이크업 베이스와 파운데이션의 융합형으로 일상화장에 널리 사용한다.
- 전문 화장에서 메이크업 베이스 대용으로 활용하기도 한다.

③ 파운데이션 색상 고르기
  ㉠ 제형 선택
   - 기본적으로 피부 타입에 맞게 선택한다.
   - 여러 종류를 함께 사용할 때는 농도가 묽은 것부터 사용한다.
   - 메이크업 콘셉트에 따라 제형을 다르게 사용한다.
  ㉡ 색상 선택
   - 기본적으로 피부톤과 목 피부색에 맞는 색을 선택한다.
   - 메이크업의 T.P.O에 맞게 선택한다.

④ 파운데이션 바르는 기법
  ㉠ 선긋기(Lining) 기법 : 얼굴의 윤곽 수정 등을 위해 선을 긋는 듯이 파운데이션을 바르는 기법
  ㉡ 패팅(Patting) 기법 : 가볍게 두드리는 기법으로 피부 결점 부위 등 좁은 부위를 자연스럽게 베이스 색과 연결시키는 데 효과적
  ㉢ 슬라이딩(Sliding) 기법 : 얼굴 전체에 고르게 문지르듯 펴 바르는 가장 기초적인 방법
  ㉣ 블렌딩(Blending) 기법 : 섀딩 색 또는 하이라이트 색을 파운데이션 베이스 색과 경계가 생기지 않게 혼합하듯이 연결시키는 방법

⑤ 입체감 있는 피부표현을 위한 파운데이션의 3가지 컬러
  ㉠ 베이스 컬러(Base Color)
   - 피부색과 동색의 파운데이션을 선택한다.
   - 사용 부위 : 얼굴 외곽을 뺀 전체에 발라준다.
  ㉡ 섀도 컬러(Shadow Color)
   - 베이스보다 1~2톤 어두운 색을 선택한다.
   - 사용부위 : 주로 코 옆, 귀 아랫부분, 턱 등 좁고 가늘게 혹은 움푹하게 보이고자 하는 부위에 사용한다.
  ㉢ 하이라이트 컬러(Highlight Color)
   - 베이스보다 1~2톤 밝은 색을 선택한다.
   - T존 부위, 눈 밑, 턱 끝, 눈썹뼈 등에 사용하며 돌출되고 팽창된 느낌을 표현할 수 있다.

4) 페이스 파우더(Face Powder)
  ① 기능
   ㉠ 파운데이션의 유분기를 제거하여 메이크업의 지속성을 높인다.
   ㉡ 부분 화장을 돋보이게 한다.
   ㉢ 광선을 흡수하거나 반사하여 피부를 곱고 부드럽게 보이도록 한다.
  ② 종류
   ㉠ 파우더형(분말형) : 투명감이 있고 피지나 땀 등을 흡수하여 피복성을 높인다.
   ㉡ 콤팩트형(콤팩트 파우더) : 커버력이 뛰어나고 편리하며 휴대가 간편하다.
  ③ 색상별 분류
   ㉠ 투명 파우더 : 파운데이션 색상을 그대로 표현한다.
   ㉡ 그린 파우더 : 피부의 붉은기를 중화시킨다.
   ㉢ 퍼플 파우더 : 화사한 분위기를 연출하며 인공조명 아래에서 돋보여 파티 메이크업에 많이 사용한다. 특히 노란기가 많은 피부색을 중화시킨다.
   ㉣ 핑크 파우더 : 창백한 피부에 혈색을 부여하고 화사한 느낌을 준다.
   ㉤ 오렌지 파우더 : 까무잡잡한 피부를 강조할 때나 선탠 피부에 사용한다.
   ㉥ 옐로우 파우더 : 검은 피부를 중화시킨다.
   ㉦ 펄 파우더 : 펄이 들어간 것으로 하이라이트를 주거나 마무리용으로 사용한다.

> **tip**
> **파우더 바르는 방법**
> - 퍼프로 바를 때의 요령
>   - 퍼프 1개를 이용하여 파우더를 묻힌 다음, 다른 퍼프를 덧대어 가볍게 비벼 파우더 양을 조절한다.
>   - 피지가 많은 이마나 턱부터 시작하여 얼굴 외곽부터 차츰 중심부로 가볍게 두드리며 바른다.
>   - 눈두덩, 눈꼬리 아랫부분, 콧볼, 목과 턱의 경계까지 세심하게 바른다.
>   - 얼굴에 남은 여분의 파우더를 팬 브러시로 털어낸다.
> - 브러시를 이용하여 바를 때의 요령
>   - 파우더 브러시를 용기 안에 넣어 파우더를 충분히 묻힌다.
>   - 얼굴의 넓은 부위부터 골고루 바르며 부분적으로는 중간 크기의 브러시를 이용하여 세심하게 발라준다.
>   - 팬 브러시로 여분의 파우더를 털어주면 퍼프보다 더 자연스럽게 투명한 피부톤이 표현된다.

2 베이스 제품 도구 활용

(1) 기본 도구
  ① 스펀지(Sponge) · 라텍스(Latex)
   ㉠ 스펀지 : 메이크업 베이스나 파운데이션을 바를 때 사용하는 도구이다.
   ㉡ 라텍스 : 천연 생고무가 주원료로 파운데이션을 골고루 펴 바를 때 사용하며, 오염되면 가위로 잘라내고 사용한다.
  ② 우레탄(Poly Urethane Foam) : 트윈 케이크, 콤팩트류, 파우더류에 사용하며 사용감이 가볍고 피부에 미끄러지듯 발린다.
  ③ NBR(Nitrile-Butadiene Rubber) : 트윈 케이크나 스킨 커버를 바를 때 사용하며, 물에 적셔서 사용할 수도 있어 바를 때 밀착감이 느껴진다.
  ④ 리퀴드 파운데이션(NBR)
   ㉠ 퍼프의 조직이 치밀하기 때문에 섬세하고 탄력이 있어 파운데이션을 바르기에 적합하다.
   ㉡ 얼굴 부위에 따라 퍼프 크기를 조절할 수 있다.
   ㉢ 합성 스펀지는 미온수의 중성세제로 세척 후 건조시켜 자외선 소독기에 넣어 소독한다.
  ⑤ 해면
   ㉠ 물에 담그면 부드러워지는 천연 퍼프이다.
   ㉡ 액체 파운데이션이나 팬 케이크, 트윈 케이크를 바를 때 사용하며 클렌징에도 사용 가능하다.

PART 5 베이스 및 색조 메이크업

Make up

ⓒ 따뜻한 물로 세척하여 건조시키며, 건조된 후에는 딱딱해진다.

⑥ 분첩(퍼프, Puff)

　㉠ 파우더를 바를 때 사용하는 도구로 100% 면으로 된 것이 좋다.

　㉡ 메이크업 시 손 대신에 퍼프를 사용하면 짧은 시간에 간편하고 깨끗하게 할 수 있는 이점이 있다.

　㉢ 퍼프는 결이 부드럽고 탄력성 있는 것이 좋다.

　㉣ 미지근한 물에 중성세제로 세척하고 물기를 짠 후 바람이 통하는 그늘에서 말린다.

(2) 피부표현을 위한 도구

메이크업의 시작과 마무리가 달려있는 중요한 도구이다. 메이크업 브러시는 용도에 따라 크기와 모양이 다양하다.

파우더 브러시 (Powder Brush)	• 일반적으로 브러시 세트에서 가장 큰 브러시이다. • 내추럴 메이크업 시 파운데이션 후 파우더를 바를 때, 피니시 메이크업 단계에서 과다한 파우더를 털어내고 투명한 느낌으로 마무리하고자 할 때 사용한다. • 페이스 브러시라고도 한다.
파운데이션 브러시 (Foundation Brush)	• 리퀴드 파운데이션을 얇게 펴 바를 때 사용하며, 자연스러운 피부표현이 가능하다. • 납작하며 도톰한 형태 위주였으나 최근에 다양한 모양의 파운데이션 브러시가 등장하였다. • 인조모가 적당하다.
치크 브러시 (Cheek Brush)	• 부드러운 촉감으로 붓끝이 둥근 모양이며 고급 양모로 만들어진 브러시이다. • 파우더용 브러시와 아이섀도 브러시의 중간 크기이다. • 사용 시 손등에 양을 조절하여 사용한다.
팬 브러시 (Fan Brush)	• 부채꼴 형태의 브러시로, 얼굴의 파우더를 털어 내거나 아이섀도 가루를 없앨 때 사용한다.
컨실러 브러시 (Concealer Brush)	• 점과 잡티, 여드름 등을 커버할 때 필요하며 작은 브러시를 쓴다. • 인조모가 적당하다.

> **tip 브러시 관리 방법**
> • 미온수에 중성세제를 이용하여 세척한다.
> • 흐르는 물에 헹궈 물기를 털어낸 후 결을 잘 정리하여 그늘에 뉘어 말린다.
> • 전용 클리너를 사용할 수도 있다.

(3) 기타 도구

① 브러시 클리너(Brush Cleaner) : 브러시를 올바르게 관리하려면 반드시 세척을 해야 한다. 세균이 번식해 위생상 문제가 되기 때문이다. 브러시를 빠르고 간편하게 세척하는 퀵 드라이 스프레이 타입과 딥 클렌징이 가능한 샴푸 타입이 있다.

② 면봉(Cotton Swab) : 섬세한 눈 주위 화장이나 입술 화장을 수정할 때 많이 쓰인다.

③ 화장솜 : 눈이나 입의 포인트 메이크업을 지울 때 많이 사용한다. 피부에 자극이 적고 부드러운 순면 100%의 제품이 좋다.

④ 화장용 티슈 : 모든 과정에서 사용한다.

⑤ 스패튤라(Spatula) : 제품을 덜어내거나 섞는 주걱 형태의 제품으로, 플라스틱형과 금속형이 있다.

Chapter 02 ▶ 얼굴윤곽 수정

1 얼굴 형태 수정

색의 명암 차를 이용해 착시현상을 만들어냄으로써 얼굴에 입체감을 부여해 단점을 최소화하고 장점을 살리는 메이크업 테크닉이다. 기본 베이스 색상과 밝은 색상(하이라이트), 어두운 색상(섀딩)을 잘 조화시켜 톤의 경계가 없어야 한다.

① 베이스(Base)

피부톤과 같은 톤의 파운데이션으로 목의 색과 비교해서 너무 어둡거나 밝지 않은 자연스러운 색을 선정하여 얼굴 전체에 펴 바른다.

② 하이라이트(Highlight)

밝고 화사하게 보이고 싶거나 돌출시키고자 하는 부위에 피부 베이스 색상보다 1~2톤 밝은 파운데이션을 사용한다. 이마와 콧등의 T존 부위, 눈 밑 다크서클, 눈썹 산 아랫부분, 턱 부분 등이 해당된다.

③ 섀딩(Shading)

들어가 보이거나 축소되어 보이고 싶은 부분에 피부 베이스 색상보다 1~2톤 어두운 색을 사용하며 경계가 생기지 않도록 세심하게 그라데이션한다. 각진 턱, 넓은 이마, 고르지 않은 헤어라인, 얼굴 윤곽 정리, 노즈 섀도 등이 해당된다.

(1) 둥근 얼굴형

1) 특징

① 얼굴의 폭과 길이가 거의 비슷해 얼굴이 짧아 보이는 형으로, 얼굴을 수평으로 3등분했을 때 가운데 부분이 넓어 보인다.

② 뺨이 둥근 한국인의 일반적인 얼굴형이며, 젊은 사람이나 얼굴에 살집이 있는 사람에게 많다.

③ 둥근 얼굴은 뺨의 볼륨이 크기 때문에 눈, 코, 입 등의 부위가 돋보이기 어렵다.

2) 수정법

① 피부표현(Skin Tone)

　㉠ 세로선이나 상승선, 각진형 등으로 보완한다.

　㉡ 길어 보이도록 한다.

　㉢ 얼굴의 양쪽 측면에 섀딩과 노즈 섀도를 주고 이마 중앙에서 헤어라인까지 길게, 눈 밑, 콧등, 턱 끝에는 하이라이트를 준다.

② 눈썹(Eye Brow) : 각진 아치형이나 상승형, 사선 형태로 그린다.

③ 눈(Eye Shadow) : 눈꼬리에 강하게 포인트를 주며 섀도 라인이 위로 향하게 한다.

④ 입술(Lip) : 각이 진 형태로 그려 둥근 이미지를 완화시킨다.

⑤ 볼(Blusher) : 귀 윗부분에서 구각을 향하여 사선이 되도록 폭이 좁게 넣는다.

(2) 네모난 얼굴형

1) 특징
① 이마와 헤어라인의 경계선이 직선이고 이마선과 턱선에 각이 져 있으며, 볼의 선도 직선에 가깝다.
② 얼굴의 폭과 길이가 거의 같은 얼굴형이거나 길이에 비해 가로 폭이 넓어서 평면적이고 안정된 느낌을 준다.
③ 활동적이고 의지가 강해 보이는 남성적인 얼굴형이라 부드러운 여성적 이미지가 부족하다.

2) 수정법
① 피부표현(Skin Tone)
   ㉠ 부드럽고 여성적인 이미지로 바꾸려면 이마와 턱선의 각진 부분에 섀딩을 하여 곡선적으로 처리한다.
   ㉡ 눈 밑 이마와 콧등, 턱 끝까지 하이라이트 처리를 하여 세로 길이를 강조하되 뾰족한 느낌이 없도록 그라데이션한다.
② 눈썹(Eye Brow) : 가늘지 않은 곡선형으로 그린다.
③ 눈(Eye Shadow) : 부드러운 색상을 사용하여 눈꼬리 부분에 포인트를 주고, 관자놀이 방향으로 위로 향하여 상승형으로 그라데이션한다.
④ 입술(Lip) : 곡선 형태로 부드럽게 그린다.
⑤ 볼(Blusher) : 넓은 폭의 타원형 느낌으로 턱 끝 방향으로 터치한다.

(3) 삼각 얼굴형

1) 특징
① 이마는 좁으면서 양쪽 턱선이 넓은 형으로 볼에 살이 많거나 턱뼈가 튀어나온 사람의 얼굴형이다.
② 차분하고 안정감이 있으며 풍만한 느낌을 주지만 고집스럽거나 심술궂어 보일 수 있다.

2) 수정법
① 피부표현(Skin Tone) : 이마와 눈 주변을 밝게 처리하여 빈약해 보이는 부분을 보완하며 턱뼈 양 끝에 섀딩을 한다.
② 눈썹(Eye Brow) : 눈썹 길이는 길거나 가늘지 않은 수평형으로 그리며 너무 가늘게 그리지 않도록 주의한다.
③ 눈(Eye Shadow) : 눈 끝에 포인트를 준다.
④ 입술(Lip) : 부드러운 형태로 입술 구각을 양쪽으로 길게 연장하여 넓은 볼에서 시선을 분산시킨다.
⑤ 볼(Blusher) : 부드러운 톤으로 광대뼈 밑에서 입꼬리를 향해 넓고 길게 사선으로 연결시키고 양 볼을 감싸듯이 그라데이션한다.

(4) 역삼각 얼굴형

1) 특징
① 이마는 넓고 헤어라인 부분은 수평을 이루며 턱이 뾰족한 형으로, 이지적이고 세련미가 느껴지는 현대적인 얼굴형이다.
② 턱이 갸름해 보이는 이미지를 장점으로 살려 이마 양 끝에 살짝 섀딩을 주는 메이크업을 하면 현대적인 이미지를 부각시킬 수 있다.

2) 수정법
① 피부표현(Skin Tone)
   ㉠ 이마 양 끝과 턱 끝에 섀딩을 주고 양 볼에 하이라이트를 주어 통통해 보이도록 한다.
   ㉡ 이마 중앙, 콧등, 눈 밑, 턱 중앙에 하이라이트를 주되 뾰족한 느낌이 들지 않도록 그라데이션한다.
② 눈썹(Eye Brow) : 아치형으로 그려 넓은 이마 부분을 위 아래로 길어 보이도록 한다.
③ 눈(Eye Shadow) : 부드러운 페일 톤(Pale Tone)이나 파스텔 톤의 색상으로 눈 앞머리와 눈꼬리에 포인트를 주어 넓어 보이지 않게 한다.
④ 입술(Lip) : 밝은 색상으로 입술 산을 동그랗게 그린다.
⑤ 볼(Blusher) : 부드러운 색상으로 광대뼈 약간 위쪽에서 콧방울을 향하여 블러셔를 넣는다.

(5) 긴 얼굴형

1) 특징
① 얼굴이 가늘어 옛날에는 미인형이었으며, 쪽머리와 한복에 어울리는 고전적인 형이다.
② 가로 폭은 좁고 세로 길이가 긴 얼굴형으로 마른 얼굴에서 많이 볼 수 있다.
③ 대부분 이마나 턱이 발달했으며 코가 긴 편이다.
④ 조용하고 성숙한 이미지를 주는 반면 우울한 느낌을 주거나 나이가 들어 보이는 단점이 있다.

2) 수정법
① 피부표현(Skin Tone)
   ㉠ 전체적으로 가로의 느낌이 들도록 이마와 코 끝, 턱을 가로 방향으로 어둡게 섀딩하여 얼굴 길이가 짧아 보이게 만든다.
   ㉡ 이마 중앙과 눈 밑에 가로 방향으로 하이라이트를 한다.
② 눈썹(Eye Brow) : 다소 두께감이 느껴지는 수평의 직선형으로 그려 긴 얼굴형이 가로로 확장되어 보이게 한다.
③ 눈(Eye Shadow) : 수평으로 그라데이션하고 난색이나 화사한 색상으로 밝은 분위기를 낸다.
④ 입술(Lip) : 양쪽 구각을 살짝 올려 수평으로 그린다.
⑤ 볼(Blusher) : 폭넓게 수평으로 바른다.

(6) 평면적 얼굴형

1) 특징
① 동양인 얼굴형의 특징으로, 옆면에서 보면 짧고 앞면 얼굴은 넓은 형이다.
② 이마가 넓으면서 평평하고 콧대를 비롯한 얼굴의 세로 중앙 부분의 돌출이 적어 입체감이 없다.
③ 관대하고 안정감이 있는 이미지를 주나, 밋밋해 보이기 쉽고 지루하고 세련미가 없어 보이므로 하이라이트와 섀딩을 적절하게 표현하여 입체감 있고 날렵해 보이도록 수정한다.

2) 수정법
① 피부표현(Skin Tone)
   ㉠ 아래 턱, 콧등에서 이마 중앙으로 연결되는 세로 부분을 밝게 처리하여 얼굴 중앙 부분을 돌출되어 보이게 한다.

ⓛ 눈 주위를 볼뼈 위까지 넓게 하이라이트를 주면서 관자놀이 아래로 끌어올린다.

ⓒ 노즈 섀도와 볼뼈 아래의 패인 부분, 관자놀이 부분에서 위쪽 이마로 넓게 섀딩을 주어 얼굴 양 측면이 들어가 보이게 한다.

② **눈썹(Eye Brow)** : 각을 주되 가늘지 않게 그린다.

③ **눈(Eye Shadow)** : 눈의 중앙에서 안쪽은 밝게, 끝 쪽은 포인트를 준다.

④ **입술(Lip)** : 부드러운 곡선으로 그리고, 밝고 따뜻한 색상을 선택한다.

⑤ **볼(Blusher)** : 브라운 톤으로 직선적인 느낌을 살려 귀 위쪽에서 구각을 향해 삼각형으로 넣어주며 폭넓게 수평으로 바른다.

2 피부결점 보완

① 기미, 주근깨 수정 메이크업 : 기미, 주근깨가 있는 부분에 메이크업 베이스와 파운데이션을 바른 후 컨실러를 사용한다. 컨실러를 작은 브러쉬를 이용하여 덧바른 후 파운데이션을 바른 피부와의 경계부분은 컨실러 색상으로 그라데이션하여 자연스럽게 마무리한다.

② 피부 색상이 어둡고 짙을 때 : 한 톤 밝은 파우더를 다시 한번 꼼꼼히 발라 수정하면 된다. 그린이나 블루 컬러 파우더를 발라주면 조금 더 밝은 피부색 표현에 효과적이다. 피부 분위기를 밝아 보이게 하려면 T존 부위와 눈 밑 다크서클 부분에 밝은 하이라이트를 해주어도 밝아 보인다.

③ 얼굴 윤곽수정이 만족스럽지 않을 때 : 파우더를 바른 후 케이크 타입으로 된 하이라이트와 셰이딩으로 마무리 단계로 한 번 더 터치하여 강조해 준다.

④ 붉은기가 많을 때 : 붉은기가 있는 부분에 그린이나 청색의 메이크업 베이스를 바르면 커버된다. 파운데이션은 베이지색을 사용하면 자연스럽게 붉은기가 마무리된다.

⑤ 피부화장 후 얼굴에 기름이 돌 때 : 피부화장을 하고 2~3시간 이상이 지나면 얼굴 피부에 피지가 분비되어 기름져 보인다. 이럴 때는 미용티슈나 피지제거용 종이를 얼굴 위에 가볍게 눌러낸 후 파우더를 가볍게 덧발라준다.

Chapter 03 ▶ 아이브로우 메이크업

1 아이브로우 메이크업 표현

(1) 아이브로(Eye Brow)

1) 아이브로(Eye Brow)

① 목적
　ⓐ 얼굴형이나 눈매를 보완한다.
　ⓑ 얼굴의 인상을 결정한다.
　ⓒ 얼굴 전체의 이미지 변화와 개성을 창출한다.

② 제품의 종류
　ⓐ 펜슬 타입(Pencil Type)
　　• 눈썹이 뚜렷하지 않거나 숱이 적은 경우 또는 짙은 메이크업에 사용한다.
　　• 선명하고 깨끗하게 그려지는 장점이 있지만 인위적인 느낌이 날 수 있다.
　　• 가장 대중적으로 많이 사용하는 제품이다(에보니 펜슬).
　ⓑ 섀도 타입(Shadow Type)
　　• 가장 자연스럽게 눈썹 표현을 할 수 있다.
　　• 눈썹 숱이 많은 사람에게 어울린다.
　　• 케이크 타입으로 눈썹의 면을 메우고, 펜슬로 가늘고 정교하게 꼬리 쪽을 그려주면 효과적이다.

③ 눈썹의 길이, 굵기, 색상에 따른 느낌

길이	긴 눈썹	정적, 성숙, 눈의 길이가 짧아 여성스러워 보임
	짧은 눈썹	동적, 쾌활, 눈의 길이가 길어 보여 젊은 층에 어울림
굵기	가는 눈썹	여성적, 약함, 동양적, 고전적
	굵은 눈썹	남성적, 활동적, 개성미, 건강미
색상	짙은 눈썹	강렬한 느낌, 힘차고 강한 개성, 정열적
	엷은 눈썹	부드럽고 여성스러운 느낌

④ 색상 선택
　ⓐ 흑색 : 고전적이고 강한 이미지이며 눈이 크고 피부가 흰 사람에게 어울린다.
　ⓑ 회색 : 차분하고 침착한 이미지이며 자연스러운 컬러로 대중적으로 가장 무난하다. 모델의 헤어 색상에 맞춰 갈색과 블렌딩한다.
　ⓒ 갈색 : 우아하고 성숙하며 세련된 이미지이다. 지적인 느낌을 줄 수 있으며 약간 그을린 듯한 피부에 적합하다.

> **tip**
> **아이브로 그리는 방법**
>
>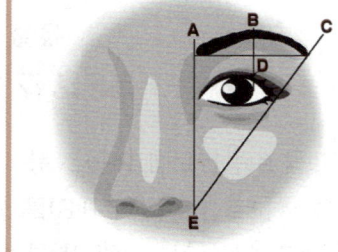
>
> 1. 눈썹머리(A)는 콧 볼의 끝(E)과 같게 일직선상에서 시작한다.
> 2. 눈썹꼬리(C)는 콧볼 끝(E)과 눈꼬리를 이은 연장선 위에 있다.
> 3. 눈썹머리(A)와 눈썹꼬리(C)가 수평이다.
> 4. 눈썹아치의 꼭지점(B)과 검은 눈동자의 바깥라인(D)은 직선이다.

⑤ 눈썹의 종류
　ⓐ 표준형 눈썹 : 귀엽고 발랄한 이미지의 눈썹이며, 어느 얼굴형에나 잘 어울린다.
　ⓑ 직선적인 눈썹
　　• 남성적인 느낌의 눈썹으로 젊고 세련되어 보이며 장방(긴 형)의 얼굴에 적당하다.
　　• 표준형보다 조금 짧게 그린다.
　ⓒ 올라간 눈썹(화살형)
　　• 개성 있고 동적인 느낌이며, 둥글거나 각진 얼굴게 어울린다.
　　• 지적인 느낌을 주며 눈이 조금 작아 보인다.
　　• 기본형보다 조금 짧게 그린다.

PART 5 베이스 및 색조 메이크업

ㄹ) 아치형 눈썹
- 여성적이며 요염하고 성숙한 느낌을 주며 이마가 넓은 사람, 턱이 각진 사람, 역삼각형, 다이아몬드형에 어울린다.
- 안정된 느낌을 주며, 눈이 커 보이기도 한다.
- 전체적으로 눈썹 산을 올려 그린다.

ㅁ) 각진 눈썹(갈매기형)
- 단정하고 세련된 느낌의 눈썹으로, 샤프하고 개성 있으며 어른스러워 보이기도 한다.
- 전반적으로 둥근 얼굴과 삼각형 얼굴에 잘 어울린다.

2 아이브로 수정 보완

① 눈썹 수정 방법
- ㄱ) 수정가위 컷(Scissors Cut) : 수정가위를 이용하여 불필요한 눈썹을 잘라내는 방법
- ㄴ) 블렌드 컷(Blend Cut) : 눈썹 브러시를 대고 빗질하여 빗 위로 빠져나온 눈썹과 아래로 빗질하여 빗 아래로 빠져나온 눈썹을 가위로 잘라내는 방법
- ㄷ) 트위저(Tweezer) : 족집게를 이용하여 눈썹을 뽑아내는 방법이나 권장하지는 않는다.
- ㄹ) 셰이빙(Shaving) : 눈썹 전용 면도칼을 이용하여 불필요한 털을 밀어주는 방법

3 아이브로 제품 활용

(1) 메이크업 브러시

아이브로 브러시 (Eye Brow Brush)	• 눈썹의 공간을 채우거나 짙게 만들기 위해 사용한다. • 합성섬유나 족제비털, 돼지털과 같은 강모로 만든다. • 붓끝이 각진 것과 둥근 것이 있다.
아이브로 콤 브러시 (Eye Brow Comb Brush)	• 눈썹을 빗어주거나 펜슬 자국을 펴줄 때, 엉겨 붙은 마스카라를 펼 때도 사용 가능하다.
스크류 브러시 (Screw Brush)	• 나선형 형태의 브러시이다. • 눈썹을 빗어 결을 정리하거나 눈썹의 모양을 다듬는 데 사용한다.

(2) 기타 도구

① 눈썹 면도용 칼 : 눈썹을 다듬을 때나 가위로 자르고 난 여분의 솜털을 정리할 때 사용한다. 면도날에 안전장치가 된 제품을 선택한다.
② 눈썹 수정 가위 : 눈썹을 아래로 다듬어 남은 여분을 수정가위로 자른다.

Chapter 04 ▶ 아이 메이크업

1 눈의 형태별 아이섀도

(1) 아이섀도(Eye Shadow)

① 목적
- ㄱ) 눈에 음영을 주어 입체감을 강조한다.
- ㄴ) 눈의 표정을 연출한다.
- ㄷ) 눈매 수정의 역할을 한다.

② 종류
- ㄱ) 케이크 타입(Cake Type) : 가장 대중적이고 그라데이션이 용이하며 색상 혼합이 쉽다.
- ㄴ) 크림 타입(Cream Type) : 유분이 많아 부드럽게 잘 펴지며 오래 지속되는 반면 뭉칠 우려가 있고 얼룩지기 쉽다.
- ㄷ) 파우더 타입(Powder Type) : 하이라이트용으로 사용되며 펄이 함유된 것이 일반적이다.
- ㄹ) 펜슬 타입(Pencil Type) : 발색력이 우수하며 휴대가 간편하다. 유분이 많아 사용 후 케이크 타입으로 마무리해야 얼룩지지 않는다.

③ 아이섀도 컬러의 명칭
- ㄱ) 베이스 컬러(Base Color) : 눈두덩 전체에 도포하는 컬러로 포인트를 돋보이게 한다.
- ㄴ) 메인 컬러(Main Color) : 눈두덩에 칠하는 색 중에서 가장 주요한 색으로, 베이스 컬러보다는 진하고 포인트 컬러보다는 약한 색이다.
- ㄷ) 포인트 컬러(Point Color) : 실제 눈을 강조하기 위한 색으로 쌍꺼풀 부위와 언더섀도 부분에 도포하며 의상과 시간, 장소, 목적에 맞추어 사용한다.
- ㄹ) 하이라이트 컬러(Highlight Color) : 더 넓고 높고 뚜렷하게 보이고 싶은 부분에 사용하며, 눈썹뼈 부분이나 눈동자 중앙 위치에 사용한다.

④ 컬러 선택 방법
- ㄱ) 의상 색과 동일 계열 또는 조화로운 색을 선택한다.
- ㄴ) 계절 감각에 맞는 색을 선택한다.
- ㄷ) 눈의 형태를 고려하여 장점을 강조하고 단점을 커버할 수 있는 색상을 선택한다.

(2) 눈 형태에 따른 아이섀도 메이크업 테크닉

① 작은 눈
눈꺼풀 전체에 밝은 색상의 펄감이 풍부한 아이섀도를 발라서 산뜻하게 표현한다. 전체 눈길이의 반 정도 뒤쪽으로 짙은 색의 섀도를 발라 눈꼬리를 길게 빼준다. 아랫눈꺼풀도 눈꼬리에서 1/3 정도 되는 부분부터 눈꼬리 쪽으로 짙은 색 아이섀도로 길게 빼준다.

② 큰 눈
얼굴의 다른 부위에 비해 지나치게 눈이 크면 아이라인을 눈 전체에 그리지 말고 속눈썹에 바짝 붙여 라인을 그려주고 언더라인

PART 5 베이스 및 색조 메이크업

Make up

도 1/3 정도에서 그라데이션해준다. 아이섀도는 진한 색보다는 자연스러운 색으로 발라준다.

③ 둥근 눈

눈앞머리와 눈꼬리 부분을 모두 어두운 섀도로 처리해 눈매가 길어 보이게 한다. 눈 중앙 부분에 진한 색상을 바르면 눈이 더 둥글어지므로 유의한다.

④ 튀어나온 눈

튀어나온 눈에 펄감이 있는 섀도를 바르면 더 튀어나와 보이기 때문에 펄감이 없는 매트한 브라운이나 회색을 옅게 편다. 그런 다음 눈썹 바로 아랫부분에 펄감이 있는 하이라이트 색상을 바르고 악센트 컬러를 눈 형태에 따라 선을 긋듯이 발라준다.

⑤ 부어 보이는 눈

부어 보이는 눈도 튀어나온 눈과 마찬가지로 다크한 색상을 이용해 메이크업해준다. 부어 보이는 눈은 특히 붉은 계열 섀도를 피한다.

⑥ 움푹 들어간 눈

들어간 눈꺼풀에 밝은색이나 펄이 든 색상을 발라 하이라이트 효과를 준 다음, 붉은색 계열의 중간 톤 아이섀도를 쌍꺼풀진 부분에 줄을 긋듯이 바른다. 여기에는 광택이 없고 매트한 아이섀도가 효과적이다.

⑦ 눈꼬리가 올라간 눈

눈꼬리가 올라가면 인상이 날카로워 보이므로 온화한 색상의 아이섀도를 선택한다. 자주, 붉은 브라운, 보라색 등과 같이 따뜻한 색상이 좋다. 눈앞머리에는 짙은 색을 바르고 눈 중앙에서 꼬리까지는 엷은 색을 바른다. 언더라인 부분에도 수평으로 아이섀도를 바른다.

⑧ 눈꼬리가 처진 눈

아이섀도 색상은 밝고 부드러운 것보다는 산뜻하고 차가운 느낌이 드는 블루나 그린과 같은 계열을 선택한다. 우선 눈앞머리에서부터 바르기 시작하는데, 처음엔 아주 가늘게 바르다가 눈꼬리 쪽으로 갈수록 추켜올려주듯이 샤프하게 표현한다. 눈 밑 언더라인도 윗라인과 연결하면서 살짝 추켜올려준다.

⑨ 눈과 눈 사이의 간격이 넓은 눈

눈의 간격이 좁아 보이도록 눈 앞머리에서 코가 있는 쪽을 향해 아이섀도를 약간 엷게 펴 바른다. 미간이 넓을 때는 콧대가 낮아 보이는 것을 커버해주어야 한다. 눈앞머리 부분에는 진한 색상의 섀도를 사용하여 어둡게 터치해주고, 눈꼬리 부분은 밝은 색상으로 하이라이트를 준다.

⑩ 눈과 눈 사이의 간격이 좁은 눈

눈앞머리에서 중간 부분까지 밝고 화사한 색상을 발라 눈 사이의 간격이 넓어 보이도록 한다. 눈꼬리쪽은 짙은 색으로 약간의 깊이감만 있게 아이섀도를 바른다.

⑪ 좌우가 다른 눈

좌우의 눈 크기나 모양이 다른 경우, 특히 한쪽 눈에만 쌍꺼풀이 있는 눈은 홑겹눈의 입체감을 살려주는 데 치중한다. 좌우 눈의 입체감을 살려주기 위해 홑겹눈을 짙은 색을 이용하여 더블라인으로 처리해서 양쪽의 균형을 맞춰준다. 좌우가 다른 눈은 눈을 떴을 때나 감았을 때 눈 모양이나 크기가 비슷한지를 여러 번 체크해가면서 메이크업을 한다.

2 눈의 형태별 아이라이너

(1) 아이라이너(Eye Liner)

① 목적

㉠ 눈매를 더 선명하고 뚜렷하게 연출한다.

㉡ 눈 모양의 수정효과가 있다.

㉢ 속눈썹을 길어 보이게 하며 마스카라의 효과를 상승시킨다.

② 종류

㉠ 펜슬 아이라이너(Pencil Eye Liner)
- 초보자가 자연스러운 메이크업을 할 때 용이하다.
- 부드러운 색감 표현에 적합하며 색상이 다양하다.
- 수정이 용이하나 정교한 라인 연출이 어렵고 비교적 지속력이 떨어져 지워지거나 번지기 쉽다.

㉡ 리퀴드 아이라이너(Liquid Eye Liner)
- 번짐 없이 섬세한 라인이 오래 지속되며 내수성, 방수성이 강하다.
- 펜슬에 비해서 좀 더 사용하는 기술이 요구된다.

㉢ 케이크 아이라이너(Cake Eye Liner)
- 물이나 스킨(토너) 혹은 전용액에 개어서 사용한다.
- 리퀴드 타입보다 지속력이 떨어지고 펜슬 타입보다 지속력이 좋은 편이다.

㉣ 붓펜 타입 아이라이너(Brush Pen Eye Liner)
- 리퀴드 타입보다 사용이 간편하고 자연스럽게 표현 가능하며, 펜슬 타입보다 지속력이 좋다.
- 휘발성이 강해 사용 시 뚜껑을 잘 닫으며 사용한다.

㉤ 젤 아이라이너(Gel Eye Liner)
- 크리미한 제형으로 물과 땀, 마찰 등에 강해 오래 유지되는 장점이 있다.
- 색감이 깊고 풍부하며 비교적 다양한 컬러 선택이 가능하다.

③ 색상별 분류

㉠ 검정(Black) : 가장 대중적이며 한국 사람의 검은 눈동자에 가장 잘 어울린다.

㉡ 브라운(Brown) : 더 자연스럽고 부드러운 눈매를 표현할 때 사용한다.

㉢ 청색(Blue) : 시원하고 차가운 느낌을 주며 젊고 깨끗한 이미지로 여름 메이크업에 자주 사용한다.

> **tip**
> **아이라인 그리는 방법**
> - 눈꼬리에서 1/6 부위가 처진 눈과 치켜 올라간 눈을 조절하는 포인트이다.
> - 눈꼬리 부분보다 5mm 정도 밖으로 그린다.
> - 아래 눈꺼풀은 눈꼬리에서부터 눈머리 쪽으로 그리는 것이 쉽고 자연스럽게 마무리된다.

(2) 눈 형태에 따른 아이라이너 메이크업 테크닉

① 큰 눈

큰 눈은 아이라인을 그다지 강조할 필요가 없다. 아이라인은 속눈썹이 시작되는 부분에 밀착하여 가늘고 섬세하게 그려준다. 윗눈꺼풀 아이라인과 아래쪽 언더라인이 눈꼬리에서 만나도록 하는 것이 자연스럽다. 펜슬 타입이 아이라인의 큰 눈을 자연스럽고 부드럽게 표현해준다.

② 작은 눈
눈꼬리 부분을 약간 띄어서 그려 넣은 것이 포인트이다. 윗눈꺼풀 아이라인을 그릴 때는 눈꼬리 부분에서 약간 수직으로 빼주듯 그리고 언더라인도 직선으로 빼주듯 그리면 눈의 길이가 훨씬 길어 보인다. 위, 아래 아이라인을 모두 그리되 언더라인은 아랫눈 길이의 1/3 정도만 그려준다.

③ 크고 둥근 눈
크고 둥근 눈은 아이라인을 강조하지 않아도 된다. 펜슬 타입으로 눈앞머리와 꼬리 부분 위주로 자연스럽게 그려준다. 눈앞머리와 꼬리 부분 사이의 중간 부분은 살짝 연결만 해주는 듯한 아이라인으로 그린다.

④ 부어있는 눈
전체적으로 섬세하게 아이라인을 그리되 꼬리 부분의 아이라인을 진하게 그린다.

⑤ 가는 눈
눈앞머리와 꼬리 부분보다 눈 중심부의 아이라인을 굵게 그린다.

⑥ 눈 사이가 넓은 눈
눈앞머리 쪽을 강조하고 꼬리 쪽은 가늘게 그리되 길게 빼지 않는다.

⑦ 눈 사이가 좁은 눈
눈앞머리는 가늘게 그리고 눈꼬리 쪽을 강하게 길게 빼서 그린다.

⑧ 눈꼬리가 내려간 눈
눈앞머리 부분부터 가늘게 그리기 시작하여 눈 중앙 부분을 지나 2/3지점부터 서서히 굵게 올리듯이 그린다.

⑨ 눈꼬리가 올라간 눈
윗라인은 가늘게 그리고 언더라인은 직선의 느낌으로 그린다. 이때 언더라인의 아이라인 색상은 진하지 않고 자연스럽게 그리는 것이 포인트이다.

⑩ 속쌍꺼풀인 눈
눈앞머리는 쌍꺼풀이 얇아 보이고 눈꼬리 쪽으로 갈수록 쌍겹이 두꺼워 보이게 된다. 그러므로 눈앞머리쪽은 펜슬 타입으로 아주 가늘게 아이라인을 그린 다음 중앙 부분부터 리퀴드 타입으로 다소 굵게 그려준다.

⑪ 확실한 쌍겹눈
눈 모양이 확실하기 때문에 리퀴드 타입의 아이라이너보다 펜슬 타입으로 그리는 것이 자연스러운 눈매표현에 효과적이다. 눈꼬리 부분은 조심스럽게 방향을 약간 위로 향해 약간만 빼준다.

⑫ 얄팍한 홑겹눈
눈꼬리를 올린다든지 내린다든지 하는 테크닉은 사용하지 않는 편이 좋다. 눈앞머리에서부터 꼬리 부분까지 눈의 형태에 따라 그린다. 아이라인을 그리는 눈꺼풀 부분이 얄팍하고 평면적이기 때문에 과장되게 표현하는 것은 너무 두드러지기 쉽다.

3 속눈썹 유형별 마스카라

(1) 마스카라(Mascara)

① 목적
㉠ 속눈썹을 더 길고 진하며 풍성하게 표현한다.
㉡ 눈을 크게 보이게 하며 눈매를 깊이 있게 연출한다.

② 마스카라의 형태별 분류
㉠ 컬링 마스카라(Curling Mascara) : 속눈썹을 올려주는 것이 주된 목적이다.
㉡ 볼륨 마스카라(Volume Mascara) : 속눈썹을 굵게 만들어 숱이 풍부해 보인다.
㉢ 롱 래시 마스카라(Long-lash Mascara)
  • 섬유소가 들어 있어 속눈썹이 길어 보이는 효과가 있다.
  • 시간이 지나면 엉겨 붙거나 섬유소가 떨어질 우려가 있다.
㉣ 케이크 마스카라(Cake Mascara) : 고형 타입 제품으로 물이나 스킨을 이용하며, 내수성이 없고 사용이 불편하여 최근에는 많이 사용되지 않는다.
㉤ 투명 마스카라
  • 젤 타입으로 눈썹의 영양제 역할을 하는 것과 고정용으로 쓰이는 것으로 구분된다.
  • 남성 메이크업 시 눈썹을 빗어 결을 정리하거나 눈썹을 올릴 때 사용한다.
  • 속눈썹에 묻은 섀도 가루를 제거하거나 인조속눈썹을 붙일 때 이용한다.
㉥ 워터프루프 마스카라(Water Proof Mascara)
  • 건조가 빠르고 내수성이 좋아 여름철에 사용하기 적합하다.
  • 닦을 때는 전용 아이 리무버(Eye Remover)로 닦아내야 한다.

(2) 속눈썹 형태에 따른 마스카라 메이크업 테크닉

① 처진 속눈썹
처진 속눈썹은 반드시 아이래쉬 컬러로 집어 올려 속눈썹을 위쪽으로 해주어야 한다. 아이래쉬 컬러로 속눈썹을 집어 올려놓지 않으면 마스카라를 한 후 눈 밑에 검은 버짐이 생기기 쉽다. 속눈썹은 아이래쉬 컬러로 지속적으로 속눈썹을 집어주면 속눈썹 상태가 변형되어 쉽게 올라가게 된다. 아이래쉬 컬러로 속눈썹을 집어줄 때 속눈썹 뿌리 쪽을 살짝 더 눌러 붙여 올려주는 요령이 필요하다. 마스카라 바를 때도 뿌리 쪽에 신경 써서 발라준다.

② 숨겨진 속눈썹
숨겨진 속눈썹은 모질이 섬세하고 짧아서 산뜻하고 섬세하게 바를 수 있는 마스카라를 선택하여 먼저 섬세하게 마스카라를 바른 다음 시간을 조금 두고 건조한 후 다시 한번 덧발라준다.

③ 눈꼬리가 처진 눈
눈꼬리 쪽 속눈썹을 좀 더 신경 써서 치켜주어 마스카라를 한다. 마스카라를 먼저 섬세하게 발라 건조한 후 다시 눈꼬리 쪽을 아이래쉬 컬러로 집어주고 마스카라를 바른다.

④ 눈꼬리가 올라간 눈
눈앞머리쪽 속눈썹이 좀 더 강조되도록 마스카라한다. 눈앞머리 쪽을 지나치게 강조하여 올려주면 어색하므로 자연스러운 정도가 좋다.

PART 5 베이스 및 색조 메이크업

Make up

Chapter 05 ▶ 립&치크 메이크업

1 립&치크 메이크업 표현

(1) 립(Lip)

1) 목적
① 입술 모양을 수정, 보완한다.
② 색상으로 음영을 강조하여 입체감을 준다.
③ 영양을 공급하고 입술을 보호한다.

2) 종류
① 립스틱(Lip Stick) : 가장 대중화된 제품으로 사용이 편리하며 색감이 우수하다.
② 립라이너 펜슬(Lip Liner Pencil) : 펜슬 형태로 입술의 윤곽 표현이나 형태 수정 시에 사용한다.
③ 립글로스(Lip Gloss) : 채색 효과보다는 광택과 촉촉함을 준다.
④ 립밤(Lip Balm) : 주로 입술 보호 목적으로 사용되며 남자 립 메이크업 시 많이 사용한다.
⑤ 립틴트(Lip Tint) : 립스틱의 발색력과 글로스의 촉촉함을 함께 지닌 제품으로 10대를 비롯한 젊은 세대들에게 큰 인기를 끌고 있다.
⑥ 립라커(Lip Lacquer) : 립틴트에 비해 좀 더 글로시해서 지속력이 높은 편이며 생생한 컬러를 표현할 수 있다.

3) 립 화장품 색상이 주는 이미지

색상	이미지	적용
빨강	강렬, 정열, 대담, 세련된 느낌	• 여성적인 느낌을 주고자 할 때 • 파티나 나이트 메이크업 시
핑크	소녀적, 청순함, 상냥, 부드러움	• 주로 젊은 층이 사용 • 내추럴이나 신부 메이크업, 약혼 메이크업 시
오렌지	건강, 발랄, 젊음, 생동감, 스포티	• 검은 피부나 흰 피부에 적합 • 여름, 스포츠 메이크업 시
브라운	차분, 성숙, 지적, 세련된 이미지	• 대중적이며 가을 메이크업 시 • 오클계 피부에 적합
보라	세련, 우아, 신비로움	• 모던하며 환상적인 메이크업 시

4) 색상 선택법
① 피부색에 따른 선택법

피부색	구분	적용
핑크톤	핑크	조금 혈색이 도는 흰 피부로 립 컬러에 별로 구애받지 않는다(푸른 기가 도는 와인, 퍼플 계열의 색).
	화이트	어느 색이나 무난하지만 너무 창백해 보이지 않도록 분위기를 가미한 색상이 좋다(핑크, 퍼플, 레드).
베이지톤	베이지	노란 기운이 많이 도는 피부로 브라운, 레드, 오렌지 계열의 색이 잘 어울린다.
	오클	짙은 갈색 피부로 브라운, 레드, 오렌지, 골드 계열의 색이 잘 어울린다.

② 연령에 따른 색상 선택법

연령	적용
중년층	펄이 많이 든 것보다는 매트한 느낌의 제품이 좋다. • 차분하고 온화한 중간색이 적당하며 난색 계열의 선명한 색상도 효과적 • 고상한 이미지 연출에 중점 – 레드가 가미된 핑크톤, 브라운, 붉은 자주색
젊은층	립 메이크업보다 아이 메이크업을 강조 • 연하고 밝은 계열의 핑크, 오렌지를 사용하며 선명한 레드 계열도 잘 어울림 • 립글로스나 펄이 가미된 색상이 잘 어울림

5) 입술 메이크업의 형태
① 인 커브(In Curve) : 귀엽고 여성스러워 보이며, 일본의 기모노나 한복 메이크업에 많이 사용된다.
② 아웃 커브(Out Curve) : 입술을 늘려 그리는 테크닉으로 성숙하고 섹시한 분위기를 연출한다.
③ 스트레이트 커브(Straight Curve) : 립 라인을 직선적으로 표현하는 테크닉으로 강하고 딱딱해 보이며 활동적이고 이지적인 느낌을 준다.

> **tip**
> **립 메이크업의 유의점**
> • 구각은 특히 깔끔하게 그려준다.
> • 립 컬러의 발색을 높이려면 파운데이션으로 입술 색을 정돈한 뒤에 바른다.
> • 립 메이크업의 지속력을 높이려면 한 번 바른 립스틱을 휴지로 살짝 찍은 후에 다시 덧바른다.

(2) 블러셔(치크, Cheek)

1) 목적
① 얼굴형을 수정하여 여성미를 돋보이게 한다.
② 얼굴에 혈색을 부여하여 건강미를 높인다.
③ 밋밋한 윤곽에 음영을 주어 입체감 있는 얼굴을 표현하고 개성을 연출한다.

2) 형태별 분류
① 케이크 타입(Cake Type)
  ㉠ 파우더를 압축한 형태로 색감 표현이 용이하고 누구나 손쉽게 사용할 수 있다.
  ㉡ 혈색을 나타내거나 윤곽 수정용으로 사용한다.
② 크림 타입(Cream Type)
  ㉠ 파운데이션을 바르고 파우더를 바르기 전에 사용한다.
  ㉡ 파우더로 고정된 이후에는 수정할 수 없는 단점이 있다.
  ㉢ 색상이 다양하지 못하다.

3) 색상 선택
① 아이섀도, 립 메이크업의 색상과 조화시킨다.
② 메이크업의 시간, 장소, 목적을 고려한다.
③ 조명을 고려한다.
④ 피부색에 맞춘다.

4) 블러셔 위치에 따른 느낌

① 여성스러운 이미지 : 볼뼈를 중심으로 눈 주위와 관자놀이 쪽으로 엷게 펴 바른다.
② 세련되고 지적인 이미지 : 볼뼈 위는 밝은 색으로 하이라이트를, 볼뼈 아래는 어두운 색으로 그라데이션한다.
③ 생기발랄하고 활동적인 이미지 : 볼뼈 약간 아랫부분을 주황색과 갈색 계열로 다소 짙게 바른다.
④ 귀여운 이미지 : 뺨부터 눈 밑 가까이까지 둥근 느낌으로 펴준다.

5) 얼굴형에 따른 블러셔 위치

① 둥근 얼굴 : 입꼬리를 향해 바른다.
② 사각형 : 턱 끝을 향해 바른다.
③ 역삼각형 : 코끝을 향해 바른다.
④ 긴 얼굴형 : 눈 앞머리를 향해 바른다.

PART 06 속눈썹 연출 및 속눈썹 연장

Chapter 01 ▶ 인조속눈썹 디자인

❶ 인조 속눈썹 종류 및 디자인

(1) 인조속눈썹(False Eye Lashes)

① 목적
  ㉠ 눈매를 더욱 또렷하고 크게 보이게 하며 그윽한 눈매를 연출한다.
  ㉡ 특수한 경우 다양한 형태나 색상의 속눈썹으로 원하는 이미지를 연출한다.
  ㉢ 속눈썹이 짧고 숱이 적은 사람에게 중요한 역할을 한다.

② 종류
  ㉠ 심는 속눈썹(Individual Lashes) : 하나하나 핀셋으로 붙이며 자연스러운 속눈썹을 연출할 수 있다.
  ㉡ 한 개로 연결된 속눈썹(Strip Eye Lashes)
    • 전체적으로 모양이 만들어져 있어 사용하기 간편하다.
    • 조금씩 잘라서 사용하면 더욱 자연스러운 효과를 기대할 수 있다.

(2) 인조 속눈썹 재료 및 도구

① 아이래쉬 컬러 : 속눈썹을 자연스럽고 아름답게 올리는 기구. 속눈썹 안쪽으로 깊숙이 컬러를 끼운 다음 서서히 힘을 주면서 눈 위쪽으로 빼내면 자연스럽게 컬이 생긴다. 쇠로 된 제품과 플라스틱으로 된 제품이 있으며, 고무 부분은 교체해서 사용할 수 있다.
② 핀셋 : 인조 속눈썹을 붙일 때나 떼어낼 때 사용하는 도구
③ 속눈썹 접착제 : 인조속눈썹을 붙일 때 사용하는 전용 풀로서 투명색과 갈색, 진회색 등이 있다. 한꺼번에 많이 바르지 말고 두 겹으로 바르는 것이 안정적이다. 민감한 눈가에 사용하므로 자극이 적은 안전한 제품을 고른다.
④ 눈썹가위 : 인조 속눈썹을 자를 때 사용되는 가위
⑤ 스파츌라 : 접착제를 바르거나 양을 조절할 때 사용
⑥ 면봉 : 접착제를 붙일 때나 인조 속눈썹을 떼어낸 후 마무리 처리할 때 사용한다.

Chapter 02 ▶ 인조속눈썹 작업

❶ 인조 속눈썹 선택 및 연출

(1) 인조속눈썹 붙이는 방법

① 모델의 눈 길이에 맞게 가위로 자른다.
② 아이라인을 그려 척당한 위치를 잡는다.
③ 아이래시 컬러(Eyelash Curler)로 속눈썹의 컬을 만든다.
④ 접착제를 바른 후 모델의 속눈썹 위에 놓고, 눈 앞머리, 중앙, 눈꼬리 순서로 지그시 누른다.
⑤ 속눈썹을 붙인 후 모델이 원래 가지고 있는 눈썹과의 차이나 경계를 없앤다.
⑥ 속눈썹을 붙이는 단계에서 아이라인이 지워졌거나 접착제 자국이 남았을 때는 반드시 아이라인을 다시 그린다.

Chapter 03 ▶ 속눈썹 연장

❶ 속눈썹 위생관리

(1) 깨끗한 위생가운을 입는다.

(2) 손소독하기

① 먼저 소독제를 화장솜에 뿌려 손소독을 한다.
② 손등과 손바닥 그리고 손가락 사이를 꼼꼼하게 소독제를 뿌리거나 소독제를 화장솜에 뿌려 소독한다.

(3) 속눈썹 연장 시술도구를 소독한다.

① 먼저 깨끗한 흰수건 위에 깐 다음 미용티슈를 펴 놓는다.
② 소독제를 도구에 뿌려 소독하거나 소독제를 뿌린 화장솜으로 글루판, 핀셋, 크리스탈판을 하나씩 꼼꼼히 소독한 후 펴놓은 미용티슈 위에 가지런히 배열한다. 핀셋은 자외선소독기에 소독하는 것도 효과적이다.
③ 시술준비가 끝나면 손눈썹연장 시술 부위인 눈주위를 소독제를 뿌린 화장솜으로 깨끗이 소독한다.

❷ 속눈썹연장 제품 및 방법

1) 속눈썹 연장제품

① 소독제 : 시술하는 손과 도구, 시술 부위를 소독
② 글루판 : 속눈썹 연장용 접착제인 글루를 따라놓고 사용하는 판
③ 글루(접착제) : 속눈썹 연장용 접착제

PART 6 속눈썹 연출 및 속눈썹 연장

④ 글루(접착제) 리무버 : 글루를 이용하여 속눈썹 연장한 것을 제거하는 리무버
⑤ 속눈썹(가모) : 속눈썹 연장용 속눈썹으로 J컬, JC컬, C컬 등 다양함
⑥ 마네킹 : 속눈썹 연장을 연습할 때 사용하는 마네킹
⑦ 아이패치 : 속눈썹 연장 시술 전 아랫눈꺼풀에 붙이는 패치
⑧ 우드스파츌라 : 면봉에 전처리제를 발라 오염물질을 닦아낼 때 모델 속눈썹 밑에 깔아주거나 리터치 시 사용
⑨ 전처리제 : 속눈썹 연장 시 모델의 속눈썹에 묻어있는 유분기를 닦아내어 속눈썹 연장의 접착력을 높여주는 재료
⑩ 속눈썹빗 : 모델의 속눈썹을 빗거나 연장한 상태를 빗어주는 작은 속눈썹 빗
⑪ 속눈썹판(크리스탈판) : 연장할 속눈썹을 가지런히 붙여두고 작업하는 판
⑫ 면봉 : 전처리제를 묻혀 사용하거나 글루리무버로 속눈썹 연장한 접착제를 제거할 때 사용
⑬ 핀셋 : 속눈썹을 붙일 때 사용하는 도구로 일자형태, 곡자형태 핀셋을 사용

2) 속눈썹(가모) 컬 종류
① J컬 : 가장 자연스러운 컬이며 선호하는 컬 종류이다.
② JC컬 : J컬보다 조금 더 커브가 있다. J컬과 C컬의 중간이다.
③ C컬 : 컬의 커브가 높으며 눈이 동그랗게 커보인다. 젊은층이 선호한다.
④ CC컬 : C컬보다 커브가 더 크며 컬링이 강하다.
⑤ L컬 : 처진 눈의 속눈썹이 올라가 보이도록 하는 컬이다.

3) 속눈썹 연장방법
① 손소독하기 : 소독제(알코올)를 뿌리거나 화장솜에 묻혀 소독한다.
② 재료 및 도구 소독 : 핀셋은 자외선소독기에 소독하거나 알코올과 같은 소독제로 소독해도 된다. 글루판이나 속눈썹판은 소독제로 소독한다.
③ 터번으로 헤어를 감싸서 정리한다.
④ 모델의 눈 주위를 소독제를 묻힌 화장솜으로 닦아 소독한다.
⑤ 눈 밑에 아이패치를 붙인다.
⑥ 면봉에 전처리제를 묻힌 다음 우드스파츌라를 모델 속눈썹 밑에 두고 면봉으로 속눈썹의 유분기를 닦아낸다.
⑦ 접착하기 전 글루를 30회 정도 옆으로 흔들어 글루판에 90°로 세워 조금씩 덜어 사용한다.
⑧ 글루를 가모 길이 1/3 정도 묻힌 다음 모델 눈썹에 1~2회씩 쓸어주듯 부착한다.
⑨ 가모를 부착한다.
  • 핀셋으로 가모를 갈라서 떼어낸다.
  • 아이라인에서 1~2㎜ 띄워서 가모를 글루(접착제)로 붙인다.
  • 눈 중앙에 가모를 붙인다.
  • 눈앞머리있는 속눈썹 2~3개를 띄우고 가모를 붙인다.
  • 눈꼬리 부분에 가모를 붙인다.
  • 눈앞머리와 중앙 사이에 가모를 붙인다.
  • 눈꼬리 부분과 중앙 사이에 가모를 붙인다.
  • 중간 부분을 메꾸어 붙여가며 부채꼴 모양으로 완성한다.
⑩ 건조되면 속눈썹 빗으로 빗어준다.

4) 눈모양 형태에 따른 속눈썹 연장 디자인
① 눈매가 긴 형 : 눈앞머리부터 눈중앙부위까지 긴 가모를 붙이고 뒷머리 부분으로 갈수록 짧아지도록 붙인다.
② 눈매가 짧은 형 : 눈매를 좀 더 길게 보이게 하려면 눈꼬리 쪽으로 갈수록 길게 붙인다.
③ 돌출된 눈매 : 가모 길이는 인모보다 약간 길게 붙이며 J컬이 자연스럽다.
④ 눈꼬리가 올라간 눈 : 눈매 중앙에 긴 가모를 붙이며 뒷부분은 짧은 것으로 디자인한다. J컬, C컬 모두 어울린다.

Chapter 04 ▶ 속눈썹 리터치

1 연장된 속눈썹 제거

1) 연장된 속눈썹 제거
① 손소독 한다.
② 재료 및 기구 소독한다.
③ 눈주위 피부를 소독한다.
④ 아이패치를 붙인다.
⑤ 리무버로 가모를 제거한다.
  ㉠ 전체적으로 가모를 제거할 경우
    • 면봉(마이크로팁)에 리무버를 묻힌다.
    • 우드스파츌라를 가모가 붙어있는 아래쪽에 댄다.
    • 리무버가 묻은 면봉으로 가모에 발라주고 2~3분후 제거한다.
    • 한꺼번에 제거하려고 하지말고 한 개씩 조심스레 제거한다.
    • 면봉에 리무버를 많이 묻히면 눈에 들어가기 쉬우므로 소량씩 사용한다. 절대 눈에 들어가지 않도록 유의한다.
    • 우드스파츌라는 계속 그대로 받치고 있으면서 가모가 떨어지면 핀셋으로 제거한다.
    • 가모를 제거한 다음 면봉에 미온수를 적셔 속눈썹 모근까지 인모에 남은 이물질을 닦아낸다.
  ㉡ 부분적으로 가모를 제거할 경우
    • 부분적으로 가모를 제거한다면 면봉에 리무버를 묻힌다.
    • 핀셋사이에 제거할 가모만을 가운데 두고 핀셋을 벌려 면봉으로 접착부분을 조심스레 제거한다.
    • 부분적으로 제거할 가모 외에 주변에 있는 가모에 리무버가 묻지 않도록 조심한다.
    • 미온수를 묻힌 면봉으로 제거한 부분의 이물질을 제거한다.

PART **6** 속눈썹 연출 및 속눈썹 연장

2) 속눈썹 리터치 시술

① 손소독한다.

② 재료 및 기구소독한다.

③ 눈주위 피부소독한다.

④ 아이패치를 붙인다.

⑤ 전처리제로 유분기를 제거한다.

⑥ 가모에 글루(접착제)를 묻혀 붙인다.

⑦ 리터치한 부분에 가모 한 개씩 한 개씩을 붙여나가 완성한다.

⑧ 건조되면 속눈썹 빗으로 빗어준다.

PART 07 본식 웨딩, 응용, 트렌드 메이크업

Chapter 01 ▶ 신랑신부 본식 메이크업

1 웨딩 이미지별 특징

(1) 컬러 이미지별 웨딩연출

1) 내추럴 이미지의 신부화장
① 피부표현
  ㉠ 메이크업 베이스 후 리퀴드 파운데이션을 가볍게 바른다.
  ㉡ 컨실러로 잡티를 커버하고 투명 파우더로 마무리한다.
② 눈썹 : 밝은 브라운 아이섀도와 펜슬을 이용해 자연스럽게 눈썹결을 살려 그린다.
③ 눈 화장
  ㉠ 베이지 계열, 중채도의 오렌지 계열이 무난하다.
  ㉡ 눈 모양에 따라 포인트 컬러로 보완한다. 아이라인을 그린 후 인조속눈썹을 붙인다.
④ 블러셔 : 얼굴형에 따라 블러셔를 한다.
⑤ 입술 : 입술 색과 같은 계열의 립스틱을 바른 후 투명 립글로스를 덧바른다.

2) 큐트한 이미지의 신부화장
① 피부표현
  ㉠ 메이크업 베이스 후 리퀴드 파운데이션을 가볍게 바른다.
  ㉡ 컨실러로 잡티를 커버하고 투명 파우더로 마무리한다.
② 눈썹 : 밝은 브라운 아이섀도와 펜슬을 이용해 자연스러운 눈썹결을 살리되, 길이는 약간 짧게 직선형으로 그린다.
③ 눈 화장
  ㉠ 베이지 계열, 중채도의 오렌지 계열이 무난하다.
  ㉡ 눈 모양에 따라 포인트 컬러로 보완한다.
  ㉢ 아이라인은 눈의 중앙 부분을 약간 두껍게 그려 동그란 눈의 이미지를 연출하며, 길게 빼지 않는다.
  ㉣ 인조속눈썹을 붙이고 완벽하게 컬링한다.
④ 블러셔
  ㉠ 얼굴형에 따른 블러셔를 한다.
  ㉡ 볼 중앙에 산호 계열로 동그랗게 표현한다.
⑤ 입술 : 오렌지, 코랄 계열의 립스틱을 바른 후 투명 립글로스를 덧바른다.

3) 모던한 이미지의 신부화장
① 피부표현
  ㉠ 메이크업 베이스 후 리퀴드 파운데이션을 가볍게 바른다.
  ㉡ 컨실러로 잡티를 커버하고 파우더로 마무리한다.
② 눈썹 : 밝은 브라운 아이섀도와 펜슬을 이용해 자연스러운 눈썹결과 눈썹 산을 살리되, 약간 직선형으로 그린다.
③ 눈 화장
  ㉠ 주조색은 브라운 계열로 하며 펜슬로 눈 위·아래의 점막을 메꾼다.
  ㉡ 아이라인 꼬리를 약간 길게 뺀다.
  ㉢ 인조속눈썹을 붙이고 완벽하게 컬링한다.
④ 블러셔 : 아이섀도와 동일한 계열의 컬러를 선택하여 얼굴형에 따른 블러셔를 한다.
⑤ 입술 : 누드베이지, 누드핑크 등의 립글로스로 표현한다.

4) 엘레강스한 이미지의 신부화장
① 피부표현
  ㉠ 메이크업 베이스 후 크림 타입의 파운데이션을 바르고 컨실러로 잡티를 커버한다.
  ㉡ 수분감이 많은 파우더나 약간의 펄이 있는 파우더로 가볍게 마무리한다.
② 눈썹 : 밝은 브라운 아이섀도와 펜슬을 이용해 자연스러운 눈썹결과 눈썹 산을 살리되, 약간 곡선형으로 그린다.
③ 눈화장
  ㉠ 주조색은 퍼플 계열로 하며 펜슬로 눈 위·아래의 점막을 메꾼다.
  ㉡ 아이라인 꼬리를 약간 길게 뺀다.
  ㉢ 인조속눈썹을 붙이고 완벽하게 컬링한다.
④ 블러셔 : 핑크 계열을 선택하여 얼굴형에 따라 블러셔를 한다.
⑤ 입술 : 핑크, 라벤더핑크 계열의 립스틱을 바른 후 립글로스로 마무리한다.

2 신랑신부 메이크업 표현

(1) 신부 메이크업

일생에서 가장 아름다운 모습으로 주목받고 싶은 순간이므로, 충분한 상담과 사전준비를 통해 연령, 피부색, 피부상태, 선호하는 컬러 등 완벽하게 파악한다. 또한 촬영이나 예식 당일 착용할 드레스의 디자인과 색상, 헤어스타일과의 조화를 고려한다.

① 피부표현
② 헤어세팅을 한다.
③ 피부표현 메이크업을 한다.
  ㉠ 메이크업 베이스는 보라색을 사용한다.
  ㉡ 파운데이션은 피부 상태에 따라 리퀴드 파운데이션이나 크림 파운데이션을 사용한다.
  ㉢ 잡티는 컨실러를 이용하여 꼼꼼히 커버한다.
  ㉣ 윤곽수정은 너무 강하지 않게 자연스럽게 하이라이트 쉐딩으로 시술한다.
  ㉤ 얼굴과 목의 경계선을 자연스럽게 그라데이션 한다.
  ㉥ 파우더는 핑크와 투명을 혼합하여 가볍게 펴 바른다.
④ 포인트 메이크업
  ㉠ 아이섀도는 깨끗하고 사랑스러운 느낌의 핑크, 보라, 자주 계열의 쿨톤 색상이 기본이며 포인트를 강하게 주지 않고 부드러운 그라데이션 기법으로 표현한다.

PART 7 본식 웨딩, 응용, 트렌드 메이크업

ⓛ 속눈썹 메이크업은 결혼 전날까지 자연스러운 정도의 속눈썹 연장을 하면 효과적이다. 인조 속눈썹을 붙인다면 너무 과하지 않는 것을 선택한다.

ⓒ 입술화장은 핑크, 코랄, 피치색이 기본이나 신부 이미지에 따라 자주·보라톤을 가미해도 좋다. 입술 안쪽은 립글로스를 사용해도 좋다.

ⓔ 치크컬러도 핑크코럴 계열색상으로 부드럽게 우아하게 펴 바른다.

⑤ 헤어스타일링을 한다.

⑥ 드레스를 입는다.

⑦ 면사포로 헤어스타일을 마무리하고 화관이나 티아라로 장식한다.

⑧ 부케까지 함께 전체적인 신부 모습을 점검한다.

⑨ 신부메이크업을 다시 한번 점검한 후 마무리한다.

(2) 신랑 메이크업

신랑 메이크업 시 유의할 점은 신부와 피부 톤과 조화를 맞추면서 신랑이 원래 가진 이목구비 윤곽을 자연스럽게 강조하는 것이다. 신부 메이크업처럼 단점을 수정하고 색을 입히면 부자연스러워 보이는 결과를 초래한다.

① 피부표현
  ㉠ 수분감이 높은 메이크업 베이스 후 2가지 이상의 스틱 타입의 파운데이션을 섞어가며 신랑의 피부톤에 맞춘다.
  ㉡ 두텁지 않게 표현하며 브러시를 이용해 투명 파우더로 가볍게 마무리한다.

② 눈썹 : 브라운 아이섀도와 펜슬을 이용해 자연스러운 눈썹결과 눈썹 산을 살리되 숱이 없는 부분을 주의하며 메꾼다.

③ 눈 화장
  ㉠ 붉은기가 없는 브라운 아이섀도로 속눈썹 안쪽 점막 부위만 살짝 터치한다.
  ㉡ 번지지 않게 유의한다.
  ㉢ 아이라인은 생략할 수 있으나 마스카라는 하지 않는 것이 좋다.

④ 블러셔 : 브라운 계열 컬러를 선택하여 얼굴형에 따라 자연스럽게 블러셔를 한다.

⑤ 입술 : 입술 라인은 살리지 않고 약간의 붉은기와 윤택만 더해주는 선에서 그친다.

Chapter 02 ▶ 혼주 메이크업

① 혼주 메이크업 표현

(1) 혼주 메이크업

주로 한복을 입는 양가 어머님들의 혼주 메이크업은 연령과 분위기, 옷 색상을 고려해서 나이에 어울리도록 우아하게 한다.

① 피부표현
  ㉠ 수분감이 높은 메이크업 베이스 후 유분감이 있는 크림 파운데이션을 가볍게 바르고, 컨실러로 피부 결점을 가린다.
  ㉡ 화사한 핑크 계열의 파우더로 매트하지 않게 가볍게 마무리한다.
  ㉢ 피부색보다 한 톤 어두운 케이크 파우더로 얼굴형을 수정한다.

② 눈썹
  ㉠ 브라운 계열의 아이섀도를 이용해 자연스러운 눈썹결과 눈썹 산을 살리되 숱이 없는 부분만 펜슬을 이용하여 메꾼다.
  ㉡ 최대한 자연스럽게 표현한다.

③ 눈 화장
  ㉠ 한복의 색과 같은 계통의 아이섀도로 포인트를 준다.
  ㉡ 번지지 않게 아이라인을 그린 후 마스카라와 인조속눈썹을 붙여 뚜렷한 눈매를 완성한다.

④ 블러셔 : 핑크, 코랄핑크, 오렌지핑크 등 한복 의상과 어울리는 계열을 선택하여 최대한 화사하게 표현한다.

⑤ 입술
  ㉠ 입술 라인은 펜슬을 이용해 깔끔하게 표현하고, 동일 계열의 립스틱으로 화사함을 준다.
  ㉡ 약간의 윤택감을 주기 위해 립글로스를 살짝 덧바른다.

Chapter 03 ▶ 패션이미지 메이크업 제안

① 패션 이미지 유형 및 디자인 요소

(1) 패션이미지

① 내츄럴 이미지 : 자연스럽고 편안한 느낌의 이미지가 느껴지는 스타일. 소박한 감각으로 따뜻한 느낌

② 엘레강스 이미지 : 고상하고 품위 있는 우아한 여성의 패션스타일

③ 로맨틱 이미지 : 아름답고 낭만적인 온화한 여성스러움 분위기를 강조하는 스타일

④ 시크 이미지 : 세련되고, 도시적이며 맵시 있는 어른스런 감각의 스타일. 전문직 여성의 지성미를 갖춘 느낌

⑤ 고저스 이미지 : 매우 화려한 느낌의 패션스타일. 모임이나 파티에 어울리는 호화스러운 이미지

⑥ 에스닉 이미지 : 에스닉은 '민속적인' 이란 뜻으로 잉카나 아랍, 아프리카 등의 전통적인 고유문화나 민속의상, 장신구 등에서 얻은 색감과 디자인을 강조하는 패션스타일

⑦ 모던 이미지 : 현대적인 스타일로 유행을 리드하며 개성적인 느낌이 강하다. 도회적인 이미지로 세련되고 서구적인 문양들을 많이 활용

⑧ 캐쥬얼 이미지 : 건강하고 활동적이며 생동감 있는 젊은 감각의 패션이미지. 청자켓이나 면바지, 티셔츠, 가디건 등으로 활동적이며 친밀한 느낌의 자연스러운 스타일

PART 7 본식 웨딩, 응용, 트렌드 메이크업

⑨ 매니시 이미지 : 남성적인 느낌의 패션스타일. 남성정장의 느낌을 주는 팬츠슈트, 정장코트 등이 매니시이미지를 주는 패션스타일
⑩ 클래식 이미지 : 고전적인 복고스타일패션. 유행과 관계없이 지속해서 사랑받고 있는 테일러 슈트가 대표적인 클래식 이미지 패션

Chapter 04 ▶ 패션이미지 메이크업 제안

1 T.P.O에 따른 메이크업

시간(Time), 장소(Place), 상황(Occasion)에 따라 화장을 다르게 하는 것으로 메이크업의 효과를 극대화하기 위해서는 전체적인 코디네이션이 매우 중요하다. 나이, 직업, 모임의 시간이나 성격, 갖춰 입은 의상에 따라 여러 패턴의 메이크업 연출이 가능해야 한다.

(1) 연령에 따른 메이크업

1) 20대 메이크업
① 20대는 아름다움이 절정을 이루는 시기이므로 피부와 인상이 깨끗하기 때문에 모든 패턴의 메이크업을 무난히 소화할 수 있다.
② 유행이나 계절, 의상색 등을 고려하여 색상을 선택하며, 자연스러운 메이크업을 한다. 원 포인트 메이크업이 간결하고 생동감 있게 보인다.
③ 두터운 메이크업은 피한다.

2) 30대 메이크업
① 30대에 접어들면서 피부에 수분 부족과 탄력 저하가 생긴다.
② 유분과 수분이 적당히 함유된 크림 타입의 파운데이션을 두텁지 않게 바르며, 기미나 잡티 등도 컨실러로 정리한다.
③ 20대에 비해서는 립 메이크업이 강조되는 편이 좋다.

3) 40대 메이크업
① 중년의 아름다움이 풍기고 멋스러움이 배어나는 연령대지만, 피부는 점차 탄력을 잃고 건조하며 주름이 눈에 띈다.
② 눈 주변의 노화가 먼저 오기 때문에 눈 화장보다는 입술 화장을 강조해야 젊고 세련되어 보인다.
③ 연령대에 맞는 기능성 화장품을 사용해야 하는 나이라고 볼 수 있다.

4) 50대 이후 메이크업
① 피부가 처지고 주름이 자리 잡기 때문에 화장을 조심스럽게 꼼꼼히 해주어야 한다.
② 야윈 사람은 군데군데 얼굴이 패이고 주름이 많아지며, 살이 많은 사람은 살이 처지면서 얼굴형에도 변화가 생긴다.
③ 각 피부 타입에 맞는 스킨케어로 노화를 늦추고 건강한 피부를 유지하는 데 중점을 둔다.

(2) 일반 뷰티 메이크업

1) 내추럴 메이크업
① 모든 메이크업 테크닉의 기초이자 근본이 되는 메이크업이다.
② 모든 연령, 어떤 상황에서도 활용이 가능한 가장 대중적인 메이크업이다.
③ 모델이 가지고 있는 개성을 그대로 살려 자연스러운 아름다움을 표현한다.
④ 색감이 드러나기보다 선과 면을 정리하는 느낌이다.

2) 글로시 메이크업
① 과거에는 화면상에서 피부가 번들거려 보인다는 이유로 뽀송뽀송하고 매트한 메이크업을 선호했으나, 최근에는 피부톤을 촉촉하고 윤기 있게, 때로는 반짝이는 느낌마저 들 정도로 글로시(Glossy)하고 샤이니(Shiny)하게 표현하는 추세다.
② 유분기가 있는 듯한 메이크업이 오히려 자연스럽고 건강한 피부로 보인다.
③ 펄이 함유된 파우더, 섀도, 립스틱과 립글로스가 주로 쓰인다.

3) 펄 메이크업
① 서양인에 비해 눈이 부어 보이는 동양인의 얼굴에는 펄이 가미된 화장품이 금기였던 때가 있었지만 펄이 주는 신비함, 세련됨, 화사함 등이 강조되면서 대표적인 유행 트렌드로 자리 잡게 되었다.
② 이제는 계절에 관계없이 폭넓게 응용되고 있으며, 과다하지 않도록 부분적으로 사용하는 것이 적절하다.

4) 선탠 메이크업
① 남성 메이크업, 스포츠 메이크업, 여름 시즌 제품의 광고 메이크업으로 많이 응용된다.
② 선탠한 피부에 하는 메이크업이 아니라 선탠한 듯이 보이도록 하는 메이크업이다.
③ 피부색보다 어두운 파운데이션을 사용하므로 얼룩져 보이기 쉽다.
④ 얇게 여러 번 꼼꼼하게 발라 완벽하게 실제 피부를 커버해야 하며, 약간의 펄을 섞어서 글로시하게 표현할 수도 있다.

5) 누드 메이크업
① 화장을 안 한 듯이 한 메이크업이다.
② 내추럴 메이크업에 비해 수정(얼굴형, 눈썹형, 입술 형태 등)이나 색감을 거의 느낄 수 없다.
③ 베이비 모델, 어린이 모델, 혹은 세안·목욕용 제품 광고에 응용될 수 있다.

PART **7** 본식 웨딩, 응용, 트렌드 메이크업

Chapter 05 ▶ 트렌드 조사

1 트렌드 자료수집 및 분석

(1) 트렌드 자료수집

① 트렌드정보를 수집한다.
- 경제, 사회, 문화, 환경 등의 자료를 수집한다.
- 컴퓨터 사이트, 관련잡지, 서적, 신문, 뉴스 영상물 등을 통해 자료를 수집한다.

② 수집한 트렌드 자료를 정리한다.
- 종류별, 단계별로 자료를 분류한 다음 정리한다.
- 사진 자료를 트렌드에 맞추어 분류한다.
- 팀원들과의 협의를 통하여 트렌드를 구체적으로 파악한다.
- 문서 작성하며 자료를 정리한다.

③ 트렌드 방향에 맞게 자료를 분석한 후 포트폴리오를 만든다.

Chapter 06 ▶ 트렌드 메이크업

1 트렌드 메이크업 표현

(1) 트렌드 메이크업 표현

1) 메이크업 일러스트 제작

① 트렌드 분석자료를 기반으로 한 트렌드 메이크업을 이미지화 한다.

② 메이크업 시술에 필요한 화장품, 재료, 도구, 테크닉 등을 적어 넣고 일러스트로 그린다.

③ 트렌드 메이크업에 필요한 화장품과 재료, 주의사항 등을 작업지시서에 기록하여 완성한다.

2) 작업지시서의 내용을 확인하면서 사전에 필요한 화장품재료, 도구 등을 준비한다.

① 협의를 통해 필요한 화장품재료, 도구를 준비한다.

② 테스트 메이크업을 하여

③ 실제 트렌드 메이크업에 사용할 화장품, 재료, 도구 등으로 메이크업을 하여 시술에 필요한 내용을 작업지시서에 추가 기입한다.

3) 트렌드 메이크업을 실행한다.

① 모델에게 헤어밴드를 씌우고 어깨보를 한다.

② 재료를 셋팅한다.

③ 손소독 후 재료, 기구소독을 한다.

④ 트렌드 메이크업 작업지시서에 따라 메이크업 시술을 한다.

Chapter 07 ▶ 시대별 메이크업

1 시대별 메이크업 특성 및 표현

분류	사회·문화적 배경	패션과 메이크업 스타일	메이크업 스타일
1930 년대	• 경제불황 • 현실도피, 낙천주의 확대 • 영화의 대중문화화	• 슬림앤롱(길고 날씬한 스타일), 엘레강스 스타일이 인기 • 스커트는 길고 허리, 힙 라인 자연스레 노출	• 눈썹은 아치형으로 성숙한 여성미 강조 • 하이라이트를 눈썹 위에 밝게 처리 • 아이섀도 검정, 브라운, 흰색으로 음영 강조 • 입술은 레드로 선명하게 육감적으로 표현 • 대표적 배우 : 그레타 가르보, 진할로우
1950 년대	• 2차 세계대전 후 부흥기 • 캐쥬얼한 미국 영패션 인기 • 로큰롤룩이 유행	• 1950년대 초는 컬이 있는 여성스러운 헤어 스타일이 유행 • 1950년대 말에는 부풀 린 부팡스타일 인기 • 성숙, 우아한 여성미가 유행	• 눈썹은 굵고 각지게 그리고 아이라인은 길게 강조 • 입술은 레드 색상으로 아웃커브로 표현 • 대표적 배우: 마릴린 먼로, 오드리 헵번
1960 년대	• 청년문화가 주도 • 히피족 등장 • 기술과 산업의 발달로 풍요로운 사회가 됨 • 여가활동, 오락이 확산 • 팝송과 팝아트 등 대중문화가 확산	• 여성해방 운동과 여성의 사회진출로 유니섹스 패션스타일 등장 • 긴머리의 히피스타일 유행 • 패션은 미니멀리즘으로 미니스커트가 확산	• 건강하고 섹시한 메이크업이 긴기 • 큰눈을 강조한 메이크업이 인기 • 대표적 배우 : 트위기, 브리짓 바르도

PART 08 미디어 캐릭터 및 무대 공연 캐릭터 메이크업

Chapter 01 ▶ 미디어 캐릭터 기획

1 미디어(Media) 메이크업

미디어의 사전적 의미는 매체(媒體), 수단(手段)이라는 뜻으로 대중에게 공개되며 간접적·일방적으로 많은 정보와 사상(事象)을 전달하는 신문, TV, 라디오, 영화, 잡지 등이 대표적이다. 주로 신문, 잡지, 도서 등의 인쇄 매체와 TV, 라디오, 영화 등의 시청각 매체(비인쇄 매체 또는 전파 매체)로 나누어진다. 미디어 메이크업이란 인쇄 매체와 전파 매체에서 이루어지는 모든 형태(광고, CF, 카탈로그, 잡지, 화보)의 미디어에서 행해지는 메이크업을 말한다.

미디어 메이크업은 얼굴뿐 아니라 모든 것이 조화를 이룬 종합예술이다. TV, CM, 드라마, 가수, 영화, TV 토론회의 패널, 카탈로그의 모델, 잡지의 화보 등 모든 매체에 필요한 메이크업은 그 매체와 상황에 맞는 캐릭터를 창출하는 지식과 감각이 필요하다. 따라서 상황에 맞게 연출할 수 있는 지식과 기술, 판단력이 있어야 한다.

(1) 미디어 메이크업의 종류

전파 매체와 인쇄 매체로 크게 나뉜다. 미디어 메이크업을 잘하려면 미디어의 특징에 대해 잘 알아두어야 한다.
① 전파 매체 : 영화, 드라마, 뮤직비디오, CF, 토론회, 뉴스, 각종 쇼 프로그램
② 인쇄 매체 : 패션 카탈로그, 백화점 전단 광고, 잡지의 화보 등

(2) 광고 사진 메이크업

광고 사진 메이크업에서 중요한 것은 광고의 목적과 성격을 잘 파악해서 최대한의 광고 효과를 올리는 것이다. 메이크업과 병행해서 의상, 헤어스타일, 조명, 카메라, 전체적인 이미지 등을 스태프와 사전에 토의 및 검토한 후 작업에 임하도록 한다. 연출자의 의견에 충실히 협력하고 광고주의 의견을 수렴하는 과정이 필요하다.

① 컬러 사진 메이크업
  ㉠ 자연광에서의 촬영이 가장 좋으나, 정오 전후에는 햇빛 때문에 얼굴에 그늘이 져서 눈 밑 다크서클이나 결점들이 또렷하게 드러나는 경향이 있으므로 그 시간을 피하는 것이 좋다.
  ㉡ 자연 조명에서는 피부 톤보다 한 톤 정도 낮은 컨실러나 파운데이션을 적당히 이용하여 얼룩과 붉은기를 잡아주는 자연스러운 메이크업이 좋다.
  ㉢ 스튜디오 촬영 시 피부색과 색상, 조명의 변화 등에 유의한다.
  ㉣ 실내 촬영 조명은 핑크 기미를 강조하는 경향이 있으므로 옐로톤의 파운데이션과 파우더를 사용하는 것이 좋다.

② 흑백 사진 메이크업
  ㉠ 색상의 제한이 있어서 색조 메이크업이 흑백 사진으로는 어떻게 표현되는지를 미리 알고 색상과 농도 선택을 해야 한다.
  ㉡ 자연스러운 메이크업을 하되 사진이 모노톤으로 나오는 것을 감안하여 얼굴의 음영을 살려 입체감을 주는 것이 중요하다.

  특히 눈의 라인과 입술, 블러셔에 브라운이나 약간 붉은 계열의 핑크 등으로 입체감을 준다.
  ㉢ 블랙, 그레이, 브라운, 레드, 그린 등의 짙은 색상은 어둡게 표현되고, 옐로우, 베이지, 핑크 같이 옅은 색상은 누드톤으로 나온다는 것을 염두에 두고 명암법의 원리(명도 차이에 의한 어둡고 밝은 정도)를 잘 이해하는 것이 중요하다.
  ㉣ 얼굴의 유분기를 잡아주기 위해 파우더를 세심하게 바른다.
  ㉤ 펄이 들어간 아이섀도나 파우더는 빛을 반사해서 번들거리게 나오므로 주의한다.
  ㉥ 다양한 색조나 짙은 색상, 너무 밝은 색상의 아이섀도는 피한다.
  ㉦ 코와 턱선에 음영을 주어 얼굴이 작아보이도록 한다.

③ 지면 광고 메이크업
영상광고에 비해 지속성이 있고 정지되어 있으므로 더 섬세한 메이크업이 요구된다.
  ㉠ 광고의 콘셉트를 파악한다.
  ㉡ 브랜드 광고는 브랜드 이미지나 기업 전략을 먼저 숙지한다.
  ㉢ 시안 작업을 한다.
  ㉣ 제품 광고의 경우 모델의 메이크업이 지나치게 튀지 않도록 내추럴한 메이크업을 하는 것이 좋다.
  ㉤ 화장품 광고는 제품에 대한 구매력을 높여야 하므로 최대한 제품 효과를 표현할 수 있어야 한다.
  ㉥ 촬영 후 포토샵 작업을 통해 극적인 효과를 얻을 수 있다.

④ 잡지 화보 메이크업
  ㉠ 잡지 구독자의 연령대와 콘셉트에 맞는 메이크업을 한다.
  ㉡ 의상 콘셉트와 배경, 조명, 모델의 특성을 파악하여 세련되고 트렌디한 메이크업을 하되, 패션이 우선시되어야 한다.
  ㉢ 뷰티 화보 촬영 시 클로즈업 촬영이 대부분이므로 섬세하고 정확하게 메이크업을 한다.
  ㉣ 조명의 위치와 각도에 따라 메이크업 결과가 다르게 나오므로 함께 작업하는 포토그래퍼와 충분히 협의하여 작업에 임한다.

(3) 영상 매체 메이크업

지면에서 쓰이는 카메라와 영상 매체에서 쓰이는 카메라의 조명이 다르므로 카메라와 조명의 기본 상식과 색채, 용어 등 기본 지식을 이해하고 있어야 한다.

1) TV 메이크업

① TV 메이크업의 목적은 노 메이크업 시의 유분과 땀 등이 조명과의 반사로 인해 지저분하고 흐트러져 보이는 것을 방지하는 것이다. 특히 피부 톤이 붉어 보이므로 붉은기가 들어간 파운데이션은 피하는 것이 좋다.
② 차가운 색상보다는 따뜻한 색상이, 펄이 들어간 섀도보다는 매트한 섀도 표현이 무난하다. 특히 화이트 섀도는 모니터상 푸른빛을 띠므로 주의한다.
③ 고화질(HD) TV로 인해 피부 상태가 그대로 드러나므로 두껍지 않으면서도 깨끗한 피부표현을 해야 한다.

PART 8 미디어 캐릭터 및 무대 공연 캐릭터 메이크업

④ 가장 대중적이고 일반화된 전달 매체인 TV 메이크업은 무대나 영화보다 좀 더 복잡한 단계를 거쳐 시청자에게 전달된다. 이때 영향을 주는 조건으로는 조명 기술, 영상의 기술적인 특성과 컬러의 채색, 수상기의 재생 특성, 카메라 화면 튜브의 재생 특성과 같은 기술적인 조건과, 장치 및 소도구 색, 의상의 색상, 무늬 및 질감이 주는 영향 등 미술적인 것이 있다. 그러므로 재현 색을 염두에 두고 색채 선택에 세심한 주의와 계획이 필요하다.

⑤ 하이라이트는 베이스보다 명도가 3~4도 밝고 섀도는 3~6도 정도 어둡다. 그 차이가 클수록 그라데이션에 유의해야 한다.
  ㉠ 본래의 색보다 밝게 나온다.
  ㉡ 얼굴이 퍼져 보일 수 있다.
  ㉢ 갈색의 립스틱이 붉게 나온다.
  ㉣ 순색의 흰색을 사용하지 못한다.

2) TV - CM 메이크업

보통 CM의 길이는 15초, 20초, 30초, 60초의 분량으로 짧다. 제한된 시간 안에 시청자들에게 광고를 어필하고 각인시켜야 하는 고도의 기술이 요구된다.
① 사전 제작회의를 거쳐 어떻게 광고할 것인지 콘셉트를 세운다.
② 모델의 특성을 파악하고 사전 준비를 한다.
③ 광고 콘티를 철저히 분석하여 적절하게 대응한다.
④ 촬영이 시작되면 모니터를 통해 전체적인 분위기와 모델의 상태를 수시로 체크한다.

3) 드라마 메이크업

① 드라마의 특성상 한 번에 촬영하지 않고 단발적으로 이어간다는 것을 알고 있어야 한다.
② 드라마 메이크업에서 가장 중요한 요소는 대본을 숙지하여 출연자의 캐릭터를 분석하는 것이다. 작품 속 등장인물 연령, 성격, 직업, 환경, 시대적 배경 등을 고려하여 적절한 메이크업을 한다.
③ 필요시 야외 촬영과 세트 촬영을 하며, 특히 신과 신 사이의 메이크업이 자연스럽게 연결되도록 주의한다.

4) 영화 메이크업

① TV 드라마 메이크업과 크게 다르지 않으나 스크린에 확대되어 보이는 것을 감안하여 섬세한 메이크업이 요구된다.
② 먼저 대본을 숙지하여 캐릭터를 분석한 후에 작업한다.

❷ 미디어 캐릭터 표현

(1) 미디어 캐릭터 메이크업을 표현하기 위한 절차

① 작품분석을 통하여 인물의 특성을 파악한다.
  • 작품의 장르와 작가 연출자의 의도를 고려한다.
② 캐릭터에 대한 정보를 찾아 수집한다.
  • 문헌, 사진, 예술품 등을 고찰한다.
③ 선정된 배우나 연기자의 이미지나 분위기를 분석한다.
  • 특수한 캐릭터의 이미지를 표현하기 위해서는 연기자나 배우가 지니고 있는 이미지나 분위기를 파악해야만 효과적인 캐릭터를 표현할 수 있다.

④ 캐릭터 이미지 표현 시 영향 주는 요소
  • 유전적 요소 - 피부색, 체형, 성별, 외모 등
  • 환경적 요소 - 기후, 자연환경, 지역 특성
  • 건강적 요소 - 피부 색상, 입술 상태, 특정 질병 증상
  • 상처적 요소 - 싸움, 상처
  • 시대적 요소 - 작품에서의 시대적인 배경, 환경
⑤ 부가적인 소품 활용
  미디어 캐릭터 메이크업은 제작을 진행하면서 작가와 연출자의 의도 그리고 작품 진행 방향의 변경 등에 의해 독특한 캐릭터로 재창출될 수도 있다. 연기자나 배우의 캐릭터가 더욱 잘 연출될 수 있도록 가발이나 모자, 가면, 콘택트렌즈 등을 부가적인 소품으로 활용하여 캐릭터를 강조한다.

Chapter 02 ▶ 볼드캡 캐릭터 표현

❶ 볼드캡 제작 및 표현

1) 볼드캡 재료

① 라텍스
  • 특수효과 메이크업에서 많이 사용되는 재료이며 천연라텍스에 암모니아수를 넣어 녹인 것이다.
  • 가격이 저렴한 편이며 여러 번 덧바르는 경우 건조가 느리다.
  • 피부와의 경계선의 이음새가 표시가 난다.
② 액체 플라스틱
  • 신축성이 좋고 피부와의 경계처리가 자연스럽게 표현된다.
  • 라텍스보다 가격이 비싸다.
  • 아세톤으로 농도 조절하여 사용한다.
③ 기타
  플라스틱 모형, 스피릿검, 스피릿검 리무버, 바셀린, 파우더, 크리스탈 클리어, 스펀지, 브러시, 종이컵, 타월, 티슈, 물티슈

2) 플라스틱 모형에 액체 플라스틱(또는 라텍스) 바르기

① 처음 사용하는 플라스틱 모형에는 이음새가 있는데 사포로 갈아서 이음새 면을 매끈하게 만든다.
② 플라스틱 모형에 얼굴 윤곽선을 그려준다.
③ 얼굴 윤곽선 부분에 크리스탈 클리어를 뿌려준다.
④ 플라스틱 모형표면에 바셀린을 얇게 바른다.
⑤ 액체플라스틱에 아세톤을 혼합한 다음 얼굴 윤곽선의 뒷부분에 바른다.
⑥ 드라이기로 액체 플라스틱을 건조한다..
⑦ 액체플라스틱을 바르고 드라이기로 건조하는 과정을 4~6회 정도 반복한다.
⑧ 완전히 건조되면 파우더를 바른다.

56

PART 8 미디어 캐릭터 및 무대 공연 캐릭터 메이크업

3) 플라스틱 모형에서 볼드캡 떼어내기
① 목뒤 가장자리 부분부터 분리하며, 파우더를 묻혀 볼드캡이 달라붙지 않도록 떼어낸다.
② 얼굴 윤곽선 부분을 좀 더 세심하게 늘어나지 않도록 작업한다.
③ 완성된 볼드캡을 플라스틱 모형 위에 씌워서 보관한다.

4) 볼드캡 착용하기
① 물이나 왁스 스프레이 등을 사용하여 머리카락을 두상에 붙여 고정시킨다.
② 화장솜에 알코올을 묻혀 볼드캡을 붙일 얼굴 윤곽선 부분의 유분기를 제거한다.
③ 볼드캡을 두상에 씌우고 콤비펜슬로 이마 중앙, 좌우 귀옆, 목덜미 중앙 등의 부분을 표시하고 콤비펜슬로 자를 부분도 표시한다.
④ 볼드캡을 플라스틱 모형에서 벗겨낸 다음 표시한 대로 잘라내고 이마 중앙부터 스피릿검으로 접착한다. 이때 귀 부위는 귓바퀴 안쪽의 약 1㎝ 정도만 잘라주고 점차 귀가 나올 수 있도록 넓혀 잘라주고 난 후 접착한다.
⑤ 피부와의 경계면은 아세톤으로 녹여서 마무리하면서 피부 색상을 표현한다.

5) 볼드캡 제거하기
① 볼드캡의 머리 뒷부분을 당겨서 가위로 자른다.
② 브러쉬나 화장솜에 리무버를 묻혀 접착한 부분의 스피릿검을 녹여준다.
③ 볼드캡을 플라스틱 모형에서 떼어낸다.

Chapter 03 ▶ 연령별 캐릭터 표현

1 연령대별 캐릭터 표현

(1) 노인 캐릭터 메이크업 표현
① 명암법으로 노인 메이크업 하기
  ㉠ 피부톤보다 한 톤 어두운 파운데이션을 바른다.
  ㉡ 섀딩컬러로 얼굴의 굴곡 부분을 표현한다.
    • 섀딩컬러는 이마 양옆, 관자놀이, 눈썹뼈 윗부분, 이마주름, 눈밑 다크써클 부분, 코양옆, 광대뼈 밑부분, 팔자주름, 양턱주름에 바른다.
  ㉢ 하이라이트컬러로 돌출 부분을 표현한다.
    • 하이라이트 컬러는 이마에서 콧등, 눈썹뼈, 볼의 Y존, 턱끝 부분에 바른다.
② 액체플라스틱(라텍스)으로 노인메이크업 하기
  ㉠ 얼굴을 정돈한다.
  ㉡ 액체 플라스틱을 아세톤과 섞는다.
  ㉢ 최대한 얼굴 피부 표면을 넓게 펴면서 피부에 바른다.
  ㉣ 건조시키고 파우더를 바른다.
  ㉤ 얼굴을 움직이면서 주름을 만든다.
  ㉥ 주름을 강조하고 싶은 부분은 손으로 피부를 늘렸다 접었다 하면서 주름을 만든다.
  ㉦ 두꺼운 주름을 표현하려면 3~4번 정도 덧발라 준다.
  ㉧ 파우더를 바르고 브라운새도와 브라운펜슬을 이용하여 검버섯을 그린다.

2 수염 표현
수염표현은 피부에 접착제를 이용하여 붙이는 방법과 망에 한 올 한 올 떠서 붙이는 뜬수염이 있다. 수염재료는 생사, 인조사, 크레이프 울이 있는데 생사나 인조사를 주로 많이 사용한다. 생사는 가벼우나 습기에 약하고 윤기가 없으므로 생사와 인조사를 혼합하여 사용하기도 한다.

(1) 생사(인조사) 정리하기
① 생사를 적당한 길이로 자른다.
② 자른 생사를 빗으로 빗어 생사를 한 올 한 올 풀어준다.
③ 풀어놓은 생사를 가볍게 비벼서 정리한다.
④ 양끝을 잡아당기면서 분리하고 합치는 동작을 여러 번 반복한다.

(2) 수염 붙이기
① 손소독을 후, 수염 붙일 피부 부위를 소독제로 닦는다.
② 재료 및 기구를 소독제로 닦는다.
③ 스피릿검을 피부에 바르고, 물수건이나 물티슈로 가볍게 누른다.
④ 턱수염 콧수염 순서로 붙인다.
⑤ 핀셋으로 정리하고, 가위로 수염 모양을 다듬어 준다.
⑥ 스프레이를 뿌려 고정해준다.

Chapter 04 ▶ 상처 메이크업

1 상처 표현

(1) 상처 표현

1) 찰과상
① 상처 부위에 라텍스를 발라준다.
② 라텍스가 건조되기 시작하면 스파츌라로 둥근 피부 벗겨짐을 만든다.
③ 벗겨진 안쪽에 라이닝칼라로 입체감을 주고, 상처 안쪽에 인조피를 바른다.

2) 엉겨 붙은 피딱지
① 가장 쉬운 방법은 고정 불러 들라는 재료를 사용하면 된다.

PART 8 미디어 캐릭터 및 무대 공연 캐릭터 메이크업

② 라텍스를 이용하는 방법은 상처 부위만큼 라텍스를 펴바르고 굳기 시작하면 손가락으로 두드리듯 피딱지 질감을 내고 라이닝칼라로 칼라링 후 인조피를 바른다.

3) 긁힌 상처

간단하게 표현하자면 블랙스폰지에 검은색을 묻혀 가볍게 피부에 긁듯이 바르면 된다. 촬영 시에 장시간 유지하게 하려면 라텍스를 피부에 바른 후 그 위에 블랙 스펀지를 이용해 라이닝칼라로 표현한다.

4) 칼에 베인 상처

왁스류를 이용해 피부에 얇게 편 다음 스파츌라로 칼에 베인 자국을 만든다. 칼자국 안쪽에 검은색이나 짙은 브라운 라이닝칼라를 칠한 다음 인조피를 바른다.

5) 화상 상처

① 1도화상

라이닝칼라로 피부가 벌겋게 부어오른 정도로 표현

② 2도화상

라이닝칼라로 피부가 벌겋게 부어오르게 표현하면서 부분적으로 물집이 잡힌 모습은 튜플라스트를 이용한다.

③ 3도화상 : 피부전층이 손상당한 궤양 상태

- 화상부위에 스프릿 검을 바른다.
- 스프릿검 위에 솜이나 티슈를 불규칙하게 붙였다 떼어낸다.
- 젤라틴을 따뜻한 물에 녹이면서 인조피를 넣어 빨간 컬러의 스킨젤을 만든다.
- 제조한 스킨젤을 화상 부위에 바르고, 스파츌라로 궤양된 모습으로 만든다.
- 빨강, 검정, 흰색, 노랑색 라이닝컬러로 컬러링하고 인조피를 바른다.
- 글리세린으로 진물이 흐르는 느낌을 준다.

Chapter 05 ▶ 작품 캐릭터 개발

❶ 공연 작품 분석 및 캐릭터 메이크업 디자인

(1) 공연작품 분석

① 시대적 배경에 따라 의상과 헤어스타일이 달라지며 그에 따른 메이크업 패턴이나 색상도 다르게 표현되어야 한다.

② 시나리오에서의 대화, 지문, 행동을 분석한다.

③ 시나리오에서의 캐릭터의 직업과 나이, 특징을 분석한다.

- 직업 : 직업에 따라서 메이크업패턴을 달리해야 한다. 바닷가의 어민은 강한 태양광선으로 인해 검고 붉은 피부 색상에 얼굴에 굵은 주름이 많은 것이다. 의사나 학자는 흰색 얼굴에 안경을 착용하는 것이 효과적일 것이다.

- 나이 : 나이가 많아짐에 따라 얼굴 근육 처짐과 주름이 변화하게 된다. 또한 검은 머리색이 흰머리가 생기게 되되 혈색이 없어지고 검버섯 등이 생기고 탈모도 진행된다.

- 캐릭터의 특징 : 시나리오에서 나타나는 성격과 신체적 특징 등에 따라 메이크업 캐릭터 표현에 차이를 주어야 한다. 용감한 장수는 눈썹도 검고 진하며 수염도 검고 숱이 많게 표현해야 하며 신경질적인 캐릭터는 미간의 주름을 강조해야 한다.

Chapter 06 ▶ 무대공연 캐릭터 메이크업

❶ 무대공연 캐릭터 메이크업 표현

(1) 수염캐릭터 메이크업

① 점각수염

블랙스폰지에 라이닝컬러를 묻혀 수염자리에 찍어주는 방법의 수염이다. 면도한 후 약 2~3일이 지나 거뭇거뭇 수염이 초췌하게 자라난 상태의 모습을 표현한다. 점각수염을 쉽게 지워지는 것이 단점이다. 점각수염 표현 시 머리카락 색상이 검정이나 브라운색이면 검정, 브라운을 사용한다.

② 가루수염

가루수염은 생사와 스피릿검을 이용하여 부착한다. 생사를 수염 표현 상태에 따라 0.5~2㎜ 정도길이 잘라준다. 그런 다음 피부에 스피릿검을 바르고 물수건이나 물티슈로 가볍게 눌러준 후 잘게 자른 수염 가루를 브러쉬에 묻혀 가볍게 누르듯 피부에 발라준다.

③ 붙이는 수염

생사를 정리한 다음 피부에 스피릿검을 바르고 물수건이나 물티슈로 가볍게 눌러준 후 붙이는 방법이다.

④ 망수염

망수염은 연기자나 배우의 얼굴형에 따라 본을 뜬 다음 망에 한 올 한 올 매듭지어 가발 만드는 방법으로 제작한 것이다. 매우 정교한 방법으로 제작하며 공연 메이크업 시 시간을 단축할 수 있으며 같은 형태로 유지되어 여러 번 반복해서 사용 가능하다.

⑤ 거는 수염

망수염 제작방법으로 만들어 귀에 거는 방법의 수염이다.

(2) 공연용 가발

① 전체 가발

가발 디자인이 완벽하게 만들어져 있어서 두상 전체에 덮어쓰는 가발 공연에 많이 쓰이는 이집트 시대 가발, 로코코 시대의 가발 등 국가별 전통머리 가발이 전체 가발인 경우가 많다.

② 부분 가발

머리 길이를 부분적으로 길게 하거나 앞머리 가발을 사용하여 헤어스타일을 연출하는 것이다.

PART 8 미디어 캐릭터 및 무대 공연 캐릭터 메이크업

③ 대머리 가발

완전히 머리카락이 없는 대머리 가발이나 부분 대머리 가발 등이 있다.

④ 시대별 가발

이집트 시대, 바로크 시대, 로코코 시대 등의 가발

⑤ 국가별 가발

우리나라의 상투, 쪽머리, 댕기머리, 일본 가부키 가발, 중국 변발 가발, 남미 인디언 가발, 아프리카 가발 등

PART 09 공중위생관리

Chapter 01 ▶ 공중보건

[공중보건 기초]

① 공중보건학의 개념

(1) 정의

① 세계보건기구(WHO)의 정의

질병을 예방하고 건강을 유지·증진하며 육체적·정신적 능력을 충분히 발휘할 수 있게 하기 위한 과학이며, 그 지식을 사회의 조직적 노력에 의해서 사람들에게 적용하는 기술이다.

② 윈슬로(C. E. A Winslow)의 정의

'조직적인 지역사회의 노력을 통하여 질병을 예방하고 생명을 연장시키며, 신체적·정신적 효율을 증진시키는 기술이며 과학이다'라고 정의하였다.

(2) 공중보건의 범위와 필요성

① 공중보건의 범위는 인간 집단인 지역사회 전 주민이 대상이 된다.

② 공중보건학의 범위도 감염병 예방학, 환경위생학, 산업보건학, 식품위생학, 모자보건학, 정신보건학, 보건통계학, 학교보건학 등으로 확대하여 다루어져야 한다.

(3) 공중보건의 수준평가

① 보건 수준의 지표항목 : 영아사망률(가장 대표적 지표), 평균수명, 비례사망지수, 조사망률(보통사망률), 모성사망률, 질병이환률, 사인별 사망률, 일반사망률 등

② 세계 보건기구(WHO)의 보건수준의 건강 지표 항목 : 평균수명, 조사망률, 비례사망지수

② 건강과 질병

(1) 건강에 대한 세계보건기구의 정의

건강이란 단순히 질병이나 허약 상태만을 의미하는 것이 아니라 정신적, 육체적, 사회적으로 모두 완전한 상태에 놓여있는 것이다.

(2) 건강의 3요소

① 환경 : 공기, 물 등의 자연환경은 인간의 생활에 결정적인 요소이다. 깨끗한 공기와 물을 섭취하면서 생활하면 자연히 건강을 유지할 수 있다.

② 유전 : 선대로부터 물려받은 유전요인에 의한 것으로 미래 의학에서는 유전에 의한 질병도 완치할 수 있게 될 것이다.

③ 개인의 행동 및 습관 : 음주, 흡연, 운동 부족 등 기타 여러 개인적인 행동과 습관은 본인도 모르게 질병에 노출되게 한다.

③ 인구보건 및 보건 지표

(1) 인구보건

지역사회나 국민들의 건강 수준을 인식하고 평가하는 것이 쉬운 일은 아니나, 일반적으로 한 지역이나 국가보건 수준을 나타내는 자료로 영아사망률과 평균사망률을 들 수 있다.

(2) 보건지표

① 평균수명 : 1년 사이에 사망한 사람의 모든 나이를 합하여 이를 사망한 사람의 수로 나눈 수이다.

② 영아사망률 : 연간 태어난 출생아 1,000명 중에 만 1세 미만에 사망한 영아 수의 천분비로서, 건강 수준이 향상되면 영아사망률이 감소하므로 국민보건상태의 측정 지표로 널리 사용된다.

③ 비례사망지수 : 1년 동안 사망한 전체 인구 수 가운데 특정한 연령(50세 이상)의 사망 비율이며, 연간 총 사망자 수에 대한 50세 이상의 사망자 수를 퍼센트(%)로 표시한 지수이다. 비례사망지수(PMI) 값이 높을수록 건강수준이 좋음을 의미한다.

$$비례사망지수 = \frac{그\ 해\ 50세\ 이상\ 사망자\ 수}{일년\ 동안의\ 총\ 사망자\ 수} \times 100$$

[질병관리]

① 역학

질병 발생에 대한 원인과 과정, 결과를 기술적, 분석적, 실험적으로 연구하여 질병을 예방하고 근절하기 위한 학문이다.

① 목적 : 질병 발생을 억제, 예방

② 역할 : 질병 발생의 원인 규명, 질병 발생 및 유행의 양상 분석, 자연사 연구, 보건의료 서비스의 기획과 평가, 임상 분야에 기여, 보건 연구전략 개발

② 감염병 관리

(1) 질병 발생의 3요소

① 병인(Etiology) : 질병을 일으키는 직접적인 요인

② 환경(Environment) : 주위의 환경이나 질병 발생에 영향을 미치는 외적요인

③ 숙주(Host) : 병원체의 기생으로 영양 탈취 및 조직 손상을 당하는 사람이나 동물

(2) 감염병 관리

질병 생성 과정은 일반적으로 6개 항목에 걸친다. '병원체 → 병원소 → 병원소로부터 탈출 → 병원체 전파 → 병원체의 신숙주 침입 → 숙주의 감수성(감염)'으로 이루어지는 일련의 연쇄과정으로, 이 중 어느 하나라도 결여·방해·차단되면 감염병은 생성되지 않는다.

PART 9 공중위생관리

1) 병원소
병원체가 생활하고 증식하면서 다른 숙주에 전파시킬 수 있는 상태로 저장되어 있는 장소를 말한다.

① 인간병원소
  ㉠ 현성 감염자 : 환자 및 임상적인 증상을 보이는 사람
  ㉡ 불현성 감염자 : 병원성 미생물이 증식하고 있으나 임상적 증상이 나타나지 않는 사람
  ㉢ 보균자 : 병원체를 갖고 있으나 임상적 증상 없이 병원균을 배출하여 감염원으로 작용하는 감염자로서, 감염병 관리상 중요한 관리 대상

② 보균자의 종류
  ㉠ 건강 보균자 : 감염에 의한 증상이 전혀 없고 건강한 사람과 다름없지만 병원체를 보유하고 있는 자
  ㉡ 회복기 보균자 : 감염병 질환에 걸린 후에 그 임상질환이 소실되었는데도 병원체를 배출하는 자
  ㉢ 잠복기 보균자 : 어떤 감염병 질환의 잠복기간 중에 증상이 없이 병원체를 배출하는 감염자
  ㉣ 만성 보균자 : 병원체를 오랫동안 지속적으로 보유하고 있는 보균자

③ 동물병원소
동물이 병원체를 보유하고 있다가 인간 숙주에게 감염시키는 감염원이다.

보유동물	병명
개	광견병
쥐	발진열, 쯔쯔가무시, 렙토스피라증
소	결핵, 탄저, 살모넬라증
말, 돼지	일본뇌염, 살모넬라증
조류	인플루엔자 바이러스 감염

④ 토양병원소 : 각종 진균의 병원소 예 파상풍

2) 병원체의 탈출
① 호흡기계로 탈출 : 기침, 재채기 등으로 전파 - 폐결핵, 천연두, 홍역, 인플루엔자 등
② 소화기계로 탈출 : 분변, 구토물 등으로 전파 - 콜레라, 이질, 장티푸스, 파라티푸스, 폴리오
③ 비뇨생식기계로 탈출 : 소변, 성기 분비물 등으로 전파 - 성병, 에이즈
④ 개방 병소로의 탈출 : 체표의 농양, 피부의 상처를 통해 전파 - 한센병, 트라코마
⑤ 기계적 탈출 : 곤충의 흡혈, 주사기를 통해 전파 - 말라리아, 발진열, 발진티푸스

3) 전파
① 직접전파 : 중간 매개물 없이 전파(감기, 결핵, 홍역, 피부병)
② 간접전파 : 병원체가 중간 매개물을 통해 새로운 숙주에게 전파 (개달물)
③ 기계적 전파 : 곤충의 표면에 병원체가 묻어서 전파(말라리아)
④ 생물학적 전파 : 곤충 내에 병원체가 들어가 발육 증식 후 숙주에게 전파
⑤ 절지동물에 의한 전파

모기	일본뇌염, 사상충, 황열, 말라리아, 뎅기열
파리	파라티푸스, 이질, 장티푸스, 콜레라, 결핵
벼룩	페스트, 재귀열, 발진열
쥐	유행성 출혈열, 발진열, 서교증, 와일씨병
바퀴	콜레라, 장티푸스, 이질, 소아마비
이	발진티푸스, 재귀열

4) 새로운 숙주 내의 침입
병원체의 탈출 방식과 대체로 일치한다. 주로 호흡기계 감염병은 호흡기계로 침입하며 소화기계 감염병은 경구로 침입하는 등 병원체에 따라 침입 경로가 정해져 있고, 그 경로가 달라지면 감염이 되지 않는다.

5) 숙주의 감염성
병원체가 숙주에 침입하면 반드시 발병하는 것이 아니라 방어작용을 할 수 없을 때 발병이 된다.

(3) 감염병의 예방

1) 면역
① 선천적 면역 : 출생할 때부터 자연적으로 가지는 면역
② 후천적 면역 : 질병이나 예방접종 후 가지는 면역

능동 면역	자연 능동 면역	병원체에 감염된 후 생기는 면역
	인공 능동 면역	예방접종으로 형성, 항원 투입
수동 면역	자연 수동 면역	태아가 모태의 태반이나 수유를 통해 얻은 면역
	인공 수동 면역	면역기 혈청주사를 통해 형성

2) 백신
감염병의 예방 목적으로 사용되는 면역원(항원)이다.

3 법정 감염병

(1) 제1급 감염병(발생 또는 유행 즉시 신고)
① 생물테러감염병 또는 치명률이 높거나 집단 발생의 우려가 큼
② 음압격리와 같은 높은 수준의 격리가 필요함
③ 종류(17종) : 에볼라바이러스병, 마버그열, 라싸열, 크리미안콩고출혈열, 남아메리카출혈열, 리프트밸리열, 두창, 페스트, 탄저, 보툴리눔독소증, 야토병, 신종감염병증후군, 중증급성호흡기증후군(SARS), 중동호흡기증후군(MERS), 동물인플루엔자인체감염증, 신종인플루엔자, 디프테리아

(2) 제2급 감염병(발생 또는 유행 시 24시간 이내에 신고)
① 전파가능성을 고려하여 격리가 필요함
② 종류(20종/21종*) : 결핵, 수두, 홍역, 콜레라, 장티푸스, 파라티푸스, 세균성이질, 장출혈성대장균감염증, A형간염, 백일해, 유행성이하선염, 풍진, 폴리오, 수막구균 감염증, b형헤모필루스인플루엔자, 폐렴구균 감염증, 한센병, 성홍열, 반코마이신내성황

PART 9 공중위생관리

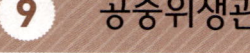

색포도알균(VRSA) 감염증, 카바페넴내성장내세균속균종(CRE) 감염증, *E형간염
* 시행 예정 : 2020.7.1.

(3) 제3급 감염병(발생 또는 유행 시 24시간 이내에 신고)
① 발생을 계속 감시할 필요가 있음
② 종류(26종) : 파상풍, B형간염, 일본뇌염, C형간염, 말라리아, 레지오넬라증, 비브리오패혈증, 발진티푸스, 발진열, 쯔쯔가무시증, 렙토스피라증, 브루셀라증, 공수병, 신증후군출혈열, 후천성면역결핍증(AIDS), 크로이츠펠트-야콥병(CJD) 및 변종크로이츠펠트-야콥병(vCJD), 황열, 뎅기열, 큐열, 웨스트나일열, 라임병, 진드기매개뇌염, 유비저, 치쿤구니야열, 중증열성혈소판감소증후군(SFTS), 지카바이러스 감염증

(4) 제4급 감염병(7일 이내에 신고)
① 제1급~제3급 감염병까지의 감염병 외에 유행 여부를 조사하기 위하여 표본감시 활동이 필요한 감염병
② 종류(23종) : 인플루엔자, 매독, 회충증, 편충증, 요충증, 간흡충증, 폐흡충증, 장흡충증, 수족구병, 임질, 클라미디아감염증, 연성하감, 성기단순포진, 첨규콘딜롬, 반코마이신내성장알균(VRE) 감염증, 메티실린내성황색포도알균(MRSA) 감염증, 다제내성녹농균(MRPA) 감염증, 다제내성아시네토박터바우마니균(MRAB) 감염증, 장관감염증, 급성호흡기감염증, 해외유입기생충감염증, 엔테로바이러스감염증, 사람유두종바이러스 감염증

(5) 기생충 감염병
기생충에 감염되어 발생하는 감염병 중 보건복지부장관이 고시하는 감염병

4 기생충 질환 관리

(1) 기생충
생체에 붙어서 일시적 또는 지속적으로 영양을 섭취하면서 생활하고 있는 동물류이며, 숙주에 기생하므로 숙주에 이상증세를 보인다.
① 기생충 질환의 원인
  ㉠ 불량한 환경과 비과학적 식습관
  ㉡ 비위생적인 일상생활
  ㉢ 청결하지 못한 환경
  ㉣ 식습관의 불균형과 분변의 비료화
  ㉤ 경제적 조건과 밀접한 관계
② 침입 경로 : 피부와 입을 통하여 인체에 침입
③ 기생충 질환의 예방
  ㉠ 정기적으로 구충약 복용
  ㉡ 육류, 어패류는 날것으로 섭취 금지
  ㉢ 채소, 과일은 흐르는 물로 세척
  ㉣ 분변을 청결하게 처리
  ㉤ 유행 지역의 역학적 조사와 적극적인 관리 필요

(2) 기생충의 종류

1) 선충류
① 회충 : 우리나라에서 가장 높은 감염률을 보이며, 파리를 매개로 한 음식물의 오염으로 경구 침입한다. 위에서 부화하여 심장, 폐포, 기관지, 식도를 거쳐 소장에 정착하여 기생한다. 감염 75일이면 성충이 되어 산란한다. 증상은 권태, 복통, 구토, 발열 등이다.
② 구충 : 감염률이 가장 낮고 경피 침입이며 십이지장충, 아메리카구충 등이 있다. 증상은 구진, 기침, 가래 등이다.
③ 요충 : 집단감염, 소아감염이 잘 되는 기생충으로 인구밀집지역에 많이 분포된다. 45일 전후면 항문 주위에 나와 산란 후 전파된다. 증상은 피부염, 피부 발적, 항문 소양증 등이다
④ 편충 : 토양, 음식물의 오염 등으로 경구 침입해 대장에 기생한다. 증상은 불면증, 담마진, 설사, 복통, 빈혈 등이다.
⑤ 말레이사상충 : 상피병이라 불리며 인도, 말레이시아 등 특정 지역에 국한되어 유행한다. 림프관과 림프선에 기생하고 모기를 통해 전파된다. 증상은 근육통, 고열, 림프관염 등이다.

2) 흡충류
① 간흡충 : 쇠우렁이(제1중간숙주) → 민물고기(제2중간숙주)
② 폐흡충 : 다슬기(제1중간숙주) → 게, 가재(제2중간숙주)
③ 요코가와흡충 : 다슬기, 은어 등으로 경구 침입하며 소장에 기생

3) 조충류
① 유구조충(갈고리촌충) : 돼지고기 생식으로 감염되며 ㅅ장에 기생
② 무구조충(민촌충) : 쇠고기 생식으로 감염
③ 광절열두조충(긴촌충) : 연어, 송어 등으로 침입하며 소장에 기생

4) 원충류
① 이질 아메바증 : 분변을 사용한 식품에 의한 경구적 감염
② 질 트리코모나스증 : 불결한 성행위, 목욕탕, 변기, 타월을 통해서 감염

5 성인병 관리
성인병은 중년 이후에 주로 발생하는 병명의 총칭으로 당뇨, 고혈압 등이 있다.
① 올바른 생활 습관 : 균형 잡힌 규칙적인 식사, 충분한 수면, 적절한 운동, 금연, 금주, 스트레스 관리
② 질병 예방 : 상담, 예방, 화학적 예방 등

6 정신보건

(1) 정신
① 사고나 감정의 작용을 다스리는 인간의 마음이다.
② 대뇌 기능 이상의 것을 의미하는 것으로 사람의 정서 상태와 다른 사람과의 관계, 사회문화적 맥락 내에서 평행이라고 부를 수 있는 아주 일반적인 자질이다.

(2) 정신건강
① 능력을 최대한으로 발휘하고 환경에 대한 적응력을 가지며 독립

PART 9 공중위생관리

적, 건설적, 자주적으로 생활을 처리해 나가는 능력으로 신체적, 심리적, 사회적, 도덕적 측면의 조화가 바탕이 되어야 한다.
② 정신적 안녕과 함께 신체적·사회적·도덕적 건강의 개념을 모두 내포한다.

7 이·미용 안전사고

(1) 안전사고 예방법
① 작업장 환경 및 도구의 철저한 위생, 소독 처리를 한다.
② 이·미용인들의 감염 방지를 위한 기본 상식을 습득한다.
③ 올바른 청소, 세탁방법으로 세균 감염을 예방한다.
④ 적절한 소독으로 세균 감염을 예방한다.
⑤ 작업 시 일회용 장갑과 시술 도구를 소독한다.
⑥ 예방 접종을 철저히 한다.
⑦ 전열기에 대한 점검과 안전 상태를 점검한다.
⑧ 화재에 대한 예방책과 소방기구를 구비한다.
⑨ 주기적으로 안전사고에 대한 교육을 실시한다.

[가족 및 노인보건]

1 모자보건

모자보건은 모체 및 영·유아의 건강을 유지, 증진시키는 것이다.
① 모자보건의 3대 사업 목표 : 산전관리, 산욕관리, 분만관리
② 모성사망의 주요 원인 : 임신중독증, 유산, 조산, 사산, 출산 전후의 출혈, 산욕열 등
③ 여성과 연소근로자의 보호 : 사용자는 임산부와 18세 미만자는 유해·위험 사업, 갱내 근로를 금지하고, 15세 미만자는 근로자로 고용하지 못한다.
④ 영·유아보건 : 우리나라 영·유아 사망의 3대 원인 - 폐렴, 장티푸스, 위병

2 노인보건

(1) 노인보건의 개념
노인(65세 이상)이란 신체적·정신적으로 기능이 쇠퇴하고 자기유지 기능과 사회적 역할의 기능이 약화되고 있는 사람을 말한다.
① 노인문제 : 노인의 평균수명 연장으로 질병과 장애 발병률이 높아져 의료비 지출이 많아지는 반면, 소득 감소 등의 경제적인 문제와 사회적인 소외의 문제가 발생한다.
② 해결방안 : 의료지원, 사회복지, 사회활동 지원
③ 노인보건의 필요성
  ㉠ 고령화 사회로 진입하면서 노인 질환 급증
  ㉡ 국민 총 의료비 지출의 증가
  ㉢ 노인성 질환 예방과 비용 절감에 대한 제도적 장치 필요

(2) 대표적인 노인성 질병과 예방
① 당뇨병
  ㉠ 인슐린 분비 조절 기능의 저하로 인한 대사장애로 합병증을 동반하는 질병이다.
  ㉡ 영양 부족과 불균형, 운동 부족으로 인하여 최근에는 노인뿐 아니라 아동에게도 증상이 나타나고 있다.
② 고혈압 : 대표적인 성인병으로 고염분, 고칼로리 식단, 흡연, 음주, 정신적·육체적 스트레스와 과로가 원인이다.
③ 동맥경화증 : 노년기 혈관성 질환으로 혈관이 막히거나 혈관 응괴를 형성하여 혈압을 상승시키며 신장에도 무리를 준다.
④ 뇌졸중 : 고혈압이나 동맥경화 질환의 합병증으로 발생하며 운동 상태 마비와 의식장애를 일으킨다.
⑤ 치매
  ㉠ 뇌의 신경세포가 대부분 손상되어 장애가 생기는 대표적인 신경정신계 질환으로, 나이가 들면서 발생할 확률이 높아진다.
  ㉡ 3대 주요 치매 : 알츠하이머(원발성, 퇴행성 치매), 뇌혈관성 치매, 루이체 치매
  ㉢ 그 외 주요 원인 질환 : 전두엽 치매, 알코올성 치매 등

[환경보건]

1 환경위생의 개념

(1) 환경위생의 개념
세계보건기구(WHO)의 환경위생전문위원회(ECES)에서는 '환경위생이란 인체의 신체 발육과 건강, 생존에 유해한 작용을 미치거나 영향을 미칠 수 있는 물질적인 환경에 대한 모든 요소를 관리하는 것'이라고 정의하였다.

(2) 환경위생의 범위
① 자연적 환경
  ㉠ 물리·화학적 환경 : 공기, 광선, 기후, 물, 토양, 소리 등
  ㉡ 생물학적 환경 : 곤충, 병원 미생물, 해충 등
② 사회적 환경
  ㉠ 인위적 환경 : 위생 시설, 의복, 주택 등
  ㉡ 문화적 환경 : 경제, 정치, 종교, 교육 등

2 대기 환경

(1) 공기의 정의
지구를 둘러싸고 있는 대기의 하부층을 구성하는 기체로 인간 생명을 유지하기 위한 중요한 요소이다.

(2) 공기의 자정 작용
① 희석작용 : 공기의 확산
② 세정작용 : 강우, 강설(공기의 용해성 가스, 부유 분진 제거)
③ 산화작용 : 산소, 오존, 과산화수소
④ 살균작용 : 자외선
⑤ 교환작용 : 탄소 동화작용에 의한 산소와 이산화탄소의 교환

(3) 공기의 구성
1) 산소(O_2)
① 대기 중에 약 21% 정도 함유되어 있다.
② 대기 중 산소 농도

PART 9 공중위생관리

ⓐ 15~50% 범위이면 생존 가능
ⓑ 10% 이하 : 저산소증, 호흡곤란, 두통, 현기증, 구토 등
ⓒ 7% 이하 : 생명의 위협
ⓓ 고농도의 산소에서는 산소 중독증에 걸릴 수 있다.

2) 질소(N_2)
① 공기의 3분의 2를 차지하며 대기 중의 질소 농도는 약 78% 정도이다.
② 생리적으로는 비독성 가스이지만 고압에서는 마취 현상이 나타난다.
③ 3기압에서는 자극작용, 4기압 이상에서는 중추신경계 마비 증상, 10기압 이상에서는 의식불명이 나타날 수 있다.
④ 고압에서 급격하게 압력이 낮아지면 모세혈관에 혈전이 나타나는데, 이것을 감압병 또는 잠함병이라 한다.

3) 이산화탄소(CO_2)
① 공기보다 약간 무거운 무색, 무취, 무미의 무독성 가스이다.
② 실내공기 오염의 지표가 되며, 0.1%가 상한량이다.
③ 소화제, 청량음료 등에 사용한다.
④ 3% 이하 시 호흡촉진, 8% 시 호흡곤란, 10% 이상에서는 질식을 유발한다.
⑤ 지구 온난화의 주된 원인이다.
⑥ 암모니아, 염소 등 유기물의 원인 물질이 되어 군집독을 발생시킬 수 있다.
⑦ 실내 환기가 불량하면 이산화탄소와 온도, 습도가 증가하여 무덥다.

(4) 대기의 유해성분

1) 일산화탄소(CO)
① 유기물의 불완전 연소로 발생하며, 공기보다 가볍고 연소 초기와 불이 꺼질 때 많이 발생한다.
② 무색, 무취, 무미의 맹독성 기체이다.
③ 호흡기를 통해 혈중에 흡입되면 헤모글로빈(적혈구)과의 친화성이 산소의 200~300배에 이른다.
④ 일산화탄소 중독 시에는 두통, 현기증, 감각마비 현상이 나타난다. 또한 산소와 헤모글로빈의 결합을 방해하여 세포 및 조직에서 산소 부족이 나타나면서 신경기능장애, 의식장애가 발생한다.
⑤ 일산화탄소의 허용한도는 4시간 기준 400ppm, 8시간 기준 100ppm이고, 1,000ppm이 되면 생명에 위험을 준다.

2) 아황산가스(SO_2)
① 대기오염의 기준으로 삼는다.
② 자동차 배기가스, 중유연소, 공장 매연 등에 의해 발생하며 도시 공해의 원인이 된다.
③ 금속을 부식시키고 기침, 호흡곤란 등을 비롯해 자극이 강해 눈, 폐 등에 만성염증을 발생시킨다. 또한 심폐질환, 합병증을 일으킬 수 있다.
④ 아황산가스의 허용 한도는 0.05ppm이다.

> **tip**
> **군집독**
> 실내 환기가 불완전한 곳에 여러 사람이 밀집되면서 공기오염으로 인한 불쾌감, 두통, 현기증, 구토, 식욕 저하 등의 증세가 발생하는 것을 말한다.

3 수질 환경
물은 인체의 60~70%를 구성하기 때문에 생명 유지에 필수적인 성분으로, 인체 수분량의 20%가 상실되면 목숨에 위험을 준다.

(1) 물의 기능
① 체조직의 구성 성분이다.
② 영양소와 노폐물을 운반한다.
③ 가수분해를 돕는다.
④ 전해질 균형을 유지한다.
⑤ 체온 조절, 호흡, 순환을 유지한다.

(2) 물의 조건
① 무색, 무취, 무미
② 수인성 감염병의 원인이 되는 대장균 등 각종 세균이 기준치 이내여야 한다.
③ 건강에 유익한 미량의 미네랄이 균형 있게 함유되어야 한다.
④ 물의 산도(pH)가 약알칼리성이어야 한다.
⑤ 산소가 풍부해야 한다.
⑥ 물의 종류

경수(센물)	칼슘과 마그네슘의 양이 많고 물이 미끄러우며, 비누가 잘 풀리지 않아서 거품이 나지 않는다. 例 해수, 지하수, 우물물
연수(단물)	칼슘과 마그네슘의 양이 적고, 비누가 잘 풀리고 거품이 잘 나며 세탁이 용이하다. 例 빗물, 증류수, 수돗물

4 주거환경

(1) 주거의 개념
① 주거란 사람이 생활하는 장소 및 그 안에서 이루어지는 일상이다.
② 주거의 역할
  ⓐ 가족생활을 보호·유지하고 재해를 방지하는 기능
  ⓑ 가족의 화목을 도모하며 정서적 만족감을 충족시키는 기능
  ⓒ 가족을 양육하고 보호하는 기능
  ⓓ 휴식, 가사노동의 장소가 되어 지역사회생활의 기반이 되는 기능

(2) 주택의 조건
1) 주택의 대지
① 환경 : 교통이 편리하며, 인근에 공장이 없어 조용하여야 한다.
② 지형 : 남향 또는 동남향, 동서향 10° 이내여야 한다.
③ 지질 : 침투성이 크며 건조해야 하고, 쓰레기 매립지가 아니어야 한다.
④ 지하수위 : 양질의 음용수를 먹을 수 있고 지하수위가 3m 이상인 곳으로 하수 처리가 용이한 곳이어야 한다.

PART 9 공중위생관리

(3) 환기
실내의 공기와 외부의 공기를 교차하여 청정하게 유지하는 것이다.
① 자연환기 : 실내외 온도차는 5℃ 정도, 1시간에 2번 정도 환기가 적당하다.
② 인공환기 : 사람이 많이 모이는 장소의 공기 조정법으로 송풍식 환기법, 배기식 환기법이 있다.

(4) 채광
① 작업장 영역에 대해 실외에서 빛을 받아들여 대상물이 잘 보이도록 하는 것이다.
② 일광에 의해 밝기를 유지한다.
③ 좋은 채광이란 피로감이나 불쾌감을 일으키지 않는 것이다.

(5) 조도
인공광선에 의한 것으로 작업능률이나 시력 등에 영향을 준다.
① 조도 : 어떤 면에 투사되는 광속을 면의 면적으로 나눈 것으로 빛의 밝기 정도를 말한다. 단위는 룩스(lux, 기호는 lx)이며 1룩스는 1촉광(Candle-power)의 빛으로부터 1m 떨어진 거리에서 비치는 빛의 밝기 정도이다.
② 구비조건
  ㉠ 색은 자연색에 가까운 주광색일 것
  ㉡ 빛이 깜박거리지 않고 눈부시지 않을 것
  ㉢ 작업에 따라 충분한 조도가 유지되고 균등하며 취급이 간단할 것
  ㉣ 그림자가 생기지 않으며 폭발이나 화재의 위험이 없을 것
  ㉤ 충분한 수명과 효율이 높을 것
③ 이·미용실에 필요한 조명 : 영업장 안의 조명도는 75룩스(lux) 이상이 좋다.
④ 정밀 작업은 300~1,000Lux, 초정밀 작업은 1,000Lux 이상이 적당하다.

(6) 실내온도
① 난방 : 기온이 10℃ 이하인 경우 난방이 필요하다.
② 냉방 : 기온이 26℃ 이상인 경우 냉방이 필요하다.
③ 실내온도로 쾌적한 온도는 18±2℃이다.

[식품위생과 영양]

1 식품위생의 개념
식품위생이라 함은 식품, 첨가물, 기구 또는 용기, 포장을 대상으로 하는 음식에 관한 위생을 말한다(WHO의 환경위생 전문위원회).

(1) 식품위생의 목적
① 식품으로 인한 위생상의 위해를 방지한다.
② 식품 영양의 질적 향상을 도모한다.
③ 국민보건의 향상과 증진에 기여한다.

(2) 식품위생 관리 3대 요소
① 안전성 : 아무리 영양소가 포함되었다 하더라도 안전성이 없으면 식품의 가치는 떨어진다.
② 완전성 : 영양소가 적절히 포함되어 음식물로서 완전성이 확보되어야 한다.
③ 건전성 : 통상적으로 식품으로 사용되는 건전성이 확보되어야 한다.

(3) 식중독
자연유해물질, 세균, 오염 물질이 경구로 통하여 위장관장애, 신경장애현상을 일으키는 중독성 질병을 식중독이라고 한다.
① 세균성 식중독
  ㉠ 감염형 식중독 : 살모넬라균, 장염비브리오균, 병원성 대장균
  ㉡ 독소형 식중독 : 황색포도상구균, 보툴리누스균, 웰치균
  ㉢ 기타 : 장구균, 캄필로박터균, 알레르기성 식중독
② 자연독 식중독
  ㉠ 식물성 식중독 : 독버섯, 감자, 맥간균 등
  ㉡ 동물성 식중독 : 복어독, 조개류
  ㉢ 곰팡이 : 황변미독, 아플라톡신
③ 화학성 식중독 : 불량 첨가물, 용기, 포장재 유해금속 등에 의한 유해물질

2 영양소
영양이란 생물체가 외부로부터 물, 탄수화물, 단백질, 지방, 무기질 등을 섭취하여 체내 성분을 합성하고, 체내에서 에너지를 만들어 생명을 유지하고 성장시키며 건강을 유지하는 일이다.

(1) 영양소의 기능
① 신체조직의 구성 성분 : 단백질, 지방, 탄수화물, 무기질
② 에너지 공급 : 탄수화물, 지방, 단백질(3대 영양소)
③ 신체 생리기능 조절 : 무기질, 비타민

(2) 영양소의 체내 역할
① 열량소 : 몸의 활동에 필요한 에너지 공급(탄수화물 중 전분 및 각종 당질, 지방, 일부 단백질)
② 구성소 : 몸의 발육을 위해 몸의 조직을 만드는 성분 공급(단백질, 무기질, 물, 일부 탄수화물)
③ 조절소 : 체내 기관이 순조롭게 활동하고 섭취된 영양소가 유효하게 사용되기 위한 보조적 작용(무기질, 비타민류, 물, 아미노산, 지방산)

3 영양상태 판정 및 영양장애

(1) 영양상태 판정

1) 주관적 판정법
의사의 시진이나 촉진 등 임상 증상으로 판정하는 방법이다.

2) 객관적 판정법
① 신체계측에 의한 판정법
  ㉠ Kaup 지수 = $\frac{체중}{신장^2} \times 10^4$ (영·유아기부터 학령 전반까지 적용)
  ㉡ Rohrer 지수 = $\frac{체중}{신장^2} \times 10^7$ (학령기 이후 소아에게 적용)
  ㉢ Broca 지수 = (신장 - 100) × 0.9

PART 9 공중위생관리

ⓐ 비만도(%) = $\dfrac{실측체중 - 표준체중}{표준체중} \times 10^2$

② 이화학적 검사에 의한 판정법 : 혈액검사, 소변검사 등으로 질병 상태나 영양 상태를 판정한다.

③ 간접적 측정법 : 한 지역사회의 영양 상태를 간접적으로 판정하는 방법이다.

(2) 영양장애

1) 영양장애의 정의

영양소의 과량 섭취나 부족으로 발생되는 비만증이나 결핍증 등의 건강장애와 질병 상태를 말한다.

2) 영양장애의 형태

① 영양 상태의 결핍증이란 필요 영양소의 결핍으로 발생되는 병적 상태이다.

② 저영양이란 열량 섭취의 부족 상태이다.

③ 영양실조증이란 영양소의 공급이 질적·양적으로 부족하여 건강하지 못한 상태이다.

④ 기아 상태란 저영양과 영양실조증이 함께 발생한 상태이다.

[보건행정]

1 보건행정의 정의 및 체계

(1) 보건행정의 개념

① 보건행정이란 국민연금법에 의한 행정으로 정부의 책임 하에 보건사업이나 공중보건을 위하여 행하는 모든 보건 관련 행정 활동 및 과정을 말한다.

② 보건행정의 목적은 지역사회 주민의 올바른 건강의식과 행동 변화, 생활환경 개선 등을 통해 질병을 예방하고 건강을 증진하여 수명을 연장하는 것이다.

③ 보건행정은 행정조직을 통하여 보건활동에 관여하며 이를 지원, 지도, 협력 및 교육하는 행정적 활동을 뜻한다.

(2) 보건행정의 특성

① **공공성과 사회성** : 이익추구를 목표로 하는 사행정과 달리, 공공의 복지위생을 위하는 공공성과 사회 구성원 전체의 건강이 목표이므로 사회성을 띤다.

② **봉사성** : 사회 구성원 전체의 행복과 복지 실현을 위해 직접 개입하여 국민의 행복과 복지 실현을 지향하려고 적극적으로 서비스를 제공하는 봉사성이 있다.

③ **교육성과 조장성** : 지역주민을 교육하여 자발적인 참여를 조장하는 교육성과 조장성이 있다.

④ **과학성과 기술성** : 과학과 기술의 발달로 인한 안전한 지식과 기술을 기반으로 행하는 과학행정적 특성과 동시에 기술행정적 특성을 가진다.

(3) 우리나라 보건행정 체계

1) 중앙보건행정조직

① 보건복지부

② 식품의약품안전청

③ 보건복지부 소속기관

2) 지방보건행정조직

① 시·도 보건행정조직

② 시·군·구 보건행정조직

③ 보건소

2 사회보장과 국제 보건기구

(1) 사회보장

소득이 적거나 실업·질병·노쇠·재해 등의 사유로 생활에 불안과 위협을 받고 있는 경우 국가가 최소한의 인간다운 생활을 보장하는 제도이다.

① 사회보험과 공적부조의 비교

구분	사회보험	공직부조
목적	산업재해·노령·실업 등에 따른 미래 사회의 불안에 대처	생활 무능력자의 최저 생활 보장
대상	보험료 부담 능력이 있는 국민	생활 무능력자
비용부담	수혜자 국민, 국가, 기업	국가가 전액 부담
종류	의료보험, 국민연금, 실업보험, 산재보험	생활 보호, 의료 보호, 재해 구호
특징	강제 가입이 원칙, 능력별 부담, 비영리 보험으로 상호부조적 성격이 강함	소득 재분배 효과가 크지만 국가의 재정 부담이 크고, 근로의욕을 상실시킬 우려가 있음

(2) 국제보건기구

① WHO라 하며 1948년 4월 7일 국제 연합의 보건 전문기관으로 정식 발족하였고, 스위스 제네바에 본부를 두고 있다.

② 국제 보건사업의 지도 조정, 회원국 정부의 보건 부문 발전을 위한 원조 제공, 감염병과 풍토병 및 기타 질병 퇴치활동, 보건관계 단체 간의 협력관계를 증진시키는 일을 하고 있다.

Chapter 02 ▶ 소독

[소독의 정의 및 분류]

1 소독관련 용어 정의

① **소독** : 비교적 약한 살균력을 작용시켜 병원 미생물의 성장을 저지하거나 파괴함으로써 감염의 위험성을 제거하는 것이다. 멸균과 같이 아포까지 사멸시키는 것이 아니라 감염력을 없애는 것이다.

② **멸균** : 강한 살균력을 작용시켜 높은 내성을 나타내는 세균의 아포를 비롯해 병원성 및 비병원성 미생물 모두를 사멸시키거나 제거하는 것이다.

③ **방부** : 병원성 미생물의 발육과 생활 작용을 저지하거나 정지시켜서 음식물의 부패나 발효를 방지하는 것이다.

PART 9 공중위생관리

④ 살균 : 세균을 죽이는 성질이며 비가역적 반응을 말한다.
⑤ 세척 : 모든 눈에 보이는 먼지, 얼룩, 이물질을 제거하는 것이다.
⑥ 제부 : 화농창에 소독약을 발라 화농균을 사멸시키는 것이다.
⑦ 청결 : 기구나 사람에게 부적합하게 부착된 이물질을 제거하는 것이며, 소독은 필수과정이다.
⑧ 무균 : 미생물이 존재하지 않는 상태를 말한다.

2 소독기전

(1) 소독의 원리
① 세균이나 바이러스 또는 기생원충을 형성하고 있는 물질은 단백질과 과당이다. 소독의 목적을 이룬다는 것은 병원성 미생물을 활동하지 못하게 하거나 제거하여 감염을 방지하는 것이다.
② 많은 소독법과 소독약은 균체의 성분과 결합하거나 균체의 단백질 성분을 변화시켜서 균의 발육이나 번식을 막아 살아갈 수 없게 만든다.

(2) 소독약의 살균 기전
다음과 같은 살균작용 중에서 둘 이상의 복합작용으로 살균효과를 가지게 된다.
① 균체 단백질의 응고작용 : 석탄산, 승홍, 알코올, 크레졸, 포르말린 등
② 산화작용 : 과산화수소, 과망간산칼륨, 오존, 염소, 표백분 등
③ 가수분해작용 : 생석회, 석회유 등
④ 삼투압의 변화 작용
⑤ 균체 효소계의 침투작용

3 소독법의 분류

(1) 물리적 소독

1) 건열에 의한 소독법
① 건열 멸균법 : 건열을 이용하며 미생물을 산화, 170℃에서 1~2시간 정도 처리하는 방법으로 유리기구, 주사바늘, 유지, 글리세린, 분말 등을 소독한다.
② 화염 멸균법 : 물체를 불꽃에 직접 20초 이상 태워 처리하는 방법으로 금속류, 유리막대, 도자기 등을 소독한다.
③ 소각 소독법 : 물체를 불에 태워 멸균시켜 처리하는 방법으로 오염된 가운, 휴지, 쓰레기 등을 소각하여 처리한다.

2) 습열에 의한 소독법
① 자비 소독법 : 소독할 물품을 100℃ 끓는 물에 15~20분간 처리하는 방법으로 식기류, 도자기류, 주사기, 의류 등을 소독한다.
② 고압 증기 멸균법
  ㉠ 100~135℃ 고온의 수증기로 고압 상태에서 20분간 쐬어 미생물, 포자 및 아포를 형성하는 세균의 멸균에 가장 효과적인 방법이다.
  ㉡ 의류, 이불, 외과용 수술복, 거즈, 통조림 등에 사용된다.
③ 유통 증기 소독법 : 100℃의 유통 증기를 30~60분간 가열하는 방법으로 스팀타월, 도자기류, 유리, 식기류 등을 소독한다.

④ 저온 소독법
  ㉠ 소독할 대상의 영양성분 파괴를 방지한다.
  ㉡ 62~65℃에서 30분간 살균하는 방법으로, 파스퇴르가 고안하였다.
  ㉢ 유제품, 알코올, 건조 과실 등에 사용된다.

3) 자외선
① 자외선 소독
  ㉠ 일반적인 미용(메이크업) 숍에서 수은 램프를 이용하여 많이 사용하며, 소도구 등을 세척한 후 소독기에 넣어 소독하는 방법이다.
  ㉡ 수술실, 무균실, 플라스틱, 음료수 등의 소독에 이용한다.
  ㉢ 용기나 기구 등은 2~3시간 정도 소독한다.
② 일광 소독 : 태양광선의 살균작용을 이용하여 자외선을 통해 소독하는 방법으로 기구, 침구, 의류 등의 소독에 이용되며, 표면 소독용이다.

4) 건조 소독 : 소독력이 약하고 긴 시간이 필요한 소독법으로 저항력이 약한 균만 사멸된다.

5) 여과법
① 혈청, 백신, 특수한 약품 등을 열이나 화학약품을 사용하지 않고 여과기를 통해 세균을 제거하는 것으로, 열에 불안정한 액체의 멸균법이다.
② 바이러스는 걸러지지 않는다.

6) 초음파 소독
① 초음파 기기를 10분 정도 이용해 세균을 파괴하는 방법이다.
② 초음파에 가장 민감한 세균은 나선상균이다.

(2) 화학적 소독(약품을 사용하여 소독)

1) 알코올(에탄올)
① 70% 알코올은 손, 피부, 경미한 찰과상, 영양형 세포에는 살균작용을 하지만 세균포자, 사상균에는 효과가 없으며 방부제(안티셉틱)로 사용되고 있다.
② 대중적으로 가장 많이 이용되지만 휘발성이 강한 단점이 있다.

2) 과산화수소수
① 무색, 투명하여 냄새가 없다.
② 미생물 살균 소독약제로 3%의 수용액을 사용하여, 아포가 없는 무포자균을 빠른 시간에 살균할 수 있다.
③ 자극성이 적어 창상 부위 소독이나 구내염에 이용된다.
④ 표백제 및 모발의 탈색제로 이용되기도 한다.

3) 포르말린
① 독성이 강하여 아포에 대해서도 강한 살균효과가 있다.
② 눈, 코, 기도를 손상시키고 장기간 노출 시 만성기관지염 등을 유발하기도 한다.
③ 25% 용액(10분 이상)과 10% 용액(20분 이상)은 멸균제로, 5% 용액은 방부제(안티셉틱)로 사용되고 있다.

④ 오랫동안 건조 위생기의 소독제로 사용했으나 발암성분인 포름알데히드를 37~40% 정도 함유하고 있어 취급에 주의가 필요하다.
⑤ 숍에서 사용하기에는 안전하지 않다.

4) 포름알데히드
① 낮은 농도에서 살균작용이 있어 넓은 내부 소독까지 가능하다.
② 실내 소독, 서적, 종이제품 소독에 사용된다.
③ 지용성이며 단백질 응고작용이 있다.
④ 피부 사용에는 부적합하고 소독제로서 유일한 가스체이다.
⑤ 자극성이 강하고 냄새가 심해 점막을 자극한다.

5) 페놀 화합물(석탄산)
① 소독에 사용되는 석탄산은 3~5%의 수용액이다.
② 객담, 용기, 오물, 토사물, 고무, 빗, 솔 등의 소독에 사용된다.
③ 온도 상승에 따라 살균력도 증가하며 소독약의 살균지표로 사용되고 있다.
④ 석탄산 계수 = $\dfrac{\text{소독약의 희석배수}}{\text{석탄산의 희석배수}}$

살균력의 지표이며 살균력을 비교하기 위하여 쓰인다.

6) 크레졸
① 수지, 피부에 1~2% 크레졸수를 이용한다.
② 3%의 크레졸수는 객담, 의류, 침구 커버, 손, 브러시, 가죽, 하수구, 실내가구 등의 소독에 사용된다.
③ 석탄산보다 2~3배 높은 살균력이 있어 세균 소독에 효과가 크고 독성이 비교적 적다.

7) 승홍수(염화제2수은)
① 맹독성이므로 취급이나 보존에 유의해야 한다.
② 살균력과 독성이 강하고 단백질을 응고시키며 여러 균에 효과가 있다.
③ 소량으로 소독이 가능하며 비용이 저렴하다.
④ 단점은 금속을 부식시키며 독성이 매우 강하다.

8) 생석회(산화칼슘)
① 산화칼슘을 98% 이상 포함한다.
② 냄새가 없는 백색의 덩어리로 값이 저렴하다.
③ 습기 찬 장소를 소독할 때는 가루를 직접 뿌린다.
④ 재래식 화장실, 하수도 등 넓은 장소의 대량 소독에 사용된다.

9) 역성비누(양성비누)
① 주로 세정작용을 하나 약한 살균효과가 있다.
② 손 소독에 사용하며 냄새와 자극성, 독성이 없어 식품 소독에 이용된다.
③ 피부, 수지 등의 세정·소독에 사용된다.

10) 머큐로크롬
① 냄새와 부작용이 적다.
② 피부 상처에 사용되며 일반적으로 빨간약이라 부르기도 한다.
③ 세균, 아포, 바이러스에 강한 효력이 있다.
④ 금속을 부식시키며 일광 유기체에 분해된다.

11) 과망간산칼륨
0.1~0.5%의 수용액으로 요도 소독, 기타 창상 세척제로도 사용된다.

4 소독인자

(1) 소독의 조건
① 모든 병원 미생물에 대해서 미량으로도 효과를 나타내야 한다.
② 속효를 나타내야 한다.
③ 소독할 물품의 부식성이나 표백성이 없어야 한다.
④ 인체에 무해해야 한다.
⑤ 용해성이 높으며 화학적으로 안정적이어야 한다.
⑥ 착색하지 않고 냄새가 없어야 한다.
⑦ 경제적이고 사용방법이 용이해야 한다.
⑧ 불쾌한 냄새가 없어야 한다.

(2) 소독제의 조건
① 살균, 소독효과가 뛰어나야 한다.
② 환경요인에 영향을 받지 않아야 한다.
③ 세척에 의해 쉽게 제거되어 잔류되지 않아야 한다.
④ 독성과 악취가 없어야 한다.
⑤ 적당한 용해도를 가져야 한다.
⑥ 고농도 상태로도 안정되어 희석해서 사용할 수 있어야 한다.
⑦ 인체에 무해해야 한다.
⑧ 광범위한 살균효과를 발휘해야 한다.
⑨ 소독 대상물이 손상되지 않아야 한다.
⑩ 가격이 저렴해야 한다.

[미생물 총론]

1 미생물의 정의
미생물은 육안으로 인식할 수 없는 작은 생물의 총칭으로 세균, 곰팡이, 원생동물, 바이러스 등이 포함된다.

2 미생물의 분류

(1) 세포
생물체를 이루는 기본 단위로 세포막, 세포핵, 세포질 유무에 따라 진핵세포와 원핵세포로 나뉜다.
① 진핵세포
  ㉠ 진짜 핵을 가진 세포라는 의미로 고등 동식물의 구성세포처럼 고도로 진화된 구조를 가진 세포이며, 진핵세포로 이루어진 미생물을 진핵생물이라 한다.
  ㉡ 동식물, 원생생물, 균류, 진균, 조류 등이 진핵생물이다.
  ㉢ 원핵세포보다 세포의 크기가 크고 핵막으로 둘러싸인 핵이 존재하여 세포질과 구분된다.
  ㉣ 세포질 내부에는 다양한 세포소기관들이 있으며 각각 분화된 기능을 갖고 있다.

PART 9 공중위생관리

② 원핵세포
  ㉠ 진핵세포처럼 분화되어 있지 않아 세포소기관이 존재하지 않은 세포이다.
  ㉡ 원핵세포로 이뤄진 원핵생물은 대부분 단세포이며, 핵막이 없는 등 구조가 매우 간단하다.
  ㉢ 핵막이 없어서 유전물질이 세포질 내에 존재한다.
  ㉣ 소포체, 골지체, 미토콘드리아 등의 세포소기관이 존재하지 않는다.
  ㉤ 세포의 외형을 유지하는 세포 골격이 없어 세포의 모양을 바꿀 수 없다.

(2) 병원성과 비병원성 미생물
① 병원성 미생물 : 앵무병의 병원체, 트라코마 병원체를 대표로 하는 편성 기생충 미생물이다.
② 비병원성 미생물 : 병원성이 없는 미생물로 유산균, 효모, 곰팡이류가 이에 속한다.
③ 유용 미생물 : 발효균, 유산균, 효모균 등을 말한다.

3 미생물의 증식

(1) 미생물의 증식환경
① 물 : 미생물은 약 90%가 수분으로 이루어져 있고, 미생물의 성장과 증식에 반드시 필요하다.
② 산소 : 산소의 농도에 따라 호기성균, 혐기성균, 통성 혐기성균으로 분류할 수 있다.
  ㉠ 호기성균 : 결핵균, 디프테리아, 백일해, 녹농균
  ㉡ 혐기성균 : 파상풍균, 보툴리누스균
  ㉢ 통성 혐기성균 : 포도상구균, 대장균, 살모넬라균
③ 온도 : 미생물의 증식과 사멸에 가장 중요한 요소이며 미생물 증식기에 필요한 최적의 발육온도는 28~38℃이다. 온도에 따라 저온균, 중온균, 고온균으로 분류된다.
④ 수소이온농도 : pH 6.5~7.5(중성 또는 약알칼리성)에서 미생물의 발육이 가장 잘 된다.
⑤ 삼투압 : 미생물은 단단한 세포막으로 둘러싸여 있으며, 세포막 내부에 침투농도와 이온농도를 조절하는 능력이 있다.
⑥ 영양원 : 미생물이 발육하기 위해서는 에너지가 필요한데, 에너지를 얻기 위해 필요한 물질을 영양소라고 한다.

[병원성 미생물]

1 병원성 미생물의 분류
몸속에 들어가 병적 반응을 일으키는 것으로 포도상구균, 폐렴구균, 결핵균 등의 세균과 뇌염, 광견병 등의 원인이 되는 바이러스, 이질 아메바, 말라리아 원충 등이 있다.

2 병원성 미생물의 특성

(1) 세균(Bacteria)
일반적으로 세균류는 견고한 세포벽과 세포막으로 둘러싸인 단세포이며 세포기관의 발달 및 분화를 볼 수 없다. 핵막, 미토콘드리아가 없으며 이분법에 의한 증식을 한다. 종류로는 황색포도상구균, 용혈성 연쇄상구균, 장구균, 폐렴구균, 수막염균, 임균, 탄저균, 디프테리아균, 결핵균, 나균, 한센균, 대장균, 장티푸스균, 이질균, 폐렴간균, 콜레라균 등이 있다.
① 구균(Cocci) : 세균의 형태가 구슬처럼 둥근 형태이다.
  ㉠ 포도상구균(Staphylococcus) : 종양이나 종기에서 발견된다.
  ㉡ 연쇄상구균(Streptococcus) : 열, 두통, 피로감과 같은 증세를 나타낸다.
  ㉢ 쌍구균(Diplococus) : 두 개의 쌍으로 구성되며 폐렴을 유발한다.
② 간균(Bacilli)
  ㉠ 세균의 형태가 막대 모양처럼 가늘고 짧은 형태이다.
  ㉡ 모양과 길이가 다양하고 양 끝의 크기도 일정하지 않다.
  ㉢ 결핵, 파상풍의 원인이다.
③ 나선균(Spirillum)
  ㉠ S자 형태의 곡선이나 나선 모양이며 몇 개의 집단을 이루기도 한다.
  ㉡ 콜레라, 매독의 원인이다.

(2) 바이러스(Virus)
① 가장 크기가 작은 미생물로 생세포에 기생하여 증식하는 여과성 병원체이다.
② 자가 증식한다.
③ DNA와 RNA 중 하나를 유전체로 가지며 감염 세포의 생세포 내에서만 증식이 가능하다.
④ 예방접종을 하거나 감염원을 피하여 예방하는 것이 최선의 방법이다.
⑤ 감염증으로는 일본뇌염, 유행성 이하선염, 홍역, 폴리오, 두창, 풍진, 유행성 간염, 광견병, 황열, B형 간염, 유행성 출혈열, AIDS 등이 있다.

(3) 리케차(Rickettsia)
① 병원체를 연구하던 중 감염되어 쓰러진 미국의 병리학자 H. T. 리케츠(Howard Taylor Ricketts)의 이름에서 유래한 것이다.
② 일반 세균과는 달리 세포 내에서만 증식이 가능하고 인공배지에서는 증식하지 못한다는 점에서는 바이러스에 가깝다.
③ 세균과는 달리 항균 물질에 대한 감수성이 없다.
④ 세균과 바이러스의 중간에 속하는 미생물로 보통 세균보다 작다.
⑤ 감염증으로는 유행성 발진티푸스, 발진열, 로키산홍반열, 쯔쯔가무시병, 선열 등이 있다.
⑥ 벼룩, 진드기, 이 등이 옮기는 병균이다.

(4) 진균(Fungi)
① 진핵세포를 보유하고 있는 미생물의 일종으로 효모, 사상균 및 버섯 등이 포함되어 분열균류, 점균류와 함께 구성되어 있다.

② 대부분의 경우 사상으로 분지하는 균사체를 형성한다.

③ 균류의 성장 온도는 25℃이지만 병원성 진균은 예외로 인체의 온도와 비슷한 37℃에서 잘 증식한다.

④ 적정 pH는 5~6의 약산성으로 호기성이며, 산소의 유무와 관계 없이 증식이 가능하다.

⑤ 진균은 크게 효모, 누룩곰팡이, 버섯의 담자균으로 나뉜다.

⑥ 사람에게 질병을 일으키는 병원성 진균은 무좀, 진균증 등의 피부병이다.

(5) 기생충(Parasite)

① 기생이란 자연계에서 어떤 생물이 다른 생물의 체표면이나 체내에서 영양분을 섭취하는 상태를 말한다.

② 기생 생물이 동물에 기생하는 경우를 기생충, 기생된 동물을 숙주, 이런 생활현상을 기생생활이라고 한다. 이런 생활현상에 의해 숙주에게서 질병이 일어났을 때 기생충 질환이라 한다.

③ 기생충이 숙주에 침입하는 방법으로는 흙, 물, 채소와 과실 및 동물 등을 매개체로 하여 침입하는 간접전파 방법과 매개체를 이용하지 않고 한 숙주에서 다른 숙주에게로 직접 전파하는 직접전파 방법이 있다.

④ 회충, 요충, 편충, 십이지장충, 말라리아 등이 있다.

(6) 클라미디아(Chlamydia)

① 트라코마 결막 감염 병원체를 대표로 하는 편성 기생충인 미생물이다.

② 세포의 액포 안에서 증식하고 세포질에 들어가지는 않는다.

③ 재감염이 일어난다.

④ 리케차와 가까운 미생물로 나누어진다.

⑤ 감염증은 앵무새병, 서혜림프 육아종, 트라코마, 비임균성 요도염 등이 있다.

[소독방법]

❶ 소독 도구 및 기기

(1) 미용기구의 소독기준 및 방법(법 제5조)

① 자외선 소독 : 1㎠당 85㎼ 이상의 자외선을 20분 이상 쬐어준다.

② 건열 멸균 소독 : 건열 멸균기를 이용하여 150~170℃에서 1~2시간 멸균하는 방법이다.

③ 증기 소독 : 섭씨 100℃ 이상의 습한 열에 30~60분간 살균한다.

④ 열탕 소독 : 섭씨 100℃ 이상의 물속에 10분 이상 끓여준다.

⑤ 석탄산수 소독 : 석탄산수(석탄산 3%, 물 97%의 수용액)에 10분 이상 담가둔다.

⑥ 크레졸 소독 : 크레졸수(크레졸 3%, 물 97%의 수용액)에 10분 이상 담가둔다.

⑦ 에탄올 소독 : 에탄올 수용액(에탄올이 70%인 수용액)에 10분 이상 담가두거나 에탄올 수용액을 머금은 면 또는 거즈로 기구의 표면을 닦아준다.

❷ 소독 시 유의사항

(1) 효과적인 소독을 위한 조건

① 소독할 물건과 소독제 사이에 충분한 접촉면이 있도록 한다.

② 일반적으로 가열 소독할 때는 건열보다 습열이 더 효과적이며, 무수 알코올보다는 70% 알코올 정도의 유수 알코올이 살균력이 더 높다.

③ 소독제에 따라 정해진 농도와 시간을 지켜야 하며, 온도가 일정한 경우 농도가 짙어질수록 살균에 요하는 시간이 짧아진다.

④ 살균작용을 위해 적절한 소독 온도를 유지한다.

　㉠ 저온 살균법 : 63℃(또는 61~63℃)에서 30분

　㉡ 고온 살균법 : 71℃에서 15초

　㉢ 초고온 살균법 : 120~150℃에서 2초간

⑤ 소독하고자 하는 목적에 맞는 소독제를 선정한다.

❸ 대상별 살균력 평가

(1) 농도 표시법

① 퍼센트(백분율, %) : $\dfrac{용질량(소독약)}{용액량(희석량)} \times 100$

② 퍼밀리(천분율, ‰) : $\dfrac{용질량(소독약)}{용액량(희석량)} \times 1,000$

③ 피피엠(ppm) : $\dfrac{용질량(소독약)}{용액량(희석량)} \times 1,000,000$

④ 혼합비 : 용액의 조성 비율

(2) 대상별 소독법

① 배설물, 토사물, 분비물 : 소각법, 석탄산, 크레졸수, 생석회

② 수지 소독 : 석탄산, 크레졸수, 승홍, 역성비누

③ 고무제품, 피혁제품 : 석탄산, 크레졸, 포르말린수

④ 화장실, 하수구, 오물 : 석탄산, 크레졸, 포르말린수, 생석회

⑤ 의복, 침구류 : 증기 소독, 자비 소독, 일광 소독, 자외선 소독

⑥ 손 소독 : 헥사클로로펜, 요오드포름, 클로로헥시딘, 역성비누

> **tip**
> • 석탄산계수 : 소독제의 살균력을 나타내는 지표이며 석탄산의 계수가 높을수록 살균력이 강하다.
> • 석탄산계수 = $\dfrac{소독약의 희석배수}{석탄산의 희석배수}$

[분야별 위생·소독]

❶ 실내환경 위생 · 소독

(1) 뷰티숍 공통 소독

① 유리그릇, 도자기 : 증기, 자비, 건열, 자외선, 각종 약액 소독이 적합

② 금속제품 : 승홍수, 석탄산 또는 염소수 같은 산화제는 부적합

③ 셀룰로이드, 플라스틱, 고무제품 : 가열 소독이나 장시간 약액을 묻히는 소독은 부적합

PART 9 공중위생관리

④ 종이제품 : 불필요한 종이는 소각, 포름알데히드 가스 소독 적합
⑤ 가죽제품 : 포름알데히드 가스 소독, 소독용 에탄올, 열 소독은 부적합
⑥ 수지 : 1~2%의 크레졸수나 석탄산수, 0.1%의 승홍수 사용
⑦ 헝겊류 : 증기 소독이나 자비 소독이 적합
⑧ 배설물 : 3%의 크레졸수와 석탄산수가 적합
⑨ 하수구, 쓰레기통 : 생석회, 석회유가 적합
⑩ 바닥 소독 : 포르말린 > 크레졸 > 석탄산 순으로 적합

2 도구 및 기기 위생 · 소독

도구 및 기기는 미리 세제를 푼 미온수에 담갔다가 세척 후 살균 소독한다. 자외선 소독기에 소독한 도구는 보관 장소로 이동 후 세균에 감염되지 않도록 보관한다.

(1) 일반 기준
자외선 소독, 건열 멸균 소독, 증기 소독, 열탕 소독, 석탄산수 소독, 크레졸 소독, 에탄올 소독

(2) 개별 기준
이 · 미용 기구의 종류, 재질 및 용도에 따른 구체적인 소독 기준 및 방법은 보건복지부장관이 정하여 고시한다.
① 이용 기구 및 미용 기구는 소독을 한 기구와 아니한 기구를 각각 다른 용기에 보관한다.
② 좌욕기 및 훈증기는 1일 사용 시마다 반드시 소독한다.
③ 욕수는 욕수의 수질 기준 중 제2호의 규정에 의한 기준에 적합하도록 유지하여야 하며, 매년 1회 이상 수질 검사를 실시한다.

(3) 도구나 기자재들의 위생

화장품	화장품에 먼지가 쌓이지 않도록 보관하고 작업 후에는 용기의 뚜껑을 닫아 깨끗이 닦는다.
화장품 도구	메이크업 도구들은 작업 전후에 소독하여 청결히 보관한다.
눈썹 다듬는 면도날	감염을 예방하기 위해 1회 사용 후 폐기하여 재사용을 금한다.
화장용 어깨덮개 또는 가운	고객의 피부에 직접 닿지 않게 하며 1회 사용 후 매번 세탁하여 깨끗한 덮개를 사용한다.
환기구, 에어컨	사용하지 않을 때에는 먼지가 끼지 않도록 비닐 등으로 씌워 먼지가 들어가지 않게 하고 자주 청소한다.
온장고, 자외선 소독기	세제를 사용하여 내부, 외부를 닦아 청결을 유지한다.
메이크업 의자	비닐로 된 커버는 물걸레로 닦은 후 알코올로 닦는다.
화장대 거울	먼지나 이물질이 쌓이지 않도록 수시로 점검하고 닦는다.
장갑	메이크업 시 필요하면 일회용 장갑을 사용하고, 사용 후에는 손목 부분부터 뒤집듯이 벗어서 폐기한다.
피부 진단기	모니터 부분은 마른걸레로 닦고, 나머지 부분은 70% 알코올 솜으로 닦는다.
바닥	카펫보다는 물걸레로 닦기 쉬운 재질을 사용하고 화장품이나 이물질, 음료 등이 떨어졌을 때 재빠르게 닦아낸다.
면봉, 화장솜 등 일회용품	모든 일회용품은 반드시 1회 사용한 후 버린다.

3 이 · 미용업 종사자 및 고객의 위생관리

(1) 이 · 미용 업무와 관련된 병원균
박테리아, 바이러스, 곰팡이류, 칸디다, 효모, 포도구균, 진균류, 결막염, 트라코마, 연쇄구균, 비말핵 감염, 수인성 감염병, 결핵, 간염 등

(2) 이 · 미용 업무와 관련된 질환의 감염 경로
① 공기 전파
② 손잡이, 전화기, 음식물 또는 기침이나 재채기와 같은 호흡기를 통해 감염
③ 피부의 상처나 부스럼, 종기, 눈의 다래끼나 결막염이 있을 시 접촉된 수건이나 피부의 접촉을 통해서도 감염

(3) 메이크업사의 개인위생
① 매일 깨끗하고 청결한 유니폼을 착용하며 항상 복장과 용모를 점검한다.
② 메이크업숍 위생과 안전 규정을 준수한다.
③ 작업을 하는 손에 상처가 생기지 않도록 주의한다.
④ 작업 전후 반드시 손을 깨끗이 씻고 손과 손톱을 단정히 한다.
⑤ 필요에 따라 마스크나 장갑을 착용한다.
⑥ 바이러스성 질환 또는 전염성 질환을 앓고 있으면 작업을 금한다.
⑦ 작업실에서 메이크업 시 고객 이외의 사람은 출입을 자제시킨다.
⑧ 항상 메이크업과 헤어스타일을 전문가답게 연출하고 단정하며 깔끔하게 한다.
⑨ 메이크업 시 고객과 불필요하게 신체가 닿지 않도록 일정 간격을 두고 작업한다.
⑩ 메이크업 수정 시 고객의 얼굴을 손으로 문지르거나 입으로 바람을 불어 고객이 불쾌감을 느끼지 않도록 한다.
⑪ 일회용품은 재사용하지 않는다.
⑫ 장신구나 액세서리는 작업에 방해되지 않도록 한다.
⑬ 신체나 의복에서 땀이나 음식물, 기타 오염에 의해 냄새가 나지 않는지 수시로 점검한다.

Chapter 03 ▶ 공중위생관리법규

[목적 및 정의]

1 목적 및 정의

(1) 목적
공중위생관리법은 공중이 이용하는 영업의 위생관리 등에 관한 사항을 규정함으로써 위생수준을 향상시켜 국민의 건강증진에 기여함을 목적으로 한다(법 제1조).

(2) 용어의 정의
① "공중위생영업"이라 함은 다수인을 대상으로 위생관리서비스를

제공하는 영업으로서 숙박업·목욕장업·이용업·미용업·세탁업·건물위생관리업을 말한다.

② "미용업"이라 함은 손님의 얼굴·머리·피부 등을 손질하여 손님의 외모를 아름답게 꾸미는 영업을 말한다.

[영업의 신고 및 폐업]

1 영업의 신고 및 폐업 신고

(1) 공중위생영업의 신고 등

① 공중위생영업을 하고자 하는 자는 공중위생영업의 종류별로 보건복지부령이 정하는 시설 및 설비를 갖추고 시장·군수·구청장에게 신고하여야 한다. 보건복지부령이 정하는 중요사항을 변경하고자 하는 때에도 또한 같다.

② ①의 규정에 의하여 공중위생영업의 신고를 한 자는 공중위생영업을 폐업한 날부터 20일 이내에 시장·군수·구청장에게 신고하여야 한다. 다만, 영업정지 등의 기간 중에는 폐업 신고를 할 수 없다.

③ 시장·군수·구청장은 공중위생영업자가 「부가가치세법」 제8조에 따라 관할 세무서장에게 폐업신고를 하거나 관할 세무서장이 사업자 등록을 말소한 경우에는 신고 사항을 직권으로 말소할 수 있다.

④ 시장·군수·구청장은 제3항의 직권말소를 위하여 필요한 경우 관할 세무서장에게 공중위생영업자의 폐업여부에 대한 정보 제공을 요청할 수 있다. 이 경우 요청을 받은 관할 세무서장은 「전자정부법」 제36조제1항에 따라 공중위생영업자의 폐업여부에 대한 정보를 제공하여야 한다.

⑤ 제1항 및 제2항의 규정에 의한 신고의 방법 및 절차 등에 관하여 필요한 사항은 보건복지부령으로 정한다.

⑥ 시설 설비기준

구분	시설 설비기준
미용업	• 미용기구는 소독을 한 기구와 소독을 하지 않은 기구를 구분해 보관할 수 있는 용기를 비치해야 한다. • 소독기, 자외선 살균기 등 미용기구를 소독하는 장비를 갖추어야 한다. • 영업소 내에 작업장소와 응접장소, 상담실, 탈의실 등을 분리해 칸막이를 설치할 때에는 외부에서 내부를 확인할 수 있도록 각각 전체 벽 면적의 3분의 1 이상을 투명하게 해야 한다. • 피부미용을 위한 작업 장소 내에는 베드와 베드 사이에 칸막이를 설치할 수 있으나, 전체 면적의 3분의 1 이상은 투명하게 해야 한다.

⑦ 공중위생영업 신고 시 시장·군수·구청장에게 제출할 서류(시행규칙 제3조)
  ㉠ 영업시설 및 설비개요서 ㉡ 교육필증(미리 교육을 받은 경우)

(2) 변경신고

① 영업신고사항의 변경 시 보건복지부령이 정하는 중요사항의 변경인 경우에는 시장·군수·구청장에게 변경신고를 해야 한다.

② 보건복지부령이 정하는 중요한 사항(시행규칙 제3조의 2)
  ㉠ 영업소의 명칭 또는 상호
  ㉡ 영업소의 소재지

  ㉢ 신고한 영업장 면적의 3분의 1 이상의 증감
  ㉣ 대표자의 성명(또는 생년월일)
  ㉤ 미용업 업종 간 변경

③ 영업신고사항 변경신고 시 시장·군수·구청장에게 제출할 서류(시행규칙 제3조의 2)
  ㉠ 영업신고증 ㉡ 변경사항을 증명하는 서류

(3) 폐업신고(법 제3조)

공중위생영업을 폐업한 자는 폐업한 날부터 20일 이내에 시장·군수·구청장에게 신고해야 한다. 신고 시 폐업신고서를 제출한다.

2 영업의 승계

(1) 공중위생영업의 승계

① 공중위생영업자가 그 공중위생영업을 양도하거나 사망한 때 또는 법인의 합병이 있는 때에는 그 양수인·상속인 또는 합병 후 존속하는 법인이나 합병에 의하여 설립되는 법인은 그 공중위생영업자의 지위를 승계한다.

② 민사집행법에 의한 경매, 「채무자 회생 및 파산에 관한 법률」에 의한 환가나 국세징수법·관세법 또는 「지방세 기본법」에 의한 압류재산의 매각 그 밖에 이에 준하는 절차에 따라 공중위생영업 관련시설 및 설비의 전부를 인수한 자는 이 법에 의한 그 공중위생영업자의 지위를 승계한다.

③ 이용업 또는 미용업의 경우에는 제6조의 규정에 의한 면허를 소지한 자에 한하여 공중위생영업자의 지위를 승계할 수 있다.

④ 공중위생영업자의 지위를 승계한 자는 1월 이내에 보건복지부령이 정하는 바에 따라 시장·군수 또는 구청장에게 신고하여야 한다.

[영업자 준수사항]

1 위생관리

(1) 공중위생영업자의 위생관리의무

공중위생영업자는 그 이용자에게 건강상 위해요인이 발생하지 아니하도록 영업 관련 시설 및 설비를 위생적이고 안전하게 관리하여야 한다.

① 의료기구와 의약품을 사용하지 않는 순수한 화장 또는 피부미용을 할 것

② 미용기구는 소독을 한 기구와 소독을 하지 않는 기구로 분리하여 보관하고, 면도기는 1회용 면도날만을 손님 1인에 한하여 사용할 것(이 경우 미용기구의 소독기준 및 방법은 보건복지부령으로 정한다)

③ 영업소 내에 미용사 면허증을 게시할 것

2 공중위생영업자의 불법카메라 설치 금지

공중위생영업자는 영업소에 「성폭력범죄의 처벌 등에 관한 특례법」 제14조제1항에 위반되는 행위에 이용되는 카메라나 그 밖에 이와 유사한 기능을 갖춘 기계장치를 설치해서는 아니 된다.

PART 9 공중위생관리

[면허]

1 면허발급 및 취소

(1) 면허의 발급
보건복지부령이 정하는 바에 의하여 다음에 해당하는 자는 시장·군수·구청장의 면허를 받을 수 있다.
① 전문대학 또는 이와 동등 이상 학력이 있다고 교육부장관이 인정하는 학교에서 이·미용에 관한 학과를 졸업한 자
② 학점인정으로 대학 또는 전문대학을 졸업한 자와 동등 이상 학력의 이·미용에 관한 학위를 취득한 자
③ 고등학교 또는 이와 동등 학력이 있다고 교육부장관이 인정하는 학교에서 이·미용에 관한 학과를 졸업한 자
④ 교육부장관이 인정하는 고등기술학교에서 1년 이상 이·미용에 관한 소정의 과정을 이수한 자(*초·중등교육법령에 따른 특성화고등학교, 고등기술학교나 고등학교 또는 고등기술학교에 준하는 각종학교에서 1년 이상 이·미용에 관한 소정의 과정을 이수한 자) * 2020.6.4부터 시행 예정
⑤ 국가기술자격법에 의한 이·미용사 자격을 취득한 자

(2) 면허를 받을 수 없는 경우
① 피성년후견인
② 정신질환자. 다만, 전문의가 이용사 혹은 미용사로서 적합하다고 인정하는 사람은 그러하지 아니하다.
③ 감염병 환자로서 보건복지부령이 정하는 자
④ 마약 등 기타 대통령령으로 정하는 약물중독자
⑤ 면허가 취소된 후 1년이 경과되지 아니한 자

(3) 면허정지 및 취소
시장·군수·구청장은 미용사가 다음 중 어느 하나에 해당하는 때에는 그 면허를 취소하거나 6월 이내의 기간을 정하여 그 면허의 정지를 명할 수 있다. 다만, ①, ③, ⑤, ⑥에 해당하는 경우에는 그 면허를 취소하여야 한다.
① 피성년후견인
② 정신질환자(다만, 전문의가 이용사 또는 미용사로서 적합하다고 인정하는 사람은 그러하지 아니하다) 또는 마약 기타 대통령령으로 정하는 약물 중독자
③ 면허증을 다른 사람에게 대여한 때
④ 「국가기술자격법」에 따라 자격이 취소된 때
⑤ 「국가기술자격법」에 따라 자격정지처분을 받은 때(「국가기술자격법」에 따른 자격정지처분 기간에 한정한다)
⑥ 이중으로 면허를 취득한 때(나중에 발급받은 면허를 말한다)
⑦ 면허정지처분을 받고도 그 정지 기간 중에 업무를 한 때
⑧ 「성매매 알선 등 행위의 처벌에 관한 법률」이나 「풍속영업의 규제에 관한 법률」을 위반하여 관계 행정기관의 장으로부터 그 사실을 통보받은 때

> **tip**
> 면허증 대여 시 : 1차 – 면허정지 3개월, 2차 – 면허정지 6개월, 3차 – 면허취소

(4) 면허증의 재교부
① 면허증을 잃어버린 경우
② 기재사항이 변경되거나 헐어서 못쓰게 된 경우
③ 잃어버린 면허증을 찾은 때는 지체 없이 반납

(5) 면허증의 반납
시장·군수·구청장에게 반납한다.

[업무]

1 이·미용사의 업무

(1) 미용사의 업무

종합미용업	미용업(일반), 미용업(피부), 미용업(네일), 미용업(메이크업)까지의 업무를 모두 하는 영업
일반미용업	파마, 머리카락 자르기, 머리카락 모양내기, 머리피부 손질, 머리카락 염색, 머리 감기, 의료기기나 의약품을 사용하지 아니하는 눈썹 손질
피부미용업	의료기구나 의약품을 사용하지 아니하는 피부상태 분석, 피부관리, 제모, 눈썹 손질을 하는 영업
네일미용업	손톱과 발톱의 손질 및 화장하는 영업
화장·분장 미용업	얼굴 등 신체의 화장·분장 및 의료기기나 의약품을 사용하지 아니하는 눈썹 손질

(2) 업무범위
① 이·미용사의 면허를 받은 자가 아니면 이용업 또는 미용업을 개설하거나 그 업무에 종사할 수 없다. 다만, 이용사 또는 미용사의 감독을 받아 이용 또는 미용 업무의 보조를 행하는 경우에는 그러하지 아니하다.
② 이용 및 미용의 업무는 영업소 외의 장소에서 행할 수 없다. 다만 보건복지부령이 정하는 특별한 사유가 있는 경우에는 그러하지 아니하다.
③ 업무범위 및 업무보조의 범위에 관하여 필요한 사항은 보건복지부령으로 정한다.

> **tip**
> 영업소 외의 장소에서 이·미용을 시술할 수 있는 경우
> - 질병이나 기타의 사유로 인하여 영업소에 나올 수 없는 자에 대하여 이·미용을 하는 경우
> - 혼례 기타 의식에 참여하는 자에 대하여 그 의식 직전에 이·미용을 하는 경우
> - 방송 등의 촬영에 참여하는 자에 대하여 그 의식 직전에 이·미용을 하는 경우
> - 사회복지시설에서 봉사활동으로 이·미용업을 하는 경우
> - 특별한 사정이 있다고 시장·군수·구청장이 인정한 경우

[행정지도 감독]

1 영업소의 출입검사
① 특별시장·광역시장·도지사(이하 "시·도지사"라 한다) 또는 시장·군수·구청장은 공중위생관리상 필요하다고 인정하는 때에는 공중위생영업자에 대하여 필요한 보고를 하게 하거나 소속

PART 9 공중위생관리

공무원으로 하여금 영업소·사무소 등에 출입하여 공중위생영업자의 위생관리의무 이행 등에 대하여 검사하게 하거나 필요에 따라 공중위생 영업장부나 서류를 열람하게 할 수 있다.

② 관계공무원은 그 권한을 표시하는 증표를 지녀야 하며 관계인에게 이를 내보여야 한다.

2 영업 제한

시·도지사는 공익상 또는 선량한 풍속을 유지하기 위하여 필요하다고 인정하는 때에는 공중위생영업자 및 종사원에 대하여 영업시간 및 영업행위에 관해 필요한 제한을 할 수 있다.

3 영업소 폐쇄

① 시장·군수·구청장은 공중위생영업자가 다음의 어느 하나에 해당하면 6월 이내의 기간을 정하여 영업의 정지 또는 일부 시설의 사용중지를 명하거나 영업소 폐쇄 등을 명할 수 있다. 다만, 관광숙박업의 경우에는 당해 관광숙박업의 관할행정기관의 장과 미리 협의하여야 한다.

㉠ 영업신고를 하지 아니하거나 시설과 설비기준을 위반한 경우

㉡ 변경신고를 하지 아니한 경우

㉢ 지위승계신고를 하지 아니한 경우

㉣ 공중위생영업자의 위생관리의무 등을 지키지 아니한 경우

㉤ 「성폭력범죄의 처벌 등에 관한 특례법」을 위반하여 카메라나 그 밖에 이와 유사한 기능을 갖춘 기계장치를 설치한 경우

㉥ 영업소 외의 장소에서 이용 또는 미용 업무를 한 경우

㉦ 보고를 하지 아니하거나 거짓으로 보고한 경우 또는 관계 공무원의 출입, 검사 또는 공중위생영업 장부 또는 서류의 열람을 거부·방해하거나 기피한 경우

㉧ 개선명령을 이행하지 아니한 경우

㉨ 「성매매 알선 등 행위의 처벌에 관한 법률」, 「풍속영업의 규제에 관한 법률」, 「청소년 보호법」, 「아동·청소년의 성보호에 관한 법률」 또는 「의료법」을 위반하여 관계 행정기관의 장으로부터 그 사실을 통보받은 경우

② 시장·군수·구청장은 영업정지처분을 받고도 그 영업정지 기간에 영업을 한 경우에는 영업소 폐쇄를 명할 수 있다.

③ 시장·군수·구청장은 다음의 어느 하나에 해당하는 경우에는 영업소 폐쇄를 명할 수 있다.

㉠ 공중위생영업자가 정당한 사유 없이 6월 이상 계속 휴업하는 경우

㉡ 공중위생영업자가 「부가가치세법」에 따라 관할 세무서장에게 폐업신고를 하거나 관할 세무서장이 사업자 등록을 말소한 경우

④ 행정처분의 세부기준은 그 위반 행위의 유형과 위반 정도 등을 고려하여 보건복지부령으로 정한다.

⑤ 시장·군수·구청장은 공중위생영업자가 영업소 폐쇄명령을 받고도 계속하여 영업을 하는 때에는 관계공무원으로 하여금 당해 영업소를 폐쇄하기 위하여 다음의 조치를 하게 할 수 있다. 신고를 하지 아니하고 공중위생영업을 하는 경우에도 또한 같다.

㉠ 당해 영업소의 간판 기타 영업표지물의 제거

㉡ 당해 영업소가 위법한 영업소임을 알리는 게시물 등의 부착

㉢ 영업을 위하여 필수불가결한 기구 또는 시설물을 사용할 수 없게 하는 봉인

⑥ 시장·군수·구청장은 봉인을 한 후 봉인을 계속할 필요가 없다고 인정되는 때와 영업자 등이나 그 대리인이 당해 영업소를 폐쇄할 것을 약속하는 때 및 정당한 사유를 들어 봉인의 해제를 요청하는 때에는 그 봉인을 해제할 수 있다. 게시물 등의 제거를 요청하는 경우에도 또한 같다.

> **tip**
> 보건복지부장관 또는 시장·군수·구청장은 신고사항의 직권 말소, 미용사의 면허 취소 또는 면허정지, 영업정지명령, 일부 시설의 사용중지명령 또는 영업소 폐쇄명령을 하고자 하는 때에는 청문을 실시해야 한다.

4 같은 종류의 영업 금지

① 「성폭력범죄의 처벌 등에 관한 특례법」, 「성매매 알선 등 행위의 처벌에 관한 법률」, 「아동·청소년의 성보호에 관한 법률」, 「풍속영업의 규제에 관한 법률」 또는 「청소년 보호법」을 위반하여 폐쇄명령을 받은 자(법인인 경우에는 그 대표자를 포함)는 그 폐쇄명령을 받은 후 2년이 경과하지 아니한 때에는 같은 종류의 영업을 할 수 없다.

② 「성매매 알선 등 행위의 처벌에 관한 법률」 등 외의 법률을 위반하여 폐쇄명령을 받은 자는 그 폐쇄명령을 받은 후 1년이 경과하지 아니한 때에는 같은 종류의 영업을 할 수 없다.

③ 「성매매 알선 등 행위의 처벌에 관한 법률」 등의 위반으로 폐쇄명령이 있은 후 1년이 경과하지 아니한 때에는 누구든지 그 폐쇄명령이 이루어진 영업장소에서 같은 종류의 영업을 할 수 없다.

④ 「성매매 알선 등 행위의 처벌에 관한 법률」 등 외의 법률의 위반으로 폐쇄명령이 있은 후 6개월이 경과하지 아니한 때에는 누구든지 그 폐쇄명령이 이루어진 영업장소에서 같은 종류의 영업을 할 수 없다.

5 공중위생감시원

(1) 공중위생감시원

① 규정에 의한 관계공무원의 업무를 행하게 하기 위하여 특별시, 광역시, 도 및 치, 군, 구에 공중위생감시원을 둔다.

② 공중위생감시원의 자격, 임명, 업무범위 기타 필요한 사항은 대통령령으로 정한다. 시·도지사는 공중위생의 관리를 위한 지도, 계몽 등을 행하게 하기 위하여 명예공중위생감시원을 둘 수 있다.

③ 명예공중위생감시원의 자격 및 위촉방법, 업무 범위 등에 관하여 필요한 사항은 대통령령으로 정한다.

(2) 공중위생감시원의 자격

① 위생사 또는 환경기사 2급 이상의 자격증이 있는 사람

② 대학에서 화학, 화공학, 환경공학 또는 위생학 분야를 전공하고 졸업한 자 또는 이와 동등 이상의 자격이 있는 사람

③ 외국에서 위생사 또는 환경기사의 면허를 받은 사람

PART 9 공중위생관리

④ 1년 이상 공중위생 행정에 종사한 경력이 있는 사람
⑤ 공중위생감시원의 인력확보가 곤란하다고 인정되는 때 공중위생 행정에 종사하는 사람 중 공중위생감시에 관한 교육훈련을 2주 이상 받은 사람

(3) 공중위생감시원의 업무범위
① 규정에 의한 시설 및 설비의 확인
② 위생상태 확인 검사, 영업자의 위생관리 의무 및 준수사항 이행 여부의 확인
③ 위생지도 및 개선명령 이행 여부의 확인
④ 영업의 정지, 일부 시설의 사용중지 또는 영업소 폐쇄명령 이행 여부 확인
⑤ 위생교육 이행 여부 확인

(4) 명예공중위생감시원의 자격
① 공중위생에 대한 지식과 관심이 있는 자
② 소비단체, 공중위생관련협회 또는 단체의 소속 직원 중에서 당해 단체 등의 장이 추천하는 자

(5) 명예공중위생감시원의 업무범위
① 공중위생감시원이 행하는 검사 대상물의 수거 지원
② 법령 위반행위에 대한 신고 및 자료 제공
③ 공중위생에 관한 홍보, 계몽 등 공중위생 관리업무와 관련하여 시·도지사가 따로 정하여 부여하는 업무

[업소 위생등급]

1 위생평가
① 시·도지사는 공중위생영업소(관광숙박업의 경우를 제외한다. 이하 이 조에서 같다)의 위생관리수준을 향상시키기 위하여 위생 서비스 평가계획을 수립하여 시장·군수·구청장에게 통보하여야 한다.
② 시장·군수·구청장은 평가계획에 따라 관할지역별 세부평가계획을 수립한 후 공중위생영업소의 위생서비스 수준을 평가하여야 한다.
③ 시장·군수·구청장은 위생서비스 평가의 전문성을 높이기 위하여 필요하다고 인정하는 경우에는 관련 전문기관 및 단체로 하여금 위생서비스 평가를 실시하게 할 수 있다.
④ ① 내지 ③의 규정에 의한 위생서비스 평가의 주기와 방법, 위생관리등급의 기준, 기타 평가에 관하여 필요한 사항은 보건복지부령으로 정한다.

2 위생등급

(1) 업소 위생등급
① 시장·군수·구청장은 보건복지부령이 정하는 바에 의하여 위생 서비스 평가의 결과에 따른 위생관리등급을 해당 공중위생영업자에게 통보하고 이를 공표하여야 한다.
② 공중위생영업자는 규정에 의하여 시장·군수·구청장으로부터 통보받은 위생관리등급의 표지를 영업소의 명칭과 함께 출입구에 부착할 수 있다.
③ 시·도지사 또는 시장·군수·구청장은 위생서비스 평가의 결과 위생서비스의 수준이 우수하다고 인정되는 영업소에 대하여 포상을 실시할 수 있다.
④ 시·도지사 또는 시장·군수·구청장은 위생서비스 평가의 결과 위생관리 등급별로 영업소에 대한 위생 감시를 실시하여야 한다. 이 경우 영업소에 대한 출입, 검사와 위생 감시의 실시 주기 및 횟수 등 위생관리등급별 위생 감시 기준은 보건복지부령으로 한다.

(2) 관리등급
① 최우수업소 : 녹색등급
② 우수업소 : 황색등급
③ 일반관리대상업소 : 백색등급

[위생교육]

1 영업자 위생교육
① 공중위생영업자는 매년 3시간의 위생교육을 받아야 한다.
② 전단의 규정에 의하여 신고를 하고자 하는 자는 미리 위생교육을 받아야 한다. 다만, 부득이한 사유로 미리 교육을 받을 수 없는 경우에는 영업개시 후 6개월 안에 위생교육을 받을 수 있다.
③ 위생교육을 받아야 하는 자 중 영업에 직접 종사하지 아니하거나 두 곳 이상의 장소에서 영업을 하는 자는 종업원 중 영업장별로 공중위생에 관한 책임자를 지정하고 그 책임자로 하여금 위생교육을 받게 하여야 한다.
④ 위생교육은 보건복지부장관이 허가한 단체 또는 전국적인 조직을 가지는 공중위생영업자 단체가 실시할 수 있다.
⑤ 위생교육의 방법·절차 등에 관하여 필요한 사항은 보건복지부령으로 정한다.

2 위생교육기관
① 위생교육은 보건복지부장관이 허가한 단체가 실시할 수 있다.
② 위생교육 실시단체의 장은 위생교육을 수료한 자에게 수료증을 교부하여야 하며 교육을 실시한 날부터 1개월 이내에 관할 시장·군수·구청장에게 교육 실시 결과를 통보하고 교육에 관한 기록은 2년 이상 보관, 관리한다.
③ 위생교육 실시단체는 교육 교재를 편찬하여 교육 대상자에게 배부하여야 한다.
④ 위생교육 대상자 중 보건복지부장관이 고시하는 섬·벽지지역 영업자에 대하여 교육교재를 배부하여 이를 숙지 활용하도록 함으로써 교육에 대신할 수 있다.

PART ❾ 공중위생관리

[벌칙]

❶ 위반자에 대한 벌칙 및 과징금

(1) 벌칙

1) 1년 이하의 징역 또는 1,000만 원 이하의 벌금

① 영업 신고 규정에 의한 신고를 하지 아니한 자
② 영업 정지 명령 또는 일부 시설의 사용 중지 명령을 받고도 그 기간 중에 영업을 하거나 그 시설을 사용한 자 또는 영업소 폐쇄 명령을 받고도 계속하여 영업을 한 자

2) 6월 이하의 징역 또는 500만 원 이하의 벌금

① 중요사항 변경 신고를 하지 아니한 자
② 공중위생영업자의 지위를 승계한 자로서 규정에 의한 신고를 하지 아니한 자
③ 건전한 영업 질서를 위하여 공중위생영업자가 준수하여야 할 사항을 준수하지 아니한 자

3) 300만 원 이하의 벌금

① 면허의 취소 또는 정지 중에 미용업을 행한 자
② 면허를 받지 아니하고 미용업을 개설하거나 그 업무에 종사한 자

(2) 과징금

시장·군수·구청장은 영업정지가 이용자에게 심한 불편을 주거나 그 밖에 공익을 해할 우려가 있는 경우에는 영업정지처분에 갈음하여 1억 원 이하의 과징금을 부과할 수 있다. 다만, 제5조, 「성매매 알선 등 행위의 처벌에 관한 법률」, 「아동·청소년의 성보호에 관한 법률」, 「풍속영업의 규제에 관한 법률」 또는 이에 상응하는 위반행위로 인하여 처분을 받게 되는 경우를 제외한다. 과징금을 부과하는 위반행위의 종별·정도 등에 따른 과징금의 금액 등에 관하여 필요한 사항은 대통령령으로 정한다.

1) 과징금을 부과할 위반행위의 종별과 과징금의 금액

① 과징금의 금액은 위반행위의 종별·정도 등을 감안하여 보건복지부령이 정하는 영업정지 기간에 과징금 산정기준을 적용하여 산정한다.
② 시장·군수·구청장은 공중위생영업자의 사업규모·위반행위의 정도 및 횟수 등을 참작하여 ①의 규정에 의한 과징금의 금액의 2분의 1의 범위 안에서 이를 가중 또는 감경할 수 있다. 이 경우 가중하는 때에도 과징금의 총액이 1억 원을 초과할 수 없다.

2) 과징금의 절차(보건복지부령 관할)

① 통지서를 받은 날로부터 20일 이내에 납부해야 한다.
② 분할해서 납부할 수 없다.
③ 천재지변 및 그 밖에 부득이한 사유로 그 기간에 납부할 수 없을 때에는 그 사유가 없어진 날부터 7일 이내에 납부해야 한다.

❷ 과태료와 양벌규정

(1) 과태료 부과기준

① 일반기준 : 대통령령으로 정하는 바에 따라 보건복지부장관 또는 시장·군수·구청장은 위반행위의 정도, 위반횟수, 위반행위의 동기와 그 결과 등을 고려하여 그 해당 금액의 2분의 1 범위에서 경감하거나 가중할 수 있다.
② 개별기준

위반행위	과태료	
	법률	시행령
보고를 하지 아니하거나 관계공무원의 출입, 검사, 기타 조치를 거부, 방해 또는 기피한 자	300만 원 이하	150만 원
개선 명령을 위반한 자	300만 원 이하	150만 원
미용업소의 위생관리 의무를 지키지 아니한 자	200만 원 이하	80만 원
영업소 외의 장소에서 미용업무를 행한 자	200만 원 이하	80만 원
위생교육을 받지 아니한 자	200만 원 이하	60만 원

(2) 양벌규정(법 제21조)

법인의 대표자나 법인 또는 개인의 대리인, 사용인 기타 종업원이 그 법인 또는 개인의 업무에 관하여 위반행위를 할 때에는 행위자를 벌하는 외에 그 법인에 대하여도 동조의 벌금형을 부과한다(다만, 법인 또는 개인이 그 위반행위를 방지하기 위해 주의와 감독을 한 경우엔 예외이다).

(3) 행정처분

위반행위	행정처분기준				관련 법규
	1차 위반	2차 위반	3차 위반	4차 위반	
가. 영업신고를 하지 않거나 시설과 설비기준을 위반한 경우					
(1) 영업신고를 하지 않은 경우	영업장 폐쇄명령				법 제11조 제1항 제1호
(2) 시설 및 설비기준을 위반한 경우	개선명령	영업정지 15일	영업정지 1월	영업장 폐쇄경령	
나. 변경신고를 하지 않은 경우					
(1) 신고를 하지 않고 영업소의 명칭 및 상호 또는 영업장 면적의 3분의 1 이상을 변경한 경우	경고 또는 개선명령	영업정지 15일	영업정지 1월	영업장 폐쇄경령	법 제11조 제1항 제2호
(2) 신고를 하지 아니하고 영업소의 소재지를 변경한 경우	영업정지 1월	영업정지 2월	영업장 폐쇄명령		
다. 지위승계신고를 하지 않은 경우	경고	영업정지 10일	영업정지 1월	영업장 폐쇄명령	법 제11조 제1항 제3호

PART 9 공중위생관리

위반사항				
라. 공중위생영업자의 위생관리의무 등을 지키지 않은 경우				
(1) 소독을 한 기구와 소독을 하지 않은 기구를 각각 다른 용기에 넣어 보관하지 않거나 1회용 면도날을 2인 이상의 손님에게 사용한 경우	경고	영업정지 5일	영업정지 10일	영업장 폐쇄명령
(2) 피부미용을 위하여 「약사법」에 따른 의약품 또는 「의료기기법」에 따른 의료기기를 사용한 경우	영업정지 2월	영업정지 3월	영업장 폐쇄명령	법 제11조 제1항 제4호
(3) 점 빼기·귓볼 뚫기·쌍꺼풀수술·문신·박피술 그 밖에 이와 유사한 의료행위를 한 경우	영업정지 2월	영업정지 3월	영업장 폐쇄명령	
(4) 미용업 신고증 및 면허증 원본을 게시하지 않거나 업소 내 조도를 준수하지 않은 경우	경고 또는 개선명령	영업정지 5일	영업정지 10일	영업장 폐쇄명령
(5) 개별 미용서비스의 최종 지불가격 및 전체 미용서비스의 총액에 관한 내역서를 이용자에게 미리 제공하지 않은 경우	경고	영업정지 5일	영업정지 10일	영업정지 1월
마. 카메라나 기계장치를 설치한 경우	영업정지 1월	영업정지 2월	영업장 폐쇄명령	법 제11조 제1항 제4호의2
바. 면허 정지 및 면허 취소 사유에 해당하는 경우				
(1) 피성년후견인, 정신질환자, 감염병환자, 약물중독자	면허취소			
(2) 면허증을 다른 사람에게 대여한 경우	면허정지 3월	면허정지 6월	면허취소	
(3) 「국가기술자격법」에 따라 자격이 취소된 경우	면허취소			법 제7조 제1항
(4) 「국가기술자격법」에 따라 자격정지처분을 받은 경우(「국가기술자격법」에 따른 자격정지처분 기간에 한정한다)	면허정지			
(5) 이중으로 면허를 취득한 경우 (나중에 발급받은 면허를 말한다)	면허취소			
(6) 면허정지처분을 받고도 그 정지 기간 중 업무를 한 경우	면허취소			
사. 업소 외의 장소에서 미용 업무를 한 경우	영업정지 1월	영업정지 2월	영업장 폐쇄명령	법 제11조 제1항 제5호
아. 보고를 하지 않거나 거짓으로 보고한 경우 또는 관계 공무원의 출입, 검사 또는 공중위생영업 장부 또는 서류의 열람을 거부·방해하거나 기피한 경우	영업정지 10일	영업정지 20일	영업정지 1월	영업장 폐쇄명령	법 제11조 제1항 제6호
자. 개선명령을 이행하지 않은 경우	경고	영업정지 10일	영업정지 1월	영업장 폐쇄명령	법 제11조 제1항 제7호
차. 「성매매 알선 등 행위의 처벌에 관한 법률」, 「풍속영업의 규제에 관한 법률」, 「청소년 보호법」, 「아동·청소년의 성보호에 관한 법률」 또는 「의료법」을 위반하여 관계 행정기관의 장으로부터 그 사실을 통보받은 경우				
(1) 손님에게 성매매 알선 등 행위 또는 음란행위를 하게 하거나 이를 알선 또는 제공한 경우				
① 영업소	영업정지 3월	영업장 폐쇄명령		법 제11조 제1항 제8호
② 미용사	면허정지 3월	면허취소		
(2) 손님에게 도박 그 밖에 사행행위를 하게 한 경우	영업정지 1월	영업정지 2월	영업장 폐쇄명령	
(3) 음란한 물건을 관람·열람하게 하거나 진열 또는 보관한 경우	경고	영업정지 15일	영업정지 1월	영업장 폐쇄명령
(4) 무자격 안마사로 하여금 안마사의 업무에 관한 행위를 하게 한 경우	영업정지 1월	영업정지 2월	영업장 폐쇄명령	
카. 영업정지처분을 받고도 그 영업정지 기간에 영업을 한 경우	영업장 폐쇄명령			법 제11조 제2항
타. 공중위생영업자가 정당한 사유 없이 6개월 이상 계속 휴업하는 경우	영업장 폐쇄명령			법 제11조 제3항 제1호
파. 공중위생영업자가 「부가가치세법」 제8조에 따라 관할 세무서장에게 폐업신고를 하거나 관할 세무서장이 사업자 등록을 말소한 경우	영업장 폐쇄명령			법 제11조 제3항 제2호

[시행령 및 시행규칙 관련 사항]

(1) 공중위생관리법 제 11조의 2 과징금에 대한 공중위생관리법 시행령 과태료의 부과기준(개정 2019.10.8)

- 이용업소의 위생관리 의무를 지키지 아니한 자 : 50만 원 → 80만 원
- 미용업소의 위생관리 의무를 지키지 아니한 자 : 50만 원 → 80만 원
- 영업소 외의 장소에서 이용 또는 미용업무를 행한 자 : 70만 원 → 80만 원
- 보고를 하지 아니하거나 관계공무원의 출입, 검사 기타 조치를 거부·방해 또는 기피한 자
  : 100만 원 → 150만 원
- 개선명령을 위반한 자 : 100만 원 → 150만 원
- 이용업을 신고하지 아니하고 이용소를 표시 등을 설치한 자 90만 원
- 위생교육을 받지 아니한 자 : 20만 원 → 60만 원

(2) 화장품법 시행규칙 제2조(기능성화장품의 범위)

제2조(기능성화장품의 범위) 「화장품법」(이하 "법"이라 한다.) 제 2조 제 2호 각 목외의 부분에서 "총리령으로 정하는 화장품"이란 다음 각 호의 화장품을 말한다. 〈개정 2013. 3. 23., 2017. 1. 12., 2020. 8. 5.〉

PART 9 공중위생관리

1. 피부에 멜라닌색소가 침착하는 것을 방지하여 기미 · 주근깨 등의 생성을 억제함으로써 피부의 미백에 도움을 주는 기능을 가진 화장품
2. 피부에 침착된 멜라닌색소의 색을 엷게 하여 피부의 미백에 도움을 주는 기능을 가진 화장품
3. 피부에 탄력을 주어 피부의 주름을 완화 또는 개선하는 기능을 가진 화장품
4. 강한 햇볕을 방치하여 피부를 곱게 태워주는 기능을 가진 화장품
5. 자외선을 차단 또는 산란시켜 자외선으로부터 피부를 보호하는 기능을 가진 화장품
6. 모발의 색상을 변화[탈염(脫染) · 탈색(脫色)을 포함한다] 시키는 기능을 가진 화장품, 다만 일시적으로 모발의 색상을 변화시키는 제품은 제외한다.
7. 제모를 제거하는 기능을 가진 화장품, 다만, 물리적으로 제모를 제거하는 제품을 제외한다.
8. 탈모 증상의 완화에 도움을 주는 화장품, 다망 코팅 등 물리적으로 모발을 굵게 보이게 하는 제품은 제외한다.
9. 여드름성 피부를 완화하는 데 도움을 주는 화장품, 다만, 인체세정용 제품류로 한정한다.
10. 피부장벽(피부의 가장 바깥쪽에 존재하는 각질층의 표피를 말한다)의 기능을 회복하여 가려움 등의 개선에 도움을 주는 화장품
11. 튼살로 인한 붉은 선을 엷게 하는 데 도움을 주는 화장품

(3) 화장품법 제2조 2호

"기능성화장품"이란 화장품 중에서 다음 각목의 어느 하나에 해당되는 것으로서 총리령으로 정하는 화장품을 말한다.

가. 피부의 미백에 도움을 주는 제품
나. 피부의 주름개선에 도움을 주는 제품
다. 피부를 곱게 태워주거나 자외선으로부터 피부를 보호하는 데에 도움을 주는 제품
라. 모발의 색상 변화 · 제거 또는 영양공급에 도움을 주는 제품
마. 피부나 모발의 기능 약화로 인한 건조함, 갈라짐, 빠짐, 각질화 등을 방지하거나 개선하는 데에 도움을 주는 제품

(4) 공중위생관리법 제2조 1항 5호

"미용업"이라 함은 손님의 얼굴, 머리, 피부 및 손톱 · 발톱 등을 손질하여 손님의 외모를 아름답게 꾸미는 다음 각목의 영업을 말한다.

가. 일반미용업 : 파마 · 머리카락자르기 · 머리카락모양내기 · 머리피부손질 · 머리카락염색 · 머리감기, 의료기기 나 의약품을 사용하지 아니하는 눈썹손질을 하는 영업
나. 피부미용업 : 의료기기나 의약품을 사용하지 아니하는 피부상태분석 · 피부관리 · 제모(除毛) · 눈썹손질을 하는영업
다. 네일 미용업 : 손톱과 발톱을 손질 · 화장(化粧)하는 영업
라. 화장 · 분장 미용업 : 얼굴 등 신체의 화장, 분장 및 의료기기나 의약품을 사용하지 아니하는 눈썹손질을 하는영 업
마. 그 밖에 대통령령으로 정하는 세부 영업
바. 종합미용업 : 가목부터 마목까지의 업무를 모두 하는 영업

MEMO

실전 모의고사

1회
2회
3회
4회
5회
6회
7회
8회
9회
10회

메이크업 필기 총정리 모의고사 1 회

01 메이크업의 기원설에 속하지 않은 것은?
① 신체 보호설　② 이성 유인설
③ 유행 주도설　④ 신분 표시설

해설 메이크업의 기원설에는 본능설, 종교설, 신체 보호설, 이성 유인설, 신분 표시설, 장식설 등이 있다.

02 '화한삼재회'에 보면 "백제로부터 화장품의 제조 기술과 화장 기술을 익혀 비로소 화장하였다"라는 기록이 있는데, 다음 중 백제 화장 문화의 영향을 받은 나라는?
① 중국　② 일본
③ 태국　④ 몽고

해설 화한삼재회는 일본의 서적으로, 백제로부터 화장 기술과 화장품 제조 기술을 배웠다는 기록이 남아있다.

03 각 시대의 화장에 대한 설명이 잘못된 것은?
① 통일신라 – 다소 화려한 화장
② 고려시대 – 분대화장
③ 조선시대 – 여염집 여성들의 화려한 화장
④ 고구려 – 연지화장

해설 조선시대에는 유교의 영향으로 화장이 천한 행위로 인식되었다.

04 화장에 대한 표현 중 틀린 것은?
① 담장 – 얼굴 치장과 아울러 옷치장, 장신구의 치레를 담박하게 하였을 때를 표현하는 말
② 야용 – 억지로 아름답게 꾸민다는 분장의 의미
③ 성장 – 옷차림과 화장을 청초하게 하였을 때를 표현하는 말
④ 장식 – 피부 손질과 얼굴 꾸밈, 옷차림, 각종 장신구 치레를 골고루 갖추는 행위

해설 성장은 야하거나 화려한 경우를 가리킨다.

05 공산품으로 제작 판매된 한국 최초의 화장품으로 1916년 가내수공업으로 시작된 화장품의 이름은 무엇인가?
① 에레나크림　② 동동구리무
③ 박가분　④ 김가분

해설 1916년 가내수공업으로 제조되기 시작한 박가분은 1922년 정식으로 제조 허가를 받았다.

06 중세 시대 미용 문화 발달과 밀접히 관련된 역사적 사건은?
① 1차 세계대전　② 트로이 전쟁
③ 십자군 전쟁　④ 산업 혁명

해설 중세시대 십자군 전쟁으로 동방에서 안티몬과 향유가 유입되었다.

07 바로크 시대의 메이크업 특징으로 옳지 않은 것은?
① 머리카락은 블론드색으로 염색하거나 깨끗이 깎고 가발을 썼다.
② 모양과 색깔이 장미꽃 같은 입술을 연출하였다.
③ 자연스럽고 옅은 피부 화장을 중시하였다.
④ 홍조를 띠거나 붉은 연지를 칠한 뺨으로 표현하였다.

해설 바로크 시대에는 진한 화장을 하여 백납으로 만든 인형처럼 보이게 하였다.

08 인류가 처음으로 사회적 표시와 미적 효과로서의 메이크업과 복식, 헤어를 했다고 말할 수 있는 시대는?
① 신석기 시대　② 이집트 시대
③ 르네상스 시대　④ 로코코 시대

해설 이집트 시대는 머리 모양과 수염 크기, 장신구 모양 등에 따라 신분 계급을 표시하기 시작한 시대이다.

09 메이크업 아티스트의 메이크업 샵 위생관리의 능력으로 잘못된 것은?
① 메이크업 도구, 기기의 소독방법을 알아야 한다.
② 위생적인 손 소독을 할 수 있어야 한다.
③ 메이크업 도구 배열을 잘해야 한다.
④ 공중위생관리에 대한 지식이 있어야 한다.

10 안면 부위별 주름과 관련 근육의 연결이 잘못된 것은?
① 후두근 – 이마 가로 주름
② 추미근 – 미간 주름
③ 안륜근 – 눈가 주름
④ 상안검거근 – 눈꺼풀 처짐

해설 후두근(뒷통수근)은 모상건막을 뒤로 당겨 이마 주름을 없앤다.

11 두드러진 광대뼈를 자연스럽게 표현한 뒤 부드럽게 보이도록 해야 하는 얼굴형은?
① 둥근형　② 긴 형
③ 사각형　④ 마름모형

해설 광대뼈가 발달한 얼굴은 마름모꼴로 보인다.

정답 01 ③　02 ②　03 ③　04 ③　05 ③　06 ③　07 ③　08 ②　09 ③　10 ①　11 ④

모의고사 1 회 메이크업 필기 총정리 모의고사

12 파운데이션 색과 이미지가 어울리지 않는 것은?

① 라이트계 – 봄, 겨울에 사용하며 청순한 이미지이다.

② 핑크계 – 화사한 느낌이며 신랑화장이나 남성 메이크업 시 주로 사용한다.

③ 베이지계 – 차분하고 이지적인 분위기이다.

④ 브라운계 – 섹시하고 건강한 이미지이다.

> **해설** 핑크 계열은 화사한 느낌을 주기 때문에 신부화장에 어울린다.

13 메이크업이 추구하는 선에 대한 설명 중 바르지 않은 것은?

① 상향선 – 메이크업이 기본적으로 추구하는 선이다.

② 상향선 – 차분하고 부드러운 이미지를 연출한다.

③ 하향선 – 부드럽고 온화한 이미지를 연출한다.

④ 수평선 – 고요하고 무게감이 있어 보인다.

> **해설** • 상향선 : 메이크업이 기본적으로 추구하는 선이며 명랑, 쾌활, 개성적, 활동적이고 젊은 느낌을 준다.
> • 하향선 : 부드럽고 온화한 이미지를 연출한다.
> • 수평선 : 고요하고 무게감이 있어 보인다.

14 기본형 눈썹 그리는 방법에 대한 설명으로 적절하지 않은 것은?

① 눈썹 앞머리는 콧방울 지점에서 눈 앞머리를 지나 일직선으로 올려 만나는 곳에 위치하도록 한다.

② 눈썹 산의 위치는 눈썹 길이의 2/3 지점에 위치하도록 한다.

③ 눈썹 앞머리는 진하고 눈썹 꼬리 쪽으로 갈수록 자연스럽게 처리한다.

④ 눈썹 앞머리와 눈썹 꼬리는 일직선상에 위치하여야 한다.

> **해설** 눈썹 앞머리는 연하게 시작하여 눈썹 꼬리로 갈수록 진하게 그라데이션해야 한다.

15 눈꼬리가 내려간 눈의 형태에 어울리는 아이섀도 방법은?

① 앞머리 쪽에 포인트를 준다.

② 포인트를 눈 중앙에 두껍게 발라준다.

③ 눈 앞머리에서 눈꼬리까지 라인을 살려 사선방향으로 올려 꼬리 쪽에 포인트를 준다.

④ 앞머리에서 중간까지는 밝은 색상을 발라주고 언더 라인에 포인트를 준다.

> **해설** 눈꼬리가 내려간 눈의 형태는 올라가 보이도록 사선 방향으로 올려주고 눈꼬리 쪽에 포인트를 준다.

16 분위기에 따른 입술화장법에 대한 설명으로 맞는 것은?

① 부드럽고 여성스러운 이미지 – 자연스럽게 곡선을 살려서 그린다.

② 지적이고 차가운 이미지 – 곡선을 살려 얇은 느낌을 강조한다.

③ 샤프하고 스포티한 분위기 – 직선으로 그리고 강한 색상을 사용한다.

④ 클래식한 분위기 – 윗입술 산을 입술 중앙에 가깝게 그려 뾰족한 입술 형태로 그린다.

> **해설** • 지적이고 차가운 분위기 – 약간 긴장된 느낌을 직선으로 표현하며 선명하고 강한 색상을 사용한다.
> • 샤프하고 스포티한 분위기 – 직선을 살려 얇은 느낌을 강조한다.
> • 클래식한 분위기 – 윗입술 산을 구각 쪽에 가깝게, 구각은 약간 아래로 향하도록 그린다.

17 이마 위와 아래턱에 가로로 섀딩을 넣고 블러셔를 수평으로 넣어야 하는 얼굴형은 ?

① 둥근형   ② 긴 형

③ 역삼각형   ④ 사각형

> **해설** 긴 형의 얼굴은 이마 위와 아래턱에 가로로 섀딩을 넣고, 수평형의 블러셔로 긴 느낌을 끊어준다.

18 원색의 조건이 아닌 것은?

① 그 색을 다른 색으로 더 이상 분류할 수 없다.

② 흰색과 검정을 포함한다.

③ 다른 색료의 혼합에 의해 만들 수 없다.

④ 색을 모두 혼합하면 백색 또는 흑색이 된다.

> **해설** 원색은 그 색을 더 이상 분해할 수 없고, 다른 색료의 혼합에 의해 만들 수 없다. 이들 색을 전부 혼합하면 백색(가색) 또는 흑색(감색)이 된다.

19 색채의 중량감은 명도와 관계가 있다. 다음 중 가장 가볍게 느껴지는 색은?

① 저명도   ② 고명도

③ 고채도   ④ 저채도

> **해설** 저명도는 무거운 색이고, 고명도는 가벼운 색이다.

20 색상이 단계적으로 변화하는 것을 말하며 색상, 명도, 톤으로 변화시킬 수 있는 배색은?

① 강조 배색

② 톤 인 톤 배색

③ 그라데이션 배색

④ 톤 온 톤 배색

> **해설** 그라데이션 배색은 색상이 단계적으로 변화하는 것을 말하며 색상, 명도, 톤으로 변화시킬 수 있다.

21 튀어나온 이마 수정 메이크업에 대한 설명으로 틀린 것은?

① 어두운 갈색으로 머리선 부위의 선을 따라 칠한다.

② 관자놀이 부위로 갈수록 가늘게 색칠한다.

③ 약간 어두운 파우더로 가볍게 발라 뒤로 들어가 보이도록 한다.

④ 이마 중앙 부분에 하이라이트를 넣는다.

정답   **12** ②   **13** ②   **14** ③   **15** ③   **16** ①   **17** ②   **18** ②   **19** ②   **20** ③   **21** ④

모의고사 1회 　 메이크업 필기 총정리 모의고사

22 신랑 메이크업에 대한 설명으로 잘못된 것은?
① 신랑의 눈썹이 가장 중요하므로 소신 있어 보이는 정갈한 눈썹이 되도록 표현한다.
② 이마가 반듯하게 돋보일 수 있도록 파운데이션을 얇게 깔고 파우더도 소량 사용한다.
③ 입술 색과 같은 계열의 옅은 브라운 립스틱을 약지를 이용해 살짝 터치한다.
④ 거칠어진 입술은 립밤이나 립글로즈로 반짝이게 한 후 핑크를 덧바른다.

> **해설** 남성 메이크업에 핑크 컬러는 사용하지 않는다.

23 T.P.O메이크업에서 O의 의미는 무엇인가?
① 장소　　② 사무실
③ 상황　　④ 시간

> **해설** O는 영어로 Occasion이며 상황 또는 경우를 나타낸다.

24 패션의 성격과 잘 어울리는 메이크업 스타일의 연결이 잘못된 것은?
① 미니멀 룩 – 누드 메이크업, 내추럴 메이크업
② 오리엔탈 룩 – 에스닉 메이크업, 젠 메이크업
③ 페미닌 룩 – 파스텔 메이크업, 큐트 메이크업
④ 매니시 룩 – 엘레강스 메이크업, 펑키 메이크업

25 다음 중 메이크업을 할 때 가장 리얼하고 내추럴한 메이크업을 필요로 하는 분야는?
① 시네마 메이크업
② 텔레비디오 메이크업
③ 스테이지 메이크업
④ 포토 메이크업

> **해설** 시네마(영화) 메이크업은 스크린을 통해 많이 확대된 모습을 보게 되므로 베이스 메이크업 단계부터 자연스럽고 사실적인 메이크업 기법이 요구된다.

26 TV 드라마 메이크업을 할 때 고려해야 할 사항이 아닌 것은?
① 조명
② 의상의 색상
③ 시청자와의 거리
④ 상대 배우와의 관계

> **해설** TV 드라마 메이크업은 대본, 배우의 캐릭터, 의상과 소품의 조화, 상대 배우와의 관계 등 많은 요소들이 고려되어야 한다. 특히 촬영 현장에서는 조명의 영향을 많이 받는다는 점을 숙지해야 한다. 관객과의 거리를 고려해야 하는 것은 스테이지 메이크업의 특징이다.

27 표피의 순서를 아래층에서부터 위층으로 바르게 나열한 것은?
① 망상층 – 유극층 – 기저층 – 각질층 – 투명층
② 기저층 – 유두층 – 투명층 – 각질층 – 과립층
③ 기저층 – 과립층 – 투명층 – 유극층 – 각질층
④ 기저층 – 유극층 – 과립층 – 투명층 – 각질층

28 비타민 D를 생성하여 뼈와 치아의 발달에 관여하는 층은?
① 과립층　　② 투명층
③ 유두층　　④ 망상층

> **해설**
> ・과립층은 자외선의 영향으로 비타민 D를 합성한다.
> ・피부 내에 있는 프로비타민 D가 자외선에 노출되면 화학적으로 변하여 과립층에서 비타민 D를 생성한다.
> ・비타민 D는 칼슘의 흡수를 도와 뼈와 치아의 형성에 관여한다.

29 피하지방과 관계없는 것은?
① 체온 보호 기능을 한다.
② 지방세포 사이사이에는 굵은 형태의 혈관과 림프관들이 있다.
③ 새 세포를 형성한다.
④ 에너지를 저장한다.

> **해설** 새 세포는 기저층에서 형성된다.

30 비타민의 역할로 볼 수 없는 것은?
① 성장 촉진　　② 체조직 구성
③ 신경 안정　　④ 면역 기능 강화

> **해설** 비타민은 체조직을 구성하지 않는다.

31 필수 아미노산에 해당되지 않는 것은?
① 아르기닌(Arginine)
② 히스티딘(Histidine)
③ 티로신(Tyrosine)
④ 발린(Valine)

> **해설** 티로신은 필수 아미노산이 아니다.

32 장기간에 걸쳐 반복하여 긁거나 비벼서 표피가 건조하고 가죽처럼 두꺼워진 상태는?
① 가피　　② 낭종
③ 태선화　　④ 반흔

> **해설** 태선화는 반복하여 긁거나 비벼서 가죽처럼 두꺼워진 상태를 말한다.

정답 　22 ④ 　23 ③ 　24 ④ 　25 ① 　26 ③ 　27 ④ 　28 ① 　29 ③ 　30 ② 　31 ③ 　32 ③

모의고사 1 회 메이크업 필기 총정리 모의고사

33 특별한 장치의 설치 없이 일반적인 경우에 실내의 자연적 환기에 가장 큰 비중을 차지하는 요소는?

① 실내외 공기의 기온 차이 및 기류
② 실내외 공기의 불쾌지수 차이
③ 실내외 공기 중 CO_2 함량 차이
④ 실내외 공기의 습도 차이

해설 실내공기는 실내외의 온도차, 기류, 외기의 풍력에 의해 자연환기가 이루어진다.

34 위생적인 조명의 조건으로 가장 적절한 것은?

① 색이 있는 것이 좋다.
② 눈이 적당히 부셔야 한다.
③ 충분한 조명 양이 있어야 한다.
④ 그림자가 많이 생겨야 한다.

해설 • 빛이 깜빡거리지 않고 눈이 부시지 않아야 한다.
• 충분한 조도가 균등하게 유지되고 그림자가 생기지 않아야 한다.

35 진드기가 옮기는 병이 아닌 것은?

① 발진열   ② 유행성 출혈열
③ 풍진   ④ 재귀열

해설 진드기에는 참진드기와 좀진드기가 있으며 유행성 출혈열, 재귀열, 발진열, 야토병 등을 발병시킨다.

36 다음 중 파리가 매개하는 질병은?

① 발진티푸스   ② 유행성 이하선염
③ 파라티푸스   ④ 유행성 출혈열

해설 파리가 매개하는 질병으로는 장티푸스, 이질, 콜레라, 파라티푸스, 결핵, 디프테리아 등이 있다.

37 폐포에 만성 섬유증식(폐기종)을 일으키는 직업병의 원인 물질은?

① 카드뮴   ② 수은
③ 납   ④ 비소

38 음용수의 일반적인 오염지표로 삼는 것은?

① 탁도   ② 경도
③ 일반세균수   ④ 대장균수

39 병원성 미생물의 생활력을 파괴시키거나 멸살시켜서 감염 및 증식력을 없애는 것을 무엇이라 하는가?

① 소독   ② 환원
③ 방부   ④ 멸균

해설 • 소독 : 병원성 미생물을 사멸 또는 제거하여 감염력을 잃게 하는 것
• 방부 : 미생물의 증식을 억제하여 식품의 부패 및 발효를 억제하는 것
• 멸균 : 미생물이나 기타 모든 균을 죽이는 것

40 다음 중 화학적 소독법은?

① 고압 증기 멸균 소독법
② 여과 세균 소독법
③ 승홍수 소독법
④ 자외선 소독법

해설 건열 소독법, 여과 세균 소독법, 고압 증기 멸균 소독법, 자외선 소독은 물리적 소독법이다.

41 이·미용업소에 있어 객담의 소독법으로 가장 적절한 것은?

① 3% 역성비누액   ② 3% 크레졸수
③ 승홍수   ④ 포르말린수

해설 객담 등의 배설물은 3%의 크레졸수와 석탄산수가 적당하다.

42 유리 제품의 소독방법으로 가장 적절한 것은?

① 끓는 물에 넣고 10분간 가열한다.
② 건열 멸균기에 넣고 소독한다.
③ 알코올램프에 그을린다.
④ 찬물에서부터 넣고 끓인다.

해설 유리 제품은 건열 멸균기를 이용하여 미생물을 산화시켜 포자 등을 완전히 멸균시킨다.

43 사전에 소독제를 조제하여 보관해 두었다가 필요 시 사용해도 무방한 것은?

① 승홍수   ② 석회유
③ 생석회 분말   ④ 석탄산수

해설 석탄산은 안정성이 강해 오래 두어도 화학 변화가 적다.

44 미용기구의 소독기준 및 방법에 대한 설명이다. 옳지 않은 것은?

① 열탕 소독 – 섭씨 100℃ 이상의 물에서 10분 이상 끓인다.
② 자외선 소독 – 1㎠당 80㎼ 이상의 자외선을 30분 이상 쬐어준다.
③ 증기 소독 – 섭씨 100℃ 이상의 습한 열에 20분 이상 쬐어준다.
④ 크레졸 소독 – 크레졸수(크레졸 3%, 물 97%의 수용액)에 10분 이상 담가둔다.

해설 자외선 소독 : 1㎠당 85㎼ 이상의 자외선을 20분 이상 쬐어준다.

45 공중위생관리법에서 규정하고 있는 공중위생영업의 종류에 해당되는 것은?

① 미용학원   ② 미용학교
③ 목욕탕   ④ 노래방

해설 공중위생영업의 종류에는 숙박업, 목욕장업, 이용업, 미용업 세탁업, 위생관리 용역업 등이 있다.

정답 33 ① 34 ③ 35 ③ 36 ③ 37 ① 38 ④ 39 ① 40 ③ 41 ② 42 ② 43 ④ 44 ② 45 ③

모의고사 1회 메이크업 필기 총정리 모의고사

46 공중위생영업 신고를 위하여 제출하는 서류에 해당하지 않는 것은?
① 영업시설개요서
② 교육필증
③ 영업설비개요서
④ 부동산 임대차 계약서

해설 영업 신고 시 첨부 서류는 영업시설 및 설비개요서, 교육필증 등이다.

47 이·미용사는 영업소 이외 장소에서는 이·미용업무를 할 수 없다. 그러나 특별한 사유가 있는 경우 예외가 인정되는데, 그 특별한 사유에 해당되지 않는 것은?
① 입원 중인 환자에게 미용 시술을 하였다.
② 미용시설이 없는 야외에서 결혼을 하는 신부에게 화장을 고쳐 주었다.
③ 긴급히 국외에 출장가려는 사람의 집으로 가서 미용 시술을 하였다.
④ 몸이 불편한 노인들을 모신 복지 시설을 찾아가 미용 시술을 하였다.

해설 보건복지부령이 인정하는 특별한 사유
- 질병으로 영업소까지 나올 수 없는 자에 대한 이·미용
- 혼례 및 기타 의식에 참여하는 자에 대하여 그 의식 직전에 행하는 이·미용
- 사회복지시설에서 봉사활동으로 미용을 하는 경우
- 방송 등의 촬영에 참여하는 사람에 대하여 그 촬영 직전에 미용을 하는 경우
- 시장·군수·구청장이 특별한 사정이 있다고 인정하는 경우에 행하는 이·미용

48 1차 위반 시의 행정처분이 면허취소가 아닌 것은?
① 국가기술자격법에 의하여 이·미용사의 자격이 취소된 때
② 공중의 위생에 영향을 미칠 수 있는 감염병자로서 보건복지부령이 정하는 자
③ 면허정지 처분을 받고 그 정지 기간 중 업무를 행한 때
④ 국가기술자격법에 의하여 미용사 자격정지 처분을 받았을 때

해설 ④의 경우 면허정지에 해당된다.

49 200만 원 이하의 과태료 처분에 해당되지 않는 경우는?
① 영업소 이외의 장소에서 영업행위를 한 자
② 위생교육을 받지 아니한 자
③ 위생관리 의무를 지키지 아니한 자
④ 개선명령을 위반한 자

해설 개선명령을 위반한 경우는 300만 원 이하의 과태료 처분에 해당한다.

50 3차 위반 시의 행정처분 기준이 영업장 폐쇄명령이 아닌 것은?
① 무자격 안마사로 하여금 안마사의 업무에 관한 행위를 하게 한 때
② 손님에게 도박이나 그 밖에 사행행위를 하게 한 때
③ 음란한 물건을 관람·열람하게 하거나 진열 또는 보관한 때
④ 업소 외의 장소에서 미용업무를 한 경우

해설 음란한 물건을 관람·열람하게 하거나 진열 또는 보관한 때는 4차 위반 시 영업장 폐쇄명령의 행정처분이 내려진다.

51 법 또는 법에 의한 명령을 위반한 때 1차 위반 시의 행정처분 기준이 경고 또는 개선명령이 아닌 것은?
① 신고를 하지 않고 영업소의 명칭 및 상호를 변경한 경우
② 신고를 하지 않고 영업장 면적의 3분의 1 이상을 변경한 경우
③ 영업정지 처분을 받고 그 영업정지 기간 중 영업을 한 때
④ 영업신고증, 요금표를 게시하지 아니하거나 업소 내 조명도를 준수하지 아니한 때

해설 영업정지 처분을 받고 그 영업정지 기간 중 영업을 한 때 1차 위반 시 행정처분은 영업장 폐쇄명령이다.

52 화장품의 분류와 제품이 잘못 연결된 것은?
① 기초 화장품 : 클렌징 제품, 에센스, 크림류
② 메이크업 화장품 : 메이크업 베이스, 파운데이션
③ 방향 화장품 : 향수, 데오도란트
④ 바디 화장품 : 바디로션, 바디샴푸, 선탠 오일

해설 데오도란트는 액취 방지제이다.

53 글리세린의 대체물질로 사용할 수 있으며 보습·유연작용을 하는 보습성분은?
① 아미노산 ② 콜라겐
③ 솔비톨   ④ 프로필렌글리콜

해설 솔비톨은 부드러운 제형으로 피부를 촉촉하고 부드럽고 유연하게 한다.

54 색소 침착 피부에 효과적인 성분이 아닌 것은?
① 상백피 ② 알부틴
③ 레티놀 ④ 코직산

해설 레티놀은 주름살을 개선하고 노화에 의해 감소하는 콜라겐 생성을 돕는다.

55 비교적 피부 자극이 강하고 모발 화장품에서 헤어린스나 트리트먼트, 정전기 방지제로 사용되는 계면활성제의 종류는?
① 양쪽성 계면활성제
② 양이온성 계면활성제
③ 음이온성 계면활성제
④ 비이온성 계면활성제

해설 양이온성 계면활성제는 세정력, 기포력, 증점력, 컨디셔닝 효과가 있다.

정답 46 ④ 47 ③ 48 ④ 49 ④ 50 ③ 51 ③ 52 ③ 53 ③ 54 ③ 55 ②

모의고사 1 회   메이크업 필기 총정리 모의고사

56 크림의 기능으로 바른 것은?

① 유효성분을 흡수시켜 피부를 개선한다.
② 혈액순환을 촉진하고 안색이 맑아진다.
③ 제거 시 노폐물이 제거된다.
④ 피막을 형성하여 외부와 일시적으로 차단한다.

해설 크림은 피부의 보호막을 형성하여 유효성분을 흡수시켜 피부를 개선한다.

57 모발화장품과 그 기능이 바르게 연결된 것은?

① 세정 기능 – 헤어샴푸, 헤어스프레이
② 정발 기능 – 헤어크림, 헤어무스
③ 영양 기능 – 헤어무스, 헤어젤
④ 양모 기능 – 헤어린스, 헤어샴푸

해설
• 세정제 : 샴푸, 린스
• 정발제 : 크림, 포마드, 무스
• 염모제 : 영구 염색제, 일시 염색제
• 양모제 : 헤어토닉, 오일, 크림

58 Oil – in – water Emulsion의 주성분은?

① Water   ② Oil
③ Baking Soda   ④ Emulsifiers

해설 Oil – in – water Emulsion은 피부에 수분을 공급한다.

59 다음 중 기능성 화장품에 속하는 것은?

① 피지를 제거하고 피부 표면을 청결히 하는 데 도움을 주는 화장품
② 모세혈관을 강화하고 피부를 튼튼하게 하는 데 도움을 주는 화장품
③ 자외선으로부터 보호하거나 태우는 데 도움을 주는 화장품
④ 여드름을 치유하고 개선하는 데 도움을 주는 화장품

해설 기능성 화장품의 종류
• 피부 주름 개선에 도움을 주는 화장품
• 피부 미백에 도움을 주는 화장품
• 피부를 곱게 태우거나 자외선으로부터 피부를 보호하는 데 도움을 주는 화장품

60 미백기능을 하는 성분이 아닌 것은?

① 알부틴   ② 감초 추출물
③ 코직산   ④ 위치하겔

해설 위치하겔은 피부진정작용과 수렴작용을 한다.

정답 56 ① 57 ② 58 ① 59 ③ 60 ④

제1회 **86** 모의고사

메이크업 필기 총정리 모의고사 2회

01 고대 한국인들의 미용 방법에 관한 설명 중 맞지 않은 것은?
① 돌, 조개껍데기, 짐승의 뼈로 장신구를 만들어 패용하였다.
② 낙타털로 속눈썹을 만들어 부착하기도 하였다.
③ 피부를 희게 가꾸기 위한 방법들을 가지고 있었다.
④ 계급과 신분에 따라 치장을 달리 하였다.

해설 현대적인 인조속눈썹은 19세기 말 무렵 영국에서 고안되었다.

02 신라시대에 굴참나무, 너도밤나무 등의 나뭇재를 유연에 개어 눈썹 그리는 데 사용한 화장품은 무엇인가?
① 백분 ② 연지
③ 미묵 ④ 향료

해설 미묵 : 굴참나무, 너도밤나무 등의 나뭇재를 유연에 개어 눈썹 그리는 데 사용했다.

03 신라시대 때에 입술과 연지화장의 재료로 쓰인 것은?
① 봉숭아 ② 홍화
③ 선인장 ④ 장미

해설 신라시대에는 홍람화(홍화, 잇꽃)를 직접 재배하여 꽃잎을 말려서 빻은 후 연지를 만들었다.

04 로마 시대의 미용 문화에 관한 설명이 아닌 것은?
① 우유나 포도주로 얼굴 마사지를 하고, 볼과 입술에는 야채에서 뽑은 염료를 발랐다.
② 모발에 염색과 마사지 등 위생관리까지도 전문적으로 하였다.
③ 교회에서는 가발과 화장을 엄격히 금지하였다.
④ 립스틱이나 파운데이션으로 대표되는 근대적 향장품이 중추를 이루었다.

해설 금욕주의의 영향으로 화장을 경시하는 풍조가 생기고, 교회에서 가발과 화장을 엄격히 금지했던 시기는 중세시대이다.

05 이집트 시대 화장의 특징이 아닌 것은?
① 신으로부터 보호를 받는다는 보호의 상징으로서 눈을 강조한 메이크업을 하였다.
② 백색 안료를 사용하여 피부 톤을 희게 표현하였다.
③ 분, 볼연지, 입술연지는 헤나(Henna)나 색이 있는 꽃잎들을 으깨어 사용하였다.
④ 푸른 공작석을 갈아서 만든 가루를 섀도로 사용하여 눈 주위에 발랐다.

해설 백색 안료를 사용하여 피부 톤을 희게 표현하는 것은 그리스 시대의 특징이다.

06 다음에서 설명하는 뷰티 아이콘은 누구인가?
- 1960년대 대표적인 패션모델
- 그려 넣은 주근깨와 언더아이에 붙인 가짜 속눈썹
- 중성적인 이미지와 미니스커트

① 오드리 햅번 ② 마리 콴트
③ 케이트 모스 ④ 트위기

해설 1960년대 대표적인 모델인 트위기는 주근깨 투성이의 순진한 사춘기 소녀 같은 중성적인 이미지로 인기를 얻었다.

07 메이크업 업무에 해당하지 않는 것은?
① 이미지 분석
② 메이크업 디자인 개발
③ 메이크업 시술
④ 촬영 진행

해설 메이크업 업무는 이미지 분석, 디자인 개발, 메이크업 시술, 코디네이션, 기타 사무관리를 실행하는 것이다.

08 다음 중 큰 얼굴형에서 느껴지는 이미지와 거리가 먼 것은?
① 듬직함 ② 너그러움
③ 깜찍함 ④ 포용력

해설 큰 얼굴에서 느껴지는 이미지는 늠름함, 듬직함, 장대함, 포용, 너그러움 등이다.

09 입술의 골상에서 입술형과 느껴지는 이미지가 잘못 연결된 것은?
① 곧은 입술 – 단호함, 확고함
② 얇은 입술 – 정서적으로 따뜻함
③ 두툼한 입술 – 온화하고 풍부함, 사교적, 나태함
④ 처진 입술 – 비관적, 진지함, 약한 기질

해설 얇은 입술에서는 겸손하고 신중하나 형식적, 정확함, 냉정함의 이미지가 느껴진다.

10 다음 파우더의 사용 목적에 대한 설명 중 잘못된 것은?
① 파운데이션의 유분기를 흡수하고 정돈한다.
② 메이크업의 지속력을 상승시킨다.
③ 파운데이션의 색상 표현을 보충한다.
④ 피부 결점을 완벽히 커버하기 위해 사용한다.

해설 파우더는 파운데이션의 유분기를 제거하여 메이크업의 지속력을 높이고, 광선을 흡수하거나 반사하여 피부를 곱고 부드럽게 보이도록 한다. 피부 결점을 커버하는 것은 파운데이션과 컨실러의 기능이다.

정답 01 ② 02 ③ 03 ② 04 ③ 05 ② 06 ④ 07 ④ 08 ③ 09 ② 10 ④

모의고사 2 회 메이크업 필기 총정리 모의고사

Make up

11 다음 눈썹 색상 선택 방법 중 잘못된 것은?

① 머리색에 맞춰서 선택

② 의상의 색에 맞춰서 선택

③ 눈의 이미지를 고려하여 선택

④ 유행하는 눈썹 색상을 선택

해설 눈썹의 색상은 머리색, 의상, 눈의 이미지에 맞게 선택해야 한다.

12 얼굴형에 따른 눈썹형과 이미지 연결이 가장 적절한 것은?

① 둥근형 – 직선형 – 활동적인 이미지

② 긴 형 – 아치형 – 남성적인 이미지

③ 역삼각형 – 아치형 – 여성스러운 이미지

④ 사각형 – 기본형 – 시원한 이미지

해설 역삼각형 얼굴에 아치형으로 그렸을 경우 여성스러운 이미지를 기대할 수 있다.

13 눈과 눈 사이가 먼 모델에게 아이라이너를 사용할 경우 바른 테크닉은?

① 눈꼬리 쪽을 길고 굵게 그려 시선을 바깥쪽으로 분산시킨다.

② 눈머리 쪽은 강하게 그려 미간이 좁아 보이도록 한다.

③ 전체적으로 아이라인을 그리되 꼬리 부분을 굵게 그린다.

④ 눈 앞머리와 꼬리 부분을 굵게 그린다.

해설 메이크업은 모델의 장점을 강조하고 단점을 커버할 수 있어야 한다. 눈과 눈 사이가 멀 때는 눈 간격이 좁아 보이도록 해야 한다.

14 돌출된 입술 수정법에 대한 설명 중 틀린 것은?

① 짙은 립 라인을 이용하여 라인을 짙게 그린다.

② 전체적으로 짙은 색상을 이용한다.

③ 수축되고 후퇴되어 보이는 색상과 질감의 제품을 선택한다.

④ 밝은 립스틱으로 입술 위, 아래에 하이라이트를 준다.

해설 돌출된 입술을 수정할 때에는 짙은 색, 차분한 색, 수축색을 사용하고, 립글로스나 하이라이트 처리를 하지 않는다.

15 블러셔를 바르는 위치로 올바른 것은?

① 눈의 앞머리에서 코끝까지

② 눈동자 중앙에서 코끝이 연결되는 선의 바깥쪽으로

③ 눈꼬리에서 코끝까지 안쪽으로

④ 광대뼈 부분을 가로로

해설 블러셔는 눈동자 중앙에서 코끝이 연결되는 선의 바깥쪽으로 바른다.

16 다음 보기 중 감색 혼합으로 옳지 않은 것은?

① 마젠타 + 노랑 = 빨강

② 마젠타 + 노랑 + 시안 = 검정

③ 마젠타 + 노랑 + 시안 = 흰색

④ 노랑 + 시안 = 녹색

해설 마젠타 + 노랑 + 시안 = 검정

17 다음 중 부드럽고 통일된 온화한 느낌을 주는 배색은?

① 유사 배색

② 근접보색 배색

③ 동일 또는 인접색상 배색

④ 보색색상 배색

해설 • 동일 또는 인접색상 배색은 부드럽고 통일된 온화한 느낌을 준다.
• 유사색상 배색에서는 명도와 채도 차를 높이면 조화로운 느낌을 준다.

18 파운데이션보다 점도가 높고 밀착력과 커버력이 좋아 피브의 잡티, 기미 등에 부분적으로 사용하는 메이크업 제품은?

① 컬러 틴트 ② 메이크업 베이스

③ 컬러 파우더 ④ 컨실러

해설 컨실러는 눈 및 다크서클, 붉은 반점, 기미나 주근깨 등 기타 피부의 결점을 커버하고자 할 때 사용한다. 피부의 패인 부분, 모세혈관 확장 피부를 커버한다.

19 역삼각형의 수정화장법 중 잘못된 것은?

① 눈썹 길이의 1/2 부분에 눈썹 산을 그린다.

② 볼 터치는 사선이 되게 턱 끝 쪽으로 준다.

③ 이마 양옆과 턱에 섀딩을 준다.

④ 길이와 넓이를 늘려 그려서 입술이 좁아 보이지 않도록 한다.

해설 역삼각형 : 3분할의 하단보다 상단이 넓은 입체적, 서구적, 도회적 얼굴형으로 관자에서 광대로 이어지는 곳에 블러셔, 치크를 하여 수정한다.

20 내추럴 메이크업에 대한 설명으로 가장 적절하지 못한 것은?

① 가장 완벽하게 자연스러운 메이크업

② 모델의 아름다움을 그대로 살린 메이크업

③ 베이지 아이섀도만을 사용할 수 있는 메이크업

④ 색상을 통일하되 인위적이지 않은 메이크업

21 메이크업의 종류에 따른 화장의 진한 정도를 바르게 나열한 것은?

① 내추럴 메이크업 – 스테이지 메이크업 – 광고 메이크업 – 바디 페인팅

② 누드 메이크업 – 내추럴 메이크업 – 광고 메이크업 – 스테이지 메이크업

③ 포토 메이크업 – 광고 메이크업 – 스테이지 메이크업 – 누드 메이크업

④ 내추럴 메이크업 – 광고 메이크업 – 스테이지 메이크업 – 패션 메이크업

정답 11 ④ 12 ③ 13 ② 14 ④ 15 ② 16 ③ 17 ③ 18 ④ 19 ② 20 ③ 21 ②

모의고사 2회 메이크업 필기 총정리 모의고사

22 신부 메이크업에 관한 특징을 가장 적절하게 표현한 것은?
① 형광등, 자연 조명 상태 등에 관계없이 화사하기만 하면 된다.
② 거의 대부분 파스텔 톤의 핑크, 오렌지 계열만을 사용한다.
③ 우아하고 요염하게 표현되는 아주 선정적인 메이크업이다.
④ 윤곽을 살리면서 자연스럽고 청순하면서도 신부의 개성을 돋보이게 한다.

23 다음 중 미디어 메이크업의 특징으로 잘못된 것은?
① 영화 메이크업은 시대적인 상황도 파악해야 한다.
② TV 메이크업에서 윤곽수정은 매우 중요하다.
③ 광고에서 흑백사진 메이크업은 회색과 검정 컬러로만 표현해야 한다.
④ TV 메이크업에서 피부표현은 본래 연기자의 피부보다 조금 어둡게 표현한다.

해설 광고의 흑백사진 메이크업은 회색과 검정으로만 표현하지 않아도 된다. 눈화장은 회색과 검정으로 표현하면 되나 입술은 회색, 검정이 없으므로 중간톤 핑크를 바르면 중간톤 회색으로, 진한 빨강으로 립스틱을 바르면 거의 진한 진회색이나 검정으로 나타난다.

24 다음 중 파스텔 메이크업이 어울리지 않는 경우는?
① 봄 시즌을 겨냥한 20대 여성용 화장품 광고
② 청소년용 패션 잡지의 속옷 광고
③ 로맨틱 룩 패션쇼의 모델
④ 베이비용 목욕용품 광고에 나오는 아기

해설 베이비 모델은 색조화장을 하지 않는다.

25 다음 중 광고 메이크업에 임하는 자세로 적절하지 않은 것은?
① 광고 매체가 잡지인지 영상인지를 알아야 한다.
② 광고주나 기획사가 요구하는 메이크업에 대해 알고 있어야 한다.
③ 소품이나 도구의 구입 가능 여부를 미리 점검해야 한다.
④ 내가 좋아하는 스타를 광고 모델로 적극 추천한다.

해설 광고매체의 특성, 광고주와 기획사의 요구, 그에 따른 소품이나 도구의 사전준비는 광고 메이크업을 하기 위해 꼭 필요한 단계이다.

26 TV 뉴스 앵커나 방송 진행자들이 자연스럽게 화면에 보여지도록 하는 메이크업은?
① 스트레이트 메이크업 ② 스포츠 메이크업
③ 스테이지 메이크업   ④ CF 메이크업

해설 TV 메이크업에서 뉴스 앵커나 방송 프로그램 진행자, 출연자에게 가장 자연스러운 아름다움을 찾아주고 TV 매체에 어울리도록 매만져주는 것이 스트레이트 메이크업이다.

27 다음 중 피부색을 결정짓는 색소가 아닌 것은?
① 멜라닌   ② 카로틴
③ 헤모글로빈   ④ 비부루닌

해설 피부색을 결정하는 요인은 멜라닌, 헤모글로빈, 카로틴이다.

28 피부의 구조 중 망상층과 유두층으로 구분되며 피부조직 외에 부속기관인 혈관, 신경관, 림프관, 한선, 피지선을 포함하고 있는 곳은?
① 표피   ② 진피
③ 근육   ④ 피하조직

해설 진피는 망상층과 유두층으로 구분되며 피부 부속기관을 포함하고 있다.

29 피지 분비량이 고르지 않아 2가지 이상의 피부상태가 존재하는 피부는?
① 복합성 피부   ② 민감성 피부
③ 지성 피부   ④ 노화 피부

해설 복합성 피부는 2가지 이상의 피부상태가 존재한다.

30 탄수화물, 단백질, 지방과 같이 에너지를 공급하는 영양소를 무엇이라 하는가?
① 열량 영양소   ② 구성 영양소
③ 조절 영양소   ④ 분해 영양소

해설 열량 영양소 : 에너지 공급(탄수화물, 단백질, 지방)

31 피부에 나타나는 원발진 장애에 해당되는 것 중 틀린 것은?
① 결절, 반점, 팽진
② 면포, 구진, 농포
③ 비듬, 인설, 가피
④ 소수포, 수포, 낭종, 종양

해설 비듬, 인설, 가피는 속발진 장애이다.

32 내인성 노화에 대한 설명으로 적합하지 않은 것은?
① 생리적 노화이다.
② 피부가 탄력성을 잃는다.
③ 광노화가 주요한 노화 중 하나이다.
④ 외적 요인에 의해 내적 노화가 촉진될 수 있다.

해설 광노화는 외인성 노화에 대한 설명이다.

33 다음 중 세계보건기구(WHO)의 기능이라고 볼 수 없는 것은?
① 보건문제 기술 지원 및 자문의 기능
② 회원국에 대한 보건관계 자료 공급의 기능
③ 국제적 보건사업의 지휘 및 조정 기능
④ 회원국에 대한 보건정책 조정의 기능

해설 세계보건기구의 주요 기능은 국제적인 보건사업의 지휘와 조정, 회원국에 대한 기술지원 및 자료공급, 전문가 파견에 의한 기술자문 활동 등이다.

정답 22 ④ 23 ③ 24 ④ 25 ④ 26 ① 27 ④ 28 ② 29 ① 30 ① 31 ③ 32 ③ 33 ④

모의고사 2 회   메이크업 필기 총정리 모의고사

34 공중보건의 정의는?
① 질병예방, 생명연장, 건강증진의 기술과학
② 생명연장, 건강증진, 조기발견의 기술과학
③ 조기치료, 생명연장, 건강증진의 기술과학
④ 조기발견, 질병예방, 건강증진의 기술과학

해설 공중보건학은 질병을 예방하고 생명을 연장할 뿐 아니라 신체적, 정신적 효율을 증진시킨다.

35 감각온도(체감온도)의 3요소로 맞는 것은?
① 기온 · 기풍 · 기류
② 기압 · 기습 · 기류
③ 기온 · 기습 · 기류
④ 기온 · 기습 · 기풍

해설 감각온도는 기온 · 기습 · 기류의 3요소에 의해서 정해진다.

36 환경위생의 향상으로 감염 예방에 크게 기여할 수 있는 감염병으로만 나열된 것은?
① 장티푸스, 세균성 이질
② 콜레라, 천연두
③ 뇌염, 소아마비
④ 유행성 이하선염, 결핵

해설 소화기계 감염병이나 구충, 구서 등에 의한 질병은 환경위생 향상으로 충분히 예방할 수 있다.

37 다음 중 인수 공통 감염병에 해당되는 것으로만 바르게 짝지어진 것은?
① 풍진, 우결핵   ② 한센병, 탄저병
③ 공수병, 페스트   ④ 홍역, 야토병

해설 인수 공통 감염병이란 척추동물과 사람 사이에 자연적으로 이환할 수 있는 질병 또는 감염상태를 말하는 것으로 결핵, 탄저병, 야토병, 비저병, 리스테리아, 돈단독균증, 선모충, 공수병(광견병), 페스트, 브루셀라 등이 있다.

38 미용업자가 준수해야 할 위생관리 기준 중 영업장 안의 조명도는 몇 룩스 이상 유지하여야 하는가?
① 65룩스 이상   ② 75룩스 이상
③ 85룩스 이상   ④ 95룩스 이상

해설 영업장 안의 조명도는 75룩스 이상이 되도록 유지하여야 한다.

39 다음 중 성인병의 분류에 속하지 않는 것은?
① 고혈압   ② 뇌졸중
③ 당뇨병   ④ 관절염

해설 대표적인 성인병은 고혈압, 뇌졸중, 협심증, 심근경색, 당뇨병, 각종 암 등이다.

40 결핵 환자가 사용한 침구 및 의류를 가장 간편하게 소독하는 방법은?
① 일광 소독   ② 자비 소독
③ 크레졸 소독   ④ 역성비누 소독

해설 일광 소독은 태양광선의 살균작용을 이용하여 자외선을 통해 소독하는 방법으로 기구, 침구, 의류 등의 소독에 적합하다.

41 금속 제품을 자비 소독할 경우 언제 물에 넣는 것이 가장 좋은가?
① 가열 시작 전부터 넣는다.
② 미지근해졌을 때 넣는다.
③ 끓기 직전에 넣는다.
④ 끓기 시작한 이후에 넣는다.

해설 금속류는 끓기 전에 넣으면 반점이 생기므로 끓고 난 이후에 넣는다.

42 다음 중 멸균의 의미를 가장 적절하게 표현한 것은?
① 병균의 증식을 억제하는 것
② 병균만 선택적으로 파괴하는 것
③ 아포를 포함한 모든 균을 파괴하는 것
④ 세균의 독성을 제거해 안전성을 확보하는 것

해설 멸균이란 강한 살균력으로 세균의 아포를 포함한 병원성 및 비병원성 미생물 모두를 사멸시키거나 제거하는 것이다.

43 병원 미생물을 크기에 따라 열거한 것으로서 옳은 것은?
① 바이러스 〈 리케차 〈 세균
② 리케차 〈 세균 〈 바이러스
③ 세균 〈 바이러스 〈 리케차
④ 바이러스 〈 세균 〈 리케차

해설 리케차는 세균보다 작고 바이러스보다 커서 세균 여과막에도 여과되지 않는다.

44 소독약품의 구비 조건으로 옳은 것은?
① 가격이 저렴하며 사용이 간편하고 용해성이 좋아야 한다.
② 가격이 높아도 소독력이 우수해야 한다.
③ 사용법에 관계없이 소독력이 우수하면 좋다.
④ 가격이 저렴하고 사용이 간편하면 용해성은 좋지 않아도 된다.

해설 소독약품은 가격이 저렴하여 사용이 간편하며 용해성이 좋아야 한다.

45 세균이 가장 잘 번식할 수 있는 수소이온농도는?
① 중성 또는 약알칼리성
② 약산성
③ 산성
④ 알칼리성

해설 세균이 가장 잘 번식할 수 있는 수소이온농도는 중성 또는 약알칼리성으로, pH 7.0~8.0이다.

정답 34 ① 35 ③ 36 ① 37 ③ 38 ② 39 ④ 40 ① 41 ④ 42 ③ 43 ① 44 ① 45 ①

제2회 **90** 모의고사

모의고사 2회   메이크업 필기 총정리 모의고사

46 미용사 면허를 받을 수 있는 해당자의 조건으로 맞지 않는 것은?
① 고등기술학교에서 3년 이상 미용에 관한 소정의 과정을 이수한 자
② 고등학교에서 미용에 관한 학과를 졸업한 자
③ 학점 인정 등에 관한 법률에 따라 미용에 관한 학위를 취득한 자
④ 전문대학에서 미용에 관한 학과를 졸업한 자

해설   교육부장관이 인정하는 고등기술학교에서 1년 이상 이용 또는 미용에 관한 소정의 과정을 이수한 자

47 공중위생의 관리를 위한 지도, 계몽 등을 행하게 하기 위해 둘 수 있는 제도는 무엇인가?
① 명예공중위생감시원
② 공중위생조사원
③ 공중위생평가단체
④ 공중위생전문교육원

해설   시·도지사는 공중위생 관리를 위한 명예공중위생감시원을 둘 수 있다. 명예공중위생감시원의 자격 및 위촉 방법, 업무 범위 등에 관해 필요한 사항은 대통령령으로 정한다.

48 이·미용업소에서 미용업 신고증을 게시하지 아니한 때의 1차 위반 행정처분은?
① 경고 또는 개선 명령
② 영업정지 5일
③ 영업허가 취소
④ 영업장 폐쇄명령

해설   미용영업신고증, 면허증 원본을 게시하지 아니하거나 업소 내 조명도를 준수하지 아니한 때 1차 위반 행정처분은 경고 또는 개선명령이다.

49 점 빼기·귓볼 뚫기·쌍꺼풀 수술·문신·박피술 그 밖에 이와 유사한 의료행위를 한 때 2차 위반 시의 행정처분 기준은 무엇인가?
① 영업정지 1월
② 영업정지 2월
③ 영업정지 3월
④ 영업장 폐쇄명령

해설   점빼기·귓볼 뚫기·쌍꺼풀 수술·문신·박피술 그 밖에 이와 유사한 의료행위를 한 때 행정처분 기준
• 1차 위반 : 영업정지 2개월
• 2차 위반 : 영업정지 3개월
• 3차 위반 : 영업장 폐쇄명령

50 개선명령을 이행하지 아니한 때 1차 위반 시의 행정처분 기준은 무엇인가?
① 경고
② 영업정지 5일
③ 영업정지 10일
④ 영업정지 1월

해설   개선명령을 이행하지 아니한 때 1차 위반 : 경고

51 손님에게 성매매 알선 등의 행위 또는 음란행위를 하게 하거나 이를 알선 또는 제공한 때 2차 위반 시 영업소와 미용사(업주)의 행정처분 기준은?

	영업소	미용사(업주)
①	영업정지 1월	면허정지 1월
②	영업정지 2월	면허정지 2월
③	영업정지 3월	면허정지 3월
④	영업장 폐쇄명령	면허취소

해설   손님에게 성매매 알선 등의 행위 또는 음란행위를 하게 하거나 이를 알선 또는 제공한 때 행정처분 기준
• 1차 위반 : 영업소 영업정지 3개월, 미용사(업주) 면허정지 3개월
• 2차 위반 : 영업소 영업장 폐쇄명령, 미용사(업주) 면허취소

52 공중위생관리법 시행령의 과태료 부과 기준에서 보고를 하지 아니 하거나 관계 공무원의 출입·검사·기타 조치를 거부·방해 또는 기피한 때의 1차 위반 행정처분 기준은?
① 영업정지 5일
② 영업정지 10일
③ 영업정지 15일
④ 영업정지 20일

해설   행정처분 : 1차(영업정지 10일), 2차(영업정지 20일), 3차(영업정지 1월), 4차(영업장 폐쇄명령)

53 이·미용업소에 게시 의무가 없는 것은 무엇인가?
① 면허증 원본
② 신고필증
③ 요금표
④ 영업시간표

해설   영업시간표는 게시 의무가 없다.

54 알코올의 기능에 대한 내용 중 바르지 않은 것은?
① 수렴, 살균, 소독의 기능이 있다.
② 휘발성이 있으나 함량이 높아도 건조하거나 민감해지지 않는다.
③ 화장품에 사용되는 알코올 중 에탄올을 주로 사용한다.
④ 화장수, 아스트린젠트, 향수 등에 사용한다.

해설   피부에 자극적인 알코올은 피부를 건조하고 민감하게 만들며 활성산소를 발생시킨다.

55 캐리어 오일 중 액체상 왁스에 속하고, 인체 피지의 지방산 조성이 유사하여 피부 친화성이 좋으며, 다른 식물성 오일에 비해 쉽게 산화되지 않아 보존 안전성이 높은 것은?
① 아몬드 오일
② 호호바 오일
③ 아보카도 오일
④ 맥아 오일

해설   호호바 오일은 피지와 지방산 구조가 흡사하여 친화력이 좋고 보존성이 높다. 노폐물 배출을 돕고 지성 피부와 여드름 피부에 효과가 있으며, 침투력이 우수하다. 건선, 습진에 사용하며, 수분 증발을 억제한다.

정답   46 ①   47 ①   48 ①   49 ③   50 ①   51 ④   52 ②   53 ④   54 ②   55 ②

모의고사 2 회   메이크업 필기 총정리 모의고사

56 다음 계면활성제에 대한 설명 중 틀린 것은?

① 유화 : W/O형은 수분 베이스에 오일 입자가 들어 있는 상태이다.

② 가용화 : 계면활성제에 의해 투명하게 용해되는 상태를 뜻한다.

③ 분산 : 고체 입자가 액체 속에 균일하게 혼합된 상태를 말한다.

④ HLB : 계면활성제가 물과 기름에 녹는 상대적 세기를 나타낸다.

해설 • 유화란 물과 그림처럼 원래 혼합되지 않는 것을 어떤 물질로 혼합시키는 것이다.
• W/O(유중수형)는 오일 베이스 내에 수분 입자가 들어있는 상태로 O/W보다 유분이 많으며, 주로 나이트용 크림, 콜드 크림의 제형이다.

57 다음 중 기초 화장품의 종류와 목적으로 바르게 연결된 것은?

① 세안 화장품 : 화장품의 잔여물을 제거한다.

② 화장수 : 고농축되어 있는 활성 성분이 수분과 영양을 공급한다.

③ 크림 : 노폐물을 제거하고 혈액순환을 촉진한다.

④ 팩, 마스크 : 피부 보습, 수렴, 청량감을 부여한다.

해설 기초화장품은 피부의 노폐물을 제거한다.

58 피부 상재균의 증식을 억제하는 향균 기능과 발생한 체취를 억제하는 기능을 가진 것은?

① 바디샴푸   ② 데오도란트

③ 샤워코롱   ④ 오데토일렛

해설 데오도란트는 겨드랑이 부위 등 땀 분비와 세균 번식으로 인한 체취를 억제하는 제품이다.

59 에센셜 오일의 인체 흡수 시 경로가 바르지 않은 것은?

① 호흡을 통한 흡수   ② 피부를 통한 흡수

③ 후각을 통한 흡수   ④ 복용을 통한 흡수

해설 에센셜 오일의 인체 흡수 경로는 후각, 호흡, 피부 등이 있다.

60 비타민 C의 효능 및 작용에 대한 설명 중 바르지 않은 것은?

① 모세혈관 강화   ② 티로시나아제 억제

③ 멜라닌 합성 촉진   ④ 콜라겐 합성 촉진

해설 비타민 C는 멜라닌 합성을 억제한다.

정답 56 ①   57 ①   58 ②   59 ④   60 ③

메이크업 필기 총정리 모의고사  회

01 메이크업 아티스트의 개인위생 관리 부분에 포함되지 않는 것은?
① 고객과 닿는 신체 부위의 청결을 유지한다.
② 땀과 땀 냄새 등의 체취를 제거한다.
③ 고객과 말을 하지 않고 방진 마스크를 항상 착용한다.
④ 잦은 세탁을 하여 복장에 상쾌함을 준다.

해설 청결한 구강상태로 고객과 대화가 필요하다.

02 메이크업 발생 기원설에 해당되지 않는 것은?
① 장식설 ② 유행설
③ 보호설 ④ 종교설

해설 메이크업의 발생 기원설로는 보호설, 장식설, 이성 유인설, 종교설, 신분 표시설 등이 있다.

03 블러셔를 하는 방법 중 각 얼굴형과 방향이 잘못 연결된 것은?
① 둥근형 얼굴 – 입꼬리를 향해
② 사각형 얼굴 – 턱 끝을 향해
③ 역삼각형 얼굴 – 코끝을 향해
④ 긴 형 얼굴 – 입술 끝을 향해

해설 긴 형 얼굴은 얼굴에 수평(가로) 느낌의 착시효과를 주어야 하므로 눈 앞머리를 향해 가로 방향으로 블러셔를 해야 한다.

04 아름다운 여성의 얼굴에 대한 수년간의 연구 결과, 이상적인 얼굴형에 나타난 "황금비율"을 바르게 설명한 것은?
① 1 : 1.518 ② 1 : 1.618
③ 1 : 1.718 ④ 1 : 1.721

05 다음 ( ) 안에 들어갈 단어를 고르시오.

> 일반적으로 '타원형 얼굴'을 이상적인 표준형 얼굴이라고 생각한다. 이 외의 얼굴형들은 최대한 그 얼굴형에 가깝도록 수정할 수 있는데 이를 '수정 메이크업'이라고 한다. 밝게 처리해 돌출되어 보이게 하는 것을 ( ) 기법, 후퇴되어 작아 보이게 하는 것을 ( ) 기법이라고 한다.

① 하이라이팅 – 섀딩
② 섀딩 – 하이라이팅
③ 브라이트 – 섀딩
④ 섀딩 – 브라이트

해설 얼굴에서 돌출감이나 입체감을 줄 필요가 있는 곳을 좀 더 밝게 표현하는 것을 '하이라이팅'이라 하고, 음영감을 주어 얼굴을 좀 더 작아 보이게 하는 것을 '섀딩'이라 한다.

06 다음 중 메이크업 베이스의 기능으로 가장 거리가 먼 것은?
① 색조 화장으로부터 피부를 보호한다.
② 파운데이션의 퍼짐성과 밀착감을 좋게 한다.
③ 피부색을 보완해주거나 안색을 조절한다.
④ 피부를 촉촉하고 생기 있게 한다.

해설 메이크업 베이스의 기능
- 색조 화장품으로부터 피부를 보호한다.
- 파운데이션의 퍼짐성과 밀착감을 좋게 함으로써 지속력을 높인다.
- 피부색을 보완하고 안색을 정리한다.

07 물체의 색은 그 자체가 고유의 색을 가지고 있는 것이 아니라, 어떤 광원에서 빛을 받아 물체 표면의 빛이 어떠한 비율로 반사되는가를 결과에 따라 판단하는 것을 말한다. 이처럼 조명에 의해 물체의 색을 결정하는 광원의 성질을 무엇이라고 하는가?
① 연색성 ② 관색성
③ 광연색 ④ 관련색

해설 같은 색도의 물체라 하더라도 어떤 광원으로 조명해서 보느냐에 따라 그 색감이 달라진다. 이와 같이 조명이 물체의 색감에 미치는 영향을 연색성이라 한다.

08 색상은 유채색을 종류별로 나누는 단서가 되는 색의 기미를 말한다. 먼셀 색상환표에서 가장 먼 거리를 두고 서로 마주보는 관계의 색채들을 부르는 말은?
① 한색 ② 난색
③ 보색 ④ 잔여색

09 새롭게 출시될 예정인 아이섀도 잡지 광고를 촬영하려고 한다. 가을에 어울릴만한 부드러우면서도 자연스러운, 차분하고 이지적 이미지를 주고 싶을 때 사용하면 좋을 배색 방법은 무엇인가?
① 대조적 배색
② 그라데이션 배색
③ 보색 배색
④ 세퍼레이션 배색

해설
- 대조적 배색은 보색 관계의 원색을 조화 배색시키는 것으로 매우 두드러지고 화려한 배색을 만든다(봄 아이섀도 잡지 광고로 효과적).
- 보색 배색은 색상환에서 서로 마주보는 위치에 놓은 색들의 배색으로 선명하고 강렬한 인상을 주기 때문에 봄이나 패션 화보 이미지 메이크업으로 효과적이다.
- 세퍼레이션 배색은 무채색과 유채색, 유채색 간의 분명한 색의 분리감 효과를 나타내는 것으로서 생동감과 리듬감을 주는 대신 안정감과 자연스러움을 주기에는 부적합하다.

정답 01 ③ 02 ② 03 ④ 04 ② 05 ① 06 ④ 07 ① 08 ③ 09 ②

모의고사 3 회　메이크업 필기 총정리 모의고사

Make up

10 화장품이 갖추어야 할 요건들 중 피부에 적절한 보습, 노화 억제, 자외선 차단, 미백, 세정, 색채효과 등을 부여하는 것은 어느 항목에 해당하는가?

① 안전성　　　　② 안정성
③ 유효성　　　　④ 사용성

> **해설**
> • 안전성 : 피부에 대한 자극, 알레르기, 독성 등 부작용이 없어야 한다.
> • 안정성 : 보관에 따른 변질, 변색, 변취, 미생물 오염이 없어야 한다.
> • 사용성 : 피부에 사용 시 손놀림이 쉽고 피부에 매끄럽게 잘 스며들어야 한다.

11 메이크업을 효과적으로 하기 위해서는 각 얼굴 부위별로 적합한 손 동작과 화장품 사용법을 고려해야 한다. 다음 중 얼굴 부위별 명칭과 특징이 잘못 연결된 것은?

① S존(S-zone) : 볼 부위를 말하고 움직임이 적어 화장이 쉽게 흐트러지지 않는다.
② T존(T-zone) : 피지 분비가 활발하여 메이크업이 잘 지워지는 곳이다. 이마와 눈썹 주변, 턱을 말한다.
③ O존(O-zone) : 피하지방이 적은 곳으로 피부가 얇아 주름이 쉽게 생기는 부위이다. 눈두덩이와 눈 주변, 입술 둘레를 말한다.
④ 헤어라인 존(Hairline-zone) : 두피 부분, 귀 앞머리 부분을 말하며 두발에 제품이 묻지 않도록 주의해야 한다.

> **해설**
> • T존(T-zone) : 이마와 콧등
> • Y존(Y-zone) : 눈 아래와 턱

12 아이브로(눈썹) 화장은 사람의 인상에 적지 않은 영향을 미치는 중요한 과정이다. 내추럴 톤보다 약간 낮은 피부톤을 갖고 있고 우아하고 성숙, 세련미를 주고 싶은 여성에 가장 어울리는 눈썹 컬러와 재료는?

① 회색 아이브로 펜슬
② 검정색 아이섀도
③ 갈색 아이브로 전용 섀도
④ 에보니 펜슬

> **해설**
> • 회색 아이브로 펜슬 : 큰 눈 또는 흰 피부에 잘 어울리나 나이들어 보일 수 있다.
> • 검정색 아이섀도 : 너무 강하고 인위적인 느낌으로 인상이 딱딱해 보일 수 있다.
> • 에보니 펜슬 : 어느 피부톤이나 무난하나, 우아하고 성숙하며 어두운 피부에는 갈색 전용 섀도가 낫다.

13 파운데이션 종류와 특징을 연결한 것이다. 다음 중 잘못 연결된 것은?

① 리퀴드 타입 : 수분 함량이 높은 것으로 투명감, 산뜻한 사용감, 자연스러움, 지성 피부에 적합
② 크림 타입 : 유분 함량이 높고 화장 지속효과가 우수, 커버력이 좋으며 기미, 주근깨, 건성 피부에 효과적
③ 스틱 타입 : 커버력이 강하고 지속력이 좋으며 전문가용, 분장용으로 많이 사용
④ 컨실러 : 커버력이 약하므로 눈 밑 다크서클 커버보다는 주로 여드름과 흉터를 커버하기에 적합

> **해설**
> 컨실러 : 커버력이 강하여 기미, 주근깨, 잡티, 눈 밑 다크서클 커버에 용이하다. 컨실러의 유형은 스틱 타입, 크림 타입, 펜슬 타입, 케이크 타입 등 여러 가지가 있고, 커버하고자 하는 부위의 상태와 정도에 따라 골라 사용할 수 있다.

14 아이섀도의 각 부위별 명칭에 해당되지 않는 것은?

① 베이스 컬러　　　　② 포인트 컬러
③ 언더 컬러　　　　　④ 섀딩 컬러

> **해설**
> 아이섀도에는 베이스 컬러, 포인트 컬러, 하이라이트 컬러, 언더 컬러가 있다. 하이라이트 컬러는 돌출되어 보이고 싶거나 넓고 뚜렷해 보이고 싶은 곳에 사용하며, 밝고 연한 색을 주로 사용한다.

15 다음 중 입술 메이크업(Lip Make-up)의 역할이 아닌 것은?

① 입술에 음영과 색상을 줌으로써 여성미를 부여한다.
② 입술의 형태를 수정한다.
③ 자외선과 외부 자극으로부터 입술을 보호한다.
④ 얼굴형의 단점을 수정, 보완해줄 수 있다.

> **해설**
> 입술 화장 시 립 컬러의 선택을 통해 피부톤에 약간의 변화를 줄 수는 있으나 얼굴형을 수정하고 보완할 수는 없다.

16 계절별 메이크업은 사계절이 주는 자연의 느낌을 표현하는 것이 중요하므로 색상 선택이 무엇보다 중요하다. 다음 각 계절별 어울리는 화장법 중 잘못 연결된 것은?

① 봄 메이크업 : 리퀴드 파운데이션을 사용해 피부를 투명하게 연출하고 눈썹과 아이섀도를 자연스럽게 그라데이션한다.
② 여름 메이크업 : 자외선 차단제를 바르고 블루 색상으로 아이섀도를 그라데이션한 다음, 오렌지 컬러 블러셔로 진하게 치크에 음영을 준다.
③ 가을 메이크업 : 피부톤을 표현한 다음, 하이라이트와 섀딩으로 얼굴에 입체감을 준다. 아이보리와 브라운 컬러 아이섀도로 눈매에 입체감을 준다.
④ 겨울 메이크업 : 어두운 계열의 의상을 주로 입는 계절이므로 피부톤은 밝고 화사한 톤으로 표현하고, 립 컬러는 레드나 와인 등으로 화사함과 혈색감을 준다.

> **해설**
> 여름 메이크업은 상승형이나 얼굴형에 어울리는 형태로 시원스럽게 그려주고 흰색과 블루 계열 색상으로 아이섀도를 바른다. 블러셔는 생략하거나 핑크 컬러로 흐릿하고 화사하게 표현한다.

17 계절별 메이크업 시 여름 화장법으로 가장 적절하지 않은 것은?

① 자외선 차단제를 꼼꼼히 바른다.
② 크림 파운데이션을 사용하고 파운데이션과 파우더를 꼼꼼히 발라 땀 발산을 억제한다.
③ 눈썹은 너무 두껍거나 진하게 그리지 않고 눈썹결과 숱을 잘 정리해 깔끔하게 그려준다.
④ 립 컬러는 활동적이고 시원한 느낌을 줄 수 있는 선명한 컬러를 바르거나 흐릿한 컬러로 가벼워 보이도록 표현한다.

> **해설**
> 여름 메이크업은 메이크업 베이스와 파운데이션을 섞어 가볍게 피부를 표현한다.

정답　**10** ③　**11** ②　**12** ③　**13** ④　**14** ④　**15** ④　**16** ②　**17** ②

제3회　**94**　모의고사

모의고사 3회   메이크업 필기 총정리 모의고사

18 다음 중 파티 메이크업에 해당되지 않는 것은?
① 화려한 느낌을 살리기 위해 펄감이 있는 메이크업 베이스를 사용한다.
② 파티 룩 패션에 어울릴 만한 우아함을 표현할 수 있도록 너무 각지거나 짧은 아이브로 형태보다 약간 둥근 아치형이 어울린다.
③ 피부톤을 약간 밝게 표현해 준 다음, 레드나 와인 계열 립 컬러를 표현해 준다.
④ 파티장에서 주목을 받고 싶을 경우에는 다크한 컬러의 무채색 아이섀도를 발라 스모키 메이크업을 한다.

해설 스모키 메이크업은 자칫 파티장에 함께 어울리는 사람들에게 위화감과 거부감을 줄 수 있으므로 부적합하다. 카키 브라운이나 카라멜 브라운, 옅은 브라운과 퍼플로 그라데이션하는 것은 나쁘지 않으나 짙은 무채색 계열 아이섀도는 피해야 한다.

19 TV 출연 예정인 보도 프로그램 아나운서 메이크업을 할 때 가장 중요한 것은 이미지이다. 다음 중 아나운서에게 표현해야 할 가장 적합한 이미지로 볼 수 있는 것은 무엇인가?
① 아름다운 이미지
② 관능적인 이미지
③ 자연스러운 이미지
④ 믿을 수 있는 이미지

해설 보도, 교양 프로그램 뉴스 진행 여자 아나운서의 메이크업은 너무 과한 색조화장이나 질감을 강조한 유행 메이크업보다는 영상 화면에 어울릴 만한 질감과 색감으로 신뢰감을 줄 수 있도록 하는 것이 중요하다.

20 내추럴 메이크업 시 가장 중요하게 표현해야 할 메이크업 단계는 다음 중 무엇인가?
① 피부 표현 단계
② 아이섀도 색감과 질감
③ 립 메이크업과 치크 표현 단계
④ 인조속눈썹과 마스카라 표현 단계

해설 내추럴 메이크업은 이목구비의 뚜렷한 표현보다 전체적으로 자연스러운 피부톤과 질감을 표현함으로써 인위적인 화장법을 피해야 하는 것이다.

21 TV 영상을 위한 메이크업 시 가장 중요한 점은 브라운관에 적합한 피부톤을 표현하는 것이다. 출연자와 등장하는 인물들의 매력감과 친근감을 표현하기 위해 해야 할 것들 중 가장 중요한 것은?
① 눈썹을 강조해 그림으로써 인물의 특징을 잘 부각시킨다.
② 아이섀도 그라데이션과 립 컬러, 치크 블러셔를 강조한다.
③ 피지로 인해 얼굴이 번져 보이거나 유분감으로 인해 화면에 비호감형으로 보이지 않도록 주의한다.
④ 눈매를 강조하기 위해 아이라이너와 인조속눈썹을 꼭 붙여야 한다.

해설 TV 영상을 위한 메이크업 시 가장 중요한 것은 브라운관에 적합한 피부톤을 표현하는 것이다. 노메이크업 상태이거나, 땀이나 피지로 인한 조명과의 반사작용으로 얼굴이 지저분해 보이고 비호감형으로 보이지 않도록 주의한다.

22 한복에 어울리는 메이크업을 하려고 한다. 다음 중 잘못된 것은?
① 피부톤과 결을 섬세하고 깨끗하게 표현한다.
② 눈썹은 너무 진하거나 각지게 그리지 않도록 주의한다.
③ 한복의 깃과 옷고름에 어울리는 컬러를 고른다.
④ 눈 화장을 선명하게 하기 위해 젤 아이라이너를 그리고 마스카라를 두껍게 바른다.

해설 고전적이고 단아한 아름다움을 표현하기 위해서 색조화장이 너무 진하거나 강하지 않도록 주의한다.

23 계절별 이미지 메이크업을 할 때 각 계절과 어울리는 색조를 연결한 것 중 잘못 연결된 것은?
① 봄 메이크업 : 오렌지, 핑크
② 여름 메이크업 : 화이트, 블루, 골드
③ 가을 메이크업 : 아이보리, 카키, 브라운
④ 겨울 메이크업 : 화이트, 레드, 와인

해설 골드 컬러는 겨울 이미지 메이크업에 해당되고, 여름에는 실버가 적합하다.

24 아이섀도의 종류별 특징을 연결한 것 중 잘못 연결된 것은?
① 펜슬 타입 : 발색력이 우수하고 사용하기 편리하다.
② 케이크 타입 : 그라데이션이 용이하고 색상 혼합이 쉽다.
③ 크림 타입 : 유분기가 많아 촉촉하며 그라데이션이 어렵다.
④ 케이크 타입 : 그라데이션이 어렵고 색상이 뭉칠 염려가 있다.

해설 색상이 뭉칠 염려가 있는 것은 펜슬 타입 아이섀도이다.

25 다음 보기 중, T.P.O에 따른 메이크업으로 바르지 않은 것은?
① 아침에는 보습제와 자외선 차단제를 바른 후 가볍게 메이크업을 한다.
② 오후에는 오일 블로팅 페이퍼를 사용하여 피지와 피부의 번들거림을 제거한 후, 립 메이크업을 수정한다.
③ 직장에 다니는 여성의 경우, 매력적으로 보일 수 있도록 선탠 글로시 메이크업을 한다.
④ 저녁 피부는 메이크업과 피부 노폐물을 제거하게 위해 이중 세안을 하고, 피부 타입에 맞는 팩으로 관리한다.

해설 직장 여성의 데이 메이크업으로는 단정하고 깨끗한 내추럴 메이크업이 적절하다.

26 다음 중 피부 구조에 대한 설명으로 옳은 것을 고르시오.
① 표피, 진피, 피하조직의 3층으로 구분된다.
② 각질층, 투명층, 과립층의 3층으로 구분된다.
③ 한선, 피지선, 입모근의 3층으로 구분된다.
④ 콜라겐, 엘라스틴, 단백질의 3층으로 구분된다.

해설 피부의 구조는 피부 바깥쪽에서부터 표피, 진피, 피하조직의 3개 층으로 구성되어 있다.

정답   18 ④   19 ④   20 ①   21 ③   22 ④   23 ②   24 ④   25 ③   26 ①

모의고사 3 회 메이크업 필기 총정리 모의고사

27 다음 보기 중 과립층에 대한 설명으로 틀린 것은?
① 피부 각질화가 시작되는 곳이다.
② 피부염과 피부 건조를 막아주는 곳이다.
③ 수준 저지막이 존재하는 곳이다.
④ 모세혈관으로부터 영양분을 공급받아 세포분열을 일으키는 곳이다.

해설 세포분열이 시작되는 곳은 기저층이다.

28 모발을 구성하고 있는 케라틴(Keratin)이 가장 많이 함유하고 있는 아미노산은 무엇인가?
① 알라닌   ② 로이신
③ 발린   ④ 시스틴

해설 모발의 케라틴은 18가지 아미노산의 조합으로 이루어져 있는데, 그 중 시스틴이 14~18%로 가장 많이 함유되어 있다.

29 필수아미노산을 섭취해야 하는 이유는?
① 체내에서 다른 화합물질로부터 합성이 가능하기 때문이다.
② 에너지원이 되기 때문이다.
③ 체내에서 합성되지 않기 때문이다.
④ 생명 유지를 위해 필수적이기 때문이다.

해설 필수아미노산은 체내 합성이 안 되기 때문에 반드시 음식물을 통해 섭취해야 한다.

30 바이러스성 질환으로 수포가 입술 주위에 생기고 흉터 없이 치유되나 재발이 잘 되는 것은?
① 습진   ② 태선
③ 단순포진   ④ 대상포진

해설 단순포진은 면역력이 약해졌을 때 쉽게 재발하는 바이러스성 질환이다.

31 다음 중 자외선 차단지수를 나타내는 약어를 표현한 것으로 바른 것은?
① UVA   ② UVB
③ UVC   ④ SPF

해설 자외선 차단지수 : Sun Protection Factor

32 다음 보기 중 자외선 차단제에 관한 설명으로 잘못된 것은?
① 자외선 차단제는 SPF 지수가 표기되어 있다.
② 자외선 차단 지수는 제품을 사용했을 때 홍반을 일으키는 자외선 양을 제품을 사용하지 않았을 때 홍반을 일으키는 자외선의 양으로 나눈 값이다.
③ 자외선 차단제의 효과는 자신의 멜라닌 색소의 양과 자외선에 대한 민감도에 따라 달라질 수 있다.
④ 자외선 차단제는 주로 UV-C를 차단하기 위해 도포한다.

해설 자외선 차단제는 UV-A와 UV-B를 차단하기 위해 도포하는 것이다.

33 다음 보기 중 계면활성제의 종류가 바르게 연결된 것은?
① 양이온 계면활성제 – 비누, 샴푸, 클렌징 폼
② 음이온 계면활성제 – 크림의 유화제, 분산제
③ 양쪽성 계면활성제 – 베이비 샴푸, 저자극 샴푸
④ 비이온 계면활성제 – 헤어린스, 헤어트리트먼트

해설 계면활성제 가운데 양쪽성 계면활성제는 피부에 대한 자극과 독성이 적어 베이비용 샴푸와 저자극 샴푸에 사용된다.

34 다음 중 제조과정에서 사용된 계면활성제의 성질이 다른 하나는?
① 향수   ② 마스카라
③ 화장수   ④ 포마드

해설 향수, 화장수, 포마드는 가용화제를 사용하고, 마스카라는 분산제를 사용한다.

35 다음 보기에 나열된 화장품 가운데 그 성격이 다른 하나는?
① 에어쿠션 콤팩트
② 메이크업 프라이머
③ BB크림
④ 리퀴드 파운데이션

해설 에어쿠션, BB크림, 파운데이션은 피부색을 보정하는 제품인데 반해, 프라이머는 모공을 커버하고 피부 질감을 매끄럽게 하기 위해 사용하는 제품이다.

36 화장품을 제조할 때 사용되는 성분 가운데, 용량 대비 가장 많은 구성비를 차지하는 성분은 무엇인가?
① 수분   ② 산소
③ 지질   ④ 비타민 C

해설 화장품 제조 시 가장 기본적으로 사용되는 원료는 수분으로 정제수, 증류수 등으로 명칭한다.

37 다음 보기 중 화장품의 사용 대상과 사용 목적이 잘못 연결된 것은?
① 화장품 – 정상인, 청결
② 의약부외품 – 환자, 위생
③ 의약품 – 환자, 치료
④ 기능성 화장품 – 정상인, 미용

해설 의약부외품은 정상인이 위생과 미화를 목적으로 사용하며, 치약, 여성 청결제, 체취 방지제 등이 있다.

38 미백효과가 뛰어나지만 백반증을 유발할 수 있어 의약품으로만 사용되는 성분은?
① 하이드로퀴논   ② 코직산
③ 감초   ④ AHA

해설 하이드로퀴논은 멜라닌 세포를 사멸시켜 백반증을 유발할 수 있다.

정답 27 ④ 28 ④ 29 ③ 30 ③ 31 ④ 32 ④ 33 ③ 34 ② 35 ② 36 ① 37 ② 38 ①

모의고사 3회   메이크업 필기 총정리 모의고사

39 다음 보기 중 공중보건의 목적이 바르게 나열된 것을 고르시오.
① 수명연장, 건강증진, 질병의 조기발견
② 질병예방, 수명연장, 건강증진
③ 질병의 조기발견, 질병의 조기치료
④ 질병예방, 질병의 조기치료, 삶의 질 증진

해설 공중보건의 목적은 질병예방, 수명연장, 신체적·정신적 건강 및 효율증진에 있다.

40 세계보건기구(WHO)에서 규정한 건강의 정의는 무엇인가?
① 허약하지 않은 상태
② 허약하지만 질병은 없는 상태
③ 허약하지 않고 질병이 없으며, 육체적·정신적·사회적 안녕이 완전한 상태
④ 육체적으로 완전한 건강상태와 사회적 안녕이 유지되는 상태

해설 WHO(세계보건기구) 건강의 정의 : 허약하지 않고 질병이 없을 뿐 아니라 육체적·정신적·사회적 안녕이 완전한 상태

41 다음 보기 중 도시 인구 구성형은 무엇인가?
① 피라미드형   ② 종형
③ 별형   ④ 항아리형

해설 별형 : 도시형(유입형)

42 다음 보기 중 질병의 발생요인이라 볼 수 없는 것은?
① 숙주   ② 병원체
③ 환경   ④ 유전적 요인

해설 질병의 발생 3대 요인은 숙주(인간), 병인(병원체), 환경이다.

43 다음 보기 중 리케차가 일으키는 질병이 아닌 것은?
① 발진티푸스   ② 발진열
③ 로키산홍반열   ④ 폴리오

해설 리케차가 일으키는 질병으로는 발진티푸스, 발진열, 쯔쯔가무시열, 로키산홍반열 등이 있다.

44 면역에 대한 설명이다. 다음 보기 중 가장 타당하지 않은 것은?
① 면역은 크게 선천 면역과 후천 면역으로 나눈다.
② 수동 면역은 능동 면역에 비해 면역효과가 늦게 나타나지만 효력지속시간이 길다.
③ 능동 면역은 자연 능동 면역과 인공 능동 면역으로 나눈다.
④ 자연 수동 면역은 수유, 태반 등을 통해 얻는 면역이고, 인공 수동 면역은 감마 글로불린 등이다.

해설 수동 면역은 효과가 빠르고 지속시간이 짧다.

45 다음 보기 중 돼지고기의 생식으로 감염되는 기생충은 무엇인가?
① 무구조충   ② 유구조충
③ 말레이사상충   ④ 긴촌충

해설 유구조충(갈고리촌충)의 중간숙주는 돼지고기이다.

46 다음 보기 중 제2급 감염병으로만 알맞게 나열된 것은?
① 폴리오, 백일해, 파라티푸스
② 일본뇌염, 풍진, 수두
③ 후천성 면역결핍증, 말라리아, 결핵
④ 말라리아, 발진열, 장티푸스

해설 제2급 법정 감염병 : 결핵, 수두, 홍역, 콜레라, 장티푸스, 파라티푸스, 세균성이질, 장출혈성대장균감염증, A형간염, 백일해 등

47 공기의 조성에서 함유량이 잘못 설명된 것은 무엇인가?
① 질소 – 78.10%   ② 산소 – 20.93%
③ 아르곤 – 0.93%   ④ 이산화탄소 – 0.3%

해설 공기의 조성 중 이산화탄소의 조성비는 0.03%이다.

48 이·미용 업소의 소독기준으로 적합하지 않은 것은?
① 자비 소독은 100℃ 끓는 물에서 10분 이상 처리한다.
② 건열 멸균법은 70℃ 열에서 20분 이상 처리한다.
③ 화염 멸균법은 불꽃에서 20초 이상 접촉한다.
④ 크레졸 소독은 크레졸 3% 수용액에 10분 이상 담가둔다.

해설 건열 멸균은 섭씨 100℃ 이상의 건조한 열에서 20분 이상 조사한다.

49 저온 살균법에 적용하는 온도와 시간이 올바르게 짝지어진 것은?
① 71.5℃, 15초   ② 100℃, 10분
③ 130℃, 10초   ④ 62~63℃, 30분

해설 저온살균법은 60~65℃에서 30분간 가열한다.

50 이·미용실에서 사용하는 타월류의 소독법으로 가장 적절한 것은 무엇인가?
① 석탄산 소독   ② 건열 소독
③ 알코올 소독   ④ 증기 또는 자비 소독

해설 타월류는 증기 소독이나 자비 소독이 적합하다.

51 메이크업 미용사의 손 소독법으로 가장 널리 이용되는 것은?
① 석탄산수
② 음이온 계면활성제
③ 역성비누액
④ 알코올

해설 역성비누액은 냄새가 없고 독성이 적어 이·미용 업소에서 널리 사용된다.

정답   39 ②   40 ③   41 ③   42 ④   43 ④   44 ②   45 ②   46 ①   47 ④   48 ②   49 ④   50 ④   51 ③

모의고사 3 회   메이크업 필기 총정리 모의고사

52 다음 보기의 소독제 중, 금속제 소독에 적합하지 않은 것은 무엇인가?

① 포르말린   ② 크레졸

③ 알코올   ④ 승홍수

해설 승홍수는 금속을 부식시킨다.

53 메이크업 숍에서 사용되는 도구들이다. 자외선 소독기에 보관하지 않아도 되는 것을 고른다면?

① 스팻튤라

② 아이래쉬 컬러

③ 세척한 브러시

④ 1회용 포장된 면봉

해설 1회용으로 포장된 면봉은 소독이 된 상태에서 하나씩 소포장된 제품이므로, 사용 시 포장을 개봉하여 사용하면 되므로 굳이 자외선 소독기에 보관할 필요는 없다.

54 다음 중 공중위생관리법의 궁극적인 목적이라 볼 수 있는 것은?

① 공중위생영업 종사자의 위생 및 건강관리를 위해

② 공중위생영업소의 위생관리를 지도하기 위해

③ 국민의 건강증진에 기여하기 위해

④ 공중위생영업자의 위상 향상을 위해

해설 공중위생관리법은 공중이 이용하는 영업과 시설의 위생관리 등에 관한 사항을 규정함으로써 위생수준을 향상시켜 국민의 건강증진에 기여함을 목적으로 한다.

55 이 미용업자에게 과태료를 부과 · 징수할 수 있는 처분권자에 해당되지 않는 사람은?

① 보건복지부장관   ② 시장

③ 도지사   ④ 구청장

해설 대통령령이 정하는 바에 의하여 보건복지부장관 또는 시장 · 군수 · 구청장이 부과 · 징수한다.

56 이 · 미용사의 면허가 취소되었다면, 몇 개월이 경과한 후에 다시 그 면허를 받을 수 있는가?

① 3개월 이후   ② 6개월 이후

③ 9개월 이후   ④ 12개월 이후

해설 면허취소 이후 1년이 경과된 후에 다시 면허를 받을 수 있다.

57 변경신고 없이 영업소의 소재지를 변경한 때의 1차 위반 행정처분 기준은 무엇인가?

① 개선명령   ② 경고

③ 영업정지 2월   ④ 영업정지 1월

해설 관련법규 제3조 제1항에 의거, 신고를 하지 아니하고 영업소의 소재지를 변경한 때에는 1차 위반 시 영업정지 1개월에 처한다.

58 위생관리 등급에 대한 설명이다. 옳지 않은 것은?

① 시장 · 군수 · 구청장은 보건복지부령이 정하는 바에 의하여 위생서비스평가의 결과에 따른 위생관리 등급을 해당 공중위생영업자에게 통보하고 이를 공표하여야 한다.

② 공중위생영업자는 시장 · 군수 · 구청장으로부터 통보받은 위생관리등급의 표지를 영업소의 명칭과 함께 영업소의 출입구에 부착할 수 있다.

③ 위생관리등급은 최우수업소와 우수업소, 일반관리대상업소로 나뉜다.

④ 최우수업소 − 백색등급, 우수업소 − 황색등급, 일반관리대상업소 − 녹색등급으로 구분한다.

해설 · 최우수업소 : 녹색등급 · 우수업소 : 황색등급 · 일반관리대상업소 : 백색등급

59 미용업의 위생교육에 대한 설명으로 올바른 것은?

① 위생교육에 관한 기록은 2년 이상 보관 · 관리해야 한다.

② 부득이한 사정으로 교육을 못 받은 자는 1년 이내에 위생교육을 받게 한다.

③ 위생교육 시간은 6시간이다.

④ 위생교육은 협회에서 실시한다.

해설 부득이한 사정으로 교육을 못 받은 자는 6월 이내에 위생교육을 받게 한다. 위생교육 시간은 3시간이고, 보건복지부장관이 허가한 단체가 실시한다.

60 이 · 미용사가 아닌 사람이 이 · 미용의 업무에 종사했을 경우에 해당되는 벌칙은 무엇인가?

① 1년 이하의 징역 또는 1천만 원 이하의 벌금

② 6월 이하의 징역 또는 500만 원 이하의 벌금

③ 300만 원 이하의 벌금

④ 100만 원 이하의 벌금

해설 면허를 받지 아니한 자가 이 · 미용의 업무를 하였을 때는 300만 원 이하의 벌금에 처한다.

정답   52 ④   53 ④   54 ③   55 ③   56 ④   57 ④   58 ④   59 ①   60 ③

메이크업 필기 총정리 모의고사 4 회

01 메이크업의 기원을 설명한 것이다. 옳지 않은 것은 다음 중 무엇인가?
① 장식설 – 전쟁에서 입은 상처의 흔적들이 용맹의 상징, 진흙과 색료를 얼굴과 몸에 바름
② 이성 유인설 – 이성에게 관심을 끌기 위해 얼굴과 몸을 채색하고 치장
③ 보호설 – 자신을 주변의 위험으로부터 공개를 목적으로 자연물이나 색료 이용
④ 종교설 – 의복이나 향료, 색료 등을 통해 병이나 재앙을 물리침

해설 보호설 : 자신을 주변의 위험으로부터 은폐할 목적으로 자연물이나 색료 이용

02 화장에 대한 고유어휘에 대한 설명 중 잘못된 것은?
① 담장 – 피부를 희고 깨끗하게 가다듬는 정도의 옅은 화장
② 야용 – 박색을 미인으로, 노인을 젊은이로 억지로 아름답게 꾸미는 화장
③ 성장 – 단아하고 부드러운 색조화장
④ 농장 – 담장보다 짙은 색조화장

해설 성장 : 화려하고 야한 색조화장

03 우리나라 메이크업 역사에서 쑥을 달인 물로 목욕을 하여 피부를 관리했다는 기록이 남아있는 시대는 어느 시대인가?
① 상고시대　　② 삼국시대
③ 통일신라시대　　④ 개화기 이후

해설 단군신화에 미백을 위해 쑥과 마늘을 달인 물을 사용했다는 기록이 남아있다.

04 눈화장 재료로 코올(Khol)을 사용하여 메이크업을 한 나라는 다음 중 어디인가?
① 인도　　② 이집트
③ 그리스　　④ 페르시아

해설 이집트에서는 뜨거운 태양으로부터 눈을 보호하기 위하여 눈가에 검은 코올(Khol)을 사용하였다.

05 개화기 이후 화장의 연대별 특징에 대한 설명으로 틀린 것은?
① 1950년대 – 한국전쟁 이후 화장품 산업이 활발해, 새로운 차원의 화장이 이루어졌다.
② 1960년대 – 영화 산업의 호황으로 여배우 따라하기가 유행하였다.
③ 1970년대 – 최초의 메이크업 캠페인과 함께 다양한 색조가 사용되었다.
④ 1980년대 – 컬러 TV의 보급으로 색상의 혁명기, 화장품 성장의 시대를 이루었다.

해설 한국전쟁 이후 화장품 산업이 위축되었으며, 모방화장을 했다.

06 근세의 미용문화에 대한 설명이다. 연결이 잘못된 것은 무엇인가?
① 르네상스 – 눈썹을 뽑거나 밀고 각이 없는 아치의 눈썹을 그렸다.
② 엘리자베스 시대 – 화장을 지운 자연스러운 모습으로 얇게 화장하였다.
③ 바로크 – 홍조를 띠거나 붉은 연지를 칠하고 꽃처럼 장미색의 입술을 그렸다.
④ 로코코 – 화려한 가발이 성행했고 사치와 화장의 무분별함이 극에 달했다.

해설 엘리자베스 시대, 르네상스 시대에는 화장품의 수은 중독으로 화장을 지운 모습이 흉측하여 이를 감추기 위해 표정을 지을 수 없을 만큼 두꺼운 화장을 하였다.

07 이상적인 얼굴형의 가로 분할과 세로 분할을 바르게 설명한 것은?
① 이상적인 얼굴의 비율을 가로 5분로 한다.
② 가로 분할은 헤어라인에서 눈썹라인, 눈썹에서 인중 중앙, 인중 중앙에서 턱선이다.
③ 세로 비율의 이상적 분할은 3분할로 한다.
④ 눈의 가로 길이가 5/1 분할일 경우 아주 이상적이라고 한다.

해설 가로 3분할, 세로 5분할이며 가로 분할은 헤어라인에서 눈썹라인, 눈썹라인에서 콧방울, 콧방울에서 턱선이다.

08 얼굴의 부위별 명칭을 설명한 것이다. 보기에서 말하는 부위는?

> 이마에서 콧대를 연결하는 부분으로 피지 분비가 원활하여 메이크업이 잘 지워지는 곳이다.

① 헤드라인존　　② T존
③ U존　　④ Y존

해설
- 헤드라인(헤어라인)존 : 이마와 머리카락이 난 경계 부분 사이이다. 경계가 생기지 않게 그라데이션한다.
- U존 : 입 꼬리 주변에서 턱으로 연결되는 부위
- Y존 : 눈 밑과 광대뼈 위의 Y 모양의 부위

09 다음 동양 미용문화의 설명을 읽고 같은 시대의 서양 미용문화 설명을 고르시오.

> 토털 코디네이션의 개념이 도입되어 패션에 맞추어 화장을 하였고 후반에는 미용 캠페인 영향으로 T.P.O에 따른 메이크업 경향이 정착되었다.

① 석유파동, 재정적자의 시기, 복고와 우아한 여성미를 강조한 아이홀 메이크업

정답　01 ③　02 ③　03 ①　04 ②　05 ①　06 ②　07 ④　08 ②　09 ①

② 2차 세계대전 이후 여성을 산업 일선에 투입, 강인한 여성 모습이 대두

③ 오드리 햅번의 굵은 눈썹과 아이라인을 길게 그려 눈을 강조한 메이크업이 유행

④ 미용과 패션 산업의 거대화, 눈을 강조하는 메이크업 유행, 대표적 모델은 트위기

해설 보기는 1970년대의 설명이다. ②는 1940년대, ③은 1950년대, ④는 1960년대에 관한 설명이다.

10 컨투어링 메이크업을 하기 위한 얼굴형의 수정 방법이다. 설명이 옳지 않은 것은 다음 중 무엇인가?

① 둥근형 얼굴 – 양볼 뒤쪽에 어두운 섀딩, 이마, 턱, 콧등에 길게 하이라이트

② 긴형 얼굴 – 헤드라인 존과 U존에 섀딩을 주고 볼 쪽에 하이라이트를 한다.

③ 사각형 얼굴 – T존의 하이라이트를 강조하고 U존에 명도가 높은 블러셔를 한다.

④ 역삼각형 얼굴 – 헤드라인 존에서 양쪽 이마 끝의 섀딩을 강조하고 V존에 하이라이트

해설 사각형 얼굴 : T존의 하이라이트를 강조하고, U존에 명도가 낮은 블러셔를 한다.

11 색의 시각적 전달 과정이다. 빈칸의 내용을 바르게 나열한 것은?

(㉠) ⇒ 눈의 망막 ⇒ 명암 신경(㉡)
　물체　　　　　　　색감 신경(㉢)

⇒ 시각의 흥분(㉣) ⇒ 대뇌의 식별
　　　　　　　⇓
　　　　빛과 색의 지각

① ㉠ 광원, ㉡ 간상체, ㉢ 중추 신경, ㉣ 추상체

② ㉠ 광선, ㉡ 추상체, ㉢ 간상체, ㉣ 중추 신경

③ ㉠ 광원, ㉡ 추상체, ㉢ 중추 신경, ㉣ 간상체

④ ㉠ 빛, ㉡ 간상체, ㉢ 추상체, ㉣ 중추 신경

해설 간상체는 명암을 판단하고, 추상체는 색을 판단한다.

12 먼셀의 기호와 NCS의 기호를 바르게 읽은 것은?

A. 5Y 9/11　B. S1030−Y20R

① A. 색상 5Y, 채도 9, 명도 11
　B. 검정색량 10, 순색 30, R이 20% 포함된 Y

② A. 색상 5Y, 명도 9, 채도 11
　B. 검정색량 10, 순색 30, Y가 20% 포함된 R

③ A. 색상 5Y, 명도 9, 채도 11
　B. 검정색량 10, 순색 30, R이 20% 포함된 Y

④ A. 색상 5Y, 채도 9, 명도 11
　B. 검정색량 30, 순색 10, Y가 20% 포함된 R

13 색의 톤 분류를 바르게 설명한 것을 고르시오.

① 고채도의 중명도의 색을 페일 톤이라고 구분한다.

② 톤은 색의 명도와 채도의 복합개념으로 같은 색상 계열이라도 여러 차이로 구분한다.

③ 저채도의 고명도는 브라이트 톤이라고 구분한다.

④ 스트롱 톤은 순색으로 채도가 높고 화려한 것이 특징이다.

해설 ① 고채도의 중명도의 색을 비비드 톤이라고 구분한다.
③ 저채도의 고명도는 페일 톤이라고 구분한다.
④ 비비드 톤은 순색으로 채도가 높고 화려한 것이 특징이다.

14 파운데이션의 설명이다. 바르지 못한 것을 찾으시오.

① 피부의 결점을 보완하여 포인트 메이크업이 돋보이게 한다.

② 바르는 도구로는 라텍스, 브러쉬, 손 등 여러 가지가 사용될 수 있다.

③ 자외선이나 공해, 온도 변화, 바람 등으로부터 피부를 보호한다.

④ 커버를 위한 파운데이션을 바를 때는 슬라이딩 기 법을 사용하는 것이 효과적이다.

해설 두드리는 패팅의 기법을 쓴다.

15 다음 보기 중 메이크업 베이스의 종류와 기능을 잘못 연결한 것은?

① 옐로우 메이크업 베이스 – 가무잡잡한 피부를 돋보이게 하는 데 적합하다.

② 에센스 타입 메이크업 베이스 – 건조해지기 쉬운 계절이나 건성 피부에 적합하다.

③ 프라이머 – 언더 베이스라고 하며 모공과 잔주름 등의 미세한 굴곡을 잡아준다.

④ 보라 메이크업 베이스 – 노란 피부를 중화시켜 회사한 피부 표현에 적합하다.

해설 옐로우 메이크업 베이스 : 가무잡잡한 피부를 중화시키는 데 적합하다.

16 눈꼬리 부분에만 다소 두껍게 젤을 이용하여 라인을 그리고, 펄이나 붉은 색상은 피했다. 이와 같이 메이크업을 했다면 고객의 눈은 어떤 형태였는가?

① 작은 눈　　　　　　② 눈두덩이 수북한 눈

③ 양미간이 넓은 눈　　④ 움푹 들어간 눈

17 블러셔 메이크업이 바르게 설명된 것은 어느 것인가?

① 귀와 귀 밑머리의 경계를 없애기 위해 유분을 남겨놓고 브러싱한다.

② 케이크 타입, 크림 타입, 펜슬 타입이 있고 얼굴형에 따라 쓰임이 결정된다.

③ 건강하고 활동적인 이미지에는 분홍색이 적합하며 성숙한 분위기엔 갈색을 쓴다.

④ 얼굴의 윤곽에 음영을 주며 혈색을 부여하는 목적을 가지고 있다.

정답 10 ③　11 ④　12 ③　13 ②　14 ④　15 ①　16 ② 　17 ④

모의고사 4회   메이크업 필기 총정리 모의고사

해설 ① 귀와 귀 밑머리의 경계를 없애기 위해 유분을 제거하고 브러싱한다.
② 케이크 타입, 크림 타입, 펜슬 타입이 있고 표현에 따라 쓰임이 결정된다.
③ 건강하고 활동적인 이미지에는 주황색이 적합하며 성숙한 분위기엔 갈색을 쓴다.

18 메이크업의 표현에서 질감의 표현이다. 다음 보기 중 바르게 설명하지 못한 것은?
① 매트 – 광택이 없는 질감의 화장으로 파우더를 충분히 발라주며 단시간 조명 아래 있는 경우에 많이 쓰이며 연령에는 영향을 받지 않는다.
② 글로시 – 피부에 촉촉한 유분기가 광택을 주어 생동감이 있고 활동적인 이미지를 표현한다.
③ 펄 – 광택과는 다른 반짝거림과 화사한 이미지를 표현한다.
④ 글로시 – 건조한 피부나 모공이 없는 피부에 적합하다.

해설 매트 : 장시간 조명 아래에서 하는 신부화장이나 TV 메이크업, 사진 메이크업에 주로 쓰인다.

19 계절별 메이크업에서 주의해야 할 점을 연결한 것이다. 바르지 못한 것을 고르시오.
① 여름 – 눈은 한색 계열을 써 시원하게 표현하고 입술은 누드하게 발라 표현한다.
② 봄 – 챠콜그레이나 덜톤으로 자연의 미를 강조한다.
③ 가을 – 날씨가 건조하므로 에센스 타입의 베이스를 활용한다.
④ 겨울 – 추워 보일 수 있는 색은 피하고 명도와 채도가 낮은 난색을 활용한다.

해설 봄 : 따뜻한 이미지의 색으로 옐로우나 오렌지, 그린 계열을 활용한다.

20 겨울 저녁에 호텔에서 사교 파티가 있어 와인색의 큐티한 드레스를 입을 얼굴이 둥글고 코가 낮은 사람의 메이크업 의뢰가 있다. 메이크업 디자인을 할 때 적절하지 못한 것을 고르시오.
① 와인색과 골드를 이용하여 드레스와 어울리도록 한다.
② 파운데이션은 밝게 표현하고 양쪽 귓불에 음영 섀딩을 넣어 얼굴형을 커버한다.
③ 매트하고 짙은 라이너를 하고 립스틱을 사용하여 지워지지 않도록 한다.
④ 내추럴하게 노즈 섀도를 하고 얼굴형에 맞는 귀여운 이미지로 핑크 블러셔를 한다.

해설 T.P.O에 맞춰 디자인하고 드레스와 얼굴형의 수정도 고려하여 메이크업한다. 이 경우 매트하고 짙은 화장은 어울리지 않는다.

21 여권사진 촬영 또는 승무원 입사를 위한 증명사진 메이크업 고객에게 가장 적합한 메이크업은?
① 글리터를 눈에 발라서 밝고 화사함을 표현하였다.
② 얼굴형을 보정하기 위하여 컨투어링 메이크업을 하였다.
③ 보존성을 가지므로 유행 트렌드 메이크업으로 하였다.
④ 건강함과 활발함을 강조하기 위해 글로시 메이크업을 하였다.

해설 증명사진용 포토 메이크업은 모델의 얼굴을 가장 자연스럽고 아름답게 보이게 하기 위하여 컨투어링을 최대한 활용한 내추럴 메이크업을 하는 것이 좋다. 특히 조명의 반사를 고려하여 파우더리하게 마무리한다.

22 영상 광고 메이크업에 대한 설명 중 틀린 것을 고르시오.
① 광고 제작의 컨셉에 맞는지 확인한다.
② 모델의 피부 컨디션에 맞추어 메이크업의 질감을 결정한다.
③ 미립자의 제품을 사용하여 섬세하고 매끄럽게 표현한다.
④ 상품의 타겟층을 파악하여 메이크업을 디자인한다.

해설 모델의 피부 컨디션을 고려하여 메이크업 베이스와 언더 베이스를 결정하고 메이크업의 질감은 광고의 컨셉에 따라 결정된다.

23 패션화보용 인쇄광고물의 카탈로그 제작과정이다. 바르게 나열한 것은?

① 장소선택	② 시안검토
③ 제작	④ 피팅
⑤ 캐스팅	⑥ 의상의 개념화
⑦ 사전제작회의	

① ⑥ – ⑦ – ① – ② – ⑤ – ④ – ③
② ① – ⑦ – ② – ⑥ – ⑤ – ④ – ③
③ ⑥ – ⑦ – ① – ② – ④ – ⑤ – ③
④ ⑥ – ① – ⑦ – ② – ⑤ – ④ – ③

해설 의상의 개념화가 우선이 되어야 한다. 그 다음이 사전제작회의, 장소선택 순이다.

24 TV 뉴스의 앵커를 메이크업하는 방법 중 바르지 못한 설명을 고르시오.
① 립은 진하지 않은 색상에 촉촉한 타입의 글로스를 바른다.
② 컬러 메이크업은 앵커의 의상에 맞추어 차분하고 간결하게 한다.
③ 정면에서 아이브로와 아이라인, 립이 바르고 대칭이 맞는지 확인한다.
④ 얼굴과 목과의 경계, 페이스라인의 그라데이션을 모니터로 확인한다.

해설 촉촉하거나 딱딱한 타입의 글로스는 말을 많이 하는 앵커에게 부적절하다.

25 혼주의 한복 메이크업에 대한 설명으로 바른 것은?
① 양가 혼주의 한복 치마색만을 참고하여 컬러 포인트의 색상을 결정한다.
② 축복받는 날이므로 피부톤은 화사하게 하되 밀착되어 잘 눌러 마무리한다.
③ 촉촉함과 우아한 이미지를 위해 파우더는 생략하여 광택을 준다.
④ 고급스럽고 화려한 연출을 위해 펄과 글리터로 포인트를 준다.

해설 한복 메이크업의 컬러는 치마나 고름 등을 고려하여 포인트 색상을 맞추며 유분을 잘 마무리하여 한복의 우아함과 고급스러움을 나타낸다.

정답   18 ①   19 ②   20 ③   21 ②   22 ②   23 ①   24 ①   25 ②

모의고사 4 회 메이크업 필기 총정리 모의고사

26 신부 메이크업을 할 때 고려되어야 하는 것이 아닌 것을 고르시오.

① 예식의 장소 ② 예식의 시간
③ 혼주의 한복 색 ④ 결혼식장의 조명

해설 신부화장을 할 때 예식의 장소와 시간, 조명이 중요하고 신랑과의 밸런스도 고려되어야 하며, 폐백 의상의 색도 고려하여야 한다.

27 메이크업 시술자의 자세로 바르지 못한 것을 고르시오.

① 모든 도구와 제품은 청결히 준비하도록 한다.
② 마스카라나 아이라인은 입으로 불어 신속히 마르게 도와준다.
③ 고객의 신체에 힘을 주거나 누르지 않도록 주의한다.
④ 고객의 옷에 화장품이 묻지 않도록 가운을 입힌다.

해설 시술자의 입김이나 체취 등 고객이 불쾌나 불편할 수 있는 상황을 최대한 절제해야 한다.

28 피부 구조 중 진피의 구성층으로 바르게 짝지어진 것은 무엇인가?

① 각질층, 기저층 ② 유극층, 망상층
③ 과립층, 투명층 ④ 유두층, 망상층

해설 진피는 유두층과 망상층으로 구성되어 있다.

29 피부 타입 유형 가운데, 복합성 피부의 특징이라 볼 수 없는 것은?

① 세안 후 눈과 입가에 잔주름이 생기고 피부 당김 현상이 있다.
② 피지 분비는 많지만, T존 부위를 제외하면 건조하다.
③ 화장품을 바꾸어 사용했을 때 알레르기나 예민한 반응이 있을 수 있다.
④ T존 부위는 지성 피부의 특징을 보이고, 볼은 건성 피부의 특징을 보인다.

해설 화장품을 바꾸어 사용했을 때 예민한 반응을 일으키는 것은 민감성 피부의 특징이다.

30 다음 중 노화 피부의 특징을 설명한 것으로 적절하지 않은 것은?

① 각질층이 두껍다.
② 탄력이 저하된다.
③ 피지 분비가 활발하다.
④ 안색이 불균형하다.

해설 노화 피부는 피지선의 퇴화로 피지막이 감소한다.

31 화장수의 기능에 대한 설명으로 가장 적절하지 않은 것은?

① 세안 후 남아있는 메이크업의 잔여물을 닦아낸다.
② 세안 이후 피부 pH 밸런스를 맞춘다.
③ 피부 각질층에 수분을 공급한다.
④ 피부 각질을 제거하고 수렴 기능을 한다.

해설 일반적인 화장수로는 피부의 각질 제거 기능을 기대할 수 없다.

32 다음 보기 중 아포크린선에 대한 설명으로 옳지 않은 것은?

① 분비되는 땀은 단백질 함유량이 높다.
② 체취선이라고도 한다.
③ 겨드랑이, 생식기 주변 등에 분포한다.
④ 소한선이라고도 부른다.

해설 아포크린선은 대한선이라고도 하고, 에크린선은 소한선이라고드 부른다.

33 표피 및 진피층에 멜라닌 색소가 과잉 침착되어 나타나는 현상을 무엇이라 하는가?

① 백반증 ② 여드름
③ 기미 ④ 흑색종

해설 기미는 후천적인 과색소 침착증이며, 주근깨는 대체로 유전적인 요인에 의한다.

34 피부 표면에서 탈락되는 각질 덩어리의 불규칙한 비늘 박리 조각으로 크기나 모양이 다양한 것을 무엇이라고 하는가?

① 인설 ② 균열
③ 가피 ④ 미란

해설 인설은 표피가 피부 표면으로 떨어져 나간 것을 말한다.

35 비타민 C가 인체에 미치는 효과로 볼 수 없는 것은?

① 피부의 멜라닌 색소의 생성을 억제시킨다.
② 혈색을 좋게 하여 피부에 광택을 준다.
③ 호르몬 분비를 억제시킨다.
④ 피부의 과민증을 억제하고 해독작용을 한다.

해설 비타민 C는 콜라겐 형성에 관여하여 피부를 튼튼하게 하고 멜라닌 색소 형성을 억제, 환원하여 항산화제로 작용한다.

36 친수성으로 지성 피부에 적합한 것은?

① O/W 크림 ② W/O 크림
③ W/S 크림 ④ S/W 크림

해설 O/W(Oil – in – Water) 크림은 친수성이며 지성 피부에 적합하다.

37 전신 피부 중에서 피부 두께가 가장 얇은 곳은 어느 부분인가?

① 얼굴의 볼 부분 ② 이마 부분
③ 뱃살 부분 ④ 눈꺼풀

해설 전신 피부 중 피부 두께가 가장 얇은 곳은 눈꺼풀부분이며 가장 두꺼운 부분은 손바닥, 발바닥이다. 눈꺼풀은 가장 얇기 때문에 잔주름이 생기기 쉽다.

38 다음 보기 중 수분 함량이 가장 많은 파운데이션은 무엇인가?

① 크림 파운데이션 ② 리퀴드 파운데이션
③ 스틱 파운데이션 ④ 케이크 파운데이션

해설 리퀴드 파운데이션은 수분함량이 많아 투명감이 있고 가벼운 화장을 할 수 있어 사회 초년생이나 화장을 처음 하는 사람에게 적당하다.

정답 26 ③ 27 ② 28 ④ 29 ③ 30 ③ 31 ④ 32 ④ 33 ③ 34 ① 35 ③ 36 ① 37 ④ 38 ②

모의고사 4회 메이크업 필기 총정리 모의고사

39 다음 설명 중 향료 사용법에 대한 설명으로 올바르지 않은 것은?
① 향 발산을 목적으로 맥박이 뛰는 손목이나 목에 분사한다.
② 자외선에 반응하여 피부에 광알레르기를 유발시킬 수도 있다.
③ 향의 농도는 오데코롱, 오드뚜왈렛, 오드퍼퓸, 퍼퓸 순으로 지속시간이 길다.
④ 색소 침착된 피부에 향료를 분사하고 자외선을 받으면 색소 침착이 완화된다.

해설 색소 침착된 피부에 향료를 분사하고 자외선을 받으면 색소 침착이 심해지므로 주의한다.

40 다음 보기 중 식물성 유지에 속하지 않는 것을 고르시오.
① 피마자유 ② 올리브유
③ 스쿠알란 ④ 아보카도 오일

해설 스쿠알란은 심해 상어의 간유에서 얻어지는 스쿠알렌에 수소를 첨가하여 산패를 방지한 성분을 말하며, 동물성 오일에 속한다.

41 다음 보기의 자외선 차단 성분 가운데 그 성격이 다른 것을 고르시오.
① 산화아연 ② 이산화티탄
③ 벤조페논 ④ 탈크

해설 자외선 차단 성분 가운데 벤조페논은 자외선 흡수제이고, 산화아연, 이산화티탄, 탈크는 자외선 산란제이다.

42 피부에 자극을 주지 않기 위해 에센셜 오일에 캐리어 오일을 섞어서 흡수 효과를 높이는 것을 무엇이라 하는가?
① 블렌딩 ② 흡수
③ 믹싱 ④ 유화

해설 에센셜 오일을 피부에 직접 도포하는 것은 위험하므로 적절한 캐리어 오일에 블렌딩해서 사용한다.

43 다음 보기 중 여드름 피부에 효과적인 에센셜 오일은 무엇인가?
① 티트리 ② 카모마일
③ 펜넬 ④ 페퍼민트

해설 티트리 오일은 살균·소독작용이 강해, 여드름과 비듬 치료에 효과적이다. 피부에 자극을 줄 수 있으므로 민감성 피부에는 사용을 금한다.

44 다음 보기의 에센셜 오일 중, 임신 기간에 사용할 수 없거나 임산부에게 특히 주의해야 할 오일이 아닌 것은 무엇인가?
① 재스민 ② 타임
③ 삼나무 ④ 유칼립투스

해설
• 재스민 : 통경 작용이 있어 임산부는 사용 금지
• 타임 : 어린아이와 임산부는 사용 금지
• 삼나무 : 유산 가능성이 있으므로 임산부는 사용 금지

45 피부의 피지막은 보통 어떤 유화상태로 존재하는가?
① W/S 유화 ② S/W 유화
③ W/O 유화 ④ O/W 유화

해설 피부의 피지막은 W/O 유화상태로 존재한다.

46 한 국가의 공중보건 수준을 나타내는 가장 대표적인 지표는 무엇인가?
① 신생아사망률 ② 인구증가율
③ 평균수명 ④ 영아사망률

해설 영아사망률은 한 국가의 건강 수준을 나타내는 가장 대표적인 지표이다.

47 우리나라 노인복지법의 노인 기준 연령은?
① 55세 ② 60세
③ 65세 ④ 70세

해설 노인의 기준은 65세 이상이다.

48 다음 보기 중 인공 능동 면역법에서 생균백신으로 예방하는 질병이 아닌 것을 고르시오.
① 탄저병 ② 광견병
③ 백일해 ④ 홍역

해설 생균백신은 두창, 탄저, 광견병, 결핵, 황열, 폴리오, 홍역 등이다.

49 폐흡충의 제1중간숙주는 무엇인가?
① 가재 ② 물벼룩
③ 게 ④ 다슬기

해설 폐흡충의 제1중간숙주 : 다슬기, 제2중간숙주 : 가재, 게

50 기후의 3대 요소로 올바르게 짝지어진 것은 무엇인가?
① 기온, 기습, 기류
② 기온, 강우량, 복사량
③ 기습, 기류, 복사량
④ 기온, 기습, 강우량

해설 기후의 3대 요소는 기온, 기습, 기류이다.

51 군집독을 일으키는 가장 중요한 원인은 무엇인가?
① 실내 온도의 변화
② O_2의 증가
③ CO_2의 증가
④ 실내 공기의 화학적·물리적 조성의 변화

해설 군집독이란 실내에 다수인이 밀집해 있을 때 공기의 물리적·화학적 조건이 문제가 되어 불쾌감, 두통, 현기증, 구토, 생리기능 저하 등을 일으키는 것으로 환기를 해줌으로써 예방할 수 있다.

정답 39 ④ 40 ③ 41 ③ 42 ① 43 ① 44 ④ 45 ③ 46 ④ 47 ③ 48 ③ 49 ④ 50 ① 51 ④

모의고사 4 회 메이크업 필기 총정리 모의고사

52 다음 보기의 소독법 중 그 성격이 다른 하나를 고르시오.
① 방사선 멸균법
② 포르말린 소독법
③ 건열 멸균법
④ 자비 소독법

해설 방사선 멸균법, 건열 멸균법, 자비 소독법, 화염 멸균법, 소각 소독법, 고압 증기 멸균법, 저온 소독법 등은 물리적 소독법이고, 포르말린 소독법은 화학적 소독법이다.

53 다음 보기 중 승홍수에 관한 설명으로 올바르지 않은 것은?
① 소독액의 온도가 높을수록 살균력이 강하다.
② 금속부식성이 있다.
③ 0.1% 수용액을 손 소독에 사용한다.
④ 상처 소독에 적합하다.

해설 승홍수는 상처 소독에 부적합하다.

54 다음 영양소 중 지방의 기능이 아닌 것은?
① 세포막을 형성한다.
② 에너지의 근원이다.
③ 수용성 비타민의 흡수를 촉진한다.
④ 호르몬의 구성 성분이다.

해설 지방은 지용성 비타민의 흡수를 촉진시킨다.

55 오존층에서 거의 흡수를 하며 살균작용과 피부암을 발생시킬 수 있는 파장의 선은 무엇인가?
① 적외선
② 가시광선
③ UV−A
④ UV−C

해설 UV−C는 오존층에서 99% 이상 흡수되며 박테리아 및 바이러스 등 단세포성 조직을 죽이는 데 효과적이다.

56 다음 중 보건복지부령으로 정하는 것이 아닌 것은?
① 공중위생영업의 폐업신고
② 면허취소의 세부기준
③ 미용사의 업무 범위
④ 과태료

해설 과태료는 대통령령으로 정한다.

57 이 · 미용업자가 준수하여야 할 위생관리 기준에 대한 설명으로 올바르지 않은 것은?
① 영업장 안의 조도는 100룩스 이상이 되도록 해야 한다.
② 영업소 내에 이 · 미용업의 신고증, 개설자의 면허증 원본 등을 게시하여야 한다.
③ 1회용 면도날은 손님 1인에 한하여 사용하여야 한다.
④ 이 · 미용 기구 중 소독을 한 기구와 소독을 하지 아니한 기구는 각각 다른 용기에 넣어 보관하여야 한다.

해설 이 · 미용업소 조명은 75Lux 이상이어야 한다.

58 이 · 미용사의 면허증을 영업소 안에 게시하지 않았을 때의 행정처분 기준으로 옳은 것은?
① 1차 위반 시 면허정지
② 2차 위반 시 면허취소
③ 3차 위반 시 영업장 폐쇄명령
④ 4차 위반 시 영업장 폐쇄명령

해설 미용업 신고증, 면허증 원본을 게시하지 않았을 때
• 1차 위반 : 경고 또는 개선명령
• 2차 위반 : 영업정지 5일
• 3차 위반 : 영업정지 10일
• 4차 위반 : 영업장 폐쇄명령

59 1차 위반 시의 행정처분이 면허취소가 아닌 것은 다음 중 무엇인가?
① 국가기술자격법에 의하여 이 · 미용사의 자격이 취소된 때
② 공중의 위생에 영향을 미칠 수 있는 감염병자로서 보건복지부령이 정하는 자
③ 면허정지 처분을 받고 그 정지 기간 중 업무를 행한 때
④ 국가기술자격법에 의하여 미용사 자격정지 처분을 받았을 때

해설 ④의 경우 면허정지에 해당된다.

60 이 · 미용업소에 게시 의무가 없는 것은 무엇인가?
① 면허증 원본
② 신고필증
③ 요금표
④ 영업시간표

해설 영업시간표는 게시 의무가 없다.

정답 52 ② 53 ④ 54 ③ 55 ④ 56 ④ 57 ① 58 ④ 59 ④ 60 ④

메이크업 필기 총정리 모의고사 5 회

01 메이크업을 하는 근본 목적이라 볼 수 없는 것은?
① 인간의 자기표현 수단으로
② 아름다움 추구 및 자기만족을 위하여
③ 개성 창출로 심리적 안정과 자신감을 얻기 위하여
④ 유행이 뒤처지지 않아야 에티켓을 지키는 것이므로

02 메이크업의 기원설 가운데, 보호설에 관한 예로서 적합하지 않은 것은?
① 고대 중국에서는 여성들이 미간에 그림을 그렸다.
② 향료를 사용하여 곤충들로부터 피부를 보호하였다.
③ 고대 이집트 여인이 눈에 코올을 사용하여 짙은 화장을 하고 다녔다.
④ 건조하고 뜨거운 사막의 바람으로부터 모발을 보호하기 위하여 가발을 착용했다.

해설 보호설은 위험으로부터 자신을 보호하기 위한 수단으로 행해진 화장을 말한다.

03 고구려인의 미의식과 화장 형태를 살펴볼 수 있는 기록물은?
① 규합총서
② 쌍영총 고분벽화
③ 고려도경
④ 무열왕릉비

04 고려시대 화장에 대한 설명으로 옳지 않은 것은?
① 화장은 기생들의 분대 화장과 여염집 부인들의 화장으로 이원화되었다.
② 여염집 부인들은 옅은 화장을 함으로써 기생들의 분대 화장과 차별화를 두었다.
③ 부인들은 버들잎 같은 눈썹을 그렸다.
④ 당시 여인들은 짙은 색조화장을 했다.

해설 고려시대에는 신분에 따른 이원화된 메이크업이 자리 잡았다. 특히 여염집 여성들 사이에서는 엷은 메이크업이 유행하였다.

05 눈썹에서 느껴지는 이미지가 젊음, 긴장감, 단정함 등이었다면 다음 중 어떤 형의 눈썹을 말하는가?
① 아치형 눈썹
② 끝이 처진 눈썹
③ 흐린 눈썹
④ 직선형 눈썹

해설 젊음, 긴장감, 단정함, 날씬함, 이기적, 객관적인 이미지는 직선형 눈썹에서 느껴지는 이미지이다.

06 눈 모양에 따른 아이섀도 수정법에 관한 설명이다. 옳지 않은 것은?
① 눈두덩이 나온 눈 – 펄감이 없는 매트한 아이섀도를 사용한다.
② 쌍꺼풀진 눈 – 자연스러운 색상으로 아이홀 전체에 부드럽게 그라데이션한다.
③ 가느다란 눈 – 짙은 색의 아이섀도를 눈머리와 눈꼬리에 바르고 아이홀은 밝은 하이라이트를 주어 넓고 둥글게 처리한다.
④ 눈두덩이 들어간 눈 – 아이홀 부분까지 짙은 색으로 그라데이션한다.

해설 눈두덩이 들어간 눈은 피곤해 보일 수 있으므로 밝은 색이나 펄이 가미된 아이섀도를 바른다.

07 다음 보기 중 주름이 많은 사람의 화장법으로 잘못된 것은 무엇인가?
① 기초 화장품을 이용해 수분과 유분을 충분히 공급한다.
② 소량의 파운데이션으로 여러 번 두드린다.
③ 파우더는 적게 바르는 것이 효과적이다.
④ 움직이는 부위인 눈 밑, 입 주위는 파우더를 많이 발라 유분기를 없게 한다.

해설 파우더는 주름을 더 돋보이게 할 수 있으므로 눈 밑, 입 주위는 소량 바른다.

08 피부노화의 원인이 아닌 것을 찾으시오.
① 자외선
② 음주
③ 흡연
④ 메이크업

해설 메이크업은 피부를 자외선이나 외부환경으로부터 보호함으로써 노화를 방지한다.

09 서로 대비되는 색상차가 큰 배색의 방법으로 화려하고 강한 느낌의 배색을 무엇이라 하는가?
① 인접색상 배색
② 동일 배색
③ 유사 배색
④ 근접보색 색상배색

10 다음 중 색온도가 가장 높은 것은?
① 푸른 하늘
② 고압수은등
③ 백색형광등
④ 할로겐전구

해설 푸른빛을 많이 띨수록 색온도가 높으므로 푸른하늘이 제일 색온도가 높고 고압수은등, 백색형광등, 할로겐전구의 순이다.

정답 01 ④ 02 ① 03 ② 04 ④ 05 ④ 06 ④ 07 ④ 08 ④ 09 ④ 10 ①

모의고사 5 회   메이크업 필기 총정리 모의고사

Make up

11 눈썹을 그리기 전·후 자연스럽게 눈썹을 빗어주는 나사 모양의 브러시를 무엇이라고 하는가?

① 립 브러시
② 팬 브러시
③ 스크류 브러시
④ 파우더 브러시

해설 스크류 브러시에 관한 설명이다.

12 다음 보기 중 립라이너 펜슬의 색상선택 방법 및 사용법에 대한 설명으로 올바른 것은 무엇인가?

① 립스틱의 색상보다 밝은 색을 선택한다.
② 립스틱의 색상과 유사하거나 1~2단계 어두운 색상을 사용한다.
③ 립스틱과 같이 색상이 다양하지 못하다.
④ 립스틱을 바른 후에 광택을 주기 위해 사용한다.

13 다음 보기 중 컬러 파우더의 설명으로 적절하지 않은 것은 무엇인가?

① 퍼플 : 인공조명 아래서 더욱 화려해 나이트 메이크업 시 주로 쓰인다.
② 핑크 : 볼에 붉은기가 있는 경우 더욱 잘 어울린다.
③ 그린 : 붉은기를 줄여준다.
④ 브라운 : 자연스러운 섀딩 효과가 있다.

해설 핑크 파우더는 창백한 피부에 붉은기를 더해줄 때 사용한다.

14 다음 보기는 눈썹을 수정하는 순서이다. 바르게 나열된 것은 무엇인가?

a. 얼굴형에 맞는 눈썹 모양을 정한다.
b. 필요하지 않은 부분을 자른다.
c. 눈썹 주변의 잔털을 깨끗하게 정리한다.
d. 눈썹 모양을 펜슬로 그린다.
e. 눈썹을 가지런히 정돈하고 눈썹 길이를 고르게 자른다.
f. 한 올, 한 올 자연스럽게 그려준다.
g. 섀도로 정리한다.

① a - d - e - b - c - f - g
② a - b - c - d - e - f - g
③ b - a - e - d - f - c - g
④ a - e - b - d - g - f - c

해설 눈썹 수정 순서 : 눈썹 모양 정하기 – 펜슬로 그리기 – 눈썹을 빗어 정돈하고 길이 자르기 – 나머지 부분 자르기 – 잔털 정리 – 자연스럽게 그리기 – 섀도로 정리하기

15 Cheek Make-up의 주의점이 아닌 것은 무엇인가?

① 전체적인 색조화장 톤과 동 계열의 색으로 표현한다.
② 적은 양을 여러 번 덧칠하여 경계지지 않게 한다.
③ 반드시 볼 안쪽 가까이까지 표현한다.
④ 지나치게 강한 것보다 혈색이 느껴질 정도로 은은하게 하는 것이 효과적이다.

16 다음 보기 중 봄 메이크업을 하는 데 가장 어울리지 않는 컬러는?

① 핑크
② 레몬옐로우
③ 챠콜그레이
④ 그린

17 다음 중 여름철 메이크업으로 가장 어울리지 않는 경우를 고르시오.

① 선탠 메이크업을 베이스 메이크업으로 응용해 건강한 피부표현을 하였다.
② 직선적인 눈썹형으로 시원한 느낌을 살렸다.
③ 눈매를 푸른색으로 강조하고 입술은 붉은기 없는 컬러로 원포인트 메이크업했다.
④ 붉은 갈색 볼터치 컬러로 따뜻한 느낌의 블러셔를 했다.

해설 화장이 두껍거나 짙을수록 더워 보이므로 차가운 한색 색조를 활용한다.

18 다음 중 둥근 얼굴형의 피부표현 방법으로 맞는 것은?

① 가로 느낌으로 수평형의 메이크업을 한다.
② 노즈 섀도로 음영을 잡아 얼굴 중앙을 또렷하게 하고, 얼굴 외곽에 섀딩을 한다.
③ 이마와 턱 부분에 섀딩한다.
④ 코가 길어보이도록 코끝을 향해 길게 하이라이트를 준다.

해설 ① 긴 얼굴형의 표현 방법이다.
③ 큰 얼굴형의 표현 방법이다.
④ 짧은 코의 표현 방법이다.

19 긴 얼굴형의 윤곽 수정 피부표현 방법으로 적절하지 않은 것은?

① 콧등에 하이라이트 처리를 한다.
② 눈 밑은 폭넓게 수평형의 하이라이트를 준다.
③ 노즈는 짧게 한다.
④ 이마와 아래턱은 섀딩 처리하여 길이감을 감소시킨다.

20 메이크업은 때와 장소와 목적에 따라 그 표현이 달라진다. 이를 표현하는 용어로 바른 것은 무엇인가?

① T.I.O
② T.P.O
③ T-zone
④ T.M.O

21 다음 중 균형 있는 얼굴형에 대한 설명으로 틀린 것은?

① 얼굴 전체 길이에서 눈썹은 이마헤어라인 부분에서부터 1/3 지점이다.
② 얼굴 전체 길이에서 코끝은 이마헤어라인 부분에서부터 2/3 지점이다.
③ 얼굴의 균형도에서 코끝에서 턱끝까지의 길이는 얼굴 전체 길이의 1/3정도이다.
④ 얼굴 전체 길이에서 입부분은 이마헤어라인 부분에서부터 4/5 지점이다.

해설 균형 있는 얼굴형에서 아랫입술부분은 이마헤어 라인 부분게서부터 턱끝까지의 5/6 지점이다.

정답 **11** ③ **12** ② **13** ② **14** ① **15** ③ **16** ③ **17** ④ **18** ② **19** ① **20** ② **21** ④

모의고사 5회 메이크업 필기 총정리 모의고사

22 페일 메이크업을 표현하고자 할 때 그 부분적인 기법으로 적절하지 않은 것은?
① 창백한 얼굴 표현을 위해 피부색을 커버할 수 있는 메이크업 베이스를 발랐다.
② 눈 주위가 들어가 보이도록 위아래에 짙은 색 아이섀도를 발랐다.
③ 입체감 있는 얼굴형을 위해 붉은색으로 볼 터치를 강조하였다.
④ 색감이 거의 없는 옅은 핑크색 립스틱을 발랐다.

해설 페일 메이크업은 창백해 보이는 화장을 말한다.

23 다음 중 여름철 야외 예식의 신부에게 적용한 메이크업 기법 중 가장 적절하지 않은 것은 무엇인가?
① 팬 케이크를 사용하여, 땀으로부터의 지속력을 높였다.
② 아이라인, 마스카라 등을 방수용 제품으로 사용하였다.
③ 땀에 지워지지 않도록 커버력이 높은 케이크 파운데이션을 다소 두껍게 발라주고, 파우더는 생략했다.
④ 모든 과정에서 자외선 차단제가 함유된 제품을 발라주었다.

해설 파우더는 파운데이션을 고정하는 역할을 한다.

24 다음 보기 중 TV 메이크업에서 주의해야 할 점이 아닌 것은?
① 얼굴이 퍼져 보이므로 윤곽 수정에 주의해야 한다.
② 붉거나 너무 밝은 계열은 주의해서 사용한다.
③ 흰색을 표현하기 위해서는 순백색을 사용한다.
④ 강한 색 역시 더욱 강조되어 보이므로 조심해서 써야 한다.

25 다음 보기 중 상품 광고의 메이크업을 할 때 사전에 알아두어야 할 사항이라고 볼 수 없는 것은?
① 평소 모델이 즐겨하는 패턴에 대해 숙지한다.
② 상품의 내용, 기능, 용도 등을 파악한다.
③ 클라이언트와 제작진의 의도를 파악한다.
④ 소비자의 구매의욕, 구매능력, 기호 등을 파악한다.

26 다음 보기 중 지성 피부의 특징으로 볼 수 없는 것은 무엇인가?
① 모공이 넓고 피부가 거칠다.
② 각질층이 두껍고 피부층도 대체로 두껍다.
③ 파운데이션이 잘 묻지 않고, 화장을 한 후에도 쉽게 들뜨는 현상이 있다.
④ 피부색이 전체적으로 거뭇거뭇하며 칙칙해 보이기도 한다.

해설 파운데이션이 잘 묻지 않고 쉽게 들뜨는 것은 건성 피부이다.

27 여드름 피부를 가진 사람이 화장품을 선택하고자 한다. 반드시 고려해야 할 사항이라 볼 수 없는 것은 무엇인가?
① 각질 제거 효과가 있는지를 고려한다.
② 피부 탄력 증가에 도움이 되는지를 고려한다.
③ 염증을 완화시켜 줄 수 있는지를 고려한다.
④ 피지를 조절하고, 제거할 수 있는지를 고려한다.

해설 여드름 피부는 소염, 피지 조절, 모공 수축, 각질 제거에 도움이 되는 화장품이 좋다.

28 다음 중 피부의 기능이라 볼 수 없는 것은?
① 보호작용 ② 배설작용
③ 저장기능 ④ 비타민 C의 합성

해설 피부의 기능으로는 보호작용, 재생작용, 배설작용, 저장기능, 비타민 D 합성 등이 있다. 사람의 인체 내에서는 비타민 C 합성이 이루어지지 않아, 영양소 형태로 섭취해주어야 한다.

29 진피의 구조에서 피하조직과 연결되어 있는 피부층은 무엇인가?
① 유극층 ② 기저층
③ 유두층 ④ 망상층

해설 망상층은 교원섬유와 탄력섬유가 그물 모양으로 얽혀 있으며 피하조직과 연결되어 있다.

30 다음 보기 중 피부 유형을 결정하는 요소라 볼 수 없는 것은 무엇인가?
① 피부의 두께 ② 연령
③ 피지 분비량 ④ 수분 보유량

해설 피부 유형을 결정짓는 요소로는 피부 두께, 피지 분비량, 수분 보유량, 색상, 모공의 크기 등이 있다.

31 다음 중 피하지방의 기능을 설명한 것으로 올바르지 않은 것은?
① 신체 내부를 보호하는 기능
② 체온을 보호하는 기능
③ 새로운 세포를 형성하는 기능
④ 에너지를 저장하는 기능

해설 새로운 세포를 형성하는 것은 표피층의 기능이다.

32 다음 중 피부유형과 화장품의 사용 목적이 잘못 연결된 것은?
① 민감성 피부 – 진정 및 쿨링 효과
② 여드름 피부 – 멜라닌 생성 억제 및 피부기능 활성화
③ 건성 피부 – 피부에 유·수분을 공급하여 보습기능 활성화
④ 노화 피부 – 주름 완화, 결체조직 강화, 새로운 세포의 형성 촉진 및 피부보호

해설 멜라닌 생성 억제 및 피부기능 활성 효과는 노화 피부를 위해 고려되어야 할 사항이다.

정답 22 ③ 23 ③ 24 ③ 25 ① 26 ③ 27 ② 28 ④ 29 ④ 30 ② 31 ③ 32 ②

모의고사 5회 메이크업 필기 총정리 모의고사

Make up

---

33 다음 중 메이크업 미용사의 업무 영역이 아닌 것은?

① 눈썹 정리   ② 속눈썹 연장

③ 눈썹 문신   ④ 눈썹 화장

해설 점빼기, 귓불 뚫기, 쌍꺼풀 수술, 문신, 박피술, 그 밖에 이와 유사한 의료행위를 한 때는 행정처분이 따른다.

34 표피에서 본격적인 각질화가 시작되는 층은 어디인가?

① 유극층   ② 과립층

③ 기저층   ④ 유두층

해설 과립층에서 케라틴의 전구물질인 Kerato Hyalin이 형성되며, 이는 각질화의 1단계이다.

35 메이크업 시술 이전에 고객의 피부를 분석해야 하는 이유에 대한 설명으로 가장 적절하지 않은 것은?

① 고객의 피부 유형을 정확하게 파악하기 위함이다.

② 고객의 피부 타입에 맞는 제품을 선정하여 시술하기 위함이다.

③ 고객이 피부 타입에 맞는 제품을 선택하는 데 적절한 조언을 하기 위함이다.

④ 고객의 피부 타입에서 생기는 여러 가지 질환들을 치료하기 위함이다.

해설 피부질환의 치료는 의료행위로, 이·미용의 업무에서는 엄격히 금지한다.

36 다음 보기 중 화장품의 정의에 대한 설명으로 적절하지 않은 것은?

① 인체를 청결·미화하여 매력을 더한다.

② 인체에 작용은 경미하다.

③ 피부 문제를 치료하기 위해 사용한다.

④ 피부나 모발의 건강을 유지 또는 증진시키기 위해 사용한다.

해설 치료의 목적으로 사용하는 것은 의약품의 영역이다.

37 1916년에 처음 등장하여, 우리나라 최초의 근대적 화장품의 효시가 된 것은 무엇인가?

① 서가분   ② 면약

③ 백분   ④ 박가분

해설 박가분은 대량생산되어 유통, 대중화된 우리나라 최초의 화장품이다. 미백을 위해 첨가되었던 납 성분의 독성으로 '화장독'이라는 용어가 생겨났다.

38 다음 화장품의 원료 중 방부제에 대한 설명으로 적절하지 않은 것은?

① 인체에 무해하여야 하며 첨가로 인한 품질의 손상이 없어야 한다.

② 미생물에 의한 화장품의 변질을 막기 위해 첨가한다.

③ O/W 에멀젼이나 파운데이션에는 적은 양의 방부제가 함유된다.

④ 파라벤류는 최근 유방암 발생 원인으로 주의하고 있는 성분이다.

해설 O/W 에멀젼이나 파운데이션은 미생물의 번식이 쉬워 다량의 방부제를 함유하고 있다.

39 화장품의 유형 중 O/W에 관한 설명으로 잘못된 것은 무엇인가?

① 오일 성분이 많아 피부 흡수가 느리다.

② 사용감이 가볍다.

③ 지속성이 낮다.

④ 보습로션, 선탠로션 등이 있다.

해설 화장품의 유화기술에서 O/W(수중유)형은 물에 기름이 분산된 형태를 말하는 것으로, 오일 성분이 적어 산뜻한 느낌을 주고 가볍게 도포되니 지속성은 낮다.

40 다음 보기 중 에센셜 오일이 아닌 것은 무엇인가?

① 로즈마리 오일

② 그레이프프루트 오일

③ 마조람 오일

④ 로즈힙 오일

해설 로즈힙 오일은 캐리어 오일로 분류되며 세포 재생과 피부의 수분 유지에 효과적이다.

41 다음 중 기능성 화장품을 설명한 것으로 옳지 않은 것은 무엇인가?

① 자외선에 의해 피부가 그을리거나 일광 화상이 생기는 것을 지연한다.

② 피부 표면에 남아있는 노폐물을 제거하여 피부를 청결하게 한다.

③ 노화 피부의 세포 재생을 촉진하여 주름이 생성되는 것을 지연한다.

④ 피부각질을 관리하여 미백에 도움을 준다.

해설 기능성 화장품은 미백 화장품, 주름 개선 화장품, 피부를 곱게 태워주거나 자외선으로부터 피부를 보호하는 데 도움을 주는 제품을 말한다.

42 화장품의 성분과 기능이 바르게 연결된 것을 고르시오.

① 비타민 C – 콜라겐 합성에 관여

② AHA – 자외선 차단

③ 프로폴리스 – 활성산소 억제

④ 레티놀 – 진정, 항염

해설 AHA는 과일에서 추출한 과일산으로 각질 제거에 효과적이며 프로폴리스는 진정과 항염작용, 레티놀은 세포 재생에 관여해 잔주름 개선의 기능이 있다.

43 자외선 차단제 중 물리적 차단제에 대한 설명으로 잘못된 것은?

① 피부에서는 각질층에서 작용한다.

② 미네랄 필터이다.

③ 피부에 자극을 줄 수 있어 세심하게 사용해야 한다.

④ 이산화티탄, 산화아연, 탈크 등이 이에 해당한다.

해설 물리적 차단제는 자외선 산란제로 피부에 자극을 주지 않는다.

정답   33 ③   34 ②   35 ④   36 ③   37 ④   38 ③   39 ①   40 ④   41 ②   42 ①   43 ③

모의고사 5회 — 메이크업 필기 총정리 모의고사

44 다음 중 캐리어 오일에 대한 설명으로 맞는 것은 무엇인가?
① 에센셜 오일에 비해 오일 자체의 기능과 효능이 없는 오일이다.
② 에센셜 오일을 희석할 때 사용하는 오일이다.
③ 에센셜 오일의 흡수를 저해시키기도 한다.
④ 에센셜 오일의 증발을 증가시키는 오일이다.

해설 캐리어 오일(Carrir Oil)은 식물의 씨를 압착하여 얻은 식물유로, 에센셜 오일을 희석하여 피부에 효과적으로 침투시키기 위해 사용한다.

45 감염병 관리상 그 관리가 가장 어렵다고 여겨지는 경우는?
① 회복기 보균자
② 건강 보균자
③ 잠복기 보균자
④ 현성 감염자

해설 건강 보균자는 질병의 예후가 없어 감염병 관리가 어렵다.

46 다음 보기 중 식중독에 관한 설명으로 옳은 것을 고르시오.
① 세균성 식중독 중 치사율이 가장 낮은 것은 보툴리누스 식중독이다.
② 테트로도톡신은 감자에 함유되어 있는 독소를 말한다.
③ 식중독은 급격한 발생률, 특히 지역과 무관한 동시 다발성의 특성이 있다.
④ 식중독은 원인에 따라 세균성, 화학물질, 자연독, 곰팡이독 등으로 분류된다.

47 다음 노화의 원인 중 나이가 들어감에 따른 노화를 말하는 것으로 환경 변화와 상관없이 나타나는 노화를 일컫는 것은 무엇인가?
① 내인성 노화
② 표피의 노화
③ 외인성 노화
④ 유전적 노화

해설 내인성 노화는 나이가 들어감에 따른 자연적인 노화를 말한다.

48 보건교육의 내용과 관계가 가장 먼 것은 무엇인가?
① 생활환경 위생 – 보건위생 관련 내용
② 성인병 및 노인성 질병 – 질병 관련 내용
③ 기호품 및 의약품의 외용, 남용 – 건강 관련 내용
④ 미용정보 및 최신기술 – 산업 관련 기술 내용

49 보건행정에 대한 설명으로 가장 올바른 것은?
① 공중보건의 목적을 달성하기 위해 공공의 책임하에 수행하는 행정활동을 말한다.
② 개인 보건의 목적을 달성하기 위해 공공의 책임하에 수행하는 행정활동을 말한다.
③ 국가 간의 질병교류를 막기 위해 공공의 책임하에 수행하는 행정활동을 말한다.
④ 공중보건의 목적을 달성하기 위해 개인의 책임하에 수행하는 행정활동을 말한다.

해설 보건행정이란 공중보건의 목적을 달성하기 위하여 공중보건 원리를 적용하여 행정조직을 통해 행하는 일련의 과정을 말한다.

50 기생충과 중간숙주의 연결이 잘못된 것을 고르시오.
① 광절열두조충증 – 물벼룩, 송어
② 유구조충증 – 오염된 풀, 소
③ 폐흡충증 – 민물 게, 가재
④ 간흡충증 – 쇠우렁, 잉어

해설 유구조충증(갈고리촌충증)의 중간숙주 : 돼지고기

51 모기를 매개 곤충으로 하여 일으키는 질병이 아닌 것은 무엇인가?
① 말라리아
② 사상충열
③ 일본뇌염
④ 발진티푸스

해설 발진티푸스는 이를 매개로 하는 감염병이다.

52 소독에 사용되는 약제의 이상적인 조건으로 올바른 것은?
① 살균하고자 하는 대상물을 손상시키지 않아야 한다.
② 취급방법이 복잡할수록 소독력이 높은 것이라 볼 수 있다.
③ 용매에 쉽게 용해되지 않아야 안정적이다.
④ 향기로운 냄새로 작업 중 기분이 좋아야 한다.

해설 소독약의 구비조건
• 살균력이 강하고 금속 부식성이 없을 것
• 표백성이 없고 용해성이 높을 것
• 사용이 간판하고 가격이 저렴(경제적)할 것
• 침투력이 강할 것

53 멸균의 의미로 가장 적합한 표현은 무엇인가?
① 병원균의 발육 및 증식의 억제 상태
② 체내에 침입하여 발육 및 증식하는 상태
③ 세균의 독성만을 파괴한 상태
④ 아포를 포함한 모든 균을 사멸시킨 무균 상태

해설 멸균이란 병원성, 비병원성 미생물 및 포자를 가진 것을 모두 사멸 또는 제거하는 것을 말한다.

54 석탄산의 90배 희석액과 어느 소독약의 180배 희석액이 같은 조건하에서 같은 소독 효과가 있었다면 이 소독약의 석탄산 계수는?
① 0.50
② 0.05
③ 2.00
④ 20.0

해설 석탄산 계수 = 소독제의 희석배수 / 석탄산의 희석배수

정답 44 ② 45 ② 46 ④ 47 ① 48 ④ 49 ① 50 ② 51 ④ 52 ① 53 ④ 54 ③

모의고사 5회 메이크업 필기 총정리 모의고사

55 청문을 실시하여야 하는 사항과 거리가 먼 것은 무엇인가?

① 이·미용사의 면허취소, 면허정지
② 공중위생영업의 정지
③ 영업소의 폐쇄명령
④ 과태료 징수

해설 신고사항의 직권 말소, 이용사 및 미용사의 면허취소 또는 면허정지, 공중위생 영업의 정지, 일부 시설의 사용중지 및 영업소 폐쇄명령 등의 처분을 하고자 하는 때에는 청문을 실시하여야 한다.

56 다음 중 공중위생감시원의 업무범위가 아닌 것은 무엇인가?

① 공중위생영업 관련 시설 및 설비의 위생상태 확인 및 검사에 관한 사항
② 공중위생영업소의 위생서비스 수준 평가에 관한 사항
③ 공중위생영업소의 개설자의 위생교육 이행 여부 확인에 관한 사항
④ 공중위생영업자의 위생관리 의무 및 영업자 준수사항 이행 여부에 관한 사항

해설 위생서비스의 수준 평가는 시장·군수·구청장의 업무이다.

57 이·미용사의 면허를 받기 위한 자격요건으로 잘못된 것은 무엇인가?

① 교육과학기술부 장관이 인정하는 고등기술학교에서 1년 이상 이·미용에 관한 소정의 과정을 이수한 자
② 이·미용에 관한 업무에 3년 이상 종사한 경험이 있는 자
③ 국가기술자격법에 의한 이·미용사의 자격을 취득한 자
④ 전문대학에서 이·미용 관련 학과를 졸업한 자

해설 • 전문대학 또는 이와 동등 이상 학력이 있다고 교육부장관이 인정하는 학교에서 이용 또는 미용에 관한 학과를 졸업한 자
• 학점인정으로 대학 또는 전문대학을 졸업한 자와 동등 이상 학력의 이용 또는 미용에 관한 학위를 취득한 자
• 고등학교 또는 이와 동등 학력이 있다고 교육부장관이 인정하는 학교에서 이용 또는 미용에 관한 학과를 졸업한 자
• 교육부장관이 인정하는 고등기술학교에서 1년 이상 이·미용에 관한 소정의 과정을 이수한 자(*초·중등교육법령에 따른 특성화고등학교, 고등기술학교나 고등학교 또는 고등기술학교에 준하는 각종학교에서 1년 이상 이용 또는 미용에 관한 소정의 과정을 이수한 자)
• 국가기술자격법에 의한 이용사 또는 미용사 자격을 취득한 자
* 2020.6.4부터 시행 예정

58 이·미용사의 면허를 받지 않은 자가 이·미용의 업무를 하였을 때의 벌칙 기준은?

① 100만 원 이하의 벌금
② 200만 원 이하의 벌금
③ 300만 원 이하의 벌금
④ 400만 원 이하의 벌금

해설 면허를 받지 않은 자가 이·미용의 업무를 하였을 때는 300만 원 이하의 벌금에 처한다.

59 공중위생의 관리를 위한 지도, 계몽 등을 행하게 하기 위해 둘 수 있는 제도는?

① 명예공중위생감시원
② 공중위생조사원
③ 공중위생평가단체
④ 공중위생전문교육원

해설 시·도지사는 공중위생 관리를 위한 명예공중위생감시원을 둘 수 있다. 명예 공중위생감시원의 자격 및 위촉 방법, 업무 범위 등에 관해 필요한 사항은 대통령령으로 정한다.

60 시장·군수·구청장은 영업정지가 심한 불편을 주거나 공익을 해할 우려가 있는 경우에는 영업정지 처분에 갈음하여 얼마 이하의 과징금을 부과할 수 있는가?

① 6천만 원
② 5천만 원
③ 4천만 원
④ 1억 원

정답 55 ④ 56 ② 57 ② 58 ③ 59 ① 60 ④

메이크업 필기 총정리 모의고사 6회

01 메이크업 역사에 관한 서술로 잘못된 것은?
① 다양한 화장품과 도구를 사용하여 얼굴 또는 신체의 결점을 수정, 보완하고 장점을 부각시키는 일체의 행위를 말한다.
② 메이크업이란 용어는 17세기 초 영국 시인 리차드 크라슈가 처음으로 사용했다고 본다.
③ 프랑스어인 마뀌아즈는 뷰티 메이크업을 설명하는 최초의 단어이다.
④ 20세기 미국의 분장사였던 맥스 팩터가 할리우드 여배우들의 화장을 해주면서 대중화되었다.

해설 마뀌아즈는 불어로서 원래는 분장을 의미하는 연극 용어였다.

02 메이크업의 기원을 설명하는 '이성 유인설'을 뒷받침하는 것으로 가장 적절한 것은?
① 원시인류는 자연으로부터 영향을 받아 꽃이나 동물 문양 등을 회화와 조각, 문신 등의 형태로 피부에 남겼다.
② 농경사회로 접어들고 정착 생활을 하게 됨에 따라 남녀 간의 노동의 분화가 이루어지고 여성의 아름다운 용모가 중시되면서 이성의 관심을 끌기 위해 치장을 했다.
③ 원시사회에서 전사들은 용맹을 드러내기 위해 신체를 변형하거나 문신, 채색을 함으로써 성인이 되었음을 상징하였다.
④ 신이나 강한 동물처럼 되고자 하는 욕구나 집단 리더의 위엄과 권위를 나타내고자 하는 심리적 욕구가 반영되었다.

해설 이성에게 매력적으로 보이기 위해 신체를 장식하거나 가꾸었다고 보는 가설은 이성 유인설이다.

03 메이크업의 기원은 인류의 생존과 그 시기를 같이 한다고도 볼 수 있다. 그 기원을 설명한 것으로 옳지 않은 것은?
① 종족 보존설 ② 이성 유인설
③ 신체 보호설 ④ 신분 표시설

해설 메이크업의 기원설에는 본능설, 종교설, 신체 보호설, 이성 유인설, 신분 표시설, 장식설 등이 있다.

04 고대 삼국시대 사람들의 미의식에 대한 설명으로 옳지 않은 것은?
① 평안도 수산리 고분벽화의 귀부인상, 쌍영총 고분벽화의 여인상들을 통해 당시 고구려인들의 화장형태를 알 수 있다.
② 신라시대는 영육일치사상으로 인하여 남녀가 깨끗한 몸과 단정한 옷차림을 추구하였으며 화장과 화장품이 발달하였다.
③ 중국의 문헌에 따르면 백제인들의 화장법을 '시분무주(분은 바르되 연지는 바르지 않음)'라고 한 것으로 보아 엷은 화장을 한 것으로 여겨진다.
④ 백제의 기록이 가장 많이 남아 있으며 일본에까지 영향을 끼친 것으로 전해진다.

해설 백제에 관한 기록은 남아 있지 않으나 일본 서적 '하한삼재회도'를 보면 백제로부터 화장품 제조기술을 배워 화장을 시작했다는 기록이 있다. 따라서 백제의 메이크업 기술이 상당히 발전했으리라는 추측이 가능하다.

05 고려시대에는 여염집 여성들의 일반 화장과, 기생들의 분대 화장으로 이원화된 경향이 있었다. 다음 중 분대 화장에 대한 특징으로 바른 것은?
① 얼굴에 분을 하얗게 발랐다.
② 눈썹을 진하고 굵게 그렸다.
③ 분을 바르지 않는 대신에 붉은 연지를 발랐다.
④ 머리에 분을 발라 보송하게 유지하였다.

해설 분대 화장
• 분을 하얗게 바르고 눈썹을 가늘게 가다듬어 까맣게 그린다.
• 머릿기름은 번질거릴 정도로 많이 바른다.

06 색의 3속성(색상, 명도, 채도) 중 채도에 관한 설명으로 옳지 않은 것은?
① 채도는 먼셀 색 입체에서 0~10까지 11단계로 나타낸다.
② 채도는 색의 순수한 정도를 말하는 것으로 순도라고도 한다.
③ 다른 색상이 전혀 섞이지 않은 순색이 가장 채도가 높다.
④ 채도가 가장 높은 색은 빨강과 노랑이다.

해설 먼셀 색 입체에서 0~10까지 11단계로 나타내는 것은 명도이다.

07 다음 중 3원색의 혼합에서 감색 혼합이 아닌 것은?
① 마젠타 + 노랑 = 빨강
② 마젠타 + 노랑 + 시안 = 검정
③ 마젠타 + 노랑 + 시안 = 흰색
④ 노랑 + 시안 = 녹색

해설 빛의 3원색은 빨강, 초록, 파랑이며 색을 섞을수록 밝아진다. 3원색을 섞었을 때 흰색이 되는 것은 가색 혼합(가법 혼색)이다.

08 색의 중량감에 대한 설명으로 옳지 않은 것은?
① 중량감은 명도와 관련이 있다.
② 저명도는 무거운 색으로 느껴진다.
③ 고명도는 가벼운 색으로 느껴진다.
④ 순수한 검정색은 중량감이 거의 느껴지지 않는다.

해설 중량감은 명도와 관련이 있으며 저명도는 무거운 색, 고명도는 가벼운 색이다. 검정은 저명도이므로 무겁게 느껴진다.

정답 01 ③ 02 ② 03 ① 04 ④ 05 ① 06 ① 07 ③ 08 ④

모의고사 6 회 메이크업 필기 총정리 모의고사

Make up

---

09 봄 이미지의 사람이 지닌 특징이 아닌 것은?

① 피부색이 매끄러운 아이보리색 피부나 갈색을 띠는 투명한 피부를 가졌다.

② 머리카락과 눈빛이 갈색을 띠며 따뜻한 느낌의 이미지를 준다.

③ 가벼운 메이크업이 부합한다.

④ 부드러운 파스텔 톤의 채도가 낮은 색상이 어울린다.

> **해설** 봄 이미지의 사람에게는 비비드, 스트롱, 브라이트, 라이트 톤이 어울리고, 부드러운 파스텔 톤의 채도가 낮은 색상은 여름 이미지의 사람에게 어울린다.

---

10 사계절 이미지 중 다음 설명에 부합하는 타입과 그에 가장 어울리는 립 컬러를 바르게 연결한 것은?

> • 부드럽고 깊은 눈빛과 부드러운 피부색을 가져 모든 사람에게 친근감을 느끼게 하는 사람이다.
> • 갈색의 눈동자와 머리카락이 부드러운 이미지를 만들어낸다.

① 봄 이미지의 사람 – 레드, 핑크

② 여름 이미지 사람 – 버건디, 와인

③ 가을 이미지의 사람 – 브라운, 코럴 베이지

④ 겨울 이미지의 사람 – 핑크, 체리 핑크

> **해설** 가을 이미지의 사람
> • 부드럽고 깊은 눈빛과 부드러운 피부색을 가져 모든 사람에게 친근감을 느끼게 한다.
> • 갈색 눈동자와 머리카락이 부드러운 이미지를 만들어 낸다.
> • 어울리는 아이섀도 컬러 : 브라운, 카키, 올리브, 코럴 베이지, 딥 피치 등
> • 어울리는 립 컬러 : 브라운 계열의 코럴 베이지 등

---

11 메이크업의 도구 중 메이크업 제품을 위생적으로 덜어서 사용할 때 쓰이는 도구는 (A)이고, 속눈썹을 컬링하기 위한 도구는 (B)이다. (A)와 (B)에 들어갈 도구의 이름을 순서대로 나열하면?

① 퍼프 – 스팻툴라

② 스팻툴라 – 팔레트

③ 스팻툴라 – 아이래시 컬러

④ 팔레트 – 스팻툴라

> **해설** 스팻툴라는 메이크업 제품을 위생적으로 덜어서 사용할 때 쓰는 도구이고, 아이래시 컬러(뷰러)는 속눈썹에 컬링을 줄 때 쓰는 도구이다.

---

12 메이크업의 도구 중 스펀지의 사용법과 위생 관리법으로 적절하지 않은 것은?

① 전용 세척제를 사용하여 깨끗하게 세척해 그늘에서 물기를 제거하고 소독기에 보관한다.

② 메이크업 베이스, 파운데이션 등의 피부 메이크업 표현을 할 때 주로 사용된다.

③ 사용 직후 알코올에 담가 두었다가 세균 번식을 막기 위해 자비 소독을 한다.

④ 단시간 안에 재사용할 경우 오염된 부위를 가위나 칼로 잘라내고 사용한다.

> **해설** 스펀지는 뜨거운 물로 끓일 경우 소재에 손상이 간다.

13 좋은 브러시 선택 요령으로 적절하지 않은 것은?

① 피부 트러블이 없는 천연 소재가 좋다.

② 탄력과 부드러움이 좋아야 한다.

③ 털끝이 부드러워서 넓게 퍼져있는 것이 사용하기 편리하다.

④ 털이 잘 빠지지 않고 견고한지 확인한다.

> **해설** 브러시는 모가 삐져나온 부분 없이 털끝이 가지런하게 모여 있는 것이 좋다.

---

14 다음은 컬러 파우더에 관한 설명이다. 색상과 적용 방법에 대한 설명 중 가장 적절하지 못한 것은?

① 퍼플 : 노란기의 피부에 화사함을 주고, 특히 인공조명 아래서 더욱 화려해 나이트 메이크업 시 주로 쓰인다.

② 핑크 : 볼에 붉은 기를 감추어 화사하게 표현하고 싶을 때 주로 사용한다.

③ 그린 : 여드름이나 모세혈관이 확장되어 있는 붉은 기미의 피부에 사용한다.

④ 브라운 : 자연스러운 섀딩 효과를 줄 수 있다.

> **해설** 핑크 파우더는 혈색이 없는 피부를 화사하게 표현할 때 사용한다.

---

15 여름철 메이크업 기법으로 적절하지 않은 것은?

① 피부에 청량감을 주기 위해 쿨링 제품을 사용하였다.

② 기초 화장 후 자외선 차단 기능이 있는 파운데이션을 꼼꼼하게 발랐다.

③ 건조가 빠르고 내수성이 좋은 워터 프루프 마스카라를 발랐다.

④ 무거운 화장을 피하기 위해 베이스 메이크업 단계에서 파운데이션 이후 파우더를 생략했다.

> **해설** 파운데이션의 유분기는 여름철 과다한 피지나 땀에 의해 쉽게 지워질 수 있으므로 자외선 차단 기능이 있는 파우더를 가볍게 발라주는 것이 좋다.

---

16 신부 메이크업 시 고려해야 할 사항으로 가장 거리가 먼 것은?

① 신부의 연령과 피부 유형을 파악하여 적절하게 대처한다.

② 신부의 이미지와 연출하고자 하는 패턴에 대해 숙지한다.

③ 예식 장소의 조명과 환경을 미리 체크한다.

④ 최신 유행하는 유명 연예인의 메이크업 패턴을 따른다.

> **해설** 유행하는 패턴이나 유명 연예인의 메이크업 패턴을 무작정 따르기보다는 신부 본인에게 가장 잘 어울리는 패턴을 찾아 시술하는 것이 좋다.

정답 09 ④ 10 ③ 11 ③ 12 ③ 13 ③ 14 ② 15 ④ 16 ④

모의고사 6회 메이크업 필기 총정리 모의고사

17 둥근 얼굴형의 신부를 위한 메이크업 수정법으로 적절하지 않은 것은?
① 동그란 얼굴을 시원하게 보이기 위해 얼굴 외곽을 섀딩 처리한다.
② 얼굴 중심 부위를 하이라이트 처리하고 상승형의 눈썹을 그린다.
③ 낮은 코가 돋보이지 않도록 노즈 섀도는 생략한다.
④ 관자놀이에서 광대뼈 앞쪽으로 세로형의 블러셔를 한다.

해설 노즈 섀도를 하여 신부의 얼굴이 입체감 있고 또렷하게 보이도록 한다.

18 신랑 메이크업을 하는 과정에 대한 설명으로 적절하지 않은 것은?
① 베이스는 최대한 얇게 본인 피부톤에 맞추어 표현한다.
② 정갈하고 단정한 눈썹 표현을 위해 아이섀도로 자연스럽게 그리고, 눈썹이 비어있는 부분만 브로 펜슬로 그린다.
③ 또렷한 얼굴형을 위해 섀딩은 귀 뒤나 턱 끝과 경계지지 않도록 자연스럽게 그라데이션한다.
④ 거칠어진 입술은 립글로스로 반짝이게 한 후 핑크빛으로 화사하게 덧발라준다.

해설
- 신랑 메이크업은 신부와의 피부톤을 맞추면서 신랑의 원래 이목구비 윤곽을 자연스럽게 강조한다.
- 신부 메이크업처럼 단점을 수정하고 색을 입히는 것은 부자연스럽고 부담스럽게 보인다.

19 30대 후반 여성이 로맨틱풍의 젊어 보이는 신부 메이크업을 의뢰했다. 이 신부를 메이크업할 때 주의해야 할 사항으로 거리가 먼 것은?
① 20대 여성에 비해 피부 탄력이 떨어져 있으므로 기초 제품 선택 시 충분한 유·수분 밸런스를 잡아준다.
② 잡티가 늘어나는 시기이므로 얼굴 전체에 스틱 파운데이션을 다소 두텁게 발라 완벽하게 피부를 커버한다.
③ 아이섀도를 이용하여 과장되지 않은 자연스러운 눈썹형을 그린다.
④ 귀엽고 사랑스러운 신부 이미지 연출을 위해 볼 중앙 부위에 화사하게 블러셔를 한다.

해설 스틱 파운데이션을 두텁게 바를 경우, 자연스러움이 줄어들어 자칫 더 나이 들어 보일 수 있다. 30대 여성은 수분감이 높은 리퀴드 파운데이션 등을 사용하고 잡티는 부분적으로 컨실러로 가려준 후, 유분기가 많이 도는 부위를 중심으로 파우더 양을 조절하여 도포한다.

20 60대 초반의 여성이 혼주 메이크업을 의뢰했다. 연회색 저고리에 깃과 끝동은 자주색이고, 그린색 치마의 한복을 입을 신랑 어머니이다. 이 여성의 메이크업으로 적절하지 못한 것은?
① 피부가 건조한 편이라 크림형 파운데이션을 바르고, 부분적인 잡티는 컨실러로 마무리한다.
② 눈가의 주름 부위가 두드러지지 않도록 파우더는 소량만 쓴다.
③ 꺼진 눈꺼풀에 어울리는 카키와 그레이 컬러의 아이섀도로 세련된 아이홀 메이크업을 했다.
④ 혈색을 살리고자 화사한 난색 계열을 이용해 블러셔를 했다.

해설
- 나이 든 여성의 꺼진 눈꺼풀은 팽창색으로 채운다.
- 아이홀 메이크업은 꺼진 눈이 도드라져 더 나이 들어 보일 수 있으므로 주의한다.

21 TV 뉴스 앵커나 방송 진행자, 일반인 출연자들이 화면에 자연스럽게 보이도록 하는 메이크업은 무엇인가?
① 내추럴 메이크업
② 스트레이트 메이크업
③ 스테이지 메이크업
④ CF 메이크업

해설 영상 메이크업에서 출연자의 피부색 보정, 결점 보완, 조명 반사 방지 등을 위한 기본적인 메이크업을 스트레이트 메이크업이라 한다.

22 다음 중 메이크업의 분류와 그 목적을 바르게 설명한 것은?
① 연극 메이크업 – 출연 배우를 아름답게 보이기 위해
② 남자 메이크업 – 의상과의 적절한 조화를 위해
③ 광고 메이크업 – 제품의 광고 효과를 극대화하기 위해
④ 패션쇼 메이크업 – 모델 개개인의 개성을 살리기 위해

해설
① 연극 메이크업 : 출연 배우를 역할에 효과적으로 부합하게 하기 위해
② 남자 메이크업 : 자연스럽게 장점을 살리고 단점을 감추기 위해
④ 패션쇼 메이크업 : 디자이너의 의도를 표현하고 의상과의 조화를 위해

23 광고 촬영 시 모델의 립스틱이 오래 지속되도록 하고자 할 때 적절하지 못한 방법은?
① 립스틱을 바른 후 투명 파우더를 발라 지속력을 높인다.
② 립스틱 도포 후 티슈로 유분기를 걷어내는 동작을 반복하여 원하는 색상이 표현되도록 한다.
③ 립 라인 펜슬로 외곽을 잡아주고 립스틱 위에 립 코트를 바른다.
④ 립글로스를 발라 촉촉하고 윤기 있는 입술을 표현한다.

해설 립글로스를 바르게 되면 유분기로 인해 립스틱의 지속력이 떨어지게 된다.

24 10대 후반의 여성 모델과 학생복 지면광고 촬영을 하게 되었다. 이 모델에게 어울리는 자연스러운 메이크업으로 적절하지 않은 것은?
① 리퀴드 파운데이션을 최소량만 발라 본인의 피부처럼 보이도록 한다.
② 촬영이 진행되는 동안 지속력을 주기 위해 투명 파우더를 꼼꼼하게 바른다.
③ 깔끔한 인상을 주기 위해 눈썹을 면도하고 아치형으로 바꾼다.
④ 입술 색과 거의 같은 립스틱을 바르고 립글로스로 살짝 윤기를 더한다.

해설 학생복 광고 촬영을 하는 10대 후반의 어린 모델은 모델이 가진 청순함을 유지하기 위해 성인 여성과 같은 과도한 눈썹 면도와 모양 수정은 삼간다.

정답 17 ③ 18 ④ 19 ② 20 ③ 21 ② 22 ③ 23 ④ 24 ③

모의고사 6 회 메이크업 필기 총정리 모의고사

25 다음 중 미디어 메이크업에 관한 설명으로 가장 적절하지 못한 것은?
① 모델이나 배우의 개인적인 취향에 맞는 메이크업을 하면 된다.
② 촬영하는 목적에 따라 그 효과를 극대화하기 위해 하는 메이크업이다.
③ 영화, 광고, 잡지 화보 등 다양한 환경의 미디어에서 접할 수 있는 메이크업이다.
④ 메이크업 전 다양한 제작 환경에 대한 이해가 우선되어야 한다.

해설 미디어 메이크업은 인쇄 매체와 전파 매체에서 이루어지는 모든 형태의 미디어에서 광고주와 시청자 혹은 소비자, 미디어 제작의 목적 등에 따라 그 효과를 극대화하기 위해 다양하게 이루어지는 메이크업이다.

26 다음은 분장 재료에 관한 설명이다. 보기의 설명이 가리키는 재료는 무엇인가?

> • 90%의 주정 알코올에 송진을 용해한 반투명 상태의 액체형 성상이다.
> • 주로 접착제의 용도로 사용된다.

① 스프리트 검   ② 글라짠
③ 라텍스   ④ 오브라이트

해설 • 글라짠 : 용액 형태의 플라스틱으로 정교한 볼드캡을 만드는 재료
• 라텍스 : 암모니아에 생강을 유화시킨 불투명한 흰색 액체로 상처 등을 표현
• 오브라이트 : 녹말이 주성분으로 화상 메이크업에 주로 사용

27 피부의 노화는 여러 가지 증상을 동반한다. 피부의 노화 현상을 설명한 것으로 가장 거리가 먼 것은?
① 색소 침착   ② 피부 건조
③ 면역 기능 증가   ④ 소양증

해설 피부 노화의 증상으로는 건조, 색소 침착, 주름, 건조함에서 오는 소양증, 탄력 저하, 면역 기능의 저하 등이 있다.

28 피부는 크게 표피, 진피, 피하지방으로 나눈다. 표피의 구성 요소가 아닌 것은?
① 망상층   ② 투명층
③ 과립층   ④ 기저층

해설 유두층과 망상층으로 이루어진 구조는 진피이다.

29 다음 보기 중 피부의 대표적인 기능이라 볼 수 없는 것은?
① 물리적, 화학적 자극에 대한 보호 기능
② 땀과 피지를 분비하는 기능
③ 피하지방 조직에서 지방을 저장하는 기능
④ 유전자에 의해 피부색을 결정하는 기능

해설 피부의 기능은 보호 기능, 배설 및 분비 기능, 체온 조절 기능, 흡수 기능, 감각 기능, 저장 기능, 비타민 D 합성 기능 등이 있다.

30 영양소의 분류에서 탄수화물, 지방, 단백질의 3대 영양소를 일컬어 (A)라 하고, 여기에 무기질과 비타민을 더해 (B)라 칭한다. (A)와 (B)에 들어갈 적절한 용어를 순서대로 나열한 것은?
① 조절 영양소 – 대사 조절 영양소
② 열량 영양소 – 5대 영양소
③ 구성 영양소 – 7대 영양소
④ 에너지 공급 영양소 – 3대 영양소

해설 탄수화물, 지방, 단백질의 3대 영양소는 에너지 공급을 하는 열량 영양소라고 하며, 여기에 무기질과 비타민을 더해 5대 영양소로 구분한다

31 다음 피부 장애 중 성격이 다른 하나는?
① 반점 – 기미, 주근깨, 몽고반점 등이 있으며 주변 피부와 다른 색의 경계가 뚜렷하다.
② 수포 – 피부 표면이 부풀어 올라 그 안에 액체가 들어있다.
③ 켈로이드 – 진피의 교원물질이 과다 생성되어 피부 표면 위로 융기된 흉터이다.
④ 종양 – 여러 가지 모양이 있으며 양성과 악성이 있다.

해설 켈로이드는 속발진에 속한다.

32 다음 보기 중 바이러스에 의한 질환이 아닌 것은?
① 대상포진   ② 사마귀
③ 수두   ④ 무좀

해설 무좀은 곰팡이에 의해 발생하는 진균성 피부 질환이다.

33 피부의 노화는 내인성 노화와 외인성 노화로 나눌 수 있다. 다음 중 노화의 원인이 다른 것은?
① 나이가 들어가는 생리적 노화로 탄력 감소와 주름이 발생한다.
② 자외선에 의해 색소 침착이 일어나고 표피가 두꺼워진다.
③ 피부 결합 조직의 약화로 진피의 두께가 감소한다.
④ 피부 탄력의 저하로 모공이 늘어져 보인다.

해설 자외선에 의한 노화는 광노화이며 외인성 노화로 분류된다.

34 질병 발생의 3요소로 바르게 짝지은 것은?
① 병인, 환경, 숙주
② 역학, 환경, 보건
③ 병인, 환경, 감염
④ 병원체, 병원소, 전파

해설 질병 발생의 3요소
• 병인 : 질병을 일으키는 직접적인 요인
• 환경 : 주위의 환경이나 질병 발생에 영향을 미치는 외적 요인
• 숙주 : 병원체의 기생으로 영양 탈취 및 조직 손상을 당하는 사람이나 동물

정답 25 ①   26 ①   27 ③   28 ①   29 ④   30 ②   31 ③   32 ④   33 ②   34 ①

모의고사 6회 — 메이크업 필기 총정리 모의고사

35 다음 중 비말 감염 경로를 바르게 설명한 것은?
① 기침, 재채기
② 물, 음료수
③ 불결한 환경
④ 오염된 식품

> 해설 비말 감염이란 기침과 재채기를 통해 호흡기계로 병원체가 탈출하는 것을 말한다.

36 미용숍의 안전사고 예방법으로 적절하지 않은 것은?
① 적절한 소독으로 세균 감염을 예방한다.
② 작업장 환경과 도구를 철저하게 위생관리하고 소독한다.
③ 기생충 약을 비치하여 필요한 고객에게 제공한다.
④ 고객과의 안전거리를 두고 마스크를 착용한다.

> 해설 병을 진단하고 약을 처방하는 것은 미용인의 역할이 아니므로, 약을 제공하는 일이 없도록 한다.

37 이산화탄소의 성질에 대한 설명으로 바르지 않은 것은?
① 공기보다 약간 가벼우나 무색·무취·무미의 무독성 가스이다.
② 실내공기 오염의 지표가 되며, 0.1%를 상한량으로 한다.
③ 암모니아, 염소 등 유기물의 원인 물질이 되어 군집독을 발생시킬 수 있다.
④ 지구 온난화 현상의 주원인이 된다.

> 해설 이산화탄소는 공기보다 약간 무거운 기체이다.

38 온도가 18℃, 습도가 65%일 때 가장 쾌적하게 느낀다면, 온도가 20도로 올랐을 때의 습도는 어떤 수준이어야 하는가?
① 60%
② 70%
③ 80%
④ 90%

> 해설 · 쾌적한 기후의 조건은 기온 16~20℃, 습도 60~65%이다.
> · 온도가 상승하면 습도는 하락하고, 습도가 상승하면 온도는 낮아야 쾌적하다.

39 자비 소독에 대한 설명으로 적절하지 않은 것은?
① 습열에 의한 물리적 소독법을 말한다.
② 끓는 물에 15~20분간 처리하는 방법이다.
③ 식기류, 도자기류, 주사기, 의류 등을 소독할 때 주로 사용한다.
④ 세균의 아포를 포함한 병원성 및 비병원성 미생물을 사멸시키는 것이다.

> 해설 ④번은 멸균에 관한 설명이다.

40 미용숍에서 근무하는 메이크업 아티스트의 손 소독용으로 적합하지 않은 것은?
① 70%의 알코올
② 3%의 크레졸
③ 역성비누
④ 25%의 포르말린

> 해설 포르말린은 아포에 대해서도 강한 살균효과가 있으나 독성이 강해 취급에 주의가 필요하며, 숍에서 사용하기에는 안전하지 않다.

41 안전한 소독제의 조건으로 가장 적절하지 않은 것은?
① 세척에 의해 쉽게 제거되고 잔류되지 않아야 한다.
② 살균, 소독효과가 뛰어나다면 약간의 독성은 주의하면 된다.
③ 고농도 상태에서도 안정되고, 희석해서 이용할 수 있어야 한다.
④ 광범위한 살균효과를 발휘해야 한다.

> 해설 소독제는 독성과 악취가 없어야 한다.

42 미생물의 증식 환경에 영향을 미치는 요소를 설명한 것으로 적절하지 않은 것은?
① 반드시 수분이 필요하다.
② 적정량의 산소가 반드시 공급되어야 한다.
③ 미생물 증식의 최적 온도는 28~38℃이다.
④ 중성 또는 약알칼리성에서 미생물의 발육이 가장 쉽다.

> 해설 미생물 가운데 파상풍균, 보툴리누스균은 혐기성균에 속한다.

43 리케차에 대한 설명으로 적절하지 않은 것은?
① 일반 세균과는 달리 세포 내에서만 증식이 가능하다.
② 세균과는 달리 항균 물질에 대해 감수성이 없다.
③ 세균과 바이러스의 중간에 속하는 미생물로 보통 세균보다 작다.
④ 감염증으로는 유행성 이하선염, 두창, 풍진 등이 있다.

> 해설 · 바이러스에 의한 감염증 : 유행성 이하선염, 두창, 풍진 등
> · 리케차에 의한 감염증 : 발진티푸스, 발진열, 쯔쯔가무시병, 선열 등

44 기생충의 종류와 중간숙주를 바르게 연결한 것은?
① 간흡충 – 게, 가재
② 폐흡충 – 다슬기
③ 요코가와흡충 – 쇠우렁이
④ 무구조충 – 돼지

> 해설 · 간흡충 : 쇠우렁이(제1중간숙주), 민물고기(제2중간숙주)
> · 폐흡충 : 다슬기(제1중간숙주), 게·가재(제2중간숙주)
> · 요코가와흡충 : 다슬기, 은어
> · 무구조충 : 쇠고기 생식

45 면역에 대한 설명으로 가장 적절하지 않은 것은?
① 면역에는 크게 선천 면역과 후천 면역이 있다.
② 능동 면역은 자연 능동 면역과 인공 능동 면역으로 나눈다.
③ 자연 수동 면역은 수유, 태반 등을 통해 얻는 면역을 말한다.
④ 수동 면역은 능동 면역에 비해 면역효과가 빠르고 지속시간도 길다.

> 해설 수동 면역은 능동 면역에 비해 면역효과는 빠르나 지속시간이 짧다.

정답 35 ① 36 ③ 37 ① 38 ① 39 ④ 40 ④ 41 ② 42 ② 43 ④ 44 ② 45 ④

모의고사 6회 메이크업 필기 총정리 모의고사

46 식품위생 관리의 3대 요소로 바르게 짝지은 것은?
① 안전성, 완전성, 건전성
② 안전성, 경제성, 속효성
③ 안정성, 완전성, 유행성
④ 안정성, 완전성, 효과성

해설 식품위생 관리 3대 요소 : 안전성, 완전성, 건전성

47 자연성 식중독을 일으키는 식품과 독소의 종류를 바르게 연결한 것은?
① 독버섯 – 솔라닌
② 목화씨 – 무스카리딘
③ 청매실 – 아미그달린
④ 미치광이풀 – 시큐톡신

해설
• 독버섯 : 무스카린, 뉴린, 콜린, 무스카리딘
• 목화씨 : 고시폴
• 미치광이풀 : 아트로핀

48 미용업소에서 특히 감염병이 문제가 되는 주된 이유는 무엇인가?
① 사용하는 도구나 기구 등에 감염 병균 오염이 많다.
② 다수인이 출입하는 곳이므로 감염에 취약하기 쉬운 환경이다.
③ 미용 관련 전열기구 등을 사용할 때 내부 공기 오염이 많다.
④ 제때 청소를 하기 힘든 환경이다.

해설 불특정 다수의 많은 사람이 출입하면서 병원균을 옮겨오기 때문이다.

49 메이크업 도구나 기자재들을 관리하는 방법으로 적절하지 않은 것은?
① 화장품 – 먼지가 쌓이지 않도록 보관하고 작업 이후에는 용기의 뚜껑을 닫아 깨끗이 닦는다.
② 미용 의자 – 비닐로 된 커버는 물걸레로 닦은 후, 알코올로 닦는다.
③ 손님용 가운 – 1회 사용 후 매번 세탁한다.
④ 눈썹용 면도날 – 사용 후 알코올로 닦아 소독한다.

해설 눈썹 정리용 면도날은 1회용을 사용하는 것이 원칙이다.

50 공중위생영업 신고 사항의 변경 시 신고하여야 하는 사항이 아닌 것은?
① 영업소의 명칭 또는 상호가 변경된 때
② 영업소의 소재지가 변경된 때
③ 기 신고한 영업장 면적의 5분의 1 이상 증감이 있을 때
④ 대표자의 성명 및 생년월일에 변경이 있을 때

해설 신고한 영업장 면적의 3분의 1 이상 증감이 있을 때 변경 신고를 하여야 한다.

51 공중위생영업자의 위생관리 업무 사항으로 적절하지 않은 것은?
① 의료기구와 의약품을 사용하지 않은 순수한 화장을 한다.
② 소독한 기구와 소독하지 아니한 기구를 분리하여 보관한다.
③ 1회용 면도날을 손님 1인에 한하여 사용한다.
④ 오염된 공간이 생길 경우 칸막이를 이용해 완벽하게 차단해야 한다.

해설 공중이용시설 안에서 시설 이용자의 건강을 해할 우려가 있는 오염물질이 발생하지 않도록 해야 한다(이 경우 오염물질의 종류와 오염 허용범위는 보건복지부령으로 정한다).

52 미용사의 면허를 받을 수 없는 경우에 해당되지 않는 사항은?
① 정신질환자
② 보건복지부령이 정하는 감염병 환자
③ 마약 등 약물중독자
④ 면허가 취소된 후 3년이 경과한 자

해설 면허가 취소된 후 1년이 경과되면 면허를 재발급 받을 수 있다.

53 공중위생감시원의 업무 범위에 속하지 않는 것은?
① 규정에 의한 시설 및 설비의 확인
② 영업자의 위생관리 의무 및 준수사항 이행 여부의 확인
③ 위생지도 및 개선명령 이행 여부의 확인
④ 위생교육의 업소별 출장 대행

해설 이 밖에 위생상태의 확인 검사, 영업의 정지, 일부 시설의 사용중지 또는 영업소 폐쇄명령 이행 여부의 확인, 위생교육 이행 여부의 확인 등이 있다.

54 300만 원 이하의 벌금형에 해당되지 않는 사항은?
① 영업신고를 하지 아니하고 미용업을 하는 경우
② 면허가 취소된 후 계속하여 업무를 행하는 경우
③ 면허정지 기간 중에 업무를 행한 경우
④ 면허를 받지 않은 자가 업소를 개설하거나 업무에 종사하는 경우

해설 영업신고를 하지 아니한 자는 1년 이하의 징역 또는 천만 원 이하의 벌금에 처한다.

55 다음 중 1차 위반 시의 행정 처분이 개선명령이 아닌 사항은?
① 기기 및 설비기준을 위반한 때
② 업소 내 조명도를 준수하지 아니한 때
③ 면허증 원본을 게시하지 않은 때
④ 면허증을 다른 사람에게 대여한 때

해설 면허증을 다른 사람에게 대여한 때 1차 위반 시 처분은 면허정지 3개월이다.

정답 46 ① 47 ③ 48 ② 49 ④ 50 ③ 51 ④ 52 ④ 53 ④ 54 ① 55 ④

모의고사 6회 — 메이크업 필기 총정리 모의고사

56 3차 위반 시 행정처분으로 영업장 폐쇄명령에 처해지는 상황이 아닌 것은?
① 피부 미용을 위하여 의약품 또는 의료기기를 사용한 때
② 점 빼기, 귓불 뚫기, 문신, 박피술 등 유사의료 행위를 한 때
③ 영업신고를 하지 아니하고 영업을 한 때
④ 영업소 외의 장소에서 업무를 행한 때

해설 영업신고를 하지 아니하고 영업을 한 때에는 1차 위반 시 영업장 폐쇄명령에 처해진다.

57 기능성 화장품의 종류로 맞지 않은 것은 무엇인가?
① 자외선 차단제 ② 미백 제품
③ 각질 제거제   ④ 태닝 제품

해설 기능성 화장품은 주름 개선, 미백, 자외선 차단 제품 등이다.

58 화장품의 성분 중 수성 원료에 해당되지 않는 것은?
① 정제수 ② 라놀린
③ 에탄올 ④ 보습제

해설 라놀린은 양모지라고도 하며 동물성 유성 원료이다.

59 아로마 에센셜 오일의 활용법으로 적절하지 않은 것은?
① 음용법 ② 흡입법
③ 확산법 ④ 목욕법

해설 아로마 에센셜 오일의 대표적인 활용법은 흡입법, 확산법, 목욕법, 마사지법 등이다.

60 아로마 오일 사용 시 주의사항으로 적절하지 않은 것은?
① 원액이 직접 피부에 닿지 않도록 한다.
② 안정성 확보를 위해 패치 테스트를 실시한다.
③ 보관 시 암갈색 병에 담아 직사광선을 피해 서늘하고 어두운 곳에 보관한다.
④ 블랜딩한 오일은 2~3년 정도 사용이 가능하다.

해설 개봉한 정유는 1년 이내에 사용하는 것이 바람직하고, 특히 블랜딩한 오일은 6개월 이내로 사용하도록 한다.

정답 56 ③ 57 ③ 58 ② 59 ① 60 ④

메이크업 필기 총정리 모의고사 7 회

01 메이크업의 정의와 거리가 먼 것은?

① 화장품과 도구를 사용하여 아름다움을 표현하는 행위이다.

② 개인의 심미적 만족뿐 아니라 사회성을 가진다.

③ 개성을 표현하고 자기만족을 준다.

④ 문신과 반영구 화장을 통해 지속성을 준다.

> **해설** 점 빼기, 귓볼 뚫기, 문신, 박피술 등 이와 유사한 의료행위는 미용의 업무 범위가 아니다.

02 메이크업의 기원에 대한 설명으로 잘못된 것은?

① 장식설 – 아름다움에 대한 욕망으로 몸을 치장하기 시작하였다.

② 보호설 – 외부 환경 및 위험으로부터 몸을 보호하기 위함이었다.

③ 종교설 – 신분과 계급을 구별하기 위한 목적이었다.

④ 본능설 – 이성을 유혹하기 위해 아름답게 장식하고자 한 것이다.

> **해설** 종교설은 주술적 목적으로 화장이 시작되었다는 기원설을 말한다.

03 조선시대 화장 문화에 대한 올바른 설명은 무엇인가?

① 여염집 아낙네들은 대부분 짙은 화장을 즐겨했다.

② 일원화된 화장이 유행했다.

③ 규합총서에 화장품이나 향의 제조방법이 수록되어 있다.

④ 여성의 외적인 아름다움을 중시하였다.

> **해설** • 조선시대에는 유교의 영향으로 여성의 내적인 아름다움을 중시하였다.
> • 여염집 아낙들의 옅은 화장과 직업 여성의 짙은 화장으로 이분화가 뚜렷했다.

04 각 시대의 메이크업 특징을 보여주는 대표적인 영화배우와 시대 연결이 잘못된 것은?

① 1920년 – 클라라 보우

② 1930년 – 그레타 가르보

③ 1940년 – 진 할로우

④ 1950년 – 트위기

> **해설** 트위기는 1960년대를 대표하는 모델이다.

05 다음 중 네모로 각진 얼굴의 메이크업으로 잘못된 것은?

① 이마와 턱부분에 어두운 섀도를 넣어준다.

② 볼연지는 조금 진한 색상으로 관자놀이부터 볼뼈를 따라 길게 발라 강조한다.

③ 눈썹은 눈썹산의 각을 부드럽게 한 아치형으로 그린다.

④ 아이섀도 색상은 여성적인 산호색, 핑크를 발라 부드럽게 그라데이션한다.

> **해설** 네모로 각진 얼굴은 최대한 둥글고 부드러운 느낌으로 메이크업한다. 볼연지를 관자놀이부터 볼 뼈를따라 길게 강조해서 바르면 부드러운 느낌이 아니라 강하고 각진 느낌이 들어 좋지 않다.

06 긴 얼굴형의 수정 화장법으로 가장 적절한 것은?

① 이마 양 옆에 섀딩을 넣어 얼굴 폭을 감소시킨다.

② T존에 하이라이트를 뚜렷하게 넣는다.

③ 턱 끝에 하이라이트를 세로로 길게 넣는다.

④ 블러셔는 수평형의 가로 느낌으로 처리한다.

> **해설** 긴 얼굴형의 수정 메이크업
> • 전체적으로 세로의 길이감을 감소시키는 것이 좋다.
> • 이마 위쪽과 턱 아래에 섀딩을 넣어 길이감을 감소시킨다.
> • 눈썹은 가로로 긴 일자형에 가까운 눈썹으로 가늘지 않게 그린다.
> • 블러셔는 수평형의 가로 느낌으로 처리하여 길어 보이는 얼굴형의 단점을 보완한다.

07 건조한 피부를 가진 사람의 화장법으로 적절하지 않은 것은?

① 기초 화장 단계에서 유·수분을 충분히 공급한다.

② 리퀴드 파운데이션을 소량씩 꼼꼼하게 발라 들뜨지 않게 한다.

③ 데이 메이크업은 비비 크림으로 가볍게 화장한다.

④ 입가, 눈가 등 움직임이 많은 부위에 파우더를 충분히 발라 지워지지 않게 한다.

> **해설** 건조한 피부에 맞는 화장법
> • 기초 화장 단계에서부터 유·수분을 충분히 보충한다.
> • 피부가 건조할 때 화장이 들뜨기 쉬우므로 파운데이션을 바를 때 소량씩 꼼꼼하게 발라 들뜨지 않게 한다.
> • 데이 메이크업에서는 피부과용으로 개발된 비비 크림을 가볍게 발라 피부를 보호한다.
> • 파우더를 많이 바르면 더욱 건조해지므로 소량만 사용한다.
> • 움직임이 많은 입가나 눈가는 특히 소량의 파우더를 사용하는 것이 좋다.

08 서양 메이크업 역사에서 희고 창백한 피부 표현을 위해 사용했던 메이크업 재료는?

① 콜　　　　　　　② 진흙

③ 백랍분　　　　　④ 헤나

> **해설** 희고 창백한 피부 표현을 위해 납 성분이 들어간 백랍분을 사용했는데 수은 중독으로 맨얼굴을 더욱 진하게 가려야 했고, 이로 인해 '화장독'이라는 말이 생겨났다.

09 메이크업 시 하이라이트를 주는 부위가 아닌 것은?

① T-zone　　　　　② S-zone

③ Y-zone　　　　　④ 눈썹 뼈

> **해설** • 하이라이트란 피부 베이스 색보다 1~2단계 밝은 톤으로 튀어나오게 하거나 넓어 보이게 하는 것이다.
> • S-zone은 귀 밑에서 턱 선에 이르는 S자형 부분으로 섀딩을 해야 한다.

정답 01 ④　02 ③　03 ③　04 ④　05 ②　06 ④　07 ④　08 ③　09 ②

모의고사 **7** 회 메이크업 필기 총정리 모의고사

10 아이브로의 색상을 결정할 때 가장 중요하게 고려되어야 하는 것은?
① 착장하는 의상의 색 ② 블러셔의 색
③ 모델의 피부색 ④ 모델의 모발색

해설
- 아이브로의 색상을 선택할 때 나이, 의상, 피부색 등도 고려 대상이기는 하지만 가장 직접적인 영향을 받는 부위는 모발의 색상이다.
- 모델의 모발색과 같거나 조금 옅은 색상을 선택하는 것이 무난하다.

11 얼굴의 입체감을 표현하고자 할 때 파운데이션 컬러 선택으로 바르게 설명한 것은?
① 베이스 컬러 – 피부색과 유사하거나 동일한 컬러를 선택한다.
② 베이스 컬러 – 피부색보다 2~3단계 밝은 컬러를 선택하여 화사하게 표현한다.
③ 섀딩 컬러 – 피부색과 유사하거나 동일한 컬러를 사용한다.
④ 하이라이트 컬러 – 베이스 컬러보다 2~3단계 밝은 컬러를 선택한다.

해설
- 입체감 있는 피부 표현을 위해 베이스 컬러는 피부색과 유사하거나 동일한 컬러를 사용한다.
- 섀딩 컬러는 1~2단계 어두운 색을, 하이라이트 컬러는 1~2단계 밝은 컬러를 사용한다.

12 컨실러에 관한 설명으로 가장 적절하지 않은 것은?
① 파운데이션으로 가릴 수 없는 반점이나 잡티 등을 부분적으로 커버한다.
② 40대 이후 여성의 피부는 잔주름과 잡티가 늘어나므로 무조건 사용해야 한다.
③ 펜슬형, 케이크형, 팁이 내장된 액상형 등 커버하고자 하는 부위에 따라 적절히 선택한다.
④ 부분적인 작은 점을 가릴 때에는 펜슬형이 사용하기 편리하다.

해설 컨실러의 선택과 사용
- 피부 상태에 따라 결정되는데, 40대 이후 여성의 피부는 젊은 여성의 피부보다 잡티나 기미, 검버섯이 많을 수도 있으나 개인차가 있으므로 무조건 사용할 필요는 없다.
- 피부가 깨끗하거나 가벼운 데이 화장에서는 컨실러 사용을 생략할 수 있다.

13 부분 화장의 지속력을 높이는 테크닉으로 가장 적절하지 않은 것은?
① 지성 피부는 베이스 화장이 쉽게 지워진다. 케이크 파운데이션을 바른 후, T존 부위를 오일 블로팅 페이퍼로 살짝 눌러 겉도는 유분기를 제거한 후 파우더를 바른다.
② 아이라인 펜슬은 쉽게 그려지는 반면, 쉽게 지워지는 단점이 있다. 펜슬로 라인을 그린 후, 같은 색상의 아이섀도를 세심하게 덧바른다.
③ 케이크형 블러셔는 시간이 지남에 따라 발색이 엷어질 수 있다. 파운데이션 후 크림형의 블러셔로 표현하고, 파우더를 한 후에 케이크 블러셔를 바른다.
④ 입술 화장이 쉽게 지워질 때는 립밤과 립글로스를 여러 번 반복해서 바른다.

해설
- 립밤과 립글로스는 지속력이 낮은 제품이다.
- 입술 메이크업을 지속하기 위해서는 립라인 펜슬과 립스틱을 먼저 바른 후, 윤기를 더하기 위해 립글로스를 덧발라준다.

14 메이크업 도구의 사용과 관리법에 대한 설명으로 적절하지 않은 것은?
① 아이래시 컬러는 속눈썹을 올려줄 때 사용한다. 사용 후 이물질을 티슈로 닦고 알코올을 묻힌 솜으로 닦아준다.
② 브러시는 전용 클리너로 세척한다. 클리너가 없을 때는 미지근한 중성세제로 세척하여 물기를 완전히 말린 후, 자외선 소독기에 넣어둔다.
③ 라텍스는 유분기가 많은 파운데이션을 바를 때 사용하는 도구로 세균이 번식하기 쉽다. 자주 빨아서 사용하는 것이 좋다.
④ 면봉은 부분 메이크업을 수정할 때 주로 사용한다. 뚜껑이 있는 용기에 보관하고, 반드시 1회용으로 사용하여야 한다.

해설 위생을 위해 라텍스는 1회용으로 사용하거나 오염 부위를 잘라내고 사용한다.

15 계절별 메이크업에 어울리는 컬러 선택으로 가장 적절하지 못한 것은?
① 봄 – 옐로, 코랄 핑크, 그린
② 여름 – 화이트, 블루, 블루 바이올렛
③ 가을 – 베이지, 골드, 브라운
④ 겨울 – 골드, 카키, 오렌지

해설 사계절 메이크업에서 겨울 메이크업에 선호되는 색상은 화이트, 실버, 와인 등이다.

16 부드럽고 여성스러운 느낌의 메이크업을 표현하기 위한 색상 선택으로 가장 적절한 것은?
① 뉴트럴 톤의 색을 사용하는 것이 무난하다.
② 고명도, 저채도의 색을 사용한다.
③ 중명도, 고채도의 색을 사용한다.
④ 저명도, 고채도의 색을 사용한다.

해설 톤의 분류에서 페일 톤, 화이티시 톤 등 고명도·저채도의 색은 부드럽고 여성스러운 이미지를 준다.

17 영상 메이크업 시 고려해야 할 사항으로 볼 수 없는 것은?
① 조명이나 땀에 의해 번들거리지 않도록 파우더 처리를 적절히 해야 한다.
② 하이라이트, 섀딩 처리를 섬세하게 표현해야 한다.
③ 본래 메이크업 색보다 어둡게 나오므로 밝게 표현해야 한다.
④ 조명에 광량에 따라 색상 표현이 다를 수 있으므로 모니터를 통해 수시로 체크한다.

해설
- 영상 메이크업은 조명에 의해 본래 색보다 밝게 표현되는 경우가 많아 주의가 필요하다.
- 표준 모니터를 통해 메이크업 톤을 수시로 체크하며 작업한다.

정답 10 ④ 11 ① 12 ② 13 ④ 14 ③ 15 ④ 16 ② 17 ③

모의고사 7 회   메이크업 필기 총정리 모의고사

Make up

18 겨울 타입의 퍼스널 컬러에 맞는 메이크업을 하고자 할 때 가장 적절하지 않은 것은?

① 베이스 메이크업은 화사한 느낌이 나는 핑크 베이지 컬러를 선택한다.
② 아이섀도 색상은 브라운, 골드, 카키를 사용하여 부드럽게 표현한다.
③ 악센트 컬러를 적절히 사용한다.
④ 시크하고 모던한 이미지로 연출한다.

해설 브라운, 골드 카키는 가을 타입의 사람에게 어울리는 컬러이다.

19 T.P.O에 따른 면접 메이크업을 시술하고자 할 때 적절하지 않은 것은?

① 핑크와 살구빛 블러셔로 자연스러운 혈색을 주어 건강함을 표현한다.
② 베이지, 그레이, 브라운 등 자연스러운 색상을 사용하여 단정하게 표현한다.
③ 눈썹은 짙은 색으로 다소 굵게 그려 자신감 있고 소신 있게 보이도록 한다.
④ 아이라인으로 눈매를 또렷하게 그려 호감도를 높인다.

해설 너무 진한 색의 눈썹과 굵은 눈썹은 자칫 고집스러워 보일 수도 있으므로 주의한다.

20 내추럴 메이크업 패턴을 가장 적절하게 표현한 것은?

① 입체감 있는 얼굴형을 표현하기 위해 눈 아래 부위 얼굴 하반부에 섀딩을 넣어 아이 메이크업을 돋보이게 한다.
② 펄이 들어간 제품을 사용하여 아이 메이크업을 화려하게 한다.
③ 깨끗하고 잡티 없는 피부 표현을 위해 케이크 타입의 파운데이션으로 완벽하게 커버한다.
④ 원래의 눈썹 형태를 그대로 살려 아이섀도로 눈썹형을 잡아주고, 에보니 펜슬로 숱이 없는 부분만 결을 따라 가볍게 그린다.

해설 내추럴 메이크업은 모델이 가진 자연스러운 아름다움을 최대한 이끌어내는 것이 중요하기 때문에 부자연스러운 지나친 커버나 수정은 하지 않는다.

21 웨딩 메이크업 시 주의해야 할 사항으로 거리가 먼 것은?

① 인조속눈썹을 이용하여 눈매를 또렷하게 표현한다.
② 메이크업의 지속시간을 고려하여 적절한 메이크업을 한다.
③ 신부의 개성을 최대한 살려 독특하고 유니크한 메이크업을 한다.
④ 신부의 얼굴형을 고려해 장점을 살려 메이크업한다.

해설 웨딩 메이크업에서는 신부의 이미지를 자연스럽게 표현해야 하기 때문에 너무 개성에 치우치거나 유행에 따르지 않도록 한다.

22 웨딩 메이크업 시 신랑의 메이크업에 대한 설명으로 적절하지 않은 것은?

① 신부의 피부톤을 고려해서 원래 피부보다 2~3단계 밝게 처리하는 것이 좋다.
② 자연스럽고 부드러우면서도 단정한 신랑의 이미지를 연출한다.
③ 입술 색은 신랑의 입술 색과 유사한 컬러로 자연스럽게 표현하는 것이 좋다.
④ 광대뼈 중심으로 옅은 브라운 계열의 블러셔로 입체감을 준다.

해설 신랑 메이크업 시 피부 표현은 신랑이 원래 가지고 있는 피부톤과 가장 유사한 자연스러운 톤으로 표현해준다.

23 본식 신부 메이크업에 대한 설명으로 가장 적절하지 않은 것은?

① 하객들에게 신부의 모습이 자연스럽게 보이도록 메이크업한다.
② 예식 장소 공간의 크기, 조명, 하객과의 거리 등을 감안하여 또렷하고 화사한 인상을 줄 수 있도록 메이크업한다.
③ 웨딩드레스의 형태에 따라 어깨나 팔, 목 부위 등의 노출이 많으므로 몸에도 톤을 맞추는 메이크업을 한다.
④ 사진으로 기록되는 메이크업이므로 촬영상 아름답게 보이는 것이 육안으로 보이는 아름다움보다 중시된다.

해설 본식의 웨딩 메이크업은 하객들에게 육안으로 보여주는 데 목적이 있으므로, 자연스러운 신부의 아름다움을 최대한 이끌어내는 것이 중요하다.

24 로맨틱한 이미지의 웨딩 메이크업 연출에 대한 설명으로 가장 부적절한 것은?

① 사랑스럽고 낭만적이며 부드러운 느낌이 나도록 메이크업한다.
② 눈썹 결을 그대로 살려 한 올 한 올 자연스럽게 그린다.
③ 또렷한 눈매를 표현하기 위해 스모키 메이크업으로 아이 메이크업을 한다.
④ 하이라이트와 섀딩으로 얼굴형을 자연스럽게 살리고, 볼 중앙에 귀여운 느낌의 블러셔로 사랑스러운 신부로 표현한다.

해설 로맨틱 이미지에는 스모키 아이 메이크업이 적절하지 않다.

25 영화나 드라마 메이크업에 있어서 캐릭터 메이크업에 대한 설명으로 잘못된 것은?

① 관객이나 시청자로 하여금 배우의 극중 이미지와 성격을 전달하는 보조적 기능을 한다.
② 상처, 노화 등 극중 특별한 상황을 묘사할 때는 특수 분장 기법이 활용된다.
③ 극중 인물의 시대, 민족, 연령, 건강 상태, 성격 등을 효과적으로 표현할 수 있어야 한다.
④ 수염은 사극이나 현대물이나 상관없이 기본형 수염만 표현하면 무난하다.

해설 수염의 형태는 극중 인물의 시대별, 민족별, 신분, 직업 등에 따라 다양한 수염 기법이 존재한다.

정답   18 ②   19 ③   20 ④   21 ③   22 ①   23 ④   24 ③   25 ④

모의고사 7회 — 메이크업 필기 총정리 모의고사

26. 특수한 효과를 주는 분장 재료의 명칭과 그 사용법이 잘못 연결된 것은?
① 티어 스틱 – 배우의 눈물 연기를 도와준다.
② 글라짠 – 볼드캡(대머리 분장) 제작용이다.
③ 프로세이드 – 땀이 흐르는 효과를 준다.
④ 노즈 퍼티 – 메부리 코 등 돌출 부위를 표현한다.

> 해설 · 프로세이드는 분장용 접착제이다.
> · 땀, 흐르는 눈물 자국 등을 표현하는 재료는 글리세린이다.

27. CF 메이크업 제작 의뢰가 들어왔다. 제작 회의 때 클라이언트와 감독이 특별히 요청하는 메이크업 콘셉트가 없을 경우 적용할 수 있는 메이크업 패턴과 컬러로 바르게 연결된 것은?
① 내추럴 메이크업 – 오렌지, 브라운
② 내추럴 메이크업 – 핑크, 그린
③ 누드 메이크업 – 화이트, 핑크
④ 누드 메이크업 – 베이지, 레드

> 해설 광고용 색조 메이크업으로 가장 무난한 패턴은 내추럴 메이크업으로, 오렌지와 브라운 컬러가 가장 적절하다.

28. 영화에 출연하는 배우의 메이크업 의뢰를 받고 메이크업 아티스트가 함께 작업에 참여하게 되었을 때, 가장 먼저 착수해야 할 업무의 과정으로 올바른 것은 무엇인가?
① 배우 섭외   ② 대본의 분석과 숙지
③ 헤어스타일 디자인   ④ 소요되는 재료 세팅

> 해설 영화나 TV 드라마의 제작에 참여할 때 가장 먼저 대본을 분석하여 등장인물에 대한 전반적인 사항을 숙지하고 그에 맞는 준비를 한다.

29. 미디어(Media)의 사전적 의미는 '매체, 수단'이라는 뜻으로 불특정 대중에게 공적, 간접적, 일방적으로 많은 사회 정보와 사상을 전달하는 매체를 말하며 인쇄 매체와 전파 매체로 나누어진다. 다음 중 전파 매체로만 연결된 것은?
① 텔레비전, 잡지   ② 텔레비전, 신문
③ 텔레비전, CM(CF)   ④ 드라마, 카탈로그

> 해설 전파 매체의 종류에는 TV, CM, 드라마가 있고, 잡지 화보, 신문, 카탈로그는 인쇄 매체이다.

30. TV 드라마나 영화의 등장인물은 스토리를 이끌어가고 극의 분위기를 형성하는 중요한 역할을 한다. 메이크업, 헤어스타일링, 의상 코디네이션 등을 통해 관객에게 전달되는 중요한 단서가 아닌 것은 무엇인가?
① 시대적 배경   ② 문화적 배경
③ 등장인물의 캐릭터   ④ 등장인물들 간의 갈등

> 해설 영상 미디어의 등장인물은 대사뿐 아니라 메이크업, 헤어스타일, 의상 등을 통해 시대적 배경, 문화적 배경과 등장인물의 캐릭터 등을 표현한다.

31. 피부의 구조에서 엘라스틴과 콜라겐이 주성분이며 진피의 대부분을 차지하는 조직은?
① 표피의 과립층   ② 진피의 유두층
③ 진피의 망상층   ④ 피하조직

> 해설 진피는 유두층과 망상층으로 구성되며 표피보다 20~40배 정도 두꺼운 층이다. 이 중 망상층은 진피의 80%를 구성한다.

32. 피부의 생리 기능 중 감각작용에서 가장 넓게 분포되어 있는 것은 ( )이고, 가장 둔한 것은 ( )이다. 괄호 안에 들어갈 단어를 순서대로 바르게 나열한 것은?
① 촉각, 냉각   ② 통각, 온각
③ 온각, 냉각   ④ 온각, 압각

> 해설 · 피부의 감각작용으로 촉각, 온각, 냉각, 압각, 통각 등을 느낄 수 있다.
> · 통각이 가장 많이 분포하고 온각이 가장 둔하다.
> · 온각은 혀 끝, 촉각은 손가락 끝이 가장 예민하다.

33. 피지선에 관한 설명으로 가장 거리가 먼 것은?
① 피지는 모낭을 통해 배출된다.
② 하루 평균 15~20g의 피지가 배출된다.
③ 손바닥과 발바닥에는 피지선이 없다.
④ 피지는 수분 손실을 억제하며 피부를 부드럽고 윤택하게 한다.

> 해설 피지선에서 배출되는 피지의 양은 하루에 1~2g 정도이다.

34. 대한선(아포크린선)에 대한 설명으로 가장 거리가 먼 것은?
① 모낭의 윗부분과 연결되어 털과 함께 존재한다.
② 단백질 함유량이 많고 색이 혼탁하며 알칼리성이다.
③ 무색, 무취이며 99%는 수분으로 구성되어 있다.
④ 주로 사춘기 이후에 분비가 많이 이루어진다.

> 해설 · 대한선은 겨드랑이 밑 등에서 땀을 배출하며 체내에서는 무취·무균이나 표면에 배출되면 분해되면서 개인 체취를 형성한다.
> · 세균 감염 등으로 암내 등 악취를 유발하기도 한다.

35. 건성 피부의 관리법으로 가장 적절하지 않은 것은?
① 보습 성분이 있는 화장품을 꾸준히 발라준다.
② 주기적인 일광욕을 통해 비타민 D를 합성한다.
③ 유분기가 있는 크림 타입의 클렌저로 피부 자극을 줄인다.
④ 고농축 영양 에센스나 양질의 오일을 사용한다.

> 해설 일광욕은 피부를 더욱 건조하게 할 수 있으므로 건성 피부는 유의한다.

정답 26 ③ 27 ① 28 ② 29 ③ 30 ④ 31 ③ 32 ② 33 ② 34 ③ 35 ②

모의고사 7 회   메이크업 필기 총정리 모의고사

36 무기질에 대한 설명으로 잘못된 것은?

① 칼슘 – 골격과 치아의 주성분으로 출혈 시 혈액의 응고를 돕는다.

② 철 – 조혈작용, 면역기능, 인지기능을 담당하고 피부 혈색과도 관련이 있다.

③ 나트륨 – 수분 균형과 산·알칼리의 균형을 유지하고 심장 근육의 활동을 유지한다.

④ 인 – 갑상선 기능과 에너지 대사 조절에 관여하고 모세혈관을 정상화한다.

해설 갑상선 기능과 에너지 대사 조절에 관여하고 모세혈관을 정상화하는 것은 요오드이다.

37 표피 중 가장 두터운 층이며 임파관이 흐르고 있어 피부 미용에 매우 관련이 깊은 층은?

① 기저층　　　　　　② 유극층

③ 과립층　　　　　　④ 투명층

38 비타민 종류와 결핍 시 생기는 증상이 올바르게 연결된 것은?

① 비타민 A – 구루병　　② 비타민 D – 구루병

③ 비타민 C – 각기병　　④ 비타민 C – 야맹증

해설 • 비타민 A – 야맹증, 안구건조증
• 비타민 C – 괴혈병, 부종

39 질병관리에서 역학의 목적과 역할로 볼 수 없는 것은?

① 질병의 자연사 연구

② 질병의 발생 원인 규명

③ 신체 및 정신적 효율 증진

④ 질병의 예방 대책 수립

해설 • 역학의 목적 : 질병 발생에 대한 원인과 과정 결과를 기술적, 분석적, 실험적으로 연구하여 질병을 예방하고 근절하기 위한 학문
• 역학의 역할 : 질병 발생의 원인 규명, 질병의 발생 및 유행의 양상, 자연사 연구, 보건의료 서비스의 기획과 평가, 임상 분야에 기여, 보건 연구전략 개발 등

40 예방 접종을 통해 형성되는 면역을 무엇이라고 하는가?

① 자연 수동 면역　　② 자연 능동 면역

③ 인공 능동 면역　　④ 인공 수동 면역

해설 인공 능동 면역은 인위적으로 항원을 투입하는 예방접종을 통해 생긴다.

41 병원소에 속하지 않는 것은?

① 현성 감염자　　　　② 식품

③ 건강 보균자　　　　④ 불현성 감염자

해설 병원소란 병원체가 생활하고 증식하면서 다른 숙주에 전파시킬 수 있는 상태로 저장되어 있는 장소를 말하며, 종류로는 인간병원소, 동물병원소, 토양병원소 등이 있다.

42 분변이나 구토물에 의해 전염병이나 기생충 질환의 병원체가 체외로 배설되었다면 어떤 경로로 탈출한 것인가?

① 호흡기계로 탈출　　② 소화기계로 탈출

③ 개방병소로 탈출　　④ 비뇨생식기계로 탈출

해설 분변이나 구토물은 병원체가 소화기계로 탈출된 것으로 콜레라, 이질, 장티푸스, 파라티푸스 등이 있다.

43 다음 중 독소형 식중독은?

① 보툴리누스　　　　② 웰치균

③ 장염비브리오　　　④ 살모넬라

해설 독소형 식중독은 보툴리누스 식중독, 포도상구균 식중독 등이 있다.

44 하수처리방법에서 혐기성 분해처리의 설명으로 옳은 것은?

① 공기를 싫어하는 균을 발육, 증식시켜 분해하는 방법

② 공기를 좋아하는 균을 발육, 증식시켜 분해하는 방법

③ 공기를 제거하여 균을 발육, 증식시켜 분해하는 방법

④ 공기를 투입하여 균을 발육, 증식시켜 분해하는 방법

45 돼지고기를 생식하였을 때 발병할 수 있는 기생충은?

① 간디스토마　　　　② 무구조충증

③ 유구조충증　　　　④ 폐디스토마

해설 • 간디스토마 : 쇠우렁이(제1중간숙주) → 잉어, 참붕어, 피라기(제2중간숙주)
• 무구조충증 : 쇠고기
• 폐디스토마 : 다슬기(제1중간숙주) → 고등어, 다랑어(제2중간숙주)

46 복어의 내장과 혈액, 알 등을 잘못 섭취했을 때는 테트로도톡신에 의해 식중독이 발생할 수 있다. 복어독의 증상이라 볼 수 없는 것은?

① 고열　　　　　　　② 호흡장애

③ 언어장애　　　　　④ 지각마비

해설 복어독 식중독의 증상으로는 호흡곤란, 혀의 지각마비, 구토, 언어장애, 호흡중지 등이 있으며 사망에 이를 수도 있다.

47 이·미용기구 소독에 적합하여 불꽃 속에 20초 이상 접촉하여 멸균하는 것은?

① 화염멸균법

② 건열멸균법

③ 소각소독법

④ 습열멸균법

정답　**36** ④　**37** ②　**38** ②　**39** ④　**40** ③　**41** ②　**42** ②　**43** ①　**44** ①　**45** ③　**46** ①　**47** ①

48 소독의 정의를 바르게 설명한 것은?
① 감염을 일으킬 수 있는 병원 미생물을 파괴하여 감염력을 없애는 것이다.
② 감염을 일으킬 수 있는 모든 미생물을 사멸시키는 것이다.
③ 미생물의 발육과 성장을 억제 또는 정지시켜 부패나 발효를 억제하는 것이다.
④ 모든 미생물을 완전하게 제거하여 멸균시키는 것이다.

> **해설**
> - 소독 : 병원균의 감염력을 제거하는 것
> - 멸균 : 주로 열을 이용하여 병원균의 감염을 제거하는 것
> - 소독은 멸균과 달리 무균 상태가 되는 것은 아니다.

49 석탄산의 설명으로 바르지 않은 것은?
① 소독약의 살균 지표이다.
② 살균력의 안정성이 강하다.
③ 포자나 바이러스에는 효과가 적다.
④ 가격이 저렴하나 사용 범위는 좁다.

> **해설** 석탄산 소독
> - 소독에 사용되는 석탄산은 3~5%의 수용액이다.
> - 객담, 용기, 토사물, 고무, 빗, 솔 등의 소독에 사용된다.
> - 온도 상승에 따라 살균력도 비례하여 증가하며, 소독약의 살균 지표로 사용된다.
> - 살균력이 안정적이며 유기물 소독에 양호하다.

50 피부 소독에 사용되는 에틸 알코올의 가장 적합한 농도는 얼마인가?
① 3~5%   ② 30~45%
③ 70~80%   ④ 90~100%

> **해설** 에틸 알코올은 75%에서 가장 살균력이 뛰어나다.

51 다음 중 자비 소독으로 살균되지 않는 균은?
① 대장균   ② 장티푸스균
③ 아포형성균   ④ 결핵균

> **해설** 아포형성균은 자비 소독으로 살균되지 않아 고압 증기로 멸균 처리해야 한다.

52 미용업소의 실내 바닥, 테이블과 의자 등을 위생적으로 소독하고자 할 때 가장 적절한 소독제와 방법은?
① 석탄산 용액 2%   ② 포름알데히드 20%
③ 과산화수소 10%   ④ 승홍수 10%

> **해설** 실내의 바닥과 의자, 테이블 등은 2%의 석탄산 용액이나 3%의 크레졸 용액 또는 역성비누로 닦는다.

53 공중위생관리법 시행령에서 미용업의 업무 범위를 지정하고 있다. 다음 보기 중 그 설명이 바르지 않은 것은?
① 일반미용업 - 파마, 머리카락 자르기, 머리카락 모양내기, 머리카락 염색, 머리 감기, 의료기기나 의약품을 사용하지 아니하는 눈썹 손질
② 피부미용업 - 의료기기나 의약품을 사용하지 아니하는 피부 상태 분석, 피부 관리, 제모, 눈썹 손질
③ 네일미용업 - 손톱과 발톱의 손질, 의약품을 사용하지 아니하는 눈썹의 손질
④ 화장·분장 미용업 - 얼굴 등 신체의 화장, 의약품을 사용하지 아니하는 눈썹 손질

> **해설** 의약품을 사용하지 아니하는 눈썹의 손질은 네일미용업의 업무 영역이 아니다.

54 공중위생영업자의 지위를 승계한 자는 (　) 이내에 보건복지부령이 정하는 바에 따라 (　)에 신고하여야 한다. 괄호에 들어갈 말을 알맞게 연결한 것은?
① 1월, 시장·군수·구청장
② 2월, 시장·구청장
③ 2월, 구청장·보건복지부장관
④ 3월, 시장·군수

> **해설** 공중위생업자의 지위를 승계한 자는 1월 이내에 보건복지부령이 정하는 바에 따라 시장·군수 또는 구청장에게 신고하여야 한다.

55 공중위생영업자의 위생관리 준수사항에 대한 설명으로 적합하지 않은 것은?
① 의료기구와 의약품을 사용하지 아니하는 순수한 화장 또는 피부 미용을 할 것
② 미용기구는 소독한 기구와 소독하지 아니한 기구를 분리하여 보관할 것
③ 면도기는 1회용 면도날을 사용하지 아니할 것
④ 미용사 면허증, 영업허가증, 미용요금표 등을 영업소 안에 게시할 것

> **해설** 면도기는 1회용 면도날만 1인에 한하여 사용하여야 한다.

56 미용사의 면허가 취소될 수 있는 사항에 해당하지 않는 것은?
① 면허정지 처분을 받고 그 정지기간 중 업무를 행한 때
② 이중으로 자격을 취득한 때
③ 면허증을 다른 사람에게 대여한 때
④ 면허증을 업소 내에 게시하지 않았을 때

> **해설** 면허증 원본을 게시하지 않았을 때 1차는 경고 또는 개선명령, 2차는 영업정지 5일, 3차는 영업정지 10일, 4차는 영업장 폐쇄명령으로, 면허취소 사안은 아니다.

정답 48 ① 49 ④ 50 ③ 51 ③ 52 ① 53 ③ 54 ① 55 ③ 56 ④

모의고사 7 회 메이크업 필기 총정리 모의고사

57 과징금 금액의 2분의 1 범위 안에서 가중 또는 경감할 수 있는 참작 사유가 아닌 것은?

① 영업자의 사업 규모
② 위반 행위의 횟수 정도
③ 영업장 매출 금액
④ 위반 행위의 정도

해설 시장 · 군수 · 구청장은 영업자의 사업 규모, 위반 행위의 정도, 횟수의 정도 등을 참작하여 과징금 금액의 2분의 1 범위 안에서 이를 가중 또는 경감할 수 있다.

58 메이크업 미용숍에서 의무적으로 가입해야 할 보험은?

① 의료보험　　　　② 상해보험
③ 화재배상 책임보험　④ 연금보험

해설 화재배상 책임 보험은 메이크업숍의 인테리어 및 시설과 도구, 집기 부분을 화재로부터 안전하게 보장받는 보험이다.

59 향수의 조건으로 거리가 먼 것은?

① 향에 특징이 있어야 한다.
② 시대성에 부합하는 향이어야 한다.
③ 향의 조화가 잘 이루어져야 한다.
④ 향의 지속성이 낮아야 한다.

해설 향수의 조건
 • 향에 특징이 있어야 한다.
 • 향의 확산성이 좋아야 한다.
 • 향의 지속성이 좋아야 한다.
 • 시대성에 부합하는 향이어야 한다.
 • 향의 조화가 잘 이루어져야 한다.

60 다음 중 메이크업 정의에 대한 설명으로 틀린 것은?

① 메이크업은 특정한 상황과 목적에 알맞은 이미지와 캐릭터를 창출하는 것이다.
② 메이크업은 이미지 분석, 디자인, 메이크업 코디네이션 후속 관리 등을 실행하는 것이다.
③ 메이크업은 얼굴과 신체를 연출하고 표현하는 일이다.
④ 메이크업은 얼굴의 아름다움을 연출하는 것이다.

해설 메이크업은 얼굴뿐만 아니라 얼굴과 신체의 이미지와 캐릭터를 연출하고 표현하는 것이다.

정답 57 ③　58 ③　59 ④　60 ④

메이크업 필기 총정리 모의고사 8회

01 메이크업에 관한 정의로 옳지 않은 것은?
① 화장품과 도구를 사용하여 얼굴 또는 신체의 결점을 수정, 보완하여 아름답게 매만지는 행위이다.
② '잘 정리한다', '감싼다'는 뜻의 그리스어가 기원으로 질서 있는 체계, 조화를 뜻한다.
③ 메이크업(Make Up)의 사전적 의미는 '제작하다, 보완하다'라는 뜻이다.
④ 그리스어 '가톨릭(Catholic)'을 포함한 '카토리코스(Katholikos)'에서 그 명칭이 유래되었다.

해설 메이크업은 '코스메틱(Cosmatic)'을 포함한 '코스메티코스(Cos meticos)'에서 유래되었으며, '잘 정리한다, 감싼다'는 뜻으로 질서 있는 체계, 조화를 뜻한다.

02 메이크업의 발생 동기 중 장식설에 관한 설명으로 적합한 것은?
① 인간은 타인을 지배하기 위한 방법으로써 외모를 통해 부를 과시하고 계급을 나타내었다.
② 카두베이족은 메이크업을 대신하여 온몸을 문신하고 상처를 내는 행위를 통해 자신의 정체성을 찾았다.
③ 나이나 성별에 관계없이 이성에게 아름답게 보이고자 하는 본능적인 과시욕구가 있었다.
④ 고대 이집트인은 코올(Kohl)을 이용한 눈 화장을 통해 자연으로부터 자신의 눈을 보호하였고 피부를 보호하기 위하여 향료를 사용하기도 하였다.

해설 인류 최초의 화장 목적은 장식이라는 설이 지배적인데, 원시시대에는 피부에 상처를 내거나 문신을 새기는 것으로 메이크업을 대신하였다.

03 고려시대 화장품인 면약에 관한 설명으로 옳은 것은?
① 손이나 얼굴에 발랐던 액체 화장품이다.
② 동백기름으로 만들어져 머리에 발랐다.
③ 나무를 태워 흰 재를 만들어 얼굴에 발랐다.
④ 잇꽃을 으깨어 치아에 발랐다.

해설 고려시대의 면약은 손이나 얼굴에 발랐던 액체 화장품이다.

04 조선시대 '보염서'에 관한 설명으로 맞는 것은?
① 화장품 행상을 뜻하는 말
② 화장하는 방법에 대하여 수록한 여성을 위한 서책
③ 궁중에 화장품 생산을 전담하는 관청
④ 조선시대 최초의 민간 화장품 회사

해설 보염서 : 조선시대의 화장품 생산을 전담하는 관청

05 다음 중 백제인의 메이크업과 미의식에 대한 설명으로 옳지 않은 것은?
① 백제인들이 엷은 화장을 하였다는 기록이 있다.
② 분은 바르되 연지는 바르지 않았다.
③ 기록으로 보아 메이크업 기술이 상당히 발전했으리라 추측하고 있다.
④ 백제 메이크업의 구체적인 기록이 삼국 중 가장 많이 남아있다.

해설 백제인의 Make Up은 구체적인 기록이 적어 메이크업 정도를 가늠하기 어렵다.

06 다음 중 분대 메이크업에 대한 특징 중 옳은 것은?
① 분을 하얗게 발랐다.
② 눈썹을 굵게 그렸다.
③ 분을 바르지 않는 대신에 연지를 발랐다.
④ 머리에 분을 발라 보송하게 유지하였다.

해설 분대화장 : 분을 하얗게 바르고 눈썹은 가늘고 까맣게 그리며, 머릿기름은 번질거릴 정도로 많이 바른다.

07 화장과 화장품에 대한 고유어휘와 설명 중 옳지 않은 것은?
① 응장성식 – 신부의 얼굴치장 외에 장신구와 옷치장이 화려할 때
② 지분 – 일반적인 화장품을 가리키는 말로 연지와 백분을 줄인 말
③ 분대 – 백분과 눈썹먹을 가리키는 말로 화장품을 총칭하는 말
④ 장렴 – 짙은 상태의 색채 화장이되, 요염한 색태를 표현한 경우

해설 장렴 : 화장품과 화장용구(경대, 빗, 빗치개, 거울 등) 일체를 가리키는 말

08 다음 중 우리나라 화장에서 현대식 화장법이 도입된 시기는 언제인가?
① 1920년대 이후
② 1930년대 이후
③ 1940년대 이후
④ 1950년대 이후

해설 광복을 계기로 우리나라에 현대식 화장법이 도입되었으며 화장품 산업 또한 큰 전환기를 맞게 되었다.

09 메이크업 미용인의 전문가적 자세로 올바른 것은?
① 고객과의 약속은 최대 한도로 잡아 쉬는 시간을 만들지 않는다.
② 고객과는 대화를 나누지 않도록 주의한다.
③ 스케줄 변동사항은 다른 고객의 잘못이므로 알려주지 않아도 된다.
④ 고객의 앞에서 껌을 씹거나 음식을 먹지 않는다.

해설 고객에게 불쾌한 행동은 삼간다.

정답 01 ④ 02 ② 03 ① 04 ③ 05 ④ 06 ① 07 ④ 08 ③ 09 ④

모의고사 8 회 메이크업 필기 총정리 모의고사

10 다음 보기 중 이마의 주름을 만드는 근육은 무엇인가?
① 전두근
② 광대근
③ 모상건막
④ 추미근

해설 전두근은 눈썹을 들어 올려 이마의 가로 주름을 만든다.

11 메이크업 아티스트가 기본적인 골상학을 이해하고 있어야 하는 목적과 가장 거리가 먼 것은?
① 모델의 얼굴형을 이해하여 적절한 수정 메이크업을 할 수 있다.
② 표현하고자 하는 이미지를 창조하는 데 기본이 된다.
③ 고객과의 사전 상담 시에 고객의 요구에 따라 메이크업을 보완하는 데 도움이 된다.
④ 고객의 인상을 보고 성격을 파악할 수 있다.

12 색의 (㉠) 차를 이용해 (㉡)을 만들어냄으로써 얼굴에 입체감을 부여하고 단점을 최소화하여 장점을 살리는 메이크업 테크닉이 있다. 다음 보기 중 바르게 연결된 것은?
① ㉠ 명암 – ㉡ 착시현상
② ㉠ 색상 – ㉡ 동화현상
③ ㉠ 채도 – ㉡ 잔상현상
④ ㉠ 명도 – ㉡ 연상현상

해설 베이스 컬러, 하이라이트 컬러, 섀딩 컬러는 파운데이션의 명암 차이를 이용해 착시현상을 만들어냄으로써 입체감을 부여하는 테크닉이다.

13 다음 중 이상적인 얼굴형에 대한 설명으로 바른 것은 무엇인가?
① 얼굴의 폭은 눈 길이의 6배가 적당하다.
② 얼굴의 길이는 헤어라인에서 눈에 이르는 길이의 4배이다.
③ 눈썹 산의 위치는 눈썹 전체 길이의 3분의 2 지점이다.
④ 윗입술과 아랫입술의 비율은 1 : 2이다.

해설 ① 표준형 얼굴에서 말하는 얼굴의 폭은 눈 길이의 5배가 적당하다.
② 얼굴의 길이는 헤어라인에서 눈에 이르는 길이의 3배이다.
④ 윗입술과 아랫입술의 황금비율은 1 : 1.50이다.

14 다음 보기 중 노즈 섀도의 기법에 관한 설명으로 가장 적절한 것은?
① 짧은 코 : 눈썹 앞머리 부분과 연결하여 길어 보이게 한다.
② 긴 코 : 눈썹 머리부터 코끝까지 연결한다.
③ 적색이나 펄이 들어있는 브라운이 적당하다.
④ 코 벽보다 콧등에 넣어주는 것이 효과적이다.

해설 ① 짧은 코의 노즈 섀도는 눈썹 앞머리에서 연결하면 길어 보일 수 있다.
③ 피부의 베이스 톤보다 약간 어두운 색상이 적절하며, 붉은색이나 펄이 들어가 있는 것은 적절하지 않다.
④ 코 벽에는 노즈 섀도를, 콧등에는 하이라이트 처리를 해준다.

15 얼굴형에 따른 눈썹 수정 방법이다. 알맞게 짝지어진 것은?
① 둥근형 – 부드러운 느낌이 나는 아치형으로 그린다.
② 역삼각형 – 눈썹 길이의 1/2 지점에서 눈썹 산을 그려주고 아치형으로 그린다.
③ 사각형 – 수평적인 느낌으로 직선형을 그린다.
④ 긴 형 – 세로의 느낌을 강조하여 상승형으로 올려 그려주다가 2/3 지점에서 눈썹 산을 그린다.

해설 역삼각형의 얼굴은 얼굴의 이마가 넓고 턱이 좁은 형이므로 눈썹 산을 1/2 지점에서 잡아주고, 부드러운 아치형으로 그린다.

16 다음 중 둥근 얼굴형의 아이섀도 방법으로 맞는 것은?
① 눈꼬리 쪽에 긴장을 주도록 섀도를 약간 사선형으로 끌어당긴다.
② 눈의 외각부분은 둥근 느낌으로 강조한다.
③ 눈꼬리 쪽에 짙은 색상의 아이섀도로 눈 끝을 강조한다.
④ 수평 느낌이 나게 눈꼬리 쪽을 강조하듯 둥글게 펴 바른다.

해설 둥근 얼굴은 길어보이게 해주어야 한다.

17 다음 보기 중 색료의 3원색으로 올바로 짝지워진 것은?
① 노랑, 빨강, 녹색
② 노랑, 빨강, 파랑
③ 빨강, 녹색, 파랑
④ 노랑, 파랑, 녹색

해설 색료의 3원색은 노랑, 빨강, 파랑이다.

18 동일색상 배색에서 톤의 차를 강조하는 배색은 무엇이라고 하는가?
① 분리 배색
② 톤 온 톤 배색
③ 그라데이션 배색
④ 톤 인 톤 배색

해설 동일색상 배색에서 톤의 차를 강조하는 배색은 톤 온 톤 배색이다.

19 다음 중 여름 이미지의 사람의 특징이 아닌 것은?
① 부드러운 검은 머리, 부드러운 눈빛을 지닌다.
② 명도와 채도가 높은 청순한 색이 어울린다.
③ 피부는 붉은기가 느껴지는 사람과 창백한 사람이 있다.
④ 부드러운 파스텔 톤의 채도가 낮은 색상이 어울린다.

해설 명도와 채도가 높은 청순한 색은 봄 이미지의 사람에게 어울린다.

20 다음 중 파운데이션의 사용 목적이 아닌 것은?
① 피부의 결점을 커버한다.
② 윤곽을 수정하여 입체감을 부여한다.
③ 여드름이나 잡티를 예방한다.
④ 외부의 자극으로부터 피부를 보호한다.

해설 파운데이션은 여드름이나 잡티를 예방하지 못한다.

정답 10 ① 11 ④ 12 ① 13 ③ 14 ① 15 ② 16 ① 17 ② 18 ② 19 ② 20 ③

모의고사 8회 　 메이크업 필기 총정리 모의고사

21 붉은 피부를 커버하는 테크닉으로 바르지 않은 것은?
① 볼이 붉은 부위에 그린색의 컨트롤 컬러를 펴 바른다.
② 붉은 부위를 완벽하게 커버하기 위해 케이크 타입을 두껍게 바른다.
③ 크림 타입을 사용하고 색상은 약간 어두운 색조를 바른다.
④ 가볍게 두드리며 자극하지 않는 것이 효과적이다.

> **해설** 얼굴에 열감이 많은 붉은 피부의 두터운 화장은 자칫 베이스 화장이 들뜨기 쉽다.

22 다음 중 내추럴 메이크업이 어울리지 않는 경우는?
① 제품 광고에 출연하는 모델의 메이크업
② 영화에서 학생 역할을 하는 배우의 메이크업
③ 오페라에 나오는 햄릿의 메이크업
④ 증명사진을 찍는 일반인의 메이크업

23 웨딩 메이크업 테크닉으로 잘못 설명한 것은?
① 피부 톤은 혈색 있고 화사하게 하며 잡티와 윤곽 수정 등은 메이크업 지속 시간을 고려한다.
② 눈썹은 신부의 얼굴형을 고려하되 너무 각져 예민해 보이지 않도록 한다.
③ 아이섀도는 신부의 눈 형태 및 분위기에 맞추어 최대한 은은하고 부드러운 이미지로 만든다.
④ 입술은 라인이 정갈하도록 해야 하는데 입술 산을 뾰족하게 하여 귀엽게 보이도록 한다.

> **해설** 뾰족한 입술은 신부화장에 적합하지 않다.

24 봄철 기초손질 및 메이크업의 특징이 아닌 것을 고르시오.
① 클렌징을 철저히 하여 청결을 유지한다.
② 자외선 차단크림을 바른다.
③ 피지분비가 많은 경우 트윈케이크를 사용하기 시작한다.
④ 사계절 이미지 컬러 이론에서 펄감이 가미된 블루색이 봄의 주조색이다.

> **해설** 사계절 이미지 컬러 이론에서 봄 메이크업 컬러는 고명도, 고채도의 옐로우가 주조색으로 밝고 깨끗한 색상이다.

25 흑백 포토 메이크업 과정에 대한 설명 중 적절하지 못한 것은?
① 색감이 나타나지 않으므로 명도 차에 근거하여 메이크업한다.
② 컬러 사진보다 흐려 보이므로 빨간색 입술을 표현하려면 검은색 립스틱을 발라야 한다.
③ 베이지, 그레이 등을 주조색으로 선택한다.
④ 색상이 있는 컬러라도 명도가 낮으면 검게 보이므로 주의해야 한다.

> **해설** 흑백 포토 메이크업은 모든 색상이 명도 차이만 나타난다는 것을 숙지하고 있어야 한다. 컬러 사진의 빨강이 흑백 사진에서는 거의 검은색으로 나타난다.

26 세안용 화장품 광고를 제작하려고 한다. '방금 세수를 마치고 나온 듯한' 모델의 얼굴을 표현해 달라는 감독의 요청이 있었다면 이때 가장 어울리는 것은 다음 중 무엇인가?
① 누드 메이크업
② 스테이지 메이크업
③ 페이스 페인팅
④ 환타지 메이크업

> **해설** 세안용 화장품의 광고에서 '세안을 막 끝낸 상태'의 모델을 연출하기 위해서는 모델의 피부 표현이 특히 완벽하게 깨끗하면서도 색조 화장의 느낌이 없어야 한다.

27 TV 메이크업을 할 때 알아야 할 명암의 법칙 중 맞지 않는 것은?
① 밝은 색의 경우 넓고 커 보인다.
② 어두운 색의 경우 좁고 들어가 보인다.
③ 밝은 색이 어두운 색보다 뚜렷하게 보인다.
④ 붉은 색의 경우 팽창되고 진출되어 보인다.

> **해설** TV 화면에는 밝은 색이 어두운 색보다 흐린 색으로 재현된다.

28 피부구조에 대한 설명이 바르게 된 것은?
① 과립층 : 수분 증발 방지, 모세혈관으로부터 산소와 영양을 공급받음
② 각질층 : 케라틴 단백질이 뭉쳐 만들어진 케라토히알린 생성, 멜라닌 색소 포함
③ 유극층 : 표피 중 가장 두꺼운 층, 림프액이 흐르고 랑게르한스세포 존재
④ 기저층 : 무핵세포층, 주성분은 케라틴알데히드 단백질, 천연보습인자 함유

> **해설** 유극층은 표피 중 가장 두꺼운 층으로, 체액이 흐르며 랑게르한스세포가 존재한다.

29 다음 중 표피의 구성과 관계없는 것은?
① 기저층
② 과립층
③ 유두층
④ 각질층

> **해설** 표피는 각질층, 투명층, 과립층, 유극층, 기저층으로 구성된다.

30 소한선(에크린선)에 대한 설명으로 옳지 않은 것은?
① 무색·무취로 99%가 수분으로 구성되어 있다.
② 소한선은 몸 전체에 분포하며 털과 관계가 없다.
③ 겨드랑이, 유두 등 몇몇 부위에만 분포되어 있다.
④ 소한선은 순환계와 더불어 체온조절을 하는 기관이다.

> **해설** 소한선은 손·발바닥, 얼굴 등 털과 관계없이 퍼져있으며 대한선은 겨드랑이, 모낭에 연결되어 특정 부위에 분포한다.

정답 　21 ② 　22 ③ 　23 ④ 　24 ④ 　25 ② 　26 ① 　27 ③ 　28 ③ 　29 ③ 　30 ②

모의고사 8회 메이크업 필기 총정리 모의고사

Make up

---

31 민감성 피부의 설명으로 옳지 않은 것은?

① 모세혈관이 확장되어 색소 침착이 생기지 않는다.

② 피부결은 섬세하나 쉽게 트러블이 나타나며 가려움증이 잘 나타난다.

③ 유·수분이 부족하고 피부를 보호하는 각질층이 얇아 보호기능이 떨어진 피부이다.

④ 각질 탈락 주기가 정상 피부에 비해 빨라 각질층이 얇고 수분의 양이 부족하여 건조한 경우가 많다.

> **해설** 외관상 피부결은 섬세하여 깨끗해 보이나 건조해지기 쉽고 자극에 민감하여 피부가 얇은 부위에 색소 침착이 발생하기 쉽다.

32 다음 중 노화 피부의 특징으로 맞지 않는 것은?

① 가려움 증세는 없다.

② 잡티, 노인성 반점, 사마귀가 생긴다.

③ 수분과 피지가 부족하여 잔주름이 생기고 탄력이 부족한 피부이다.

④ 25세 이후에 생기는 피부 생리의 자연적인 상태이며 갈색 반점이 생기는 것은 노화의 대표적인 피부 현상이다.

> **해설** 노화 피부는 소양증을 동반할 수 있다.

33 다음 중 피부 질환 중 과색소 침착증과 관련이 없는 질환은?

① 주근깨   ② 기미

③ 릴 안면흑피증   ④ 백색증

> **해설** 백색증은 저색소 침착증이다.

34 자외선에 대한 설명으로 적합한 것은?

① 자외선 A는 유리에 의하여 차단된다.

② 자외선 C는 오존층에 의해 모두 차단되어 안전하다.

③ 자외선 B는 홍반이나 화상 등 즉각적인 반응을 일으킨다.

④ 자외선 A는 진피층까지 침투하지 않으므로 피부의 노화 촉진과는 무관하다.

> **해설** 자외선 B는 즉각적으로 홍반이나 일광 화상을 일으킨다.

35 다음 중 공중보건에 대한 설명으로 가장 적절한 것은?

① 국민 개개인의 보건과 위생을 위한 것이다.

② 예방의학을 대상으로 한다.

③ 집단 또는 지역사회를 대상으로 한다.

④ 사회의학을 대상으로 한다.

> **해설** 공중보건의 범위는 집단 또는 지역사회(개인이 아님)의 전 주민(국민)이 대상이 된다.

36 다음 중 건강의 정의를 가장 잘 설명한 것은?

① 신체적으로 안녕한 상태

② 육체적, 정신적, 사회적으로 안녕한 상태

③ 질병이 없고 허약하지 않은 상태

④ 정신적으로 안녕한 상태

> **해설** 건강이란 단순히 질병이 없고 허약하지 않은 상태만을 의미하는 것이 아니라 육체적, 정신적, 사회적으로 안녕한 상태를 말한다.

37 쾌적한 주거환경의 설명으로 틀린 것은?

① 창의 넓이는 실내면적의 1/7~1/5이 좋다.

② 실내 CO_2의 양은 약 20~22L가 좋다.

③ 창의 면적은 벽 높이의 1/3이 좋다.

④ 지하수위가 0~1m 정도로 배수가 잘되어야 한다.

38 다음 중 인체에 심한 자극 증상을 일으키고 식물을 고사시키는 공해 유독가스는?

① 아황산가스(SO_2)

② 이산화탄소(CO_2)

③ 질소(N_2)

④ 이산화질소(NO_2)

> **해설** 아황산가스는 유독가스로서 식물을 고사시키며, 인체에는 심한 자극을 주고 산소를 산화시키는 작용을 한다.

39 다음 중 제2급 감염병으로만 짝지어진 것은?

① 세균성 이질, 디프테리아

② 풍진, 백일해, 수두

③ 콜레라, 홍역, B형 간염

④ 장티푸스, 일본뇌염, 폴리오

> **해설** 제2급 감염병 : 결핵, 수두, 홍역, 콜레라, 장티푸스, 파라티푸스, 세균성이질, 장출혈성대장균감염증, A형간염, 백일해, 유행성이하선염, 풍진, 폴리오, 수막구균 감염증, b형헤모필루스인플루엔자, 폐렴구균 감염증, 한센병, 성홍열, 반코마이신내성황색포도알균(VRSA) 감염증, 카바페넴내성장내세균속균종(CRE) 감염증, *E형간염
> * 시행 예정 : 2020.7.1.

40 이·미용 영업소에서 수건, 오염물 등을 통해서 전파될 가능성이 가장 큰 질병은?

① 뇌염   ② 장티푸스

③ 트라코마   ④ 발진티푸스

> **해설** 다수가 이용하는 수건이나 기타 오염물에 노출되었을 때는 눈의 결막 질환(트라코마)에 주의한다.

정답 31 ① 32 ① 33 ③ 34 ③ 35 ③ 36 ② 37 ④ 38 ① 39 ② 40 ③

모의고사 8회 메이크업 필기 총정리 모의고사

41 장티푸스, 결핵, 파상풍 등의 예방접종은 어떤 면역에 근거한 것인가?
① 자연 수동 면역   ② 자연 능동 면역
③ 인공 수동 면역   ④ 인공 능동 면역

해설 인공 능동 면역 예방접종
- 생균백신 : 두창, 탄저, 결핵, 폴리오, 홍역 등
- 사균백신 : 장티푸스, 파라티푸스, 콜레라, 백일해
- 순화독소 : 디프테리아, 파상풍

42 다음 보기 중 민물고기와 기생충 질병의 관계가 잘못 연결된 것은?
① 송어, 연어 – 광절열두조충증
② 참붕어, 쇠우렁이 – 간디스토마증
③ 은어, 숭어 – 요코가와흡충증
④ 잉어, 피라미 – 폐디스토마증

해설 폐디스토마는 가재, 게에 의해 감염된다.

43 대장균을 수질검사의 지표세균으로 하는 이유는?
① 분포가 오염원과 별개로 존재한다.
② 저항성이 다른 병원균과 동등하거나 강하다.
③ 분변오염과는 관계가 없다.
④ 검출법이 불편하고 부정확하다.

해설 대장균
- 분포가 오염원과 공존한다.
- 분변오염과 관계가 깊다.
- 검출법이 간편하고 정확하다.

44 다음 중 일광 소독에 직접적인 관계가 있는 것은?
① 높은 온도   ② 바람의 세기
③ 높은 습도   ④ 자외선

해설 일광 소독이란 자외선을 이용하여 세균을 사멸시키는 것으로 결핵균의 소독 등에 이용한다.

45 다음 중 승홍수에 대한 설명으로 적절하지 않은 것은?
① 금속을 부식시키는 성질이 있다.
② 피부 소독에는 0.1%의 수용액을 사용한다.
③ 살균력이 일반적으로 약한 편이라 할 수 있다.
④ 염화칼륨을 첨가하면 자극성이 완화된다.

해설 승홍수는 강력한 살균력을 가지고 있으며 기물의 살균이나 피부 소독에는 0.1%의 용액, 매독성 질환에는 0.2%의 용액을 사용한다. 금속 기구를 소독하기에는 적당하지 않다.

46 다음 중 이·미용 업소 바닥 소독용으로 가장 알맞은 것은?
① 알코올   ② 크레졸
③ 생석회   ④ 승홍수

해설 미용 업소의 바닥 소독용으로 알맞은 소독약품은 포르말린, 크레졸, 석탄산이다.

47 다음 보기 중 고압 증기 멸균법을 설명한 것으로 가장 적절한 것은?
① 멸균 이후 물품에 잔류하는 독성 성분이 많다.
② 포자를 사멸시키는 데 걸리는 시간이 짧다.
③ 비경제적이다.
④ 많은 물품을 한꺼번에 처리할 수 없다.

해설 고압 증기 멸균법 : 포화된 고압 증기 형태의 습열로 아포를 포함한 모든 미생물을 파괴시키는 물리적인 방법이며 독성이 없고 경제적이다. 습열을 가할 때 침투력이 강해 짧은 시간에 미생물에 대한 멸균 효과가 크며, 관리방법이 편리한 장점이 있다.

48 감염병이 업소에서 특별히 문제가 되는 주된 이유는 무엇인가?
① 도구 및 기구를 소독하지 않기 때문에
② 기구에 전염병균이 잘 부착하기 때문에
③ 다수인이 출입하기 때문에
④ 업소 내 공기가 탁하기 때문에

해설 많은 사람이 출입하면 병원균을 옮겨오기 때문이다.

49 석탄산을 소독약으로 사용할 때 알맞은 농도는?
① 물 99.9%, 석탄산 0.1%
② 물 97%, 석탄산 3%
③ 물 30%, 석탄산 70%
④ 물 70%, 석탄산 30%

해설 석탄산은 대체적으로 물 97%에 3% 정도로 희석해 소독한다.

50 다음 중 공중위생관리법의 궁극적인 목적이라 볼 수 있는 것은?
① 공중위생영업 종사자의 위생 및 건강관리를 위해
② 공중위생영업소의 위생관리를 지도하기 위해
③ 국민의 건강증진에 기여하기 위해
④ 공중위생영업자의 위상 향상을 위해

51 미용업의 위생교육에 대한 설명으로 올바른 것은?
① 위생교육에 관한 기록은 2년 이상 보관·관리해야 한다.
② 부득이한 사정으로 교육을 못 받은 자는 1년 이내에 위생교육을 받게 한다.
③ 위생교육 시간은 6시간이다.
④ 위생교육은 협회에서 실시한다.

해설 부득이한 사정으로 교육을 못 받은 자는 6월 이내에 위생교육을 받게 한다. 위생교육 시간은 4시간이고, 시장·군수·구청장이 실시한다.

정답 41 ④ 42 ④ 43 ② 44 ④ 45 ③ 46 ② 47 ② 48 ③ 49 ② 50 ③ 51 ①

모의고사 8 회   메이크업 필기 총정리 모의고사

Make up

52 다음 중 미용사 면허의 발급 권한을 가진 사람은 누구인가?

① 대통령

② 보건복지부 장관

③ 시장 · 도지사

④ 시장 · 군수 · 구청장

> **해설** 미용사가 되고자 하는 자는 보건복지부령이 정하는 바에 의하여 시장 · 군수 · 구청장의 면허를 받아야 한다.

53 시 · 도지사, 시장 · 군수 · 구청장이 하도록 한 필요한 보고를 하지 아니하거나 거짓으로 보고한 때 또는 관계공무원의 출입 · 검사를 거부 · 기피하거나 방해한 때 행정처분 기준으로 틀린 것은?

① 1차 영업정지 10일

② 2차 영업정지 20일

③ 3차 영업정지 3개월

④ 4차 영업장 폐쇄명령

> **해설** 시 · 도지사, 시장 · 군수 · 구청장이 하도록 한 필요한 보고를 하지 아니하거나 거짓으로 보고한 때 또는 관계공무원의 출입 · 검사를 거부 · 기피하거나 방해한 때 3차 위반 시의 행정처분 기준은 영업정지 1개월이다.

54 공중위생영업자가 정당한 사유 없이 6개월 이상 계속 휴업하는 경우 1차 위반 시 행정처분 기준은?

① 영업정지 10일

② 영업정지 1월

③ 영업정지 3월

④ 영업장 폐쇄명령

> **해설** 공중위생영업자가 정당한 사유 없이 6개월 이상 계속 휴업하는 경우 1차 위반 시 행정처분 기준은 영업장 폐쇄명령이다.

55 이 · 미용업소에서 면도기를 사용할 때, 손님 1인에 한하여 1회용 면도날을 사용하여야 하는 위생관리 의무를 지키지 않았을 경우에 벌칙 사항은?

① 300만 원 이하의 과태료

② 200만 원 이하의 벌금

③ 200만 원 이하의 과태료

④ 100만 원 이하의 벌금

> **해설** 이 · 미용업소의 위생관리 의무를 지키지 아니한 자는 200만 원 이하의 과태료에 처한다.

56 화장품의 정의(화장품법 제2조 1항)에 대한 내용 중 관련되지 않는 것은?

① 화장품은 인체를 청결하기 위해 사용한다.

② 화장품은 인체에 대한 작용이 경미하다.

③ 화장품은 피부의 건강을 유지 또는 증진시키기 위해 사용한다.

④ 화장품은 피부의 건강을 치료하고 회복하기 위해 사용한다.

57 기초 화장품의 사용 목적과 기능으로 옳은 것은?

① 피부 보호

② 결점 커버

③ 피부 치료

④ 각질 제거

> **해설** 기초 화장품은 노폐물을 배출하고 피부를 보호하기 위해 사용한다.

58 카모마일에서 얻은 물질로 항염, 항알레르기, 진정, 상처 치유에 대한 효과가 있는 것은?

① 알로에

② 클로로필

③ 알란토인

④ 아줄렌

> **해설** 스팀 증기에 의하여 카모마일 에센스 오일로부터 만들어지는 아줄렌은 피부를 치료하고 진정시키는 효능이 있다.

59 계면활성제에 대한 설명으로 적합하지 않는 것은?

① 한 분자 내에 친수성기와 친유성기를 함께 가지고 있다.

② 성질이 다른 친유성기와 친수성기가 섞이지 않도록 하는 역할을 한다.

③ 기름을 좋아하는 친유성기는 꼬리 부분으로 막대 모양이다.

④ 물을 좋아하는 친수성기를 머리 부분으로 둥근 모양이다.

> **해설** 물과 기름의 경계면의 성질을 변화시킬 수 있는 특성을 가진 물질로, 한 분자 내에서 친수성과 친유성을 함께 지니고 있어 액체 – 기체, 액체 – 고체 계면에 흡착하여 그들 계면의 성질을 현저히 변화시키는 성질을 계면활성이라 한다. 유화제, 가용화제, 분산제로 사용하며 세정 작용과 기포 형성 작용을 통해 더러움을 제거한다.

60 에센셜 오일 사용 시 주의사항으로 적절하지 않은 것은?

① 정유는 100% 순수한 것을 사용해야 한다.

② 임신 중에는 사용을 하면 안 되는 오일이 있어 사용 시 주의해야 한다.

③ 희석을 하면 효과가 떨어지므로 원액 그대로 사용한다.

④ 피부질환이나 심한 화상, 상처가 있는 경우 사용을 피한다.

> **해설** 에센셜 오일은 캐리어 오일과 혼합하여 사용하는 것이 기본이며, 원액이 피부에 닿았을 경우 흐르는 물에 잘 씻어내도록 한다.

| 정답 | 52 ④ | 53 ③ | 54 ④ | 55 ③ | 56 ④ | 57 ① | 58 ④ | 59 ② | 60 ③ |

메이크업 필기 총정리 모의고사 9회

01 메이크업의 기원설에 속하지 않은 것은?
① 신체 보호설   ② 이성 유인설
③ 언어 기원설   ④ 신분 표시설

해설 메이크업의 기원설에는 본능설, 종교설, 신체 보호설, 이성 유인설, 신분 표시설, 장식설 등이 있다.

02 조선시대 빙허각(憑虛閣) 이씨가 엮은 가정살림에 관한 내용의 책으로 여러 가지 향 및 화장품 제조방법이 수록되어 있는 것은?
① 음식디미방   ② 규합총서
③ 수운잡방   ④ 시의전서

해설 규합총서에는 여러 가지 향 및 화장품 제조방법이 수록되어 있다.

03 신라시대의 사람들의 미의식에 대한 설명으로 옳은 것은?
① 신라 통일 이전에는 중국의 영향으로 화장을 짙게 하는 것이 유행이었다.
② 영육사상으로 인하여 일찍 화장과 화장품이 발달하였다.
③ 화랑의식의 영향으로 햇볕에 그을린 건강한 검은 피부를 선호하였다.
④ 유교사상으로 남성은 화장을 하지 않았으며 여성 위주로 화장이 발달하였다.

해설 신라시대에는 영육일치사상이 국민정신의 바탕으로 남녀가 깨끗한 몸과 단정한 옷차림을 추구하였으며, 일찍 화장과 화장품이 발달하였다.

04 개화기 이후 1920년대 우리나라 신식 화장품에 대한 설명이 잘못된 것은?
① 황화 – 연지
② 연부액 – 립글로스
③ 배달기름 – 머릿기름
④ 유액 – 밀크로션

해설
• 황화 : 연지   • 배달기름 : 머릿기름
• 연부액 : 미백로션   • 유액 : 밀크로션

05 그리스의 의학자로 피부병 연구, 식이요법·마시지·일광욕 등이 피부를 건강하게 유지한다고 주장한 인물은?
① 히포크라테스
② 에우게네스
③ 소크라테스
④ 아리스토텔레스

해설 그리스의 히포크라테스는 피부병 연구하였으며, 식이요법·마시지·일광욕 등이 피부를 건강하게 유지시켜준다고 주장하였다.

06 르네상스 시대의 메이크업 특징이 아닌 것은?
① 창백하고 깨끗하며 투명하게 표현한 피부
② 곱슬곱슬한 빨간 머리나 천으로 머리를 덮는 가발 사용
③ 작은 꽃 모양으로 표현한 장미빛 입술과 가볍게 홍조 띤 뺨
④ 앞머리를 길게 내어 작은 얼굴을 연출

해설 앞머리를 길게 내기 시작한 것은 현대에 들어와서부터이다.

07 다음의 메이크업의 특징을 가진 시대는?

• 파운데이션으로 얼굴 전체를 완벽하게 덮고, 턱이 좁아 보이도록 어두운 파운데이션을 발라주었다.
• 눈이 움푹 들어가 보이는 흰색과 검정(혹은 청색)의 아이섀도를 발랐다.
• 눈썹은 정교하게 뽑고 가늘고 기교적으로 그렸으며, 인조속눈썹과 마스카라로 강조했다.

① 1900년대   ② 1910년대
③ 1920년대   ④ 1930년대

해설 1930년대는 음영을 강조한 정교한 화장법으로 20년대에 비해 훨씬 성숙한 여성의 이미지를 연출하게 되었다.

08 근육과 골격의 형태를 이해하여 인물의 특성을 정확하게 이해하고 표현하기 위한 근간이 되는 것은?
① 골상학   ② 근육학
③ 피부학   ④ 인상학

해설 골상학에 관한 설명이다.

09 얼굴의 윤곽 수정 시 베이스 메이크업 색상보다 1~2단계 밝은 색을 선택하여 돌출되어 보이도록 하거나 넓게 확장되어 보이게 했다면, 어떤 처리를 한 것인가?
① 섀딩 처리   ② 노즈 섀도 처리
③ 하이라이트 처리   ④ 포인트 처리

해설 밝고 화사하게 보이고 싶거나 돌출시키고자 하는 부위에 피부 베이스 색상보다 1~2톤 밝은 파운데이션을 사용하는 것을 하이라이트 처리라 하고, T존 부위, 눈 밑 다크서클, 눈썹산 아랫 부분, 턱 끝 부분 등에 적용한다.
얼굴의 윤곽 수정에서 섀딩 처리해주어야 하는 부위는 각진 턱, 넓은 이마, 고르지 않은 헤어라인, 얼굴 윤곽 정리, 노즈 섀도 등이 해당된다.

10 다음 중 섀딩 부위에 관한 설명으로 잘못된 것은?
① 얼굴 외각 부위에 주로 사용한다.
② 베이스 컬러보다 1~2톤 어둡게 표현한다.
③ T존 부위에 주로 바른다.
④ 얼굴이 축소되어 보이는 효과를 준다.

해설 T존 : 하이라이트를 주어야 하는 부위이다.

정답 01 ③   02 ②   03 ②   04 ②   05 ①   06 ④   07 ④   08 ①   09 ③   10 ③

모의고사 9 회 메이크업 필기 총정리 모의고사

Make up

11 다음 중 비교적 커버력이 있도록 도톰하게 파운데이션을 발라도 되는 부위는 어느 부위인가?

① 헤어라인
② 눈 밑
③ O존
④ S존

해설 • 헤어라인 : 소량으로 발라준다.
• 눈 밑 : 두텁게 바르면 주름지기 쉽고 인위적으로 보이므로 얇게 발라준다.
• S존 : 피부가 가장 두꺼운 부위인 볼 부분이다.
• O존 : 얼굴에서 가장 움직임이 많은 입 주위로 파운데이션을 많이 바르면 자칫 나이 들어 보일 수 있으므로 양쪽 볼 부분을 바른 후 남은 양으로 소량 발라준다.

12 다음 눈 모양에 따른 아이섀도 방법에 대한 설명 중 잘못된 것은?

① 큰 눈 – 부드럽고 자연스럽게 그라데이션하고 포인트 색을 강하게 처리하지 않는 것이 좋다.
② 처진 눈 – 포인트를 하향 위주로 하고 언더 라인은 강하게 한다.
③ 동그란 눈 – 눈앞과 꼬리 쪽을 짙게 처리하여 눈매를 길게 표현한다.
④ 올라간 눈 – 눈 앞머리와 눈꼬리 밑 부분에 아이섀도로 포인트를 준다.

해설 처진 눈은 포인트를 상향으로 한다.

13 다음 중 기본형 입술에 대한 설명으로 틀린 것은?

① 입술의 양끝은 눈동자 바깥쪽에서 수직으로 내린 선 안에 위치한다.
② 이상적인 윗입술과 아랫입술의 비율은 1 : 1.5이다.
③ 입술산은 양 콧구멍 중심에서 수직으로 내린 선과 만나는 부분에 위치한다.
④ 입술의 양끝은 눈동자 안쪽에서 수직으로 내린 선 안에 위치한다.

해설 입술의 양끝은 눈동자 안쪽에서 수직으로 내린 선 안에 위치한다.

14 다음 보색에 대한 설명 중 맞는 것은?

① 색채 지각현상에 있어서 완전한 색이 되기 위한 색을 말한다.
② 감산 혼합에서 보색끼리 혼합하면 흰색이 된다.
③ 주목성이 약하다.
④ 보색배색은 안정되고 편안한 느낌을 준다.

해설 보색색상 배색은 강한 대비가 나는 배색으로 강한 자극을 주며 강렬하고 화려한 느낌이다. 가산 혼합에서 보색끼리 더하면 흰색이 된다.

15 배색이 너무 단조로울 경우 강조색을 사용함으로써 단조로움을 해소하는 배색은 무엇인가?

① 강조 배색
② 분리 배색
③ 그라데이션 배색
④ 톤 온 톤 배색

해설 배색이 너무 단조로울 경우 강조 배색으로 단조로움을 해소할 수 있다.

16 물체색은 광원과 조명 방식에 따라 변한다. 다음 보기 중 옳게 설명한 것은?

① 연색성 – 동일 문체가 광원에 따라 각기 다른 색으로 보이는 현상
② 메타리즘 – 어떠한 광원에서도 항상 같은 색으로 보이는 현상
③ 백열등 아래에서는 한색 계열의 색채가 돋보인다.
④ 형광등 아래에서는 난색 계열의 색채가 돋보인다.

해설 • 어떠한 광원에서도 항상 같은 색으로 보이는 현상을 아이스메리즘이라 한다.
• 백열등 아래에서는 난색 계열의 색채가 돋보이고, 형광등 아래에서는 한색 계열의 색채가 돋보인다.

17 메이크업의 도구 중 스펀지의 사용법과 위생 관리법으로 적절하지 않은 것은?

① 전용세척제를 사용하여 깨끗하게 세척한다.
② 메이크업 베이스, 파운데이션 등의 피부 메이크업 표현을 할 때에 주로 사용된다.
③ 소독을 위해 뜨거운 물로 끓인 후 알코올에 담가 둔다.
④ 단시간 안에 재사용할 경우 오염된 부위를 가위나 칼로 잘라 내고 사용한다.

해설 스펀지는 뜨거운 물로 끓일 경우 소재에 손상이 가게 된다.

18 메이크업 브러시 세척 시 적합하지 않은 제품 및 재료는 무엇인가?

① 클렌징 워터
② 샴푸
③ 왁스
④ 알코올

해설 왁스는 분장용으로 상처를 만들거나 부착물과 피부의 경계를 없앨 때 사용한다.

19 아이브로 제품 중 가장 자연스럽게 눈썹을 표현하는 제품은?

① 펜슬 타입
② 섀도 타입
③ 리퀴드 타입
④ 크림 타입

해설 섀도 타입(Shadow Type) : 가장 자연스럽게 눈썹을 표현하며 숱이 많은 사람에게 어울린다.

20 다음 중 긴 얼굴형에 대한 설명으로 맞는 것은?

① 얼굴 면적보다 길이가 짧게 느껴지는 얼굴형이다.
② 얼굴의 상하 부분이 좁은 것이 특징이다.
③ 얼굴형은 짧으며 얼굴의 넓이와 길이가 거의 동등하다.
④ 이마나 턱이 발달해 있으며 코가 긴 편이다.

해설 • 계란형 : 가장 이상적인 얼굴형
• 긴형 : 코가 긴경우가 많고 지루해 보일 수 있는 얼굴형으로 뺨의 블러셔를 둥근 가로의 느낌으로 코가 길어 보이지 않게 수정

정답 **11** ④ **12** ② **13** ① **14** ① **15** ① **16** ① **17** ③ **18** ③ **19** ② **20** ④

모의고사 9회 메이크업 필기 총정리 모의고사

21 얼굴을 가로로 3등분하는 방법으로 잘못된 것은?
① 헤어라인부터 눈썹까지
② 눈썹부터 코끝까지
③ 헤어라인부터 눈 앞머리까지
④ 코끝부터 턱까지

> 해설
> • 1등분 : 헤어라인에서 눈썹까지
> • 2등분 : 눈썹에서 코끝까지
> • 3등분 : 코끝에서 턱선까지

22 다음은 피부 상태에 따른 수정 메이크업이다. 틀린 것은?
① 잔주름이 깊은 사람은 파운데이션을 투명감이 있는 것으로 엷게 바르고 눈 주위에 잔주름이 많은 경우에는 펄이 들어 있는 제품을 피하는 것이 좋다.
② 기미, 주근깨가 많은 사람은 피부색을 밝게 표현하고 오렌지색의 립스틱을 바른다.
③ 건조한 피부는 유분이 많은 파운데이션을 사용하여 잘 스며들게 하고 전체적으로 광택이 있는 섀도나 립스틱을 바른다.
④ 눈 밑이 검은 사람은 커버 전용의 파운데이션으로 눈 밑을 커버한 다음 자연스럽게 메이크업한다.

23 20대 여성에게 메이크업을 시술할 때 가장 바람직한 방법은?
① 유분이 많은 기초 제품을 듬뿍 발랐다.
② 커버력 높은 크림형 파운데이션과 스킨 커버를 같이 썼다.
③ 눈보다는 단정한 입술 표현에 중점을 두었다.
④ 원 포인트 메이크업으로 밝고 싱그러운 인상을 표현했다.

24 신랑 메이크업을 하는 과정에 대한 설명으로 적절하지 않은 것은?
① 베이스는 최대한 얇게 본인 피부톤에 맞춰서 한다.
② 눈썹도 인위적이지 않게 최소한으로 그린다.
③ 입술은 건강해 보이도록 붉은 핑크나 오렌지색을 쓴다.
④ 섀딩은 귀 뒤나 턱 끝과 경계지지 않도록 블렌딩한다.

> 해설 핑크나 오렌지 색상은 남성에게 적합하지 않다.

25 다음 중 광고 메이크업의 분야에 속하지 않는 것은?
① CF 메이크업
② 카탈로그 메이크업
③ 잡지 메이크업
④ 스테이지 메이크업

> 해설 스테이지 메이크업(무대 분장)은 광고를 위한 메이크업이 아니라 공연을 위한 메이크업이다.

26 증명사진을 찍고자 하는 고객에게 메이크업하려고 한다. 다음 중 어울리지 않는 방법은?
① 포토 메이크업이므로 커버력 있는 스틱형 파운데이션을 발라주었다.
② 조명 아래 또렷하게 보이게 하기 위해 입체감을 주려 노력했다.
③ 눈썹, 아이라인, 립 라인 등을 깔끔하게 해주었다.
④ 사진은 영원히 남는 것이므로 최신 유행 패턴대로만 해주었다.

> 해설 자신의 모든 이미지가 사진 한 장에 표현되는 것이 증명사진이다. 일상의 표정을 담을 수가 없고 상당히 제한된 표정으로 찍게 되므로 자신의 이미지를 돋보이게 하고 싶거나 특히 취업을 앞둔 이들에게는 그 결과가 매우 중요하다. 포토 메이크업에 근거하여 작업을 하고, 최대한 장점을 살려 수정 메이크업을 한다.

27 투명층의 설명으로 맞지 않는 것은?
① 각질층의 바로 아래층에 있으며, 주로 손바닥과 발바닥에 있다.
② 엘레이딘 성분이 있어 피부를 윤기 있게 한다.
③ 레인방어막이 있는 층으로 필요물질이 체외로 나가는 것을 방지한다.
④ 레인방어막의 위로는 알칼리성으로 되어있다.

> 해설 레인 방어막을 기준으로 막의 위로는 약산성으로 10~20% 수분을 함유하며, 아래로는 약알칼리성으로 70~80%의 수분을 함유한다.

28 피부의 보호기능에 대한 설명이다. 설명이 맞지 않는 것은?
① 외부의 물리적인 자극으로부터 보호한다.
② 세균의 발육과 번식으로부터 보호하는 작용을 한다.
③ 자외선으로부터 흡수 또는 산란시켜 피부를 보호한다.
④ 피지와 땀을 분비하여 피부를 보호한다.

> 해설 피지와 땀을 분비하는 작용은 분비작용이다.

29 다음 중 건성 피부에 관한 설명으로 잘못된 것은?
① 피부 저항력이 약하고 각질이 잘 일어난다.
② 수분이 필요하므로 유분이 많은 크림은 필요 없다.
③ 수분이 부족한 피부와 유전적인 건성 피부로 나누어진다.
④ 잔주름이 쉽게 생기기 쉬우며 노화가 빨리 온다.

> 해설 건성이거나 노화 피부에는 수분과 유분이 모두 필요하다.

30 다음 비타민 D에 대한 설명 중 틀린 것은?
① 항산화 작용이 있다.
② 뼈와 치아의 구성 성분이다.
③ 피부의 각화 현상을 예방한다.
④ 간, 우유, 계란노른자에 함유되어 있다.

> 해설 항산화 비타민은 비타민 C, 비타민 E 등이다.

정답 21 ③ 22 ② 23 ④ 24 ③ 25 ④ 26 ④ 27 ④ 28 ④ 29 ② 30 ①

모의고사 9 회   메이크업 필기 총정리 모의고사

31 피부 장애 중 원발진에 대한 설명 중 잘못된 것은?

① 초기 상태의 병변을 일컫는 것으로 인설, 가피, 표피 박리 등이 있다.

② 원발진 중 농포는 피부 표면에 황백색의 고름이 잡히는 것으로 처음에는 투명하다가 혼탁해지는 것을 말한다.

③ 낭종은 주위 조직과 뚜렷이 구별되는 막과 내용물을 지닌 주머니를 말한다.

④ 주변의 피부와 색이 변하는 것으로 경계가 뚜렷한 타원형의 모양으로 기미, 몽고반점이 있는 것은 반점이다.

해설 인설, 가피, 표피 박리는 속발진이다.

32 다음 중 곰팡이균으로 인해 발생한 피부질환에 해당하는 것은?

① 사마귀   ② 단순포진
③ 조갑백선   ④ 바이러스성 피부질환

해설 사마귀, 단순포진은 바이러스성 피부질환이다.

33 다음 설명은 면역과 관련된 설명이다. 옳지 않은 것은?

① 항원은 인체의 면역체계에서 면역 반응을 일으키는 원인 물질이다.

② 피부, 호흡기와 관련된 것은 신체적 방어벽이다.

③ 어떤 질병에 감염된 후 자신도 모르는 사이에 면역이 성립되어 저항성을 나타내는 경우를 수동 면역이라고 한다.

④ 수동 면역은 자연 수동 면역과 인공 수동 면역이 있다.

해설 질병에 감염된 후 자신도 모르는 사이에 면역이 생기는 것은 자연 능동 면역이다.

34 세계보건기구(WHO)에서 내린 건강에 대한 정의이다. 옳은 것은?

① 정신적으로 건강한 상태

② 육체적 · 정신적 · 사회적으로 건전한 상태

③ 육체적 · 정신적으로 질병이 없는 상태

④ 육체적으로 건강한 상태

해설 건강의 정의는 육체적 · 정신적 · 사회적으로 건전한 상태를 말한다.

35 보건학적으로 가장 쾌적한 습도는?

① 온도 18℃에서 65%

② 온도 20℃에서 70%

③ 온도 20℃에서 60%

④ 온도 18℃에서 50%

해설 쾌적습도는 18℃에서 65% 내외이다.

36 실내공기 오염의 지표로 삼는 것은?

① 일산화탄소   ② 아황산가스
③ 이산화질소   ④ 이산화탄소

해설 실내공기의 오염지표는 CO_2이다. 공기 중 0.1% 이상이 함유되어 있으면 공기가 오염되어 있음을 알 수 있다.

37 도시에 서식하는 바퀴벌레에 대한 설명으로 적절하지 않은 것은?

① 이질, 콜레라 등의 병원균을 전파하는 매개체이다.

② 군집을 이루지 않고 개체별로 서식하는 경향이 있다.

③ 낮에는 따뜻하고 먹이와 불, 물이 적당히 있는 부엌의 그늘진 곳에 숨어 산다.

④ 잡식성이며 주로 야간에 활동한다.

해설 바퀴벌레는 잡식성, 야행성, 질주성 등의 습성이 있으며 콜레라, 이질, 장티푸스, 살모넬라, 폴리오 등의 질병을 옮긴다.

38 다음 보기 중 제3급 감염병에 속하는 것으로 바르게 짝지어진 것은?

① 풍진, 공수병

② 홍역, 한센병

③ 말라리아, 쯔쯔가무시증

④ 일본뇌염, 성홍열

해설 제3급 감염병 : 그 발생을 계속 감시할 필요가 있어 발생 또는 유행 시 24시간 이내에 신고하여야 하는 감염병이다. 파상풍, B형간염, 일본뇌염, C형간염, 말라리아, 레지오넬라증, 비브리오패혈증, 발진티푸스, 발진열, 쯔쯔가무시증, 렙토스피라증, 브루셀라증, 공수병, 신증후군출혈열, 후천성면역결핍증(AIDS), 크로이츠펠트-야콥병(CJD) 및 변종크로이츠펠트-야콥병(vCJD), 황열, 뎅기열, 큐열, 웨스트나일열, 라임병, 진드기매개뇌염, 유비저, 치쿤구니야열, 중증열성혈소판감소증후군(SFTS), 지카바이러스 감염증이 있다.

39 다음 중 대기오염의 원인이 된 것으로만 짝지어진 것은?

① 이산화탄소, 산소, 산화탄소

② 탄산가스, 수소, 아황산가스

③ 산화질소, 일산화탄소, 아황산가스

④ 질소, 이산화탄소, 일산화탄소

해설 산화질소, 일산화탄소, 아황산가스 등이 대기오염의 원인이 된다.

40 다음 중 하수의 오염지표로 이용되는 것은?

① 산도(pH)   ② 대장균수
③ BOD   ④ 경도

해설 BOD(생화학적 산소요구량)가 높다는 것은 분해 가능한 유기물질이 많이 함유되었다는 뜻으로 하수의 오염도가 높다는 것을 말한다.

41 다음 중 생리기능 조절작용을 하는 영양소를 찾으시오.

① 단백질   ② 지방
③ 탄수화물   ④ 무기질

해설 비타민과 무기질은 조절요소로서 생리기능 조절 작용을 한다.

정답 31 ① 32 ③ 33 ③ 34 ② 35 ① 36 ④ 37 ② 38 ③ 39 ③ 40 ③ 41 ④

42 다음 보기 중 일반적인 자비 소독법으로 사멸되지 않는 균은?
① 콜레라균 ② 아포형성균
③ 장티푸스균 ④ 포도상구균

해설 장티푸스균, 포도상구균, 콜레라균, 임균, 결핵균 등은 사멸하나 아포형성균은 사멸되지 않는다.

43 크레졸 비누액 1000ml를 만드는 방법으로 옳은 것은?
① 크레졸 원액 300ml에 물 700ml를 가한다.
② 크레졸 원액 3ml에 물 997ml를 가한다
③ 크레졸 원액 30ml에 물 1,000ml를 가한다.
④ 크레졸 원액 30ml에 물 970ml를 가한다.

해설 크레졸 원액 30ml에 물 970ml를 가한다.

44 석탄산계수(페놀계수)가 5일 때 의미하는 살균력은?
① 페놀보다 5배 낮다.
② 페놀보다 5배 높다.
③ 페놀보다 50배 낮다.
④ 페놀보다 50배 높다.

해설 소독약이 페놀의 몇 배의 효력을 갖는가를 표준균을 사용하여 일정 조건하에서 측정한 수치를 석탄산계수라고 한다. 석탄산계수가 클수록 살균력이 강하며, 계수 1은 페놀과 같은 살균력을 가지는 것을 뜻한다.

45 다음 중 소독약품의 사용과 보존상 주의해야 할 사항이 아닌 것은?
① 약품은 냉암소에 보관한다.
② 소독 대상 물품에 가장 적절한 약품과 소독 방법을 숙지한다.
③ 병원체의 종류나 저항성에 따라 방법과 시간을 고려한다.
④ 경제적인 관리를 위해 한 번에 충분한 양을 제조해놓고 필요 시 조금씩 덜어 사용한다.

해설 미리 만들어 두지 말고 필요할 때마다 조금씩 만들어서 사용해야 한다.

46 다음 보기 중 소독약품으로서 갖추어야 할 구비조건이 아닌 것은?
① 안전성이 높아야 한다.
② 표백성이 없어야 한다.
③ 부식성이 강해야 한다.
④ 용해성이 높아야 한다.

해설 소독약의 구비조건
• 살균력이 강하고 금속 부식성이 없을 것
• 표백성이 없고 용해성이 높을 것
• 사용이 간편하고 가격이 저렴(경제적)할 것
• 침투력이 강할 것

47 구내염, 입안 세척 및 상처 소독에 사용할 수 있는 것으로 가장 적절한 것은?
① 과산화수소수 ② 승홍수
③ 크레졸 비누액 ④ 알코올

해설 과산화수소수는 무색 투명하며 오존과 같은 냄새가 난다. 자극성이 적어 구내염, 인후염, 상처에 사용된다.

48 다음 중 이용사 또는 미용사의 면허를 받을 수 있는 사람은?
① 약물중독자 ② 암 환자
③ 정신질환자 ④ 금치산자

해설 이용사 또는 미용사의 면허를 받을 수 없는 자
• 피성년후견인
• 정신질환자(다만, 전문의가 이용사 또는 미용사로서 적합하다고 인정하는 사람은 예외)
• 감염병환자로서 보건복지부령이 정하는 자
• 마약 기타 대통령령으로 정하는 약물 중독자
• 면허가 취소된 후 1년이 경과되지 아니한 자

49 다음 중 미용업자가 지켜야 할 영업 준수사항에 관해 잘못 설명한 것은?
① 면도기는 1회용 면도날만을 손님 1인에 한하여 사용해야 한다.
② 미용기구의 소독기준 및 방법은 대통령령으로 정한다.
③ 미용사 면허증을 영업소 안에 게시해야 한다.
④ 소독한 기구와 하지 않은 기구는 각각 다른 용기에 넣어 보관해야 한다.

해설 미용기구의 소독기준 및 방법은 보건복지부령으로 정한다.

50 면허가 취소된 후 계속하여 업무를 행한 자 또는 동조 동항의 규정에 의한 면허정지기간 중에 업무를 행한 자에 대한 법적 조치는?
① 100만 원 이하의 과태료
② 300만 원 이하의 과태료
③ 300만 원 이하의 벌금
④ 3월 이하의 징역 또는 500만 원 이하의 벌금

해설 300만 원 이하의 벌금 해당자
• 면허의 취소 또는 정지 중에 이용업 또는 미용업을 한 사람
• 면허를 받지 아니하고 이용업 또는 미용업을 개설하거나 그 업무에 종사한 사람

51 영업정지처분을 받고도 그 영업정지 기간에 영업을 한 경우 1차 위반 시 행정처분 기준은?
① 영업정지 10일
② 영업정지 1월
③ 영업정지 3월
④ 영업장 폐쇄명령

해설 영업정지처분을 받고도 그 영업정지 기간에 영업을 한 경우 1차 위반 시 행정처분 기준은 영업장 폐쇄명령이다.

정답 42 ② 43 ④ 44 ④ 45 ④ 46 ③ 47 ① 48 ② 49 ② 50 ③ 51 ④

모의고사 9 회　메이크업 필기 총정리 모의고사

Make up

52 이·미용사의 면허가 취소되었다면, 몇 개월이 경과할 후에 다시 그 면허를 받을 수 있는가?

① 3개월 이후　　　　② 6개월 이후
③ 9개월 이후　　　　④ 12개월 이후

해설 면허 취소 이후 1년이 경과된 후에 다시 면허를 받을 수 있다.

53 영업자의 지위를 승계한 후 1월 이내에 신고하지 아니한 때 3차 위반 시의 행정처분 기준은 무엇인가?

① 개선명령
② 영업정지 10일
③ 영업정지 1개월
④ 영업정지 3개월

해설 영업자의 지위를 승계한 후 1월 이내에 신고하지 아니한 때 행정처분기준
• 1차 위반 : 개선명령
• 2차 위반 : 영업정지 10일
• 3차 위반 : 영업정지 1개월
• 4차 위반 : 영업장 폐쇄명령

54 다음 중 6월 이하의 징역 또는 500만 원 이하의 벌금에 해당하지 않는 것은?

① 규정에 의한 영업변경 신고를 하지 아니한 자
② 건전한 영업질서를 위하여 공중위생영업자가 준수하여야 할 사항을 준수하지 아니한 자
③ 공중위생영업자의 지위를 승계한 자로서 신고를 하지 아니한 자
④ 일부 시설의 사용중지 명령을 받고도 그 기간 중에 영업을 하거나 그 시설을 사용한 자 또는 영업소 폐쇄명령을 받고도 계속하여 영업을 한 자

해설 6월 이하의 징역 또는 500만 원 이하의 벌금 해당자
• 규정에 의한 영업변경 신고를 하지 아니한 자
• 공중위생 영업자의 지위를 승계한 자로서 신고를 하지 아니한 자
• 건전한 영업질서를 위하여 공중위생 영업자가 준수하여야 할 사항을 준수하지 아니한 자

55 화장품, 의약외품, 의약품에 대한 설명 중 바른 것은?

① 의약외품은 진단과 치료를 목적으로 한다.
② 화장품은 장기간 사용해도 된다.
③ 의약품은 정상인이 사용하는 것이다.
④ 화장품은 피부과 의사의 처방을 받아야 한다.

56 각질 제거에 효과가 있는 성분이 아닌 것은?

① AHA　　　　② 유황
③ 솔비톨　　　　④ 살리실산

해설 솔비톨은 피부를 촉촉하고 유연하게 한다.

57 다음 중 방부제의 기능 및 효과는?

① 화장품이 산패되는 것을 방지한다.
② 화장품의 pH를 조절한다.
③ 화장품의 부패를 방지한다.
④ 유성 성분이 공기 중에 산소에 의해 산화되는 것을 방지한다.

해설 방부제는 화장품의 부패를 방지하는 역할을 한다.

58 크림의 유화 형태의 특성에 대한 내용이다. 설명 중 잘못된 것은?

① O/W형 크림 : 물에 오일이 분산되어 있는 형태이다.
② O/W형 크림 : W/O형보다 유분감이 많아 수분증발을 억제한다.
③ W/O형 크림 : 오일에 물이 분산되어 있는 형태이다.
④ W/O형 크림 : 건성, 노화 피부에 효과적이다.

59 메이크업 화장품에 대한 설명이다. 그 연결이 바르지 않은 것은?

① 메이크업 베이스 : 파운데이션의 밀착성을 높인다.
② 파운데이션 : 피부의 결점을 커버하고 피부 색상을 조절한다.
③ 파운데이션 : 베이스 메이크업을 고정한다.
④ 파우더 : 번들거림을 막고 화사한 피부색을 연출한다.

60 SPF에 대한 설명으로 잘못된 것은?

① Sun Protection Factor의 약자로서 자외선 차단지수를 말한다.
② 엄밀히 말하면 UV-B 방어효과를 나타내는 지수라고 볼 수 있다.
③ 오존층으로부터 자외선이 차단되는 정도를 알아보기 위한 목적으로 이용된다.
④ 자외선 차단제를 바른 피부가 최소의 홍반을 일어나게 하는 데 필요한 자외선 양을, 바르지 않은 피부가 최소의 홍반을 일어나게 하는 데 필요한 자외선 양으로 나눈 값이다.

해설 SPF는 UV-B 자외선 차단지수(Sun Protection Factor)의 줄임말로 자외선 차단제를 바르지 않은 피부에 비해 차단제를 발랐을 때 피부가 붉게 되는 데 걸리는 시간이 얼마나 차이나는지 정한 값이다.

정답　**52** ④　**53** ③　**54** ④　**55** ②　**56** ③　**57** ③　**58** ②　**59** ③　**60** ③

제9회　**136**　모의고사

메이크업 필기 총정리 모의고사 10회

01 고대 부족 국가의 읍루 사람들이 피부 노출 부위에 발라 동상을 예방하고 피부를 부드럽게 하기 위하여 사용한 것은 무엇인가?
① 돈고(돼지기름) ② 소변(사람 오줌)
③ 우유(소의 젖) ④ 송진(소나무 진액)

해설 부족 국가 시대의 읍루 사람들은 겨울에 돼지기름을 발라 피부를 부드럽게 하여 동상을 예방했다. 돼지기름은 동상·해, 그을음의 예방 및 피부의 연화작용이 뛰어나 유럽에서도 크림 원료로 오랜 기간 이용되었다.

02 고대 한국 문화에서 발견되는 문신(文身)의 발달 이유로 맞지 않는 것은?
① 개성을 표현하는 수단
② 신에 대한 숭배 표현
③ 종족을 표시하는 수단
④ 위장을 위한 표현 방법

해설 고대의 문신은 신에 대한 숭배, 종족을 표시하는 수단이나 위장을 위한 표현 방법으로 발달하였고 개성 표현은 현대 문화의 특징이다.

03 고구려의 화장법에 대한 설명 중 옳은 것은?
① 젊은 여성은 머리를 굽이치게 말아 길게 내려 장식하였다.
② 눈썹화장은 가느다란 모양으로 길게 그렸다.
③ 왕은 연지를 이마에 바르고 금당으로 머리를 꾸몄다.
④ 고분벽화 등을 통해 당시의 화장 형태 등을 살필 수 있다.

해설 평안도 수산리 고분벽화의 귀부인상, 쌍영총 고분벽화의 여인상 등을 통해 당시 화장 형태를 알 수 있다.

04 다음 중 백제시대 '시분무주'에 관한 설명으로 옳은 것은?
① 분은 바르되 연지 화장은 하지 않았다.
② 분과 연지 화장을 모두 했다.
③ 분은 바르지 않되 연지 화장을 했다.
④ 분과 연지 화장을 모두 하지 않았다.

해설 시분무주(施粉無朱) : 분은 바르되 연지는 바르지 않았다.

05 국내에 컬러 TV가 등장함으로써 색상 혁명으로 일컬어질 만큼 컬러의 다양화가 가속화되었고 유니섹스 모드가 등장하는 등 개성을 강조한 패션 스타일이 유행했던 시기는?
① 1960년대 ② 1970년대
③ 1980년대 ④ 1990년대

해설 1980년대에 컬러 TV가 국내에 널리 보급되었다.

06 눈 화장 재료로 코올(Khol)을 사용하여 메이크업을 한 나라는?
① 인도 ② 이집트
③ 그리스 ④ 페르시아

해설 이집트에서는 뜨거운 태양으로부터 눈을 보호하기 위하여 눈가에 검은 코올(Khol)을 발랐다.

07 바로크 시대에 유행한 '뷰티 스폿'에 관한 설명으로 옳은 것은?
① 눈 밑, 입가 등에 찍은 애교 점
② 화려하게 장식하여 부풀린 가발
③ 살이 찌고 둥근 용모
④ 뺨을 통통하게 보이기 위하여 입에 넣은 천 조각

해설 • 뷰티 스폿 : 눈 밑, 입가 등에 찍은 점으로 애교를 상징한다.
• 뺨을 통통하게 보이려고 볼에 넣었던 '플럼퍼'라는 패드는 로코코 시대의 유행이다.

08 1940년대 패션뷰티 상황으로 맞지 않는 것은?
① 관능적인 모습을 한 핀업걸(Pin-up Girl)이 이상적인 스타일로 등장하였다.
② 반짝이는 붉은 립스틱과 붉은 매니큐어가 유행하였다.
③ 아이펜슬로 눈꼬리 부분을 치켜 올린 눈 화장이 유행하였다.
④ 길고 처진 검은 눈썹이 유행하였다.

해설 ④는 1920년대 화장의 특징이다.

09 메이크업 미용 직업인으로서 자세로 적절하지 않은 것은?
① 배우는 자세로 임한다.
② 개인사유에 대해 직장 동료들에게 상세하게 말해 친밀감을 쌓는다.
③ 고용주나 동료와 금전적인 거래를 삼간다.
④ 다른 사람을 칭찬하고 의견을 존중한다.

해설 개인사유에 대해 직장 동료들에게 지나치게 상세하게 말하는 것은 업무상 불필요하다.

10 눈썹과 눈썹 사이가 먼 사람에게서 느껴지는 이미지로 볼 수 있는 것은?
① 당당하고 활기찬 이미지
② 낙천적이나 어리석은 이미지
③ 인색하고 답답한 이미지
④ 서구적이고 비밀스러운 이미지

해설 눈썹과 눈썹 사이가 멀면 너그럽고 온화하며 낙천적으로 느껴지지만 다소 멍청하고 어리석게 보이기도 한다.

정답 01 ① 02 ① 03 ④ 04 ① 05 ③ 06 ② 07 ① 08 ④ 09 ② 10 ②

모의고사 10 회   메이크업 필기 총정리 모의고사

11 메이크업을 하는 목적으로 적절하지 않은 것은?

① 결점을 커버하고 장점을 살린다.

② 인간 신체의 일부에 색상을 부여하여 아름답게 꾸며준다.

③ 개성미를 창출하여 각자가 가지고 있는 특징을 부각한다.

④ 외형을 물리적으로만 아름답게 한다.

해설 외형을 물리적으로 아름답게 할뿐만 아니라, 자신감과 자기만족의 심리적 효과를 기대할 수 있다.

12 파운데이션 색상이 어두운 경우 보완해줄 수 있는 파우더 컬러는?

① 옐로   ② 투명

③ 그린   ④ 브라운

해설 파운데이션 색상이 다소 어둡게 표현되었을 때 노란색 파우더를 사용한다.

13 눈이 부어 보이는 형태에 가장 알맞은 아이메이크업 기법은?

① 붉은 계열의 아이섀도 사용

② 펄이 들어간 아이섀도 사용

③ 밝은 색의 아이섀도 사용

④ 브라운이나 차분한 계열 사용

해설 부은 눈에는 붉은 계열이나 펄이 있는 색상은 피한다.

14 윗입술과 아랫입술의 가장 이상적인 비율은?

① 1 : 1   ② 1 : 1.5

③ 2 : 1   ④ 1 : 2

해설 윗입술과 아랫입술 두께의 황금비율은 1 : 1.5이다.

15 명도가 7, 채도가 8, 색상이 5인 노랑을 먼셀 기호로 표시하면?

① 8Y 7/5   ② 8/7 5Y

③ 7Y 8/5   ④ 5Y 7/8

해설 어떤 색을 먼셀 기호로 표기할 때에는 H V/C 순서로 기록한다.

16 색광의 3원색은?

① 빨강, 녹색, 파랑   ② 빨강, 노랑, 파랑

③ 빨강, 노랑, 녹색   ④ 빨강, 주황, 파랑

해설 색광의 3원색은 빨강, 녹색, 파랑이다.

17 봄 이미지의 사람의 특징이 아닌 것은?

① 피부톤이 차가운 느낌이다.

② 얼굴이 희고 투명하다.

③ 뺨이 복숭아 빛의 홍조를 띤다.

④ 이미지가 따뜻한 느낌이다.

해설 여름 이미지의 피부톤은 차고 창백하거나 붉은 기운을 띠는 경향이 있다.

18 마스카라 형태 중 건조가 빠르고 내수성이 좋아 여름철에 사용하기 적합한 것은?

① 투명 마스카라

② 워터 프루프 마스카라

③ 롱 래쉬 마스카라

④ 컬링 마스카라

해설 워터 프루프 마스카라(Water Proof Mascara)
  • 건조가 빠르고 내수성이 좋아 여름철에 사용하기 적합하다.
  • 닦을 때는 아이 리무버(Eye Remover)로 닦아내야 한다.

19 이상적인 얼굴의 균형도에 대한 설명으로 잘못된 것은?

① 얼굴의 폭은 전체적으로 5등분이다.

② 얼굴의 길이는 전체 4등분한다.

③ 눈썹은 얼굴 길이의 1/3 지점에 해당한다.

④ 입술은 가로와 세로의 비율이 3 : 1이다.

해설 이상적 분할은 얼굴 길이를 가로 3등분, 세로 3등분 하는데, 이때 눈 길이와 코의 폭은 각각 1/5가 되어야 한다.

20 다음 내추럴 메이크업에서 아이 메이크업에 대한 설명 중 가장 적절한 것은?

① 속눈썹이 길어 보이기 위해 숱이 많고 길이가 긴 인조속눈썹을 붙였다.

② 섀도로 모델의 아이홀을 따라 홀 라인을 살렸다.

③ 모델과 어울리는 컬러로 라인이 안 생기도록 자연스럽게 그라데이션했다.

④ 위, 아래 아이라인을 강조하여 최대한 눈이 커 보이도록 하였다.

21 50대 여성의 메이크업으로 적절하지 못한 것은?

① 피부가 건조한 편이라 크림형 파운데이션을 썼다.

② 주름 부위가 두드러지지 않도록 파우더는 소량만 썼다.

③ 꺼진 눈꺼풀에 어울리도록 아이홀 메이크업을 했다.

④ 혈색을 살리고자 화사한 난색 계열을 이용해 블러셔를 했다.

22 패션 메이크업에 대한 설명이 아닌 것은?

① 의상 스타일에 따라 메이크업 패턴이 정해진다.

② 의상 색상과 동일한 메이크업만 가능하다.

③ 헤어, 의상, 소품과 더불어 통일감 있는 메이크업을 말한다.

④ 디자이너와 함께 메이크업 패턴을 결정한다.

해설 패션 메이크업은 의상이 돋보이도록 하는 것이 가장 중요하다. 의상 스타일에 따라 얼마든지 자유로운 패턴의 메이크업이 가능하고 헤어 소품 등과도 통일감 있는 메이크업이 요구된다. 디자이너와의 협력을 통해 가장 효과적인 이미지를 이끌어 내도록 한다.

정답 11 ④   12 ①   13 ④   14 ②   15 ④   16 ①   17 ①   18 ②   19 ②   20 ③   21 ③   22 ②

모의고사 10회 메이크업 필기 총정리 모의고사

23 둥근 얼굴의 신부 메이크업 수정법으로 적절하지 않은 것은?
① 세로선이나 상승선을 이용해서 표현한다.
② 얼굴에 살집이 많을 경우 섀딩 컬러를 사용하여 작게 보이도록 한다.
③ 노즈 섀도는 하지 않는다.
④ 하이라이트는 얼굴 중심부나 눈 밑 등에 넣는다.

해설 자연스러운 노즈 섀도를 하여 또렷한 인상과 중앙 부위에 입체감을 주는 것이 좋다.

24 메이크업의 표현효과에 따른 분류가 아닌 것은?
① 아트 메이크업
② 뷰티 메이크업
③ 스테이지 메이크업
④ 캐릭터 메이크업

해설 표현효과에 따른 메이크업은 메이크업 시술 후, 아름다워지는 뷰티 메이크업, 개성을 연출하는 캐릭터메이크업, 예술적인 표현을 위한 아트 메이크업 등으로 분류된다.

25 메이크업의 분류와 그 목적이 바르게 설명된 것은?
① 연극 메이크업 – 출연 배우를 아름답게 보이기 위해
② 남자 메이크업 – 의상과의 적절한 조화를 위해
③ 광고 메이크업 – 제품의 광고 효과를 극대화하기 위해
④ 패션쇼 메이크업 – 모델 개개인의 개성을 살리기 위해

해설
• 연극 메이크업 – 출연 배우를 극중 인물의 캐릭터에 부합하도록 하는 메이크업
• 패션 메이크업 – 의상 콘셉트에 맞게 연출하는 메이크업
• 패션쇼 메이크업 – 패션쇼에서 의상을 착장하는 모델에게 의상 연출이 돋보이도록 하는 메이크업으로, 모델 개개인의 개성을 고려하지는 않는다.

26 모델의 립스틱이 오래 지속되도록 해주고자 한다. 가장 적절하지 못한 방법은?
① 립스틱을 바른 후 투명 파우더를 발라 지속력을 높인다.
② 1차 도포 후 티슈로 유분기를 걷어내고 반복하여 도포한다.
③ 립 코트를 발라 지속력을 높인다.
④ 립글로스를 발라 윤기를 더한다.

해설 립글로스는 입술에 윤기를 더해주지만 지속력이 떨어진다.

27 표피에 대한 설명이다. 올바른 것은?
① 색소와는 무관하다.
② 콜라겐과 엘라스틴 섬유가 주성분이다.
③ 지방세포가 존재한다.
④ 각질층에는 케라틴, 지질, 천연보습인자 성분들이 있다.

28 털과 관계없이 피지선이 존재하며 입과 입술, 구강 점막 등에 존재하는 것은?
① 털
② 독립피지선
③ 발톱
④ 피지

해설 독립피지선은 모낭과 무관하게 존재한다.

29 피부의 각화 주기로 맞는 것은?
① 3주
② 4주
③ 5주
④ 7주

해설 피부의 각화 주기는 약 28일(4주)이다.

30 진피에 대한 설명으로 맞지 않는 것은?
① 유두층과 망상층으로 분류된다.
② 성긴 결합조직으로 표피보다 얇게 분포되어 있다.
③ 화학적 자극에 강한 저항력을 가지고 있다.
④ 신체의 탄력과 윤기를 유지하는 역할을 한다.

31 노화 피부에 대한 설명 중 맞지 않는 것은?
① 각질층이 두껍다.
② 혈액순환 저하, 색소 침착으로 인해 안색이 불균형하다.
③ 탄력이 저하되어 있으나 모공은 좁아져 있다.
④ 신진대사가 저하되어 피부 재생이 원활하지 않다.

해설 노화 피부는 탄력이 떨어지고 모공이 확장되어 있다.

32 식품으로 필수아미노산을 섭취해야 하는 가장 중요한 이유는?
① 체내에서 합성이 되지 않기 때문이다.
② 에너지원이기 때문이다.
③ 생명유지를 위해 필수적이기 때문이다.
④ 자외선을 통해서 합성되기 때문이다.

33 감염성 질환에 대한 설명 중 잘못된 것은?
① 수두는 바이러스 질환이다.
② 수포성의 병변으로 입술에 물집이 생기는 질환은 대상포진이다.
③ 사마귀는 파필로마 바이러스에 의해 발생하며 벽돌 모양이다.
④ 대상포진은 지각신경절에 잠복해있던 바이러스에 의해 발생된다.

해설 수포성의 병변으로 입술에 물집이 생기는 질환은 단순포진이다.

정답 23 ③ 24 ③ 25 ③ 26 ④ 27 ④ 28 ② 29 ② 30 ② 31 ③ 32 ① 33 ②

모의고사 10 회   메이크업 필기 총정리 모의고사

34 다음 중 후천적 면역에 해당되지 않는 것은?

① 예방접종 후 얻어진 면역이다.
② 전염병 이후 얻어지는 획득 면역이다.
③ 태어날 때부터 가지고 있는 저항력이다.
④ 모체로부터 태반이나 수유를 통해 얻는 면역이다.

해설 태어날 때부터 갖는 면역은 선천적 면역이다.

35 피부 노화 현상에 대해 바르게 설명한 것은?

① 광노화로 인해 표피가 얇아지는 것이 특징이다.
② 피부 노화가 진행되어도 진피의 두께는 변화가 없다.
③ 내인성 노화보다는 광노화로 인해 표피 두께가 두꺼워진다.
④ 피부 노화에는 나이에 따른 광노화와 누적된 햇빛 노출로 야기되는 내인성 피부 노화가 있다.

해설 내인성 노화보다 광노화로 인해 표피 두께가 두꺼워지고 주름이 생성되며, 수분과 피지선 감소, 노인성 건성 피부가 된다.

36 한 나라의 보건수준을 측정하는 지표로 가장 적절한 것은?

① 전염병 발생률
② 영아사망률
③ 응급실을 갖춘 병원의 수
④ 보건 교육 수준

해설 한 지역이나 국가의 보건수준을 나타내는 지표로는 영아사망률, 조사망률, 질병이환율, 모성사망률, 유아사망률, 평균수명 등이 있으며, 그 중 가장 대표적인 지표는 영유아 사망률이다.

37 곰팡이의 특성이 아닌 것을 고르시오.

① 진균이라고도 한다.
② 균사라는 세포로 되어있다.
③ 포자(홀씨)가 있다.
④ 균사가 없다.

해설 균사가 없는 것은 효모이다.

38 다음 보기 중 파리가 매개하는 질병이 아닌 것은?

① 파라티푸스   ② 장티푸스
③ 미나마타병   ④ 콜레라

해설 파리에 의해 전파되는 질병으로는 장티푸스, 파라티푸스, 이질, 콜레라 등이 있다.

39 돼지고기의 생식에 의해 주로 감염되는 기생충은?

① 무구조충   ② 유구조충
③ 편충   ④ 긴촌충

해설 돼지고기를 생식하거나 불완전하게 가열 조리한 것을 섭취하면 유구조충(갈고리촌충)에, 쇠고기를 생식하면 무구조충(민촌충)에 감염될 수 있다.

40 포도상구균이 일으키는 식중독의 특징이 아닌 것은?

① 잠복기가 짧다.
② 식품을 취급한 자의 손에서 화농성 질환에 의해 감염된다.
③ 고열을 일으키는 특징이 있다.
④ 독소형 식중독이라 볼 수 있다.

해설 포도상구균은 평균 3시간의 가장 짧은 잠복기를 가지며 급성위장염, 타액분비, 구토, 복통, 설사 등의 증상을 일으킨다.

41 눈의 보호를 위해 가장 좋은 조명 방법은?

① 간접조명   ② 반간접조명
③ 반직접조명   ④ 직접조명

해설 간접조명 : 광원을 다른 곳에 반사시키는 것으로 눈의 피로도를 줄여준다.

42 물리적 소독 방법이 아닌 것은?

① 생석회 소독법   ② 방사선 멸균법
③ 건열 소독법   ④ 고압 증기 멸균법

해설 물리적 소독이란 약품을 사용하지 않고 병원성 미생물을 죽이는 방법으로 화염 멸균법, 건열 멸균법, 소각법, 자외선 소독법, 고압 증기 멸균법 등이 있다.

43 아포를 포함한 모든 미생물을 완전히 멸균시키는 데 가장 좋은 방법은?

① 저온 살균법   ② 고압 증기 멸균법
③ 자비 멸균법   ④ 유통 증기 멸균법

해설 고압 증기 멸균법으로 보통 120℃에서 20분간 가열하면 미생물은 완전히 멸균된다.

44 손이나 피부의 소독 및 기구 소독에 가장 알맞은 것은?

① 과산화수소수   ② 알코올
③ 머큐로크롬   ④ 역성비누

해설 알코올은 70~75%일 때 가장 소독력이 강하고 피부나 손의 소독, 가위, 면도날, 칼, 브러시 등의 소독에 적당하다.

45 다음 설명 중 바르지 않은 것은?

① 멸균 – 병원체가 인체에 침투하여 발육 증식하는 것
② 제부 – 화농창에 소독약을 발라 화농균을 사멸시키는 것
③ 소독 – 병원 미생물을 죽이거나 제거하여 감염력을 없애는 것
④ 방부 – 생활환경을 불리하게 만들거나 발육을 저지시키는 것

정답 34 ③ 35 ③ 36 ② 37 ④ 38 ③ 39 ② 40 ③ 41 ① 42 ① 43 ② 44 ② 45 ①

> **해설** 멸균 : 병원성 또는 비병원성 미생물 및 포자를 가진 것을 완전히 소멸시키는 것

46 메이크업 소도구를 세척한 후에는 어떻게 처리하는 것이 가장 좋은가?
① 그대로 소독액에 담가놓고 사용한다.
② 포르말린으로 소독을 한다.
③ 소독한 타월로 닦아준다.
④ 건열 멸균 소독을 한다.

> **해설** 소도구를 비누나 더운물로 세척한 다음 소독한 수건으로 물기를 잘 닦아 보관한다.

47 고도의 방부력을 있으며 지용성으로 피부 소독에 가장 알맞은 것은?
① 알코올 ② 승홍수
③ 석탄산 ④ 크레졸

> **해설** 알코올은 고도의 방부력이 있으며 지용성이므로 피부 표면과 모낭 내에 있는 기름기까지 녹여버리는 장점이 있다. 깊숙이 있는 균까지 멸균할 수 있어 피부 소독에 알맞다.

48 부득이한 사유로 미리 위생교육을 받지 아니하고 공중위생영업소를 개설한 자는 영업 개시일로부터 몇 개월 내에 위생교육을 받아야 하는가?
① 1개월 ② 2개월
③ 3개월 ④ 6개월

49 이·미용의 업무를 영업장소 외에서 행하였을 때 처벌 기준은?
① 3년 이하의 징역 또는 1천만 원 이하의 벌금
② 500만 원 이하의 과태료
③ 200만 원 이하의 과태료
④ 100만 원 이하의 과태료

> **해설** 이·미용의 업무를 영업장소 외에서 행하였을 때는 200만 원 이하의 과태료에 처한다.

50 공중위생관리법에서 300만 원 이하의 과태료에 처하는 위반 행위는?
① 개선명령을 위반한 자
② 영업소 외의 장소에서 이용 또는 미용업무를 행한 자
③ 공중위생 영업소를 개설한 자가 위생교육을 받지 아니한 때
④ 미용사 면허증을 영업소 안에 게시하지 아니한 때

> **해설** 과태료 300만 원 이하
> • 제9조의 규정에 의한 보고를 하지 아니하거나 관계공무원의 출입·검사 기타 조치를 거부·방해 또는 기피한 자
> • 제10조의 규정에 의한 개선명령을 위반한 자
> • 제11조의5를 위반하여 이용업소표시등을 설치한 자

51 위생관리 등급에 대한 설명으로 옳지 않은 것은?
① 시장·군수·구청장은 보건복지부령이 정하는 바에 의하여 위생서비스 평가의 결과에 따른 위생관리 등급을 해당 공중위생영업자에게 통보하고 이를 공표하여야 한다.
② 공중위생 영업자는 시장·군수·구청장으로부터 통보받은 위생관리 등급의 표지를 영업소의 명칭과 함께 영업소의 출입구에 부착할 수 있다.
③ 위생관리 등급은 최우수 업소와 우수 업소, 일반관리대상 업소로 나뉜다.
④ 최우수 업소는 백색 등급, 우수 업소는 황색 등급, 일반관리대상 업소는 녹색 등급으로 구분한다.

> **해설**
> • 최우수업소 : 녹색 등급
> • 우수업소 : 황색 등급
> • 일반관리대상업소 : 백색 등급

52 미용업 신고증 및 면허증 원본을 게시하지 아니하거나 업소 내 조명도를 준수하지 아니한 때 3차 위반 시의 행정처분 기준은?
① 경고 또는 개선명령
② 영업정지 10일
③ 영업정지 20일
④ 영업장 폐쇄명령

> **해설** 미용업 신고증 및 면허증 원본을 게시하지 아니하거나 업소 내 조명도를 준수하지 아니한 때
> • 1차 위반 : 경고 또는 개선명령
> • 2차 위반 : 영업정지 5일
> • 3차 위반 : 영업정지 10일
> • 4차 위반 : 영업장 폐쇄명령

53 다음 중 미용업 영업소 내부에 게시하여야 하는 것에 해당하지 않는 것은?
① 미용 요금표 ② 미용업 신고증
③ 면허증 원본 ④ 종사자 명부

> **해설** 미용업자가 준수해야 할 위생관리 기준에 의하여 영업소 내부에 미용업 신고증 및 개설자의 면허증 원본, 최종지불요금표를 게시 또는 부착하여야 한다.

54 6월 이하의 징역 또는 500만 원 이하의 벌금에 해당하는 것은?
① 면허가 취소된 후에 계속하여 업무를 행한 자
② 면허정지 기간 중에 업무를 행한 자
③ 공중위생영업자의 지위를 승계한 자로서 신고를 하지 아니한 자
④ 위생관리기준 또는 오염허용기준을 지키지 아니하며 위생지도 및 개선명령을 위반한 자

모의고사 10회 메이크업 필기 총정리 모의고사

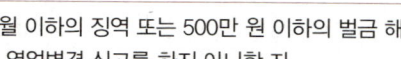

> **해설** 6월 이하의 징역 또는 500만 원 이하의 벌금 해당자
> • 영업변경 신고를 하지 아니한 자
> • 공중위생영업자의 지위를 승계한 자로서 신고를 하지 아니한 자
> • 건전한 영업질서를 위하여 공중위생영업자가 준수하여야 할 사항을 준수하지 아니한 자

55 화장품의 4대 요건은?

① 안전성, 안정성, 사용성, 유효성
② 안전성, 방부성, 방향성, 유효성
③ 발림성, 안정성, 방부성, 사용성
④ 방향성, 안전성, 발림성, 사용성

> **해설** 화장품의 4대 요건은 안전성, 안정성, 유효성, 사용성이다.

56 천연보습인자에 대한 설명으로 적합하지 않은 것은?

① NMF를 말한다.
② 각질층에 존재하는 수용성 성분들을 말한다.
③ 수분 증발을 억제하고 건조함을 막아준다.
④ 구성 성분 중에서 요소가 가장 많이 함유되어 있다.

> **해설** 천연보습인자는 NMF라고도 하며 수분 증발을 억제하고 각질층에 존재하는 수용성 성분을 말한다.

57 다음 중 산화 방지제에 대한 설명으로 적합한 것은?

① 화장품 내에 세균이 번식하는 것을 방지한다.
② 화장품이 산패되는 것을 방지한다.
③ 화장품의 향이 좋게 한다.
④ 화장품의 변질을 방지한다.

> **해설** 산화 방지란 공기 중의 산소가 실온에서 자동으로 산화되는 것을 억제하는 것을 말한다.

58 첩포 시험에 대한 설명으로 바른 것은?

① 사람 얼굴에 실시하는 예비시험이다.
② 홍반, 부종, 가려움, 화끈거림, 따가움 등의 감각적인 자극 반응을 평가하는 방법이다.
③ 화장품의 변질이나 변색을 확인하기 위한 방법이다.
④ 화장품을 판매하기 위한 목적으로 시험한다.

> **해설** 첩포 시험이란 화장품을 거즈나 일회용 밴드에 묻혀 피부 중 예민한 부위에 묻혀 피부 상태를 테스트하는 자극 반응 평가 방법이다.

59 색조 성분에 대한 설명 중 바른 것은?

① 염료와 안료 모두 용제에 녹는다.
② 염료와 안료 모두 용제에 녹지 않는다.
③ 염료는 용매에 녹고, 안료는 녹지 않는다.
④ 염료는 용매에 녹지 않고, 안료는 녹는다.

> **해설** 염료는 용매에 용해된 상태로 사용하는 것으로 물과 기름에 녹아서 색소로 쓰이며, 안료는 물이나 기름 등에 녹지 않는 분말 형태의 착색제이다.

60 향수의 지속 시간이 높은 순서대로 나열한 것은?

① 퍼퓸 〉 오데퍼퓸 〉 샤워코롱 〉 오데코롱 〉 오데토일렛
② 샤워코롱 〉 오데코롱 〉 오데토일렛 〉 오데퍼퓸 〉 퍼퓸
③ 오데퍼퓸 〉 오데토일렛 〉 오데코롱 〉 샤워코롱 〉 퍼퓸
④ 퍼퓸 〉 오데퍼퓸 〉 오데토일렛 〉 오데코롱 〉 샤워코롱

> **해설** 향료 부향률
> • 퍼퓸 15~30%
> • 오데퍼퓸 10~15%
> • 오데토일렛 5~8%
> • 오데코롱 3~5%
> • 샤워코롱 1~3%

정답 55 ① 56 ④ 57 ② 58 ② 59 ③ 60 ④

출제예상문제

제1회 출제예상문제
제2회 출제예상문제

제 1 회 출제예상문제

01 다음 중 절족동물 매개 감염병이 아닌 것은?
① 페스트
② 유행성 출혈열
③ 말라리아
④ 탄저

02 다음 중 이·미용업소의 실내 온도로 가장 알맞은 것은?
① 10℃ 이하
② 12~15℃
③ 18~21℃
④ 25℃ 이상

03 공중보건학의 대상으로 가장 적합한 것은?
① 개인
② 지역주민
③ 의료인
④ 환자집단

04 다음 질병 중 모기가 매개하지 않는 것은?
① 일본뇌염
② 황열
③ 발진티푸스
④ 말라리아

05 다음 ( ) 안에 알맞은 말을 순서대로 옳게 나열한 것은?

> 세계보건기구(WHO)의 본부는 스위스 제네바에 있으며, 6개의
> 지역사무소를 운영하고 있다. 이 중 우리나라는 ( ) 지역에,
> 북한은 ( ) 지역에 소속되어 있다.

① 서태평양, 서태평양
② 동남아시아, 동남아시아
③ 동남아시아, 서태평양
④ 서태평양, 동남아시아

06 요충에 대한 설명으로 옳은 것은?
① 집단 감염의 특징이 있다.
② 충란을 산란한 곳에는 소양증이 없다.
③ 흡충류에 속한다.
④ 심한 복통이 특징적이다.

07 일산화탄소(CO)와 가장 관계가 적은 것은?
① 혈색소와의 친화력이 산소보다 강하다.
② 실내공기 오염의 대표적인 지표로 사용된다.
③ 중독 시 중추신경계에 치명적인 영향을 미친다.
④ 냄새와 자극이 없다.

08 다음 중 세균 세포벽의 가장 외층을 둘러싸고 있는 물질로 백혈구의 식균작용에 대항하여 세균의 세포를 보호하는 것은?
① 편모
② 섬모
③ 협막
④ 아포

09 다음 기구(집기) 중 열탕소독이 적합하지 않은 것은?
① 금속성 식기
② 면 종류의 타월
③ 도자기
④ 고무제품

10 다음 전자파 중 소독에 가장 일반적으로 사용되는 것은?
① 음극선
② 엑스선
③ 자외선
④ 중성자

11 다음의 계면활성제 중 살균보다는 세정의 효과가 더 큰 것은?
① 양성 계면활성제
② 비이온 계면활성제
③ 양이온 계면활성제
④ 음이온 계면활성제

12 분해 시 발생하는 발생기 산소의 산화력을 이용하여 표백, 탈취, 살균효과를 나타내는 소독제는?
① 승홍수
② 과산화수소
③ 크레졸
④ 생석회

13 역성 비누액에 대한 설명으로 틀린 것은?
① 냄새가 거의 없고 자극이 적다.
② 소독력과 함께 세정력(洗淨力)이 강하다.
③ 수지, 기구, 식기 소독에 적당하다.
④ 물에 잘 녹고 흔들면 거품이 난다.

14 바이러스에 대한 설명으로 틀린 것은?
① 독감 인플루엔자를 일으키는 원인이 여기에 해당한다.
② 크기가 작아 세균 여과기를 통과한다.
③ 살아있는 세포 내에서 증식이 가능하다.
④ 유전자는 DNA와 RNA 모두로 구성되어 있다.

15 폐경기의 여성이 골다공증에 걸리기 쉬운 이유와 관련이 있는 것은?
① 에스트로겐의 결핍
② 안드로겐의 결핍
③ 테스토스테론의 결핍
④ 티록신의 결핍

16 피부색에 대한 설명으로 옳은 것은?
① 피부의 색은 건강 상태와 관계없다.
② 적외선은 멜라닌 생성에 큰 영향을 미친다.
③ 남성보다 여성, 고령층보다 젊은 층에 색소가 많다.
④ 피부의 황색은 카로틴에서 유래한다.

17 기미를 악화시키는 주요한 원인으로 틀린 것은?
① 경구 피임약의 복용
② 임신
③ 자외선 차단
④ 내분비 이상

18 광노화로 인한 피부 변화로 틀린 것은?
① 굵고 깊은 주름이 생긴다.
② 피부의 표면이 얇아진다.
③ 불규칙한 색소 침착이 생긴다.
④ 피부가 거칠고 건조해진다.

19 B 림프구의 특징으로 틀린 것은?
① 세포 사멸을 유도한다.
② 체액성 면역에 관여한다.
③ 림프구의 20~30%를 차지한다.
④ 골수에서 생성되며 비장과 림프절로 이동한다.

20 에크린 한선에 대한 설명으로 틀린 것은?
① 실밥을 둥글게 한 것 같은 모양으로 진피 내에 존재한다.
② 사춘기 이후에 주로 발달한다.
③ 특수한 부위를 제외한 거의 전신에 분포한다.
④ 손바닥, 발바닥, 이마에 가장 많이 분포한다.

21 모세혈관 파손과 구진 및 농포성 질환이 코를 중심으로 양 볼에 나비 모양을 이루는 피부병변은?
① 접촉성 피부염 ② 주사
③ 건선 ④ 농가진

22 영업소 외의 장소에서 이·미용 업무를 행할 수 있는 경우에 해당하지 않는 것은?
① 질병이나 그 밖의 사유로 영업소에 나올 수 없는 자에 대하여 이·미용을 하는 경우
② 혼례나 그 밖의 의식에 참여하는 자에 대하여 그 의식 직전에 이·미용을 하는 경우
③ 방송 등의 촬영에 참여하는 사람에 대하여 그 촬영 직전에 이·미용을 하는 경우
④ 특별한 사정이 있다고 사회복지사가 인정하는 경우

23 공중위생관리법에 규정된 사항으로 옳은 것은?(단, 예외 사항은 제외한다)
① 이·미용사의 업무 범위에 관하여 필요한 사항은 보건복지부령으로 정한다.
② 이·미용사의 면허를 가진 자가 아니어도 이·미용업을 개설할 수 있다.
③ 미용사(일반)의 업무 범위에는 파마, 아이론, 면도, 머리피부 손질, 피부미용 등이 포함된다.
④ 일정한 수련과정을 거친 자는 면허가 없어도 이용 또는 미용 업무에 종사할 수 있다.

24 이·미용업소의 폐쇄명령을 받고도 계속하여 영업을 하는 때 관계공무원이 취할 수 있는 조치로 틀린 것은?
① 당해 영업소의 간판 기타 영업표지물의 제거
② 영업을 위하여 필수불가결한 기구 또는 시설물을 사용할 수 없게 하는 봉인
③ 당해 영업소가 위법한 영업소임을 알리는 게시물 등의 부착
④ 당해 영업소 시설 등의 개선명령

25 이·미용업 영업자가 지켜야 하는 사항으로 옳은 것은?
① 부작용이 없는 의약품을 사용하여 순수한 화장과 피부 미용을 하여야 한다.
② 이·미용기구는 소독하여야 하며 소독하지 않은 기구와 함께 보관하는 때에는 반드시 소독한 기구라고 표시하여야 한다.
③ 1회용 면도날은 사용 후 정해진 소독 기준과 방법에 따라 소독하여 재사용하여야 한다.
④ 이·미용업 개설자의 면허증 원본을 영업소 안에 게시하여야 한다.

26 다음 ( ) 안에 알맞은 것은?

> 공중위생영업자의 지위를 승계하는 자는 ( ) 이내에 보건복지부령이 정하는 바에 따라 시장·군수 또는 구청장에게 신고하여야 한다.

① 7일 ② 15일
③ 1월 ④ 2월

27 시장·군수·구청장이 영업 정지가 이용자에게 심한 불편을 주거나 그 밖에 공익을 해할 우려가 있는 경우에 영업정지처분에 갈음한 과징금을 부과할 수 있는 금액 기준은?(단, 예외의 경우는 제외한다)
① 1천만 원 이하
② 2천만 원 이하
③ 1억 원 이하
④ 2억 원 이하

출제예상문제 1 회 메이크업 필기 총정리 출제예상문제

28 영업정지 명령을 받고도 그 기간 중에 계속하여 영업을 한 공중위생영업자에 대한 벌칙 기준은?

① 6월 이하의 징역 또는 500만 원 이하의 벌금
② 1년 이하의 징역 또는 1천만 원 이하의 벌금
③ 2년 이하의 징역 또는 2천만 원 이하의 벌금
④ 3년 이하의 징역 또는 3천만 원 이하의 벌금

29 여드름 관리에 효과적인 화장품 성분은?

① 유황(Sulfur)
② 하이드로퀴논(Hydroquinone)
③ 코직산(Kojic acid)
④ 알부틴(Arbutin)

30 비누에 대한 설명으로 틀린 것은?

① 비누의 세정 작용은 비누 수용액이 오염과 피부 사이에 침투하여 부착을 약화시켜 떨어지기 쉽게 하는 것이다.
② 거품이 풍성하고 잘 헹구어져야 한다.
③ pH가 중성인 비누는 세정 작용뿐만 아니라 살균·소독 효과가 뛰어나다.
④ 메디케이티드(Medicated) 비누는 소염제를 배합한 제품으로 여드름, 면도 상처 및 피부 거칠음 방지 효과가 있다.

31 자외선 차단 방법 중 자외선을 흡수시켜 소멸시키는 자외선 흡수제가 아닌 것은?

① 이산화티탄
② 신나메이트
③ 벤조페논
④ 살리실레이트

32 자외선 차단제에 관한 설명으로 틀린 것은?

① 자외선 차단제는 SPF(Sun Protect Factor)의 지수가 표기되어 있다.
② SPF(Sun Protect Factor)는 수치가 낮을수록 자외선 차단지수가 높다.
③ 자외선 차단제의 효과는 피부의 멜라닌 양과 자외선에 대한 민감도에 따라 달라질 수 있다.
④ 자외선 차단지수는 제품을 사용했을 때 홍반을 일으키는 자외선의 양을 제품을 사용하지 않았을 때 홍반을 일으키는 자외선의 양으로 나눈 값이다.

33 기초 화장품에 대한 내용으로 틀린 것은?

① 기초 화장품이란 피부의 기능을 정상적으로 발휘하도록 도와주는 역할을 한다.
② 기초 화장품의 가장 중요한 기능은 각질층을 충분히 보습시키는 것이다.
③ 마사지 크림은 기초 화장품에 해당하지 않는다.
④ 화장수의 기본 기능으로 각질층에 수분, 보습 성분을 공급하는 것이 있다.

34 미백 화장품의 기능으로 틀린 것은?

① 각질세포의 탈락을 유도하여 멜라닌 색소 제거
② 티로시나아제를 활성화하여 도파(DOPA) 산화 억제
③ 자외선 차단 성분이 자외선 흡수 방지
④ 멜라닌 합성과 확산을 억제

35 캐리어 오일(Carrier Oil)이 아닌 것은?

① 라벤더 에센셜 오일
② 호호바 오일
③ 아몬드 오일
④ 아보카도 오일

36 눈썹의 종류에 따른 메이크업의 이미지를 연결한 것으로 틀린 것은?

① 짙은 색상 눈썹 – 고전적인 레트로 메이크업
② 긴 눈썹 – 성숙한 가을 이미지 메이크업
③ 각진 눈썹 – 사랑스런 로맨틱 메이크업
④ 엷은 색상 눈썹 – 여성스러운 엘레강스 메이크업

37 먼셀의 색상환 표에서 가장 먼 거리를 두고 서로 마주보는 관계의 색채를 의미하는 것은?

① 한색
② 난색
③ 보색
④ 잔여색

38 메이크업 도구에 대한 설명으로 가장 거리가 먼 것은?

① 스펀지 퍼프를 이용해 파운데이션을 바를 때에는 손에 힘을 빼고 사용하는 것이 좋다.
② 팬 브러시(Fan Brush)는 부채꼴 모양으로 생긴 브러시로 아이섀도를 바를 때 넓은 면적을 한 번에 바를 수 있는 장점이 있다.
③ 아이래시 컬(Eyelash Curler)은 속눈썹에 자연스러운 컬을 주어 속눈썹을 올려주는 기구이다.
④ 스크루 브러시(Screw Brush)는 눈썹을 그리기 전에 눈썹을 정리해주고 짙게 그려진 눈썹을 부드럽게 수정할 때 사용할 수 있다.

39 얼굴의 윤곽 수정과 관련한 설명으로 틀린 것은?

① 색의 명암 차이를 이용해 얼굴에 입체감을 부여하는 메이크업 방법이다.
② 하이라이트 표현은 1~2톤 밝은 파운데이션을 사용한다.
③ 섀딩 표현은 1~2톤 어두운 브라운색 파운데이션을 사용한다.
④ 하이라이트 부분은 돌출되어 보이도록 베이스 컬러와의 경계선을 잘 만들어 준다.

40 메이크업 미용사의 자세로 가장 거리가 먼 것은?
① 고객의 연령, 직업, 얼굴 모양 등을 살펴 표현해주는 것이 중요하다.
② 시대의 트렌드를 대변하고 전문인으로서의 자세를 취해야 한다.
③ 공중위생을 철저히 지켜야 한다.
④ 고객에게 메이크업 미용사의 개성을 적극 권유한다.

41 긴 얼굴형의 화장법으로 옳은 것은?
① 턱에 하이라이트를 처리한다.
② T존에 하이라이트를 길게 넣어준다.
③ 이마 양옆에 섀딩을 넣어 얼굴 폭을 감소시킨다.
④ 블러셔는 눈 밑 방향으로 가로로 길게 처리한다.

42 메이크업 도구의 세척 방법이 바르게 연결된 것은?
① 립 브러시(Lip Brush) – 브러시 클리너 또는 클렌징 크림으로 세척한다.
② 라텍스 스펀지(Latex Sponge) – 뜨거운 물로 세척하고 햇빛에 건조한다.
③ 아이섀도 브러시(Eye-shadow Brush) – 클렌징 크림이나 클렌징 오일로 세척한다.
④ 팬 브러시(Fan Brush) – 브러시 클리너로 세척 후 세워서 건조한다.

43 색에 대한 설명으로 틀린 것은?
① 흰색, 회색, 검정 등 색감이 없는 계열의 색을 통틀어 무채색이라고 한다.
② 색의 순도는 색의 탁하고 선명한 강약의 정도를 나타내는 명도를 의미한다.
③ 인간이 분류할 수 있는 색의 수는 개인적인 차이는 존재하지만 대략 750만 가지 정도이다.
④ 색의 강약을 채도라고 하며 눈에 들어오는 빛이 단일 파장으로 이루어진 색일수록 채도가 높다.

44 파운데이션의 종류와 그 기능에 대한 설명으로 가장 거리가 먼 것은?
① 크림 파운데이션은 보습력과 커버력이 우수하여 짙은 메이크업을 할 때나 건조한 피부에 적합하다.
② 리퀴드 타입은 부드럽고 쉽게 퍼지며 자연스러운 화장을 원할 때 적합하다.
③ 트윈케이크 타입은 커버력이 우수하고 땀과 물에 강하여 지속력을 요하는 메이크업에 적합하다.
④ 고형스틱 타입의 파운데이션은 커버력은 약하지만 사용이 간편해서 스피디한 메이크업에 적합하다.

45 아이브로 화장 시 우아하고 성숙한 느낌과 세련미를 표현하고자 할 때 가장 잘 어울릴 수 있는 것은?
① 회색 아이브로 펜슬
② 검정색 아이섀도
③ 갈색 아이브로 섀도
④ 에보니 펜슬

46 얼굴의 골격 중 얼굴형을 결정짓는 가장 중요한 요소가 되는 것은?
① 위턱뼈(상악골)
② 아래턱뼈(하악골)
③ 코뼈(비골)
④ 관자뼈(측두골)

47 여름 메이크업에 대한 설명으로 가장 거리가 먼 것은?
① 시원하고 상쾌한 느낌이 들도록 표현한다.
② 난색 계열을 사용해 따뜻한 느낌을 표현한다.
③ 구릿빛 피부 표현을 위해 오렌지색 메이크업 베이스를 사용한다.
④ 방수 효과를 지닌 제품을 사용하는 것이 좋다.

48 미국의 색채학자 파버 비렌이 탁색계를 '톤(Tone)'이라 부르고 있었던 것에서 유래한 배색기법은?
① 까마이외(Camaieu) 배색
② 토널(Tonal) 배색
③ 트리콜로레(Tricolore) 배색
④ 톤온톤(Tone on tone) 배색

49 얼굴형과 그에 따른 이미지의 연결이 가장 적절한 것은?
① 둥근형 – 성숙한 이미지
② 긴형 – 귀여운 이미지
③ 사각형 – 여성스러운 이미지
④ 역삼각형 – 날카로운 이미지

50 다음 중 색의 3속성이 아닌 것은?
① 색상
② 톤
③ 명도
④ 채도

51 아이섀도의 종류와 그 특징을 연결한 것으로 가장 거리가 먼 것은?
① 펜슬 타입 – 발색이 우수하고 사용하기 편리하다.
② 파우더 타입 – 펄이 섞인 제품이 많으며 하이라이트 표현이 용이하다.
③ 크림 타입 – 유분기가 많고 촉촉하며 발색도가 선명하다.
④ 케이크 타입 – 그라데이션이 어렵고 색상이 뭉칠 우려가 있다.

52 메이크업의 정의와 가장 거리가 먼 것은?

① 화장품과 도구를 사용한 아름다움의 표현방법이다.

② "분장"의 의미를 가지고 있다.

③ 색상으로 외형적인 아름다움을 나타낸다.

④ 의료기기나 의약품을 사용한 눈썹 손질을 포함한다.

53 다음에서 설명하는 메이크업이 가장 잘 어울리는 계절은?

> 강렬하고 이지적인 이미지가 느껴지도록 심플하고 단아한 스타일이나 콘트라스트가 강한 색상과 밝은 색상을 사용하는 것이 좋다.

① 봄 ② 여름

③ 가을 ④ 겨울

54 봄 메이크업의 컬러 조합으로 가장 적합한 것은?

① 흰색, 파랑, 핑크 계열

② 겨자색, 벽돌색, 갈색 계열

③ 옐로우, 오렌지, 그린 계열

④ 자주색, 핑크, 진보라 계열

55 아이브로 메이크업의 효과와 가장 거리가 먼 것은?

① 인상을 자유롭게 표현할 수 있다.

② 얼굴의 표정을 변화시킨다.

③ 얼굴형을 보완할 수 있다.

④ 얼굴에 입체감을 부여해준다.

56 다음 중 컬러 파우더의 색상 선택과 활용법의 연결이 가장 거리가 먼 것은?

① 퍼플 – 노란 피부를 중화시켜 화사한 피부 표현에 적합하다.

② 핑크 – 볼에 붉은 기가 있는 경우 더욱 잘 어울린다.

③ 그린 – 붉은 기를 줄여준다.

④ 브라운 – 자연스러운 섀딩 효과가 있다.

57 기미, 주근깨 등의 피부 결점이나 눈 밑 그늘에 발라 커버하는 데 사용하는 제품은?

① 스틱 파운데이션(Stick Foundation)

② 투웨이 케이크(Two way Cake)

③ 스킨 커버(Skin Cover)

④ 컨실러(Cincealer)

58 메이크업 미용사의 작업과 관련한 내용으로 가장 거리가 먼 것은?

① 모든 도구와 제품은 청결히 준비하도록 한다.

② 마스카라나 아이라인 작업 시 입으로 불어 신속히 마르게 도와준다.

③ 고객의 신체에 힘을 주거나 누르지 않도록 주의한다.

④ 고객의 옷에 화장품이 묻지 않도록 가운을 입혀준다.

59 메이크업 색과 조명에 관한 설명으로 틀린 것은?

① 메이크업의 완성도를 높이는 데는 자연광선이 가장 이상적이다.

② 조명에 의해 색이 달라지는 현상은 저채도 색보다는 고채도 색에서 잘 일어난다.

③ 백열등은 장파장 계열로 사물의 붉은 색을 증가시키는 효과가 있다.

④ 형광등은 보라색과 녹색의 파장 부분이 강해 사물을 시원하게 보이는 효과가 있다.

60 눈썹을 빗어주거나 마스카라 후 뭉친 속눈썹을 정돈할 때 사용하면 편리한 브러시는?

① 팬 브러시

② 스크루 브러시

③ 노즈 섀도 브러시

④ 아이라이너 브러시

제 2 회 출제예상문제

01. 18세기 말 "인구는 기하급수적으로 늘고 생산은 산술급수적으로 늘기 때문에 체계적인 인구조절이 필요하다"고 주장한 사람은?
① 프랜시스 플레이스
② 에드워드 윈슬로우
③ 토마스 R. 맬더스
④ 로베르토 코흐

02. 감염병 예방 및 관리에 관한 법률상 제1급 감염병이 아닌 것은?
① 페스트
② 디프테리아
③ 두창
④ 파상풍

03. 장염비브리오 식중독의 설명으로 가장 거리가 먼 것은?
① 원인균은 보균자의 분변이 주원인이다.
② 복통, 설사, 구토 등이 생기며 발열이 있고 2~3일이면 회복된다.
③ 예방은 저온 저장, 조리기구·손 등의 살균을 통해서 할 수 있다.
④ 여름철에 집중적으로 발생한다.

04. 이·미용사의 위생복을 흰색으로 하는 것이 좋은 주된 이유는?
① 오염된 상태를 가장 쉽게 발견할 수 있다.
② 가격이 비교적 저렴하다.
③ 미관상 가장 보기가 좋다.
④ 열 교환이 가장 잘 된다.

05. 보건행정에 대한 설명으로 가장 적합한 것은?
① 공중보건의 목적을 달성하기 위해 공공의 책임 하에 수행하는 행정활동
② 개인보건의 목적을 달성하기 위해 공공의 책임 하에 수행하는 행정활동
③ 국가 간의 질병 교류를 막기 위해 공공의 책임 하에 수행하는 행정활동
④ 공중보건의 목적을 달성하기 위해 개인의 책임 하에 수행하는 행정활동

06. 모기가 매개하는 감염병이 아닌 것은?
① 일본뇌염
② 콜레라
③ 말라리아
④ 사상충증

07. 대기오염 방지 목표와 연관성이 가장 적은 것은?
① 경제적 손실 방지
② 직업병의 발생 방지
③ 자연환경의 악화 방지
④ 생태계 파괴 방지

08. 다음 중 식기류 소독에 가장 적당한 것은?
① 30% 알코올
② 역성비누액
③ 40℃의 온수
④ 염소

09. 살균력과 침투성은 약하지만 자극이 없고 발포작용에 의해 구강이나 상처 소독에 주로 사용되는 소독제는?
① 페놀
② 염소
③ 과산화수소
④ 알코올

10. 세균 증식 시 높은 염도를 필요로 하는 호염성(Halophilic)균에 속하는 것은?
① 콜레라
② 장티푸스
③ 장염비브리오
④ 이질

11. 소독 방법에서 고려되어야 할 사항으로 가장 거리가 먼 것은?
① 소독 대상물의 성질
② 병원체의 저항력
③ 병원체의 아포 형성 유무
④ 소독 대상물의 그람 염색 유무

12. 병원체의 병원소 탈출 경로와 가장 거리가 먼 것은?
① 호흡기로부터 탈출
② 소화기 계통으로 탈출
③ 비뇨생식기 계통으로 탈출
④ 수질 계통으로 탈출

13. 따뜻한 물에 중성세제로 잘 씻은 후 물기를 없앤 다음 70% 알코올에 20분 이상 담그는 소독법으로 가장 적합한 것은?
① 유리제품
② 고무제품
③ 금속제품
④ 비닐제품

14. 병원성 미생물의 발육을 정지시키는 소독 방법은?
① 희석
② 방부
③ 정균
④ 여과

출제예상문제 2 회 메이크업 필기 총정리 출제예상문제

15 계란 모양의 핵을 가진 세포들이 일렬로 밀접하게 정렬되어 있는 한 개의 층으로, 새로운 세포 형성이 가능한 층은?
① 각질층
② 기저층
③ 유극층
④ 망상층

16 피부의 과색소 침착 증상이 아닌 것은?
① 기미
② 백반증
③ 주근깨
④ 검버섯

17 정상적인 피부의 pH 범위는?
① pH 3~4
② pH 6.5~8.5
③ pH 4.5~6.5
④ pH 7~9

18 적외선이 피부에 미치는 영향으로 가장 거리가 먼 것은?
① 온열효과가 있다.
② 혈액순환 개선에 도움을 준다.
③ 피부 건조화, 주름 형성, 피부 탄력 감소를 유발한다.
④ 피지선과 한선의 기능을 활성화하여 피부 노폐물 배출에 도움을 준다.

19 식후 12~16시간이 경과하여 정신적·육체적으로 아무것도 하지 않고 가장 안락한 자세로 조용히 누워있을 때 생명을 유지하는 데 소요되는 최소한의 열량을 의미하는 것은?
① 순환대사량
② 기초대사량
③ 활동대사량
④ 상대대사량

20 비듬이 생기는 원인과 관계없는 것은?
① 신진대사가 계속적으로 나쁠 때
② 탈지력이 강한 샴푸를 계속 사용할 때
③ 염색 후 두피가 손상되었을 때
④ 샴푸 후 린스를 하였을 때

21 피부 노화의 이론과 가장 거리가 먼 것은?
① 셀룰라이트 형성
② 프리래디컬 이론
③ 노화의 프로그램설
④ 텔로미어 학설

22 이·미용업을 하고자 하는 자가 하여야 하는 절차는?
① 시장·군수·구청장에게 신고한다.
② 시장·군수·구청장에게 통보한다.
③ 시장·군수·구청장의 허가를 얻는다.
④ 시·도지사의 허가를 얻는다.

23 건전한 영업질서를 위하여 공중위생영업자가 준수하여야 할 사항을 준수하지 아니한 자에 대한 벌칙기준은?
① 1년 이하의 징역 또는 1천만 원 이하의 벌금
② 6월 이하의 징역 또는 500만 원 이하의 벌금
③ 3월 이하의 징역 또는 300만 원 이하의 벌금
④ 300만원 과태료

24 면허가 취소된 자는 누구에게 면허증을 반납하여야 하는가?
① 보건복지부장관
② 시·도지사
③ 시장·군수·구청장
④ 읍·면장

25 이·미용업소에서 영업정지 처분을 받고 그 정지 기간 중에 영업을 한 때의 1차 위반 행정처분 내용은?
① 영업정지 1월
② 영업정지 2월
③ 영업정지 3월
④ 영업장 폐쇄명령

26 영업자의 위생관리 의무가 아닌 것은?
① 영업소에서 사용하는 기구는 소독한 것과 소독하지 아니한 것을 분리·보관한다.
② 영업소에서 사용하는 1회용 면도날은 손님 1인에 한하여 사용한다.
③ 자격증을 영업소 안에 게시한다.
④ 면허증을 영업소 안에 게시한다.

27 성매매알선 등 행위의 처벌에 관한 법률 위반으로 영업장 폐쇄명령을 받은 이·미용업자는 얼마의 기간 동안 같은 종류의 영업을 할 수 없는가?
① 2년
② 1년
③ 6개월
④ 3개월

28 공중위생관리법규상 위생관리등급의 구분이 바르게 짝지어진 것은?
① 최우수업소 – 녹색등급
② 우수업소 – 백색등급
③ 일반관리대상업소 – 황색등급
④ 관리미흡대상업소 – 적색등급

29 유연화장수의 작용으로 가장 거리가 먼 것은?
① 피부에 보습을 주고 윤택하게 한다.
② 피부에 남아있는 비누의 알칼리 성분을 중화시킨다.
③ 각질층에 수분을 공급한다.
④ 피부의 모공을 넓힌다.

제2회 150 출제예상문제

30 크림 파운데이션에 대한 설명 중 가장 적합한 것은?
① 얼굴의 형태를 바꾼다.
② 피부의 잡티나 결점을 커버하는 목적으로 사용된다.
③ O/W형은 W/O형에 비해 비교적 사용감이 무겁고 퍼짐성이 낮다.
④ 화장 시 산뜻하고 청량감이 있으나 커버력이 약하다.

31 피지 조절, 항우울과 함께 분만 촉진에 효과적인 아로마 오일은?
① 라벤더   ② 로즈마리
③ 자스민   ④ 오렌지

32 피부 클렌저(Cleanser)로 사용하기에 적합하지 않은 것은?
① 강알칼리성 비누
② 약산성 비누
③ 탈지를 방지하는 클렌징 제품
④ 보습효과를 주는 클렌징 제품

33 가용화(Solubilization) 기술을 적용하여 만들어진 것은?
① 마스카라   ② 향수
③ 립스틱   ④ 크림

34 미백 화장품에 사용되는 대표적인 미백 성분은?
① 레티노이드(Retinoid)
② 알부틴(Arbutin)
③ 라놀린(Lanolin)
④ 토코페롤 아세테이트(Tocopherol Acetate)

35 진피층에도 함유되어 있으며 보습기능으로 피부 관리 제품에 사용되는 성분은?
① 알코올(Alcohol)
② 콜라겐(Collagen)
③ 판테놀(Panthenol)
④ 글리세린(Glycerine)

36 눈의 형태에 따른 아이섀도 기법으로 틀린 것은?
① 부은 눈 – 펄감이 없는 브라운이나 그레이 컬러로 아이홀을 중심으로 넓지 않게 펴 바른다.
② 처진 눈 – 포인트 컬러를 눈꼬리 부분에서 사선 방향으로 올려주고, 언더컬러는 사용하지 않는다.
③ 올라간 눈 – 눈 앞머리 부분에 짙은 컬러를 바르고 눈 중앙에서 꼬리까지 옅은 색을 발라주며, 언더 부분은 넓게 펴 바른다.
④ 작은 눈 – 눈두덩이 중앙에 밝은 컬러로 하이라이트를 하며 눈앞머리에 포인트를 주고, 아이라인은 그리지 않는다.

37 아이섀도를 바를 때 눈 밑에 떨어진 가루나 과다한 파우더를 털어내는 도구로 가장 적절한 것은?
① 파우더 퍼프   ② 파우더 브러시
③ 팬 브러시   ④ 블러셔 브러시

38 눈썹을 그리기 전후에 자연스럽게 눈썹을 빗어주는 나사 모양의 브러시는?
① 립 브러시   ② 팬 브러시
③ 스크루 브러시 ④ 파우더 브러시

39 각 눈썹 형태에 따른 이미지와 그에 알맞은 얼굴형의 연결이 가장 적합한 것은?
① 상승형 눈썹 – 동적이고 시원한 느낌 – 둥근형
② 아치형 눈썹 – 우아하고 여성적인 느낌 – 삼각형
③ 각진형 눈썹 – 지적이며 단정하고 세련된 느낌 – 긴형, 장방형
④ 수평형 눈썹 – 젊고 활동적인 느낌 – 둥근형, 얼굴 길이가 짧은 형

40 색의 배색과 그에 따른 이미지를 연결한 것으로 옳은 것은?
① 악센트 배색 – 부드럽고 차분한 느낌
② 동일색 배색 – 무난하면서 온화한 느낌
③ 유사색 배색 – 강하고 생동감 있는 느낌
④ 그라데이션 배색 – 개성 있고 아방가르드한 느낌

41 뷰티메이크업과 관련한 내용으로 가장 거리가 먼 것은?
① 눈썹, 아이섀도, 입술 메이크업 시 고객의 부족한 면을 보완하여 균형 잡힌 얼굴로 표현한다.
② 메이크업은 색상, 명도, 채도 등을 고려하여 고객의 상황에 맞는 컬러를 선택하도록 한다.
③ 사람은 대부분 얼굴의 좌우가 다르므로 자연스러운 메이크업을 위해 최대한 생김새를 그대로 표현하여 생동감을 준다.
④ 의상, 헤어, 분위기 등 전체적인 이미지 조화를 고려하여 메이크업한다.

42 계절별 화장법으로 가장 거리가 먼 것은?
① 봄 메이크업 – 투명한 피부 표현을 위해 리퀴드 파운데이션을 사용하며, 눈썹과 아이섀도를 자연스럽게 표현한다.
② 여름 메이크업 – 콘트라스트가 강한 색상으로 선을 강조하고 베이지 컬러의 파우더로 피부를 매트하게 표현한다.
③ 가을 메이크업 – 아이 메이크업을 할 때는 저채도의 베이지나 브라운 컬러를 사용하여 그윽하고 깊은 눈매를 연출한다.
④ 겨울 메이크업 – 전체적으로 깨끗하고 심플한 이미지를 표현하고, 립은 레드나 와인 계열 등의 컬러를 바른다.

출제예상문제 2 회 메이크업 필기 총정리 출제예상문제

43 사각형 얼굴의 수정 메이크업 방법으로 틀린 것은?

① 이마의 각진 부위와 튀어나온 턱뼈 부위에 어두운 파운데이션을 발라서 갸름하게 보이게 한다.

② 눈썹은 각진 얼굴형과 어울리도록 시원하게 아치형으로 그린다.

③ 일자형 눈썹과 길게 뺀 아이라인으로 포인트 메이크업하는 것이 효과적이다.

④ 입술 모양은 곡선의 형태로 부드럽게 표현한다.

44 다음에서 설명하는 아이섀도 제품의 타입은?

- 장기간 지속효과가 낮다.
- 기온 변화로 번들거림이 생기는 단점이 있다.
- 유분이 함유되어 부드럽고 매끄럽게 펴 바를 수 있다.
- 제품 도포 후 파우더로 색을 고정시켜 지속력과 색의 선명도를 향상시킬 수 있다.

① 크림 타입
② 펜슬 타입
③ 케이크 타입
④ 파우더 타입

45 파운데이션을 바르는 방법으로 가장 거리가 먼 것은?

① O존은 피지 분비량이 적어 소량의 파운데이션으로 가볍게 바른다.

② V존은 잡티가 많으므로 슬라이딩 기법으로 여러 번 겹쳐 발라 결점을 가린다.

③ S존은 슬라이딩 기법과 가볍게 두드리는 패팅 기법을 병행하여 메이크업의 지속성을 높인다.

④ 헤어라인은 귀 앞머리 부분까지 라텍스 스펀지에 남아있는 파운데이션을 사용해 슬라이딩 기법으로 바른다.

46 긴 얼굴형에 적합한 눈썹 메이크업으로 가장 적합한 것은?

① 가는 곡선형으로 그린다.

② 눈썹 산이 높은 아치형으로 그린다.

③ 각진 아치형이나 상승형, 사선 형태로 그린다.

④ 다소 두께감이 느껴지는 직선형으로 그린다.

47 조선시대 화장 문화에 대한 설명으로 틀린 것은?

① 이중적인 성 윤리관이 화장 문화에 영향을 주었다.

② 여염집 여성의 화장과 기생 신분 여성의 화장이 구분되었다.

③ 영육일치사상의 영향으로 남녀 모두 미(美)에 대한 부정적인 인식이 형성되었다.

④ 미인박명(美人薄命) 사상이 문화적 관념으로 자리 잡아 미(美)에 대한 부정적인 인식이 형성되었다.

48 메이크업 도구 및 재료의 사용 방법에 대한 설명으로 가장 거리가 먼 것은?

① 브러시는 전용 클리너로 세척하는 것이 좋다.

② 아이래시 컬은 속눈썹을 아름답게 올려줄 때 사용한다.

③ 라텍스 스펀지는 세균이 번식하기 쉬우므로 깨끗한 굴로 씻어서 재사용한다.

④ 면봉은 부분 메이크업 또는 메이크업 수정 시 사용한다.

49 색과 관련한 설명으로 틀린 것은?

① 물체의 색은 빛이 거의 모두 반사되어 보이는 색이 백색, 빛이 모두 흡수되어 보이는 색이 흑색이다.

② 불투명한 물체의 색은 표면의 반사율에 의해 결정된다.

③ 유리잔에 담긴 레드 와인(Red Wine)은 장파장의 빛은 흡수하고, 그 외의 파장은 투과하여 붉게 보이는 것이다.

④ 장파장은 단파장보다 산란이 잘 되지 않는 특성이 있어 신호등의 빨강색은 흐린 날 멀리서도 식별 가능하다.

50 색채의 조화 중 가장 무난하고 통일감 있는 배색은?

① 통일색 배색
② 보색 배색
③ 분리색 배색
④ 악센트 배색

51 같은 물체라도 조명이 다르면 색이 다르게 보이나 시간이 갈수록 원래 물체의 색으로 인지하게 되는 현상은?

① 색의 불변성
② 색의 항상성
③ 색지각
④ 색검사

52 사극 수염 분장에 필요한 재료가 아닌 것은?

① 스피리트 검(Spirit Gum)
② 쇠 브러시
③ 생사
④ 더마 왁스

53 '톤을 겹친다'라는 의미로 동일한 색상에서 톤의 명도차를 비교적 크게 둔 배색 방법은?

① 동일색 배색
② 톤온톤 배색
③ 톤인톤 배색
④ 세퍼레이션 배색

54 메이크업 미용사의 기본적인 용모 및 자세로 가장 거리가 먼 것은?

① 업무 시작 전후 메이크업 도구와 제품 상태를 점검한다.

② 메이크업 시 위생을 위해 마스크를 항상 착용하고 고객과 직접 대화하지 않는다.

③ 고객을 맞이할 때는 바로 자리에서 일어나 공손히 인사한다.

④ 영업장으로 걸려온 전화를 받을 때는 필기도구를 준비하여 메모를 한다.

55 현대의 메이크업 목적으로 가장 거리가 먼 것은?
① 개성 창출 ② 추위 예방
③ 자기만족 ④ 결점 보완

56 여름철 메이크업으로 가장 거리가 먼 것은?
① 선탠 메이크업을 베이스 메이크업으로 응용해 건강한 피부 표현을 한다.
② 약간 각진 눈썹형으로 표현하여 시원한 느낌을 살린다.
③ 눈매를 푸른색으로 강조하는 원 포인트 메이크업을 한다.
④ 크림 파운데이션을 사용하여 피부를 두껍게 커버하고 윤기 있게 마무리한다.

57 메이크업 베이스의 사용 목적으로 틀린 것은?
① 파운데이션의 밀착력을 높인다.
② 얼굴의 피부톤을 조절한다.
③ 얼굴에 입체감을 부여한다.
④ 파운데이션의 색소 침착을 방지한다.

58 긴 얼굴형의 윤곽 수정 표현 방법으로 틀린 것은?
① 콧등 전체에 하이라이트를 주어 입체감 있게 표현한다.
② 눈 밑은 폭넓게 수평형의 하이라이트를 준다.
③ 노즈섀도는 짧게 표현한다.
④ 이마와 아래턱은 섀딩 처리하여 얼굴의 길이가 짧아보이게 한다.

59 눈과 눈 사이가 가까운 눈을 수정하기 위하여 아이섀도 포인트가 들어가야 할 부분으로 옳은 것은?
① 눈 앞머리 ② 눈 중앙
③ 눈 언더라인 ④ 눈꼬리

60 컨투어링 메이크업을 위한 얼굴형의 수정 방법으로 틀린 것은?
① 둥근형 얼굴 – 양볼 뒤쪽에 어두운 섀딩을 주고 턱, 콧등에 길게 하이라이트를 한다.
② 긴형 얼굴 – 헤어라인과 턱에 섀딩을 주고 볼 쪽에 하이라이트를 준다.
③ 사각형 얼굴 – T존의 하이라이트를 강조하고 U존에 명도가 높은 블러셔를 한다.
④ 역삼각형 얼굴 – 헤어라인에서 양쪽 이마 끝에 섀딩을 준다.

출제예상문제 1 회 메이크업 필기 총정리 기출문제 정답 및 해설

1	2	3	4	5	6	7	8	9	10	11	12	13	14	15	16	17	18	19	20
④	③	②	③	④	①	②	③	④	③	④	②	②	④	①	④	③	②	①	②
21	**22**	**23**	**24**	**25**	**26**	**27**	**28**	**29**	**30**	**31**	**32**	**33**	**34**	**35**	**36**	**37**	**38**	**39**	**40**
②	④	①	④	④	②	③	②	①	③	①	④	②	①	③	③	②	④	④	④
41	**42**	**43**	**44**	**45**	**46**	**47**	**48**	**49**	**50**	**51**	**52**	**53**	**54**	**55**	**56**	**57**	**58**	**59**	**60**
④	①	②	④	③	②	②	②	④	②	④	④	④	④	④	②	④	②	①	②

01
- 절족동물이란 후생동물 중 절지동물문에 속하는 동물을 통틀어 이르는 말로 곤충류와 거미류, 갑각류 등을 포함하며 '절지동물'이라 하기도 한다. 파리, 모기, 바퀴, 벼룩 등이 이에 속한다.
- 페스트 – 벼룩, 쥐
- 유행성 출혈열 – 모기, 쥐
- 말라리아 – 모기
- 탄저 – 소, 양

02 업소의 적정 실내 온도는 통상 16~20℃ 정도이고, 적정 실내 습도는 40~70%이다.

03 공중보건학의 정의는 '개인이 아닌 지역사회를 중심으로 질병 예방, 생명 연장, 신체적 · 정신적 효율을 증진시키는 기술 또는 과학'이다.

04 발진티푸스
- 제3급 감염병(그 발생을 계속 감시할 필요가 있어 발생 또는 유행 시 24시간 이내에 신고해야 하는 감염병)이다.
- 고열과 함께 온몸에 붉은색 발진이 나타난다.
- 두통과 관절통을 수반하는 급성 감염병으로 병원체인 리케차에 감염된 쥐가 매개한다.

05 WHO는 1948년 국제보건사업의 지도 조정, 회원국 정부의 보건 부문 발전을 위한 원조 제공, 감염병과 풍토병 및 기타 질병 퇴치 활동, 보건관계 단체 간의 협력관계 증진 등을 목적으로 발족되었다. 우리나라는 1949년 8월 17일 65번째 정회원국으로 가입해 서태평양 지역위원회에 소속되어 있고, 북한은 1973년 5월 19일 가입하여 동남아시아 지역위원회에 소속되어 있다.

06 요충 감염
- 대표적 증상은 항문 소양증으로, 요충의 암컷이 산란을 하기 위해 밤에 대장에서 항문 밖으로 기어 나올 때 가려움증을 유발한다.
- 우리나라 아동의 40% 정도는 요충 감염을 경험하며 재발이 쉽다.
- 흡충류의 종류에는 폐흡충, 간흡충, 요코가와흡충, 일본주혈흡충 등이 있다.

07 실내공기 오염 정도의 지표가 되는 것은 이산화탄소(CO_2)이다.

08
- 편모 – 편모충류나 후생동물의 정자에서 볼 수 있는 운동성 세포기관 또는 세균 표면의 섬유상 구조를 갖는 운동기관
- 섬모 – 길이가 편모보다 짧은 운동성 세포소기관
- 아포 – 세균의 체내에 형성되는 원형 또는 타원형 구조의 포자

09
- 열탕소독은 100℃ 이상의 물속에서 10분 이상 끓이는 것으로 금속, 유리, 섬유제품 등의 소독에 자주 이용된다.
- 고무제품은 고압증기멸균법이나 E.O 가스 소독법을 사용한다.

10 자외선
- 보랏빛의 바깥 파장으로 약 200~400nm의 전자파를 말하며, 살균력이 강해 화학선이라고도 한다.
- 자외선을 쬔 부위의 표면에만 소독 효과가 있으며, 인체의 피부에 직접 조사할 때는 색소 침착, 홍반 등을 일으킬 수 있다.

11 계면활성제의 세정력 비교
음이온 계면활성제 〉 양성 계면활성제 〉 양이온 계면활성제 〉 비이온 계면활성제

12 과산화수소
- 무색 투명하며 냄새가 없다.
- 미생물 살균 소독약제로 3%의 수용액을 사용하며, 아포가 없는 무포자균을 빠르게 살균할 수 있다.
- 자극성이 적어 창상 부위나 구내염 소독에 이용되고, 표백제 및 모발의 탈색제로도 이용된다.

13 역성 비누액
- 주로 손 소독에 사용하며 냄새와 자극성, 독성이 없다.
- 살균 목적으로 만들기 때문에 세정력은 거의 없다.

14 바이러스
- 병원체 중에서 가장 작아 전자 현미경으로만 식별이 가능하다.
- 세균 여과막을 통과하므로 여과성 병원체라고도 하며, 생체의 세포 내에서 번식하므로 세포 내 병원체라고 한다.
- 인플루엔자, 홍역, 뇌염, 소아마비 등의 원인이다.
- DNA 또는 RNA 중 하나를 유전체로 갖는다.

15 골다공증은 유전적 요인, 환경, 인종, 성별, 연령에 영향을 받는데, 특히 여성에게 더 많이 발생하는 이유는 폐경기 이후 에스트로겐이 감소하기 때문이다.

16 피부색을 결정하는 요소는 카로틴(황색), 멜라닌(흑갈색), 헤모글로빈(붉은색)이다.

17 과도한 자외선 조사는 피부의 홍반과 색소 침착을 일으켜 기미와 광노화의 원인이 된다.

18 광노화는 각질형성세포의 증식과 속도를 증가시켜 표피를 두껍게 한다.

19 B 림프구는 체액성 면역을 수행하는 림프구의 일종으르 특정 항원의 자극을 받으면 형질세포로 변환하여 해당 항원을 공격하는 항체를 생산한다.

20 에크린 한선(소한선)
- 입술과 외음부를 제외한 온 몸에 분포하며 특히 손바닥과 발바닥에 많다.
- 피부 표면에 직접 한공이 열려 있으며 수분과 수용성 물질을 분비하여 체온 조절, 노폐물 배설 등을 수행한다.
- 사춘기 이후에 주로 발달하는 것은 아포크린선(대한선)이다.

21 주사
- 주로 코와 뺨 등 얼굴의 중간 부위에 발생하며 붉어진 얼굴과 혈관 확장이 주 증상이다.
- 간혹 구진(1cm 미만 크기의 솟아오른 피부 병변), 농포(고름 주머니), 부종 등이 관찰되는 만성 피부 질환이다.

22 미용의 업무는 영업소 외의 장소에서 행할 수 없다. 다만, 보건복지부령이 정하는 특별한 사유가 있는 경우에는 그러하지 아니하다.

- 질병 기타의 이유로 인하여 영업소에 나올 수 없는 자에 대하여 미용을 하는 경우
- 혼례 기타 의식에 참여하는 자에 대하여 그 의식 직전에 미용을 하는 경우
- 사회복지사업법에 따른 사회 복지 시설에서 봉사 활동으로 미용을 하는 경우
- 방송 등의 촬영에 참여하는 사람에 대하여 그 촬영 직전에 미용을 하는 경우
- 시장·군수·구청장이 인정하는 경우

23
- 이·미용사의 면허를 받은 자가 아니면 미용업을 개설하거나 그 업무에 종사할 수 없다. 다만, 미용사의 감독을 받아 미용 업무의 보조를 행하는 경우에는 그러하지 아니하다(이·미용사의 업무 범위 8조).
- 미용사(일반)의 업무 범위 : 파마, 머리카락 자르기, 머리카락 모양 내기, 머리피부 손질, 머리카락 염색, 머리 감기, 의료기기나 의약품을 사용하지 아니하는 눈썹 손질

25
- 의약품을 사용하지 않는 순수한 화장과 피부 미용을 하여야 한다.
- 소독한 기구와 소독하지 아니한 기구를 분리하여 보관하여야 한다.
- 1회용 면도날만을 손님 1인에 한하여 사용하여야 한다.

26 공중위생영업의 승계는 1월 이내에 이루어져야 한다.

28 영업 정지 명령 또는 일부 시설의 사용 중지 명령을 받고도 그 기간 중에 영업을 하거나 그 시설을 사용한 자 또는 영업소 폐쇄 명령을 받고도 계속하여 영업을 한 자는 1년 이하의 징역 또는 천만 원 이하의 벌금에 처한다.

29
- 하이드로퀴논
  - 표백 및 미백, 각질 연화 및 제거 작용을 한다.
  - 저렴한 가격과 높은 효과로 광범위하게 사용되었으나 백혈병을 유발한다는 사실이 발견되면서 제한적으로 사용하게 되었다.
- 코직산
  - 멜라닌 색소 생성 요소인 티로시나아제의 활성을 억제한다.
  - 화장품 배합률은 1~4%이다.
  - 접촉성 피부염 유발 가능성과 갑상선암과 간암에 대한 발암성의 문제가 제기되면서 화장품에 사용이 금지되었다.
- 알부틴
  - 일본 시세이도사가 1897년에 개발한 원료이다.
  - 1900년에 제품으로 출시된 최초의 미백 기능 성분이다.
- 식품안전처에서 허용한 미백 성분 : 닥나무 추출물, 알부틴, 에칠아스코르빌에텔, 유용성 감초 추출물, 아스코르빌글루코사이드, 나이아신아마이드, 알파-비사볼올, 아스코르빌테트라 이소팔미테이트 등 8가지이다.

30 세정 작용과 살균·소독 효과가 뛰어난 비누는 알칼리성 비누이다.

31 자외선 산란제
- 자외선을 반사하고 분산시키는 물리적 성질을 이용한 것으로 자외선 흡수제에 비해 안전하다.
- 종류로는 아연산화물, 티타늄이산화물, 철산화물, 마그네슘산화물 등이 있다.
- 자외선 차단 효과는 우수하나 백탁 현상이 일어날 수 있다.

32 SPF는 UV-B 방어 효과를 나타내는 지수로, 수치가 높을수록 자외선 차단지수가 높다.

33 기초 화장품은 세안용 화장품, 화장수, 크림·유액, 팩 등이 있으며 마사지 크림도 포함된다.

34 티로시나아제 효소에 의해 티로신이 활성화되면 여러 단계를 거쳐 멜라닌 색소가 만들어지는데, 각종 미백 성분들은 이 티로시나아제의 활성을 억제하기 위해 사용된다.

35 캐리어 오일
- 에센셜(아로마) 오일을 효과적으로 피부에 침투시키기 위하여 희석하는 베이스 오일이다.
- 대표적인 캐리어 오일은 호호바, 아몬드, 아보카도, 코코넛 오일 등이 있다.

36
- 각진 눈썹은 단정하고 세련된 느낌의 눈썹으로, 샤프하고 개성 있지만 어른스러워 보인다.
- 사랑스러운 로맨틱 메이크업에는 약간 짧고 얇은 색상의 눈썹이 적절하다.

37 먼셀의 색상환 표에서 서로 마주보는 색이자 색상 차가 가장 큰 색을 보색이라 한다.

38 팬 브러시는 부채꼴 모양으로 생긴 브러시를 말하며, 파우더나 아이섀도 등 가루로 된 제품의 잉여분을 털어내기 위해 사용한다.

39 얼굴의 윤곽 수정
- 색의 명암 차를 이용해 착시 현상을 만들어냄으로써 얼굴에 입체감을 부여하여 단점을 최소화하고 장점을 살리는 테크닉이다.
- 베이스 색상과 하이라이트, 섀딩의 경계가 없도록 세심하게 그라데이션하는 것이 중요하다.

40 고객의 개성을 존중하고 돋보일 수 있는 메이크업을 권유해야 한다.

41 긴 얼굴형
- 얼굴의 가로 폭이 좁고 세로의 길이가 길다.
- 대부분 이마나 턱이 발달하고 코가 긴 편이다.
- 전체적으로 가로의 느낌이 들도록 메이크업을 해주어야 한다.
- 이마와 아래턱에 가로로 섀딩을 주어 길이감을 감소시키고 이마 중앙과 눈 밑에 가로 방향으로 하이라이트를, 블러셔는 가로 방향으로 폭넓게 수평으로 처리한다.

42 메이크업 도구의 세척 방법
- 라텍스 스펀지 : 미지근한 물로 세척한다.
- 아이섀도 브러시 : 브러시 전용 클리너나 클렌징 폼, 샴푸 등으로 세척한다.
- 팬 브러시 : 브러시 클리너로 세척한 후 물기를 제거하고 그늘에 뉘어서 건조한다.

43 색의 순도는 색의 순수한 정도, 색의 강약을 나타내는 성질, 색의 맑고 탁한 정도나 선명도를 나타내는 채도를 의미한다.

44 스틱 타입의 파운데이션은 커버력과 지속성이 높다.

45 갈색 아이브로 섀도는 우아하고 성숙하며, 세련된 이미지를 표현하기에 적합하다.

46 하악골은 턱을 중심으로 아랫부분, U자 형태의 뼈로 얼굴에서 가장 크고 단단한 뼈이며 얼굴형을 결정짓는 요소이다.

47 여름 메이크업에는 시원하고 상쾌한 느낌이 들도록 한색 계열의 색을 사용한다.

48
- 까마이외(Camaieu) 배색
  - 동일한 색상, 명도, 채도 내에서 약간의 차이를 이용한 배색이다.
  - 자칫 동일한 색으로 보일 정도로 미묘한 색차의 배색을 말한다.
- 토널(Tonal) 배색
  - 덜 톤이나 그레이시 톤의 탁한 중간색을 같은 계통의 톤으로 통합한 배색이다.
  - 안정되고 편안한 느낌을 준다.
- 트리콜로레(Tricolore) 배색
  - 이탈리아어로 3색을 의미한다.

출제예상문제 1 회　메이크업 필기 총정리 기출문제 정답 및 해설　Make up

　　－ 프랑스 국기의 파란색, 하얀색, 빨간색이나 이탈리아 국기의 초록색, 하얀색, 빨간색의 배색을 말하며, 국기배색이라고도 한다.
　• 톤온톤(Tone on Tone) 배색
　　－ 톤을 겹치게 한다는 의미로 동일 색상 내에서 톤의 차이를 두어 배색하는 방법, 즉 같은 색상에 명도와 채도 차이를 이용하는 배색 방법이다.
　　－ 3가지 이상의 다색을 사용하는 같은 계열 색상의 농담 배색도 톤온톤에 포함된다.

49 • 둥근형 － 젊고 귀여운 이미지이다.
　• 긴형 － 조용하고 성숙한 이미지이지만 나이가 들어 보일 수 있다.
　• 사각형 － 활동적이고 의지가 강해 보이지만 다소 남성적인 느낌이 든다.

50 색의 3속성은 색상, 명도, 채도이며 톤은 명도, 채도의 복합개념으로 별도로 구분한다.

51 케이크 타입 : 가장 대중적이고 그라데이션이 용이하며 색상 혼합이 쉽다.

52 의료기기나 의약품을 사용하지 아니하는 눈썹 손질을 포함한다.

54 봄 메이크업은 따뜻하고 부드러운 톤, 섬세하고 연한 색이 어울리며 주로 옐로, 오렌지, 코럴, 피치, 그린, 핑크 등으로 표현한다.

55 얼굴에 입체감을 부여해주는 것은 베이스 메이크업이다.

56 핑크 파우더는 창백한 피부에 혈색을 부여하고 화사한 느낌을 주고자 할 때 사용한다.

57 • 스틱 파운데이션 : 고체 타입의 파운데이션으로 커버력이 우수하고 지속성이 높아 전문가용으로 많이 사용한다.
　• 투웨이 케이크
　　－ 파우더 파운데이션 형태로 마른 상태에서 바를 수 있고 스펀지에 물을 묻혀 사용할 수도 있어 '투웨이 케이크'라 한다.
　　－ 스피디한 메이크업이 장점이나, 근래에 얇은 베이스 메이크업이 각광 받으면서 자주 사용되지 않는다.
　• 스킨 커버
　　－ 기미나 주근깨, 안색 조절 등 넓은 부위의 피부 결점을 커버하는 제품이다.
　　－ 크림 타입 파운데이션보다 커버력이 우수하여 중년 여성들의 개인 메이크업에 선호되나, 가벼운 질감의 메이크업에서는 컨실러를 더 많이 사용한다.

58 마스카라나 아이라인을 신속히 말리기 위해 입으로 불어주는 행위는 절대 해서는 안 된다. 입으로 부는 과정에서 구취가 고객에게 전달될 수도 있고 침이 튈 수 있어, 위생상 좋지 않고 불쾌감을 주는 행위이다. 브러시를 입으로 부는 행위 역시 금한다.

60 • 팬 브러시 : 부채꼴 형태의 브러시로 여분의 파우더나 아이섀도를 털어낼 때 사용한다.
　• 노즈 섀도 브러시 : 노즈 섀도를 표현할 때 사용한다.
　• 아이라이너 브러시 : 섬세하고 또렷한 아이라인을 그릴 때 사용한다.

출제예상문제 2 회　메이크업 필기 총정리 기출문제 정답 및 해설　Make up

1	2	3	4	5	6	7	8	9	10	11	12	13	14	15	16	17	18	19	20
③	④	①	①	①	②	②	②	③	③	④	④	①	②	②	②	③	③	②	④
21	22	23	24	25	26	27	28	29	30	31	32	33	34	35	36	37	38	39	40
①	①	②	③	④	③	①	①	④	②	③	①	②	②	④	③	③	①	②
41	42	43	44	45	46	47	48	49	50	51	52	53	54	55	56	57	58	59	60
③	②	③	①	②	④	③	③	③	①	②	④	②	②	②	④	③	①	④	③

01 토마스 R. 말더스는 경제학자로 "인구는 통제할 수 없을 만큼 급증하여 마침내 식량 공급이 유지되지 않아 기근을 가져올 것이다"라고 했다.

02 제1급 감염병
　• 생물테러 감염병 또는 치명률이 높거나 집단 발생의 우려가 커서 발생 또는 유행 즉시 신고하여야 하고, 음압격리와 같은 높은 수준의 격리가 필요한 감염병이다.
　• 종류 : 에볼라바이러스병, 마버그열, 라싸열, 크리미안콩고출혈열, 남아메리카출혈열, 리프트밸리열, 두창, 페스트, 탄저, 보툴리눔독소증, 야토병, 신종감염병증후군, 중증급성호흡기증후군(SARS), 중동호흡기증후군(MERS), 동물인플루엔자 인체감염증, 신종인플루엔자, 디프테리아

　• 파상풍은 제3급 감염병이다.

03 장염비브리오 식중독의 감염원은 오염된 어패류이지만 조리용의 도마, 식칼, 냅킨, 수세미 등을 통해서도 감염될 수 있다.

04 이 · 미용사의 위생복은 미관상 보기 좋기 위해 착용하는 것이 아니라, 공중위생영업소에서 근무하는 자의 위생관리 목적에 의해 착용하는 것이다.

05 보건행정
　• 국민연금법에 의한 행정으로, 정부의 책임 하에 보건사업이나 공중보건을 위하여 행하는 모든 보건 관련 행정활동을 말한다.
　• 지역사회 주민의 건강을 유지 · 증진시키고 정신적 안녕 및 사회적

출제예상문제 2회 메이크업 필기 총정리 기출문제 정답 및 해설

효율을 도모할 수 있도록 하기 위함이다.

06 모기가 매개하는 감염병으로는 일본뇌염, 사상충증, 황열병, 말라리아, 뎅기열, 필라리아(상피병), 지카 바이러스 등이 있다. 콜레라는 파리가 매개하는 감염병이다.

07 직업병의 발생 방지는 산업보건의 영역이다.

08 역성비누
- 침투력과 살균력이 강한 계면활성제로서 일반적으로 0.1~0.5%의 수용액을 만들어 사용한다.
- 무색, 무취, 무자극으로 수지, 기구, 용기, 손 소독에 적당하다.

09 과산화수소
- 미생물 살균 소독제로 3%의 수용액을 사용하여 아포가 없는 무포자균을 빠르게 살균할 수 있다.
- 자극성이 적어 창상 부위의 소독이나 구내염에 이용되고, 표백제 및 모발의 탈색제로도 쓰인다.

10 호염성균
- 비교적 높은 농도의 식염이 있는 곳에서 발육·번식하는 세균을 뜻하며, 호염균이라고도 한다.
- 5~10% 혹은 그보다 약간 높은 식염 농도에서 잘 자란다.
- 대표적인 호염성균으로는 식중독의 원인이 되는 장염비브리오가 있다.

12 병원체의 탈출 경로
- 호흡기계로 탈출 : 기침, 재채기 예 결핵
- 소화기계로 탈출 : 분변, 구토물 예 콜레라, 이질, 장티푸스, 파라티푸스, 폴리오
- 비뇨생식기계로 탈출 : 소변, 성기 분비물 예 성병, 에이즈
- 개방병소로의 탈출 : 체표의 농양, 피부의 상처 예 한센병, 트라코마
- 기계적 탈출 : 곤충의 흡혈, 주사기 예 말라리아, 발진열, 발진티푸스

13 소독액으로서 알코올은 사용이 간단하고 증발이 빨라 대상물에 자국을 남기지 않는 장점이 있는 반면, 비교적 가격이 비싸서 넓은 면적의 소독에는 부적합하다. 또한 고무나 플라스틱은 표면을 녹일 염려가 있다.
- 고무제품 : 중성세제, 0.5% 역성비누액, E.O 가스 멸균법이 적절하고, 가열이나 장시간 약액을 묻히는 소독은 부적절하다.
- 금속 제품 : 자비소독(비등점 이후에 넣는다), 화염멸균, 에탄올, 자외선, 증기 소독이 적합하다.
- 유리 제품 : 자비소독(찬물에서부터 넣고 끓임), 증기, 건열, 자외선, 각종 약액(석탄산, 크레졸, 승홍수, 포르말린), 가스 소독, 0.1% 승홍수가 적절하다.

14 약한 살균력을 작용시켜 병원성 미생물의 발육과 생활작용을 저지하거나 정지시키는 소독 방법은 방부이다.

15 새로운 세포가 형성되는 곳은 기저층이다.

16
- 과색소 침착 증상 : 주근깨, 기미, 릴 안면흑피증, 오타씨모반 등
- 저색소 침착 증상 : 백색증, 백반증
- 백반증 : 멜라닌 세포의 소실로 멜라닌 색소가 감소되어 생기는 후천성 색소 결핍 질환으로 다양한 크기 및 형태의 백색반이 나타나는 증상을 말한다.

17 pH는 계절, 성별, 연령에 따라 다르게 나타나는데 보통 정상적이라고 말하는 약산성 피부의 pH는 5.5다. 촉촉하게 수분이 차 있고 표면에 얇은 유분막이 형성되어 있는 상태로, 공기 중의 먼지나 세균 등으로부터 피부를 보호해 외부의 자극에도 건강한 피부를 유지할 수 있다.

18 피부 건조화, 주름 형성, 피부 탄력 감소를 유발하는 것은 자외선이다.

20 린스는 모발에 유연성과 광택을 부여하는 세제로 비듬의 원인과는 연관이 없다.

21 피부 노화 이론
- 프리래디컬 이론 : 노화는 생체의 세포 내에서 산소의 불완전 환원으로 인해 여러 종류의 활성산소(Free Radical)가 생성되면서 단백질의 노화를 촉진시켜 일어난다고 보는 이론
- 노화의 프로그램설 : 출생 시 유전자(DNA)에 의해서 정해진 정보에 의해 노화된다는 이론
- 텔로미어 학설 : 텔로미어(Telomere)란 나선형 염색체의 끝을 둘러싸고 있는 부분을 말한다. 세포는 분열·복제 과정을 통해 건강한 새 세포를 만드는데, 이렇게 분열할 때마다 텔로미어의 길이가 짧아지고, 텔로미어의 길이가 어느 한계까지 짧아지면 더 이상 세포 복제를 할 수 없어 죽음을 맞게 된다는 이론이다. 이 때문에 텔로미어를 세포의 수명을 조절하는 '생체 시계'라 부른다.

22 공중위생영업을 하고자 하는 자는 공중위생영업의 종류별로 보건복지부령이 정하는 시설 및 설비를 갖추고 시장·군수·구청장(자치구의 구청장에 한한다)에게 신고하여야 한다. 공중위생영업은 신고제이다.

23 6월 이하의 징역 또는 500만 원 이하의 벌금에 해당하는 경우
- 영업변경신고를 하지 아니한 자
- 공중위생영업자의 지위를 승계한 자로서 규정에 의한 신고를 하지 아니한 자
- 건전한 영업질서를 위하여 공중위생영업자가 준수하여야 할 사항을 준수하지 아니한 자

24 면허정지 및 취소에 해당하는 경우 면허증은 시장·군수·구청장에게 반납한다.

25 영업정지 처분을 받고 그 영업정지 기간 중에 영업을 한 때는 1차 위반 시 영업장 폐쇄명령에 처한다.

26 미용사 자격증이 아닌 면허증을 영업소 안에 게시하여야 한다.

27 「성매매알선 등 행위의 처벌에 관한 법률」, 「아동·청소년의 성보호에 관한 법률」, 「풍속영업의 규제에 관한 법률」 또는 「청소년 보호법」을 위반하여 폐쇄명령을 받은 자는 그 폐쇄명령을 받은 후 2년이 경과하지 아니한 때에는 같은 종류의 영업을 할 수 없다.

28 공중위생영업소의 위생등급
- 최우수업소 : 녹색등급
- 우수업소 : 황색등급
- 일반관리대상업소 : 백색등급

29 유연화장수의 기능
- 세안 후 피부 정리
- 유·수분 밸런스 유지
- 각질층에 NMF 보충
- 피부의 유연, 보습
- 세안제에 의해 약알칼리성으로 변한 피부를 약산성으로 복원

30 파운데이션의 기능
- 얼굴에 입체감을 주어 얼굴형을 보완한다.
- 피부의 결점을 커버하며 자외선으로부터 보호한다.
- O/W형(수중유형, 에멀전, 로션)은 W/O형(유중 수형, 크림)에 비해 사용감이 가볍다.
- 산뜻하고 청량감이 있으나 커버력이 약한 것은 리퀴드 타입의 파운데이션이다.
- 파운데이션으로 얼굴 형태 자체를 바꿀 수는 없다.

31 자스민 오일의 효능
- 기분이 다운되어 있을 때는 분발시키고, 반대로 기분이 흥분되어 있을 때는 진정시킨다.
- 생리통과 월경 전 증후군(PMS)을 완화한다.
- 자궁 강장작용이 있어 분만을 촉진하고 통증을 완화한다.

- 산후 우울증을 치유하고 모유 수유에도 도움을 준다.
- 그 외 아로마 오일의 효능
  - 라벤더 : 불면증, 상처, 화상, 심리적인 안정(가장 광범위하게 사용)
  - 로즈마리 : 기억력 촉진, 두통 완화, 배뇨 촉진
  - 오렌지 : 비만 치유, 주름 억제

32 강알칼리성 비누는 피부 자극이 심하다.

33 가용화(Solubilization)란 다량의 물에 소량의 오일 성분이 계면활성제에 의해 섞여 투명하게 용해되어 보이는 상태를 말하며 화장수, 향수, 헤어토닉의 제조에 이용된다.

34 미백 화장품에 사용되는 대표적은 성분으로는 비타민 C, 알부틴, 코직산, AHA, 하이드로퀴논, 이산화티탄 등이다.

36 작은 눈은 위, 아래 라인 모두에 볼륨 있는 아이라인을 그린다.

39 • 아치형 눈썹 : 이마가 넓거나 턱이 각진 사람. 역삼각형이나 다이아몬드(마름모)형 얼굴에 어울린다.
- 각진형 눈썹 : 둥근 얼굴이나 삼각형 얼굴에 어울린다.
- 수평형 눈썹 : 긴 얼굴형에 어울린다.

40 • 악센트 배색 : 단순한 배색 안에서 대조색을 덧붙임으로써 전체 상태를 돋보이게 하는 배색으로 시선 집중 효과가 있다.
- 유사색 배색 : 색상환에서 서로 인접해 있는 3개 이상의 색을 이용한 배색으로 색상차가 적어서 협조적, 온화함, 통일감을 준다.
- 그라데이션 배색 : 색상, 명도, 채도 등이 서서히, 단계적으로 변하는 배색으로 리듬감을 준다.

41 좌우 균형이 다를 때는 얼마든지 보완할 수 있다.

42 여름 메이크업
- 땀이나 높은 기온으로 화장이 쉽게 지워질 수 있으므로 방수 제품을 사용하는 것이 좋다.
- 밝은 핑크 톤이나 선탠 오렌지 파운데이션 사용 후 투명 파우더로 가볍고 투명하게 마무리한다.
- 야외 활동 시에는 땀과 물에 강한 투웨이 케이크를 덧바른다.

43 일자형 눈썹과 길게 뺀 아이라인은 긴형 얼굴에 어울린다.

44 크림 타입의 아이섀도에 관한 설명이다.

45 잡티가 많은 부위는 패팅(가볍게 두드리는) 기법으로 결점을 가려주는 것이 효과적이다.

46 긴 얼굴형에는 얼굴의 세로 길이감을 줄일 수 있도록 다소 두께감이 있는 직선형의 평평한 눈썹이 어울린다.

47 영육일치사상은 남녀 모두 깨끗한 몸과 옷차림을 추구한 신라시대의 화장 문화에 대한 설명이다.

48 스펀지는 가능한 한 1회용을 사용하고, 천연 생고무가 주원료인 라텍스는 오염되었을 경우 가위로 잘라내고 사용한다.

51 조명에 따라 달리 보이는 색이더라도 색의 항상성에 의해 시간이 갈수록 원래의 물체색으로 인지하게 된다.

52 • 스프리트 검 : 90% 주정 알코올에 송진을 용해한 반투명 액체 상태의 접착제로 수염을 붙일 때 사용한다.
- 쇠 브러시 : 수염을 치거나 빗어줄 때 사용한다. 플라스틱 빗은 정전기가 있으므로 적합하지 않다.
- 생사 : 수염의 기본 재료로 염색에 따라 다양한 색상의 수염을 만들 수 있다.

54 메이크업 미용사는 헤어스타일, 구강 및 손톱의 청결 등 개인위생에 각별히 유의해야 한다. 메이크업 시술 과정에서 고객과의 커뮤니케이션이 필요할 때는 조용하고 낮은 목소리로 대화한다.

55 고대 부족국가 시대에 동물의 기름 등을 피부에 발라 유연함을 주고 동상을 예방하였으나, 현대 메이크업의 목적으로 볼 수는 없다.

56 여름철 메이크업
- 기초화장 이후에 자외선 차단제를 발라주거나, 메이크업 베이스와 파운데이션에 자외선 차단제가 함유된 제품을 사용하고 최대한 가벼운 피부로 표현한다.
- 크림 파운데이션의 유분기는 여름철의 땀 분비에 얼룩지거나 화장이 지워질 염려가 있다.

57 • 메이크업 베이스는 파운데이션 전 단계에서 도포하는 제품으로, 피부색을 보완하고 파운데이션의 발림성과 밀착력을 높여주는 기능이 있다.
- 얼굴에 입체감을 부여하는 것은 파운데이션과 파우더를 명도 차이가 나게 발랐을 때 기대할 수 있는 기능이다.

58 긴 얼굴형의 특징
- 얼굴의 가로 폭은 좁고 세로의 길이가 길다.
- 대부분 이마나 턱이 발달해 있으며 코가 긴 편이다.
- 조용하고 성숙한 이미지를 주는 반면 우울한 느낌을 주거나 나이가 들어 보이는 단점이 있다.
- 전체적으로 가로의 느낌이 들도록 이마와 코 끝, 턱을 가로 방향으로 섀딩하여 얼굴 길이를 짧아 보이게 만든다.
- 이마 중앙과 눈 밑에는 가로 방향으로 하이라이트를 한다.
- 콧등 전체에 하이라이트를 주면 얼굴이 더 길어 보인다

59 눈과 눈 사이가 가까운 눈은 눈 앞머리를 밝게 하고 눈꼬리 쪽에 어두운 섀도로 포인트를 준다.

60 사각형 얼굴
- 이마와 헤어라인의 경계선이 직선이고 이마선과 턱 선에 각이 져 있으며 볼의 선도 직선에 가깝다.
- 얼굴의 폭과 길이가 같거나 길이에 비해 가로 폭이 넓어서 평면적이고 안정된 느낌을 준다.
- 부드럽고 여성적인 이미지로 바꾸려면 이마와 턱 선의 각진 부분에 섀딩을 하여 곡선적으로 처리한다.
- 눈 밑과 이마, 콧등, 턱 끝까지 하이라이트를 하여 세로의 길이를 강조한다.
- 블러셔는 넓은 폭의 타원형 느낌으로 턱 끝 방향으로 터치한다.

적중 100% 합격
미용사 메이크업 필기 총정리문제

발 행 일	2026년 1월 10일 개정10판 1쇄 인쇄 2026년 1월 20일 개정10판 1쇄 발행	판권 본사 소유
저 자	미용사 메이크업 랩	
발 행 처	크라운출판사 http://www.crownbook.com	
발 행 인	李尙原	
신고번호	제 300-2007-143호	
주 소	서울시 종로구 율곡로13길 21	
공 급 처	02) 765-4787, 1566-5937	
전 화	02) 745-0311~3	
팩 스	02) 743-2688, (02) 741-3231	
홈페이지	www.crownbook.co.kr	
ISBN	978-89-406-4961-9 / 13590	

특별판매정가 16,000원

이 도서의 판권은 크라운출판사에 있으며, 수록된 내용은
무단으로 복제, 변형하여 사용할 수 없습니다.
Copyright CROWN, ⓒ 2026 Printed in Korea

이 도서의 문의를 편집부(02-6430-7006)로 연락주시면
친절하게 응답해 드립니다.

핵심요약집

최근 국가시험 출제 기준에 따른 2026 최신판

단기속성 미용사 네일
필기시험 총정리문제

Part 1 네일미용 위생 서비스

▶ Section 01 네일미용의 개념

1. 네일미용의 개요

(1) 네일미용의 정의
네일은 매니큐어(페디큐어)와 매니큐어(페디큐어) 컬러링을 총칭하는 명칭으로서 손(발)톱을 손질하거나 색조화장의 과정을 포함한다.

(2) 네일미용의 목적
네일관리는 이미지관리에 따른 미적 수단뿐 아니라 지속적인 관리를 통해 건강을 증진시키며 노화를 예방함에 있다.

(3) 네일미용의 영역
네일미용은 네일케어, 인조네일, 아트네일 등 3개의 영역으로 대별된다.
① **네일케어** : 습식 매니(페디)큐어를 중심으로 하는 기초기술인 레귤러 컬러링과 응용기술인 스페셜 컬러링으로 구분된다.
  ㉠ 레귤러 컬러링은 레드 또는 화이트 폴리시를 이용하여 풀커버 컬러링과 스펀지를 이용한 그라데이션 컬러링을 말한다.
  ㉡ 스페셜 컬러링은 네일의 부위와 관련하여 프리에지 컬러링과 딥 프렌치 컬러링, 스펀지를 이용한 그라데이션 컬러링 등을 말한다.
② **인조네일** : 인조 팁, 네일 랩, 아크릴 네일, 젤 네일 등으로 구분된다.

㉠ 인조 팁 : 팁 자체의 색상에 따라 내추럴·화이트·클리어로 구분되며, 팁의 모양에 따라 풀·롱·하프웰로 구분된다.
㉡ 네일 랩(네일 오버레이)
- 네일 랩 또는 오버레이는 네일을 포장한다는 의미로서 인조 팁 또는 자연네일에 감쌀 수 있는 재료나 네일이 부러지거나 깨어지는 이상 형태를 보완, 보강해 주는 기술이다.
- 네일 랩은 팁(인조손톱)을 이용하여 자연네일을 연장(익스텐션)시키기 위한 기술이다.
  - 네일 랩의 종류에는 필러파우더로 보강하는 팁 위드 파우더와 린넨, 실크, 파이버글래스, 종이 등을 이용하는 팁 위드 랩, 그 외 찢어지거나 약한 네일을 보강하는 팁 위드 실크 또는 실크 익스텐션 등으로 구분된다.
- 네일 오버레이는 아크릴 오버레이와 젤 오버레이로 구분된다.
  - 아크릴 오버레이는 팁 위에 아크릴 볼로 덧발라 연장과 보강이 이루어진다.
  - 젤 오버레이는 팁 위에 젤을 덧발라 연장과 보강이 이루어진다.
㉢ 스컬프처 네일
- 아크릴 또는 젤 스컬프처로 구분되는 스컬프처 네일은 네일폼(받침대)을 프리에지와 하조피 사이에 덧대어 아크릴 또는 젤을 이용하여 인조네일을 만든다. 이는 원톤 스컬프처와 프렌치 스컬프처가 있다.
- 아크릴 스컬프처 : 네일 전체(원톤) 또는 프리에지 프렌치(투톤)를

대상으로 클리어 · 핑크 아크릴 볼을 사용하는 기술이다.
- 젤 스컬프처 : 아크릴 스컬프처와 마찬가지로 아크릴 볼 대신 젤을 사용한다.

③ **아트네일** : 네일에 색상과 이미지를 부과하여 섬세한 아름다움을 나타내는 행위예술로서 핸드페인팅, 3D아트, 라인 스톤, 마블링, 콘페티, 액세서리, 에어브러시, 스티커 데칼, 라인디자인(아트펜, 아트브러시 이용) 등의 기법으로 분류된다.

(4) 네일미용의 특수성

신체 일부를 대상으로 하는 미용사(일반)와 동일하게 네일미용은 의사표현 · 소재선정 · 시간 · 미적 표현 · 부용예술로서의 제한에 따른 특수성을 갖고 있다.

(5) 네일리스트의 능력(태도)

네일에 대한 위생적 측면, 제품에 대한 안전성 측면, 이론을 객관화하고 기술을 이론화할 수 있는 창의적 능력을 가진 자이어야 한다.

▶ Section 02 네일숍 안전 관리

1. 네일 제품의 성분과 위해

(1) 네일 제품의 성분

① 유 · 수분 보충 및 영양제 : 핸드크림, 큐티클 오일 · 크림
② 강화제 : 네일 보강제

③ 연마제 : 네일 연마제
④ 제거제(용해제) : 폴리시 리무버(아세톤), 리무버 원액, 큐티클 리무버, 큐티클 오일
⑤ 유화제 : 네일 폴리시 유화제(신나)
⑥ 건조제 : 글루 드라이어, 퀵 폴리시 드라이어, 엑티베이터
⑦ 소독제 : 에틸 알코올, 손 소독제(안티셉틱)
⑧ 탈색제 : 네일 블리치
⑨ 착색 방지제 : 베이스 코트
⑩ 지속제 : 톱 코트
⑪ 색상제 : 네일 폴리시, 네일 화이트너
⑫ 접착제 : 프라이머, 프리멕스 본더
⑬ 지혈제 : 지혈제

(2) 네일 제품의 위해

① 피부 자극과 피부병 : 라놀린
② 눈, 코, 목 자극/중추신경계 영향 : 아세톤, 에틸초산염 또는 부틸초산염, 포름알데하이드, 메틸에틸케톤, 나트륨수산화물, 칼륨수산화물, 톨루인 등
③ 피부자극과 피부병, 눈·코·목 자극, 중추신경계 영향 : 아세톤, 에틸초산염 또는 부틸초산염, 포름알데하이드, 나트륨수산화물 또는 칼륨수산화물, 톨루인 등
④ ③의 위해와 함께 알레르기(천식 포함), 장시간 활동하는 암을 야기 : 포름알데하이드

⑤ ③의 위해와 함께 생식기 문제를 야기 : 톨루인
⑥ 생식기 문제에 의한 불임, 특별한 화학제품에 의해 다른 영향들을 야기할 수 있는 제품 : 글리콜에테르

(3) 안전 관리 수칙
① 항상 통풍이 잘되는 장소에서 작업한다.
② 통풍 구멍이 난 매니큐어 테이블을 이용한다.
③ 1974년에 FDA에 의해 금지된 메타크릴산염이 들어 있는 제품을 사용하지 않는다.
④ 사용하지 않을 때는 용기를 꼭 닫은 채 보관한다.
⑤ 공기로부터 증기를 보호한다면 특별히 허용된 용기를 사용한다.
⑥ 작업장에서 먹거나 마시거나 흡연을 금지한다.
⑦ 스프레이를 전자 장치, 불똥(담뱃불) 또는 화염 가까이에서 사용하지 않는다.
⑧ 가능한 한 연무질 스프레이보다는 펌프식 스프레이를 사용한다.
⑨ 장갑을 착용한다.

▶ Section 03 네일의 구조와 이해

1. 네일구조의 각부 명칭

(1) 네일판 부분
① 조근(네일 루트) : 손(발)톱의 근원으로서 조모를 포함하며, 손가락 피부 밑 5mm 깊이로 묻혀 있으며, 조상 내에 분포하고 있는 모세혈관으로

부터 영양과 산소를 공급받아 세포분열된 딱딱해진 세포들이 조체 방향으로 밀려나면서 자라는 현상을 갖는다.
② **조체(네일 바디, 네일 플레이트) 또는 조판** : 손톱 자체의 판(총 길이)으로서 조체+옐로우 라인+프리에지를 포함하는 각질화된 세포이다.
③ **프리에지** : 옐로우 라인 밖의 자유연(자유변)은 네일의 말단 면으로서 잘려나가는 부분이다.
④ **옐로우 라인** : 네일의 조체와 프리에지의 경계선이다.
⑤ **스트레스 포인트** : 조구가 끝나는 지점으로 내측 경계인 옐로우 라인이 시작된다. 외부적인 충격을 가장 많이 받아 거스러미가 일어나는 부분이다.

(2) 네일판 밑 부분

① **조상(네일 베드)** : 조체의 밑 피부로서 신경과 모세혈관이 존재한다.
② **조모(네일 매트릭스)** : 조체의 줄기세포로서 네일 성장을 조정한다. 혈관, 신경, 림프관이 가장 많이 분포하며, 밤낮으로 쉼 없이 네일세포를 생산한다.
③ **조반월(네일 루눌라)** : 조근과 연결된 케라틴화가 덜 된 유백색의 반달 모양이다.
④ **하조피(하이포니키엄)** : 조상과 연결된 자유연 밑 부분의 손가락 끝 피부이다.

(3) 네일 주위의 피부 부분

① **상조피(에포니키엄)** : 조표피, 후조곽, 네일 큐티클이라고도 하며 조모

와 조체의 경계선에 있는 피부로서 조반월의 주변을 감싸고 있는 피부이다.
② 조구(네일 그루브) : 조곽, 조벽, 네일 웰이라고도 하며, 스트레스 포인트를 중심으로 조체를 따라 자라는 조상의 양 측면에서 만곡형으로 패인 홈이다.
③ 조상연(페리오니키엄) : 네일판(조체) 전체를 에워싼 조구 주변의 피부이다.

2. 네일의 역할

(1) 네일의 기능
손·발가락 끝의 피부를 보호하며 외부자극에 대한 방어 또는 공격은 물론 미적 기능을 가진다.

(2) 네일의 부위별 기능
① 조근 : 손(발)톱의 성장이 시작되는 기저 부분이다.
② 조체 : 여러 개의 얇은 판 층으로 구성되며 조상을 보호한다.
③ 자유연 : 조상의 연장 피부인 하조피를 보호하는 역할을 한다.
④ 조상 : 신경조직과 손톱의 신진대사와 수분공급을 담당한다.
⑤ 조모 : 조체를 만드는 각질형성세포로서 세포분열에 의해 네일을 성장시키는 역할을 한다.
⑥ 조반월 : 반월의 크기에 따라 영양 상태를 추정할 수도 있다.
⑦ 조표피 : 세균 및 진균의 감염으로 인하여 붉게 부어오르거나 염증 등의 외부 미생물로부터 방어역할을 한다.

⑧ **스트레스 포인트** : 옐로우 라인의 시작점으로서 하중을 받을 시 조체 측면의 찢어짐을 방어하는 역할을 한다.

3. 네일의 성장

(1) 네일은 평균 하루 0.1~0.15mm 정도, 한 달에 약 3~5mm 정도 밀려나옴으로써 조체 길이의 약 1/8 정도 자란다.

(2) 4~6개월 정도 완전히 자라며, 자유연은 6개월일 때 최장 1.8~ 3cm 정도 자란다. 건강과 질병, 영양 등에 의해 성장은 달라진다.

(3) 겨울보다 여름에 더 빨리 자라며, 성인보다 어린이들이 보다 더 빨리 자란다.

(4) 손톱은 발톱보다 1/8 정도 더 빠르게 자라며, 발톱이 더 두껍고 단단하다.

▶ Section 04 네일숍 환경 위생 관리

1. 안전관리

(1) 화학물질의 정의

독성, 농도, 오염시간 정도, 화학물질 반응도 등과 관련된다.

(2) 화학물질의 형태

① **고체** : 젤, 아크릴 리퀴드, 아크릴 파우더 등
② **액체** : 글루, 베이스 코트, 톱 코트, 프라이머, 네일 폴리시 등

③ **기체** : 자외선(UV Light)
④ **수증기** : 폴리시 리무버(아세톤)

2. 네일의 형태에 관한 연구

생태적 모양에서 출발한 네일은 디자인 모형에 따른 형태를 갖춤으로써 이미지 메이킹화된 네일 형태가 된다.

(1) 네일 유형 만들기

네일의 모양과 형태가 시작되는 근원은 스트레스 포인트에 있다. 네일 디자인 모형 5가지 유형을 기본 형태로 한다.

(2) 네일의 길이

① **골든 프로포션** : 네일의 형태가 가장 아름답고 우아하게 보이는 이상적인 길이이다.
② **이상적인 길이** : 네일 총 길이를 4등분할 시, 자유연은 성장네일의 1/4 길이로 유지할 때 가장 이상적인 비율이다.
③ **한계의 길이** : 성장네일 총 길이에서 자유연이 1/3 이상 길어지면 부러지거나 찢어진다.

▶ Section 05 네일미용의 역사

1. 우리나라 네일미용

(1) 1988년 최초(서울 이태원) 그리피스 네일 살롱이 개원되었다.
(2) 1997년 미용실 내 네일코너가 입점하였으며, 전문네일살롱이 오픈,

전문아카데미와 협회를 중심으로 네일민간인자격제도가 시행되었다.

(3) 1998년에는 미용 관련 대학에서 네일 교과목이 개설되었다.

(4) 2014년 현재에는 국가 기능사 자격증으로 미용사(네일) 시험이 시행되기에 이르렀다.

2. 외국의 네일미용

(1) 고대(B.C 3000년경)
① 이집트에서는 손톱색조화장의 짙기를 통해 신분을 나타내었으며, 오렌지우드스틱이 발견됨으로써 네일미용 도구사용을 엿볼 수 있다.
② 중국에서는 입술과 연지에 사용된 홍화를 손톱에 사용하였다.

(2) 중세시대
전쟁 출전에 앞서 군인들은 염료를 사용하여 입술과 네일에 동일하게 칠하였으며, 매니큐어를 남성의 전유물로 여겼다.

(3) 15세기
인조손톱을 사용하여 손톱연장술을 하였다.

(4) 17세기
조모에 헤나를 주입하여 건강한 붉은 손톱을 표현하였으며, 노크 대신 긴 손톱을 이용하여 문을 긁는 방식을 취하였다.

(5) 18~19세기
① 손톱 모양 및 폴리시 컬러링의 대중화 역사

- ㉠ 1800년대 : 아몬드형의 손톱 모양을 통해 네일케어의 대중화
- ㉡ 1892년 : 네일리스트 배출
- ㉢ 1917년 : 닥터코니(보그)에 홈케어 네일 광고
- ㉣ 1925년 : 네일의 반월과 양 가장자리를 뺀 손톱 중앙에 폴리시를 컬러링
- ㉤ 1940년 : 아몬드형 손톱에 레드 풀커버 컬러링이 유행하였으며, 남성 이발소에서 습식 매니큐어가 시술
- ㉥ 1956년 : 미용학교에서 네일케어 교과목이 채택
- ㉦ 1957년 : 호일을 이용한 아크릴 스컬프처과 페디큐어가 시술
- ㉧ 1960년 : 손톱보강술 사용
- ㉨ 1967년 : 손(발) 관리가 대중화됨
- ㉩ 1970년 : 네일케어와 네일아트가 유행하고 네일리스트로서 여성 직업이 확립
- ㉪ 1975년 : 네일리스트 협회가 창립
- ㉫ 1981년 : 네일 제품 부스를 통해 박람회가 개최
- ㉬ 1992년 : 네일산업이 정착되고 인기 여배우들을 통해 네일 대중화가 최고조로 확대
- ㉭ 1994년 : 면허제도가 뉴욕 주에 도입

② **도구역사**
- ㉠ 1800년 : 손톱의 색깔과 광택을 붉은색 오일을 발라 양가죽으로 문지름
- ㉡ 1830년 : 발전문의 시트에 의해 오렌지우드스틱 도구 개발

ⓒ 1900년 : 금속가위와 파일, 폴리시 도포 시 낙타털을 이용한 브러시 사용
② 1910년 : 금속파일과 사포파일을 도구로 사용
⑩ 1948년 : 네일 손질에 도구 및 기구를 사용
ⓑ 1957년 : 인조 팁 사용이 확대
ⓢ 1970년 : 긴 손톱을 위한 인조 팁과 아크릴 스컬프처의 본격화
ⓞ 1994년 : 독일에서 라이트 큐어드 젤 시스템 등장

③ **제품역사 I**
   ㉠ 1885년 : 네일 폴리시 피막 형성제인 니트로셀룰로오스의 개발
   ㉡ 1900년 : 크림이나 파우더로 손톱에 광을 내줌
   ㉢ 1910년 : 네일 폴리시 제조사 설립
   ㉣ 1925년 : 클리어(투명) 폴리시 출시
   ㉤ 1927년 : 프리에지 프렌치에 사용되는 화이트 폴리시와 네일 큐티클 크림과 리무버 출시 또한 제나 연구팀에 의해 다양한 채도의 레드 폴리시와 워머 로션, 큐티클 오일이 출시, 전기기구를 이용하여 손톱에 광택을 내줌
   ㉥ 1932년 : 채도, 명도, 색상이 다양한 폴리시가 출시되고 레브론 사에서는 립스틱과 어울리는 폴리시가 출시
   ㉦ 1935년 : 인조네일 개발
   ㉧ 1948년 : 자연네일에 가까운 내추럴 폴리시 유행

④ **제품역사 II**
   ㉠ 1960년 : 실크와 린넨을 이용하여 네일 랩핑 시술

ⓒ 1973년 : 네일 접착제 및 접착식 인조네일 개발
ⓒ 1974년 : 네일 폴리시, 리퀴드, 파이버 글래스, 필러 파우더, 프라이머, 베이스 코트 등 제조
ⓔ 1975년 : FDA에서 메틸크릴레이트 제품의 아크릴 금지
ⓜ 1976년 : 인조 팁, 아크릴 스컬프처, 섬유 랩 등이 제조
ⓗ 1981년 : 네일 및 핸드용 전문 제품 출시, 건성 또는 지성용의 베이스 코트, 톱 코트, 네일 액세서리 등이 출시
ⓢ 1982년 : 아크릴 스컬프처 제품이 개발
ⓞ 1986년 : 독일 바이어[화학(주)] UV 경화법 개발
ⓩ 2000년 : 젤 스컬프처의 확대

▶ Section 06 네일기기 및 재료

1. 네일 기기 및 네일도구

(1) 네일기구

매니큐어 전용 테이블 및 시술용 의자, 각탕기(페디스파기), 폴리시 드라이어(전기식 네일 드라이어), 소독기, UV 램프, 드릴, 비트종류(카본덤 화이트 포인트, 카본덤 그린 포인트, 카바이드 콘, 티타늄 카바이드, 프레이저) 등 네일관리에 요구되는 기구이다.

(2) 네일도구

큐티클 니퍼, 푸셔, 네일 클리퍼, 팁 커터기, 더스트 브러시, 핑거 볼, 디스크 패드, 샌딩블럭, 에머리보드(우드파일), 파일, 샤이니 블럭, 손목 받

침대, 페디파일, 크레도, 토우세퍼레이터, 랩 가위, 젤 브러시, 아크릴 브러시, 디펜디쉬, 디스펜서, 습식 소독용기 등은 네일관리에 요구되는 도구이다.

2. 네일 재료
손 소독제(안티셉티), 폴리시 리무버, 지혈제, 화장솜, 페이퍼 타월, 큐티클 오일·리무버, 네일 화이트너, 큐티클 용해제, 네일 블리치, 네일 보강제, 베이스 코트, 네일 폴리시, 톱 코트, 네일 폴리시 띠너, 핸드로션, 폴리시 퀵 드라이어 스프레이, 인조 팁, 실크, 글루, 젤 글루, 필러 파우더, 글루 드라이어, 아크릴 리퀴드, 아크릴 파우더, 프라이머, 브러시 클리너, 네일 폼, 젤 클리너, 젤 본더, 톱 젤, 베이스 젤, 클리어 젤(투명 젤), 화이트 젤, 호일, 파라핀 왁스 등은 네일미용을 위한 손질 및 색조화장과정 또는 연장, 보강 등에 요구되는 재료이다.

3. 네일 도구의 소독
① 네일 도구는 비눗물로 세척한 후 마른 수건으로 물기를 닦고 자외선 소독기에 보관한다.
② 핑거볼은 가능한 한 1회용으로 사용하고, 부득이한 경우 소독 처리 후 사용한다.
③ 오렌지 우드스틱, 파일, 면봉 등은 소모품으로 1인 1기 사용 후 폐기한다.
④ 니퍼, 랩 가위, 메탈 푸셔 등은 소독제에 소독한 다음 흐르는 물에 헹구어 마른 수건으로 닦는다. 세척이 끝나면 자외선 소독기에 넣어두고 작업할 때마다 꺼내 사용한다.

⑤ 리넨과 타월 등은 고객 1인에 한해 1회 사용한 후 뜨거울 물로 세탁하고 통풍이 잘 되는 곳에서 햇볕에 말린다.
⑥ 사용 후 이물질이 묻은 도구는 즉시 버리거나 반드시 소독한 후 사용하고, 사용 전후의 도구는 따로 보관한다.

▶ Section 07　네일의 병변

1. 네일케어가 가능한 질환

고랑진 조체, 조체 위축증, 혈종, 조체증, 조체 연화증, 손가락의 거스러미, 조체 종렬증, 조내생, 조체 입상편, 조체 비대증, 조체 백반증, 변색 또는 오염된 조체, 스푼형 조체, 무조증 등으로서 네일리스트의 관리가 가능하다.

2. 네일케어가 불가능한 질환

조체 구만증, 조체 박렬증, 화농성 육아종, 조체 박리증, 조체 주위염, 일어나는 네일, 족부백선(무좀), 조체 발인벽, 조체 진균증, 사상균증 등으로서 네일리스트의 관리 대상이 아니므로 의사의 진찰을 권유해야 한다.

▶ Section 08　고객관리

1. 상담

(1) 네일 상담의 정의

고객과의 1 : 1 대화과정을 통하여 요구되는 건강한 미적 관리를 행동으로 옮길 수 있도록 네일에 대한 미의 근거를 찾아낸다.

(2) 네일 상담의 목적
네일에 관한 이론과 기술을 통해 고객의 인식과 태도를 바꾸도록 도와주며, 관리 시 문제점을 예방하여 관리된 네일이 아름답게 유지되도록 도와준다.

(3) 상담자의 3요소
① 3요소 : 신뢰(고객카드 작성), 지식, 배려
② 특징 : 고객의 생활습관, 건강상태, 기호를 이해함으로써 만족감을 느낄 수 있는 지적인 서비스를 통해 바람직한 신뢰감을 줄 수 있다. 또한 고객을 진심으로 관리하겠다는 마음가짐의 배려가 요구된다.

2. 상담자의 기본자세
고객의 말에 귀 기울이는 태도로서 상담자 자신의 몸짓이 어떤 의미를 전달하는지 파악해야 한다. 또한 상담자는 몸가짐으로 네일과 머리상태, 복장 등을 단정히 하고, 주변 작업기구나 도구, 재료 등 을 위생적으로 다루어야 한다.

▶ Section 09 피부의 이해

1. 피부
외부환경이 접하는 경계면인 피부는 끊임없이 세포분열과 분화를 통해 새로운 표피를 만들어낸다.

2. 피부조직 및 기능

(1) 표피

① 혈관, 신경이 분포되지 않는 중층편평상피세포로서 각질·과립을 이루는 무핵층과 유극·기저를 이루는 유핵층으로 구분된다.
② 표피는 각질형성·색소형성·항원전달·촉각세포 등의 부속기관을 갖고 있다.
③ 표피는 기저층 → 유극층 → 과립층까지 14일이 소모되고 각질층에서 각질세포로 머물다가 탈락되기까지 14일이 소모되는 각화현상을 갖는다.
④ 피부는 각화현상의 비정상 분화로서 과각화증과 이상각화증을 나타낸다.
  ㉠ 과각화증 : 14~90일의 각화주기를 갖고 각질이 각질층에 오래 머물수록 모공을 딱딱하게 막아 여드름, 기미, 노화 등의 현상을 나타낸다.
  ㉡ 이상각화증 : 4~10일의 빠른 조기 분화로서 피부가 예민해져 아토피, 건선, 피부염 등을 형성시킨다.

(2) 진피

① 진피는 두꺼운 치밀한 결합조직으로서 신경, 혈관, 림프관 외에 한선, 피지선, 모낭, 입모근, 모유두 등을 갖춘 피부 부속기관이다.
② 진피세포층은 유두층, 망상층, 세포 사이 물질의 성분과 양에 의해 결정된다.
③ 세포 사이 물질(세포간물질)은 섬유아·비만·대식·지방아세포 등으로 구성되어 있다.

④ 섬유아세포는 교원섬유(콜라겐), 탄력섬유(엘라스틴), 세망섬유로 구성되어 있다.

(3) 피하지방

진피로 가는 신경과 혈관의 통로로서 뼈의 골막이나 근육의 건막에 붙어 있다.

3. 피부의 부속기관

(1) 각질 부속기관

① 모발집(모낭)
  ㉠ 모발 : 모낭 내에서만 생존하며, 모낭은 상피근초와 진피근초로 구성되어 있다.
    - 상피근초 : 내모근초와 외모근초로 구분되고 내모근초는 초표피, 헉슬리층, 헨레층으로 층간 구조를 갖고 표피의 각질층, 과립층, 유극층과 연계되어 있다.
    - 내모근초 : 피부 기저층과 연계되어 있다.
    - 진피근초 : 유리막과 내돌림층, 외세로층을 갖는다.
  ㉡ 모낭 : 크게 모구하부, 협부, 모누두상부(모공) 등 3개의 부위로 구성되어 있다.
② 모발 : 모간 부위인 영구모의 형태를 갖춘 모발은 모표피, 모피질, 모수질 등의 3층 구조로 구성되어 있다.
③ 조갑 : 피부의 각질 부속기관인 손(발)톱은 투명한 각질판으로서 신경과 혈관이 없으며, 항상 성장하고 있다.

(2) 땀샘 부속기관

한선과 피지선은 피부의 분비기관으로서 한선은 소한선과 대한선으로 구분되며, 소한선은 전신에 분포된 독립 분비선이며, 대한선은 모낭에 부착된 분비선으로서 사춘기 이후에 발달한다.

4. 피부질환

(1) 질환의 징후와 증상

① 원발진 : 1차적 피부장애로서 직접적인 초기손상을 일으키며, 반점, 소(대)수포, 홍반, 구진, 결절, 낭종, 종양, 면종, 비립종, 포진, 팽진 등이 있다.

② 속발진 : 원발진으로 인해 부차적 손상으로서 2차적 피부장애라고 한다. 이는 비듬(인설), 가피, 미란, 찰상, 균열, 반흔(상흔), 위축, 색소침착, 궤양, 태선화 등이 있다.

▶ Section 10 화장품 분류

1. 화장품의 기능

① 기초 화장품 : 피부를 청결히 하며, 유·수분 균형을 통해 신진대사를 촉진시켜 피부 항상성을 유지하며 자외선을 차단시킨다.

② 메이크업 화장품 : 얼굴을 아름답게 하거나 피부를 보호함으로써 자신감과 만족감을 갖게 한다.

③ 모발 화장품 : 모발 화장품을 이용하여 세정하는 것은 위생과 외양에 관심을 나타내는 미용 절차뿐 아니라 손상을 방지하거나 복구·성장

또는 미적 목적으로 모발색을 변화시키거나 모발형태를 펴거나 웨이브를 형성시키는 데도 사용된다.

④ 바디 관리 화장품 : 얼굴과 마찬가지로 생리적 현상이 같은 전신을 관리하는 것은 신체를 쾌적(유, 수분 보충)하게 하거나 미적인 아름다움 및 젊음의 유지를 목적으로 한다.

⑤ 네일 화장품 : 네일 화장품은 표피세포의 변성으로 각질화되는 손(발)가락 끝단, 즉 손(발)톱을 보호하고 아름답게 하기 위한 목적으로 사용되고 있다.

⑥ 향수 : 화장품학에서 요구되는 향은 아름다움과 건강을 목적으로 사용된다. 화장품에서의 향은 사용하는 사람의 매력을 이끌 뿐 아니라 자신만의 이미지를 연출하고자 함을 목적으로 한다.

⑦ 기능성 화장품 : 화장품의 기본적인 기능에 따라 새로운 기능을 추가시킴으로써 수분 보유 및 세포재생에 따른 노화 및 색소침착 방지 등을 목적으로 한다.

▶ Section 11 손발의 구조와 기능

1. 골격계

인체 골격계는 206개의 뼈와 연골, 인대, 관절 등이 있다. 뼈대 위에는 근육과 피부가 존재한다.

(1) 골격의 기능

신체를 지지하는 뼈대는 혈액세포를 생산하며, 장기를 보호하고 미네랄과 지방을 저장한다. 또한 골격은 활발하게 성장하며 스스로 재구성한다.

(2) 골격의 분류

골격의 주요 구성요소인 뼈는 긴 뼈, 짧은 뼈, 편평 뼈, 불규칙 뼈 등이 있다.

(3) 뼈의 구조

뼈는 뼈 바깥막, 뼈 끝, 뼈 골수 공간으로 이루어져 있다.

(4) 손 골격의 구조

① 제1지 : 엄지(모지)
② 제2지 : 검지(인지)
③ 제3지 : 중지
④ 제4지 : 약지(무명지)
⑤ 제5지 : 소지

2. 근육계

체중의 40~50%를 차지하며, 수행하는 기능에 맞게 구성된 섬유질 조직인 근육은 약 650개로서 형태와 크기가 다양하다.

(1) 근육의 종류

① 뼈대근육 : 수의근 또는 골격근으로서 뼈에 부착된 줄무늬 근육이다.
② 민무늬근육 : 불수의근 또는 평활근으로서 민무늬근육이다.
③ 심장근육 : 줄무늬 모양의 심장근육으로서 불수의근이다.

3. 신경계

(1) 중추신경계

① 뇌와 척수로 구성되며 외부로부터의 자극을 분석, 종합, 판단하도록 조절하여 인체 각 부분으로 반응을 전달한다.
  ㉠ 모든 정신적 작용을 조절한다.
  ㉡ 몸의 움직임과 표정 등의 근육을 조절한다.
  ㉢ 시각, 후각, 미각, 청각 등의 감각기능을 조절한다.

(2) 말초신경계

① 체성신경계
  ㉠ 감각기관에서 받아들인 외부자극을 중추신경계로 보내거나 중추신경계의 명령을 말초신경계로 보낸다.

② 자율신경계
  ㉠ 교감신경과 부교감 신경으로 구성된다.
  ㉡ 몸의 기능이 의지와는 상관없이 자율적으로 조절된다.

Part 2 네일미용기술

▶ Section 01 네일 기본관리 및 컬러링

1. 매니큐어 개요

(1) 매니큐어의 정의

모든 손 기술의 가장 기본관리인 네일케어는 습식 매니큐어, 즉 매니큐어이다. 매니큐어 과정은 1단계로서 손질 과정의 절차를 갖는다.

① 손질 과정(1단계, 12과정)

㉠ 손질 과정의 절차 : 손 소독하기(시술자 + 고객) → 네일 폴리시 제거하기 → 손톱 모양 다듬기 → 샌딩하기 → 거스러미 제거하기 → 큐티클 연화시키기 → 손가락 물기 말리기 → 큐티클 리무버 바르기 → 큐티클 밀어 올리기 → 큐티클 잘라내기 → 손 소독하기(고객) → 유분기 제거하기 등의 절차를 가진다.

㉡ 손질 과정에 따른 도구사용 순서

- 브러시
  - 브러시에 묻은 제품량 조절이 잘못되면 제품이 뭉쳐 줄을 이룬다. 브러시 각도는 네일 면에 45°가 되도록 세워 바른다.
  - 폴리시 컬러링 시 브러시는 조체면 45° 각도로 중앙의 반월선을 따라 그리듯 중앙에서 밖으로 향해 긋고 오른쪽 면과 왼쪽 면을 긋고 난 후 자유연 형태를 유지하여 브러싱한다.

- 에머리보드 파일 : 파일을 이용하여 스트레스 포인트에서 손톱의 중앙을 향해 파일링한다.
- 니퍼 : 니퍼를 이용하여 조표피를 제거할 때 니퍼 날의 1/3만 조표피에 닿도록 하며 조체에 대하여 45°로 세워 거스머리를 제거한다.
- 오렌지 우드스틱 : 조표피를 밀어 올릴 때도 조체면에 45°를 유지하면서 가볍게 밀어 올린다.

② 색조화장 과정(2단계, 4과정) : 베이스 코트 → 네일 폴리시 컬러링 → 톱 코트 → 마무리 등의 절차를 갖는다.
  ㉠ 베이스 코트는 착색을 방지하며 폴리시가 자연손톱에 잘 밀착되도록 한다.
  ㉡ 네일 폴리시 컬러링은 조체의 중앙, 우측, 좌측의 순으로 컬러링한 후 프리에지 마무리를 한다.
  ㉢ 톱 코트 바르기는 컬러링된 손톱 판에 코팅막을 형성하여 광택과 지속력을 높인다.

(2) 스페셜 매니큐어 컬러링

스페셜 매니큐어 컬러링은 손톱 색조화장을 강조하기 위한 프리에지와 딥 프렌치 컬러링이 있다.

① 프렌치 컬러링
  ㉠ 1차(손질과정, 12가지) : 습식 매니큐어 손질과정과 동일한 절차이다(이하 '프리퍼레이션'이라 칭함).

ⓛ 2차(색조화장과정, 4가지)
- 첫째, 손질과정 절차가 끝난 조체에 베이스 코트를 바른다.
- 둘째, 조체 내 옐로우 라인을 경계로 프리에지 전체에 화이트 폴리시를 컬러링한다.
  - 프리에지 중앙 쪽으로 먼저 바르고 다른 편에서 프리에지 중앙을 향하여 컬러링한다.
- 셋째, 톱 코트를 바른다.
- 넷째, 프리에지 마무리하기를 한다.

② 딥 프렌치 컬러
  ㉠ 1차(손질과정) : 프리퍼레이션
  ㉡ 2차(색조화장과정, 4가지)
  - 첫째, 손질과정 절차가 끝난 조체에 베이스 코트를 바른다.
  - 둘째, 조체 내 조반월 라인을 경계로 조체 총 길이(풀커버)에 화이트 폴리시를 컬러링한다.
  - 셋째, 톱 코트를 바른다.
  - 넷째, 프리에지 마무리하기를 한다.

▶ Section 02 인조네일

인조네일은 크게 팁 위드 랩(오버레이), 스컬프처 네일(아크릴 · 젤 스컬프처) 등으로 대별된다.

1. 팁 위드 랩

(1) 네일 팁(인조손톱)

① 네일 팁의 재료 : 팁은 나일론, 플라스틱, 아세테이트 등을 원료로 하여 만든 인조손톱이다.

② 네일 팁의 종류 : 풀 웰과 하프 웰로 구분되며, 팁 자체의 색의 유·무에 따라 유색 팁과 무색 팁으로 나뉜다.

(2) 네일 랩(오버레이)

네일 랩은 손톱을 '포장' 또는 '감싼다'로서 네일 오버레이와 구분된다. 연장된 팁 위에 천이나 종이를 재료로 하여 손톱 크기만큼 잘라 글루를 사용하여 손톱에 붙이는 네일 랩과 아크릴이나 젤을 재료로하여 덧 바르는 오버레이(연장) 후의 보강술이 요구되는 인조네일 기술이다.

2. 스컬프처 네일

아크릴 스컬프처와 젤 스컬프처로 구분되며, 아크릴과 젤을 이용하여 내수성과 지속성을 높여 제품화시킨 인조네일이다.

(1) 아크릴 스컬프처 개요

1) 아크릴 스컬프처의 재료

리퀴드 아크릴, 파우더 아크릴, 카탈리시스(촉매제)를 중심으로 인조네일이 만들어진다.

① **아크릴 리퀴드** : 에틸렌 글리콜, 다이메타크릴레이트를 주성분으로 하며, 액체 타입이다.

② **아크릴 파우더** : 폴리에틸메타크릴레이트를 주성분으로 하는 분말상으로서 핑크 · 내추럴 · 클리어 · 화이트 등의 파우더 색상이 있다.
③ **프라이머** : 메타크릴산을 주성분으로 아크릴 시술에는 반드시 사용된다. 이는 접착제의 역할과 손톱판의 pH조절제, 방부제의 역할을 한다.
④ **프리 프라이머** : 아이소프로필을 주성분으로 하며, 손톱판의 유 · 수분을 제거하여 준다.

2) 아크릴 스컬프처 도구
① **네일 폼** : 라운드 · 스퀘어 · 오발형 등이 있으며 이는 자연손톱에 끼워 길이를 연장하기 위한 받침대(스컬프처) 역할을 한다.
② **아크릴 브러시** : 시술되는 작업에 따라 브러시의 등이나 붓 끝이 이용된다.
③ **브러시 클리너**
④ **리퀴드 볼(디펜디시)**

3) 아크릴 스컬프처(스컬프처 네일)
아크릴 네일은 아크릴 오버레이와 아크릴 스컬프처로 구분된다. 아크릴 오버레이는 네일 랩의 의미로서 아크릴 볼이 팁 위에 올려져 네일을 보강시키는 방법이다. 또한 아크릴 스컬프처는 네일 폼을 지지대로 사용하여 네일을 아크릴 볼로 연장, 보강시키는 방법이다.

4) 아크릴 실제를 위한 이론
① **아크릴 볼 만들기** : 아크릴 브러시를 아크릴 리퀴드에 적당히 적신 후 아크릴 파우더에 살짝 올렸다가 떼어내면 동그란 볼이 만들어진다.

(2) 젤 스컬프처 개요

젤 네일은 젤 오버레이와 젤 스컬프처로 구분된다. 젤 오버레이는 네일 랩의 의미와 같이 젤이 팁 위에 올려져 네일을 보강시키는 방법이다. 또한 젤 스컬프처는 네일 폼을 지지대로 사용하여 네일을 젤로 연장, 보강시키는 방법이다.

1) 젤 스컬프처의 종류

① 라이트 큐어드 젤 : 특수한 빛에 노출시켜 젤을 굳히는 일반적 방법이다. 시술 후 투명한 광택이 있으나 젤 스컬프처를 제거하기가 어렵다.
② 노 라이트 큐어드 젤 : 젤 활성액을 사용하여 젤을 굳히는 방법이다.

2) 젤 스컬프처의 제품 특성

젤은 글루와 같이 강한 접착제로서 농도에 따라 묽기가 다르다. 네일의 상태와 길이에 따라 두께를 조절할 수 있다.

① 투명감에 의해 광택이 오랫동안 유지되며 컬러 젤을 이용할 수 있다.
② 젤은 실온에서 정교한 모양을 자유롭게 만들 수 있다. 이는 자외선을 받기 전까지 굳지 않기 때문이다.
③ 냄새가 없어 부작용 없이 시술이 가능하며 사용 또한 간편하다.
④ 젤 스컬프처 제거 시 드릴머신을 이용하거나 파일하기도 하지만 아세톤(솎 오프 젤)에 손가락을 담가서 제거시키기도 한다.

▶ Section 03 인조네일 제거

시술된 인조네일의 수명은 3~6개월간 지속력을 유지한다. 6개월 후에는 위생적 또는 미적 관점에서라도 인조네일은 제거되어야 한다.

▶ Section 04 전 처리 작업

1. 일반 네일 폴리시 전 처리 작업

(1) 물리적 제거
- 과도한 파일 작업은 자연 네일이 얇아지는 등의 손상이 생길 수 있다.
- 자연 네일 표면을 180그릿 이상의 파일을 사용하여 유분기를 제거해 준다.

(2) 화학적 제거
- 멸균 거즈 및 탈지면에 아세톤 성분을 포함한 용제를 사용하여 네일 표면을 전체적으로 닦아준다.
- 오렌지우드스틱 끝에 솜을 말아(면봉 처리된 오렌지우드스틱 사용) 폴리시 리무버를 적셔 손톱판과 프리에지 밑(하조피)에 묻어있는 유분기를 제거한다.

▶ Section 05 마무리 작업

1. 일반 네일 폴리시 건조

(1) 물리적 건조

용제의 휘발에 의해 자연 건조하는 일반 네일 폴리시에 많은 양의 공기가 노출되도록 하는 방법이다. 공기에 노출되는 양을 늘리기 위해 기기에 내장된 팬을 돌려 바람을 일으킨다.

(2) 화학적 건조

용제의 휘발을 높이는 제품을 직접 분사 또는 도포하는 방법으로 도포된 건조 촉진제가 일반 네일 폴리시의 용제를 휘발시켜 건조한다. 일반 네일 폴리시 건조 촉진제의 접촉 방법에 따라 스프레이형과 도포형으로 구분된다.